농산물 마케팅 플래닝

한기인

농민신문사

"이 책을 더 좋은 농업세상을 만들려는
열정으로 노력하시는 분들께 바칩니다."

▌추 천 사▐

　이 책의 필자는 20여년을 농협에 근무하면서 농산물 유통 분야에서 일했으며, 현재 농협경제연구소의 경제사업연구실장으로 재직하면서 마케팅 현장과 이론에 고루 정통한 전문가입니다.

　『마케팅플래닝』은 농산물 유통마케팅에 관한 전문서로서 모두 5개의 장으로 구성되어 있으며, 각 장은 '마케팅플래닝 과제와 방법', '플래닝 도구', '집하', '판매', '연합' 등 마케팅플래닝에 대한 내용을 담고 있습니다.

　이들 내용 중에는 기존 자료에서 찾아보기 어렵거나 새로운 시각에서 접근하여 분석한 참신한 내용들을 접할 수 있습니다. 특히 신선농산물에 대한 마케팅 논리는 농산물 유통 현장에서는 매우 필요한 자료였는데 이 책이 그러한 내용을 잘 풀어내고 있습니다.

　본서가 농업 · 농촌 분야에 종사하는 모든 분들에게 현장지침서와 전략 매뉴얼로서의 역할은 물론 농업경제(경영)학 부문의 학술적 지평을 확대 하는 데에도 기여할 것으로 기대합니다.

농 협 경 제 연 구 소
대 표 이 사 **김 석 동**

▌머 리 말▐

본서는 기업 마케팅 이론을 도구로 하여 농산물 마케팅 전략의 실천적 방법을 다루었다. 생산 농업인으로부터 집하하여 구매자에게 판매를 하는 산지중개 조직을 위하여 새로운 방법론으로 마케팅 논리를 체계화 시켰다. 농산물을 「복합가치재」로 정의하고 마케팅논리를 집하영역과 판매영역으로 나누어 전개하였다. 농업경제학이 설명하지 못하고 기업마케팅 이론도 테마로 삼지 않았던 신선농산물에 대한 전략논리가 펼쳐진다. 이리하여 기업의 마케팅 관리론이 농산물에 적용되는 데에는 한계가 있다던 선행연구자의 주장은 수정되어야 한다. 총론적 수준에서 머물고 정교하지 못하였던 농산물에 관한 기존의 마케팅 논의는 본서에서 다루는 내용으로 대체되어야 할 것이다.

본서를 집필하게 된 의도는 다음과 같다.

첫째, 컨설팅 업무를 수행하는 프레임워크를 만들고 싶었다. 필자가 몸 담고 있는 농협경제연구소를 비롯하여 많은 컨설팅 업체들의 컨설턴트들이 제각각 다양한 방법으로 일을 수행하는 것을 보고 느낀 바가 있다. 일반 기업을 컨설팅하는 컨설팅 업체들은 나름대로 컨설팅 툴을 갖고 일을 하는데 농산물 컨설팅 분야는 그렇지 못하다는 것을 알게 되었다. 그러다 보니 시간이 많이 걸리고 공동 참여자간에 방법론적으로 통일이 이루어지지 못하는 것이다. 이러한 문제를 해결하기 위하여 농산물 마케팅 전략을 수립하는 기본적 체계를 정립하여 수탁업무를 수행한다면 효율적일 것이라고 여겼다. 발상은 뜬 구름 잡는 것 같았지만 끈기 있게 연구하여 마침내 본서와 같은 형식을 만들어 낼 수 있었다.

둘째, 산지 마케팅 현장 사람들을 위한 전략적 매뉴얼을 만들고 싶었다. 전략가 오마에 겐이치가 말한 대로 초원에서 만난 사자에게 잡아먹히지 않기 위해서는 도망가야 하는데 사자보다 발걸음이 빠를 것까지는 없다. 동행자보다 빠르면 된다는 것이다. 치열한 마케팅 조직간 경쟁에서 이기기 위해서는 마케터는 분석적·과학적·전략적이어야 한다. 지식의 차이가 전략의 차이를 낳고 전략의 차이는 성과의 차이를 결정한다고 믿는다. 성과 거양을 위한 전략 매뉴얼이 존재하여 익히고 활용한다면 틀림없이 경쟁우위를 실현할 것이라는 신념을 가지고 본서를 집필하였다.

셋째, 농업경제학 부문에 경영학 이론을 적용하여 학술적 방법론의 지평을 확대하고자 한다. 유감스럽게도 「농산물 유통론」은 마케팅 조직의 전략 관점에서 환경에 대한 지식을 가르쳐주고 마케팅 조직이 놓여 있는 현상을 이해시키는 참고적 이론에 머문다. 세상은 개방에 대응, 경쟁력 강화의 필요, 소비자 니즈의 충족 등 기업의 마케팅 이론이 테마로 삼고 있는 이야기를 하고 있다. 세상에서 발생하는 문제를 해결해 줄 수 있는 대책논리를 농업경제학의 성채(城砦)와 같은 이론에서는 제공하지 못한다. 현재의 농업경제학 분야의 학문적 유용성은 충분하지 못하다. 농업은 위기라고 말하면서 그것을 다루는 학문은 왜 위기라고 말하지 않는가? 본서는 마케팅학 방법론을 수용하는 학제연구로 농산물 판매전략을 다루었다. 현재는 연구의 발제 수준에 지나지 않을지 모른다. 앞으로 농업경제학은 학제 관계를 넘어서서 독특하게 자신의 영역으로 농산물 마케팅학을 정의하고 다루어야 할 것이다. 이것은 새로운 학문적 영역의 창설이다.

본서의 구성 개요를 소개하면, 전략 계획 수립 과제가 무엇인지를 밝히는 것부터 시작한다. 전략주체들이 어디로 갈 것인지를 제대로 규명하는

것은 매우 중요하다. 지난날 필자가 2000년 유학을 마치고 현업으로 복귀하여 연합마케팅 논문(農協聯合組織の靑果物マーケティングの論理と戰略に關する研究)을 우리말로 번역하여 사내에 돌렸더니 어떤 관리자가 "유통센터가 있는데 이게 무슨 필요가 있느냐"라고 말하는 반면에 어느 관리자는 "이거야말로 우리가 나갈 길이다"라고 한 적이 있다. 이처럼 관점의 극명한 차이가 조직의 운명을 결정하는 만큼 올바른 방향에 대한 인식이 필수적이다. 그래서 본서는 5가지 경쟁세력 분석 모델을 통하여 산지 마케팅 조직의 전략적 방향성을 도출하였다. 한편으로는 그 방향성이 경쟁우위를 실현하는 성공요소이며 아래와 같이 세 가지이다.

① 농업인을 조직화하여 마케팅 주체와 통합
② 농산물을 구매하는 구매조직과 파트너십 관계 구축
③ 산지 마케팅 조직간 제휴전략으로 연합관계 형성

이러한 내용이 「제1장 마케팅 플래닝 과제와 방법」의 전반부이고 후반부는 전략이론에 대한 개요를 다루어 플래닝을 위한 워밍업으로 삼았다. 다음에 전개할 내용이 위 성공요소를 현실화시키기 위한 전략이다. 그에 앞서 기업경영학 마케팅 이론을 도구로써 활용하는 것이 필요함을 주장하고 도구의 유용성과 시사점을 밝혔다. 이것이 제2장에서 다루는 플래닝 도구로서 「마케팅 이론」이다. 여기서는 방대한 마케팅 이론을 컴팩트하게 정리하였으므로 숙독한다면 마케팅 이론의 전체 모습을 시간을 절약하며 학습할 수 있을 것으로 여겨진다.

핵심적 본론은 3~5장에 걸쳐 있다. 「제3장 「집하」 마케팅 플래닝」에서는 마케팅 전략수립 프레임워크를 사용하여 첫 번째 성공요소를 구체화하는 세부적 논리를 세우고 현장에서 양식도 만들어 가며 실행 가능하게 하였다. 필자는 우리나라의 이상적인 농업경영형태는 부부를 중심으로 하는 가족농(family farm)이라 생각한다. 유통단계를 규모화하기 위한 산지조직화가 필요한 것이지, 생산구조를 인위적으로 구조조정할 필요까지는 없다. 철저한 조직화를 위한 전략이 3장에 서술되었다. 이어서「제4장「판매」마케팅 플래닝」에서는 마찬가지로 마케팅 전략수립 프레임워크를 그대로 사용하여 두 번째 성공요소인 구매조직과 파트너십 관계 구축을 구체화하는 논리를 담았다. 본서의 3분의 1이 넘는 내용들이 현장사례를 양념으로 곁들이면서 전개된다. 끝으로 「제5장 「연합」마케팅 플래닝」에서는 연합마케팅 논리를 가슴과 머리로 받아들이는 인식의 문제, 조직화하는 조직설계의 고려요소, 그리고 조직을 구축하고 가동시키는 구조와 기능 및 자원조달 문제를 다루었다. 이러한 절차들은 연합전략 성과를 지향하는 것이다. 따라서 전략을 개발하는 착안사항과 품목전략개발 실제까지 덧붙여 실사구시적 활용을 도모하였다. 책의 전체 5장 구성과 사고의 프레임워크는 단순하다. 본서는 농산물 마케팅에 관심 있는 사람이라면 누구나가 흥미를 가질 수 있게 꾸며졌다.

필자가 「농산물 마케팅 전략론」을 세상에 내놓은지 6년의 세월이 흘렀다. 책에 대한 호의적 댓글도 보았으며 어느 독자는 개인적으로 메일도 보내주었고, 어느 우수한 농협의 산지마케터는 형광펜을 그어가며 학습하였다고 말한다. 이 자리를 빌려 감사드린다. 이 책의 성격이 농협공동판매론을 새롭게 정립하고 전략주체로서 협동조합의 마케팅 전략에 대한 논의였는데, 이번 출판은 전략주체를 일반화시켰고 실천적 방법을 더욱 구체적으로 제시한 점에서 구분된다.

확실히 산지 마케팅 조직은 그동안 발전하여 왔다. 그렇지만 아직도 현장을 위한 농업계 지성의 공급은 부족하다. 더욱 정교하며 실용적인 논리가 필요하다. 연구자로서 또는 컨설턴트로서 현장에 다가가 그들의 지성적 욕구에 부응하여 커뮤니케이션하는 것이 필자의 미션이라고 생각한다. 농산물 마케팅 이론의 전도사로 스스로를 포지셔닝한다. 농산물 유통인, 농업컨설팅업체관계자, 농업계통 대학교수 및 학생, 유통업무에 종사하는 공공기관 관계자, 기타 마케팅 전략에 관심 있는 모든 사람들에게 본서가 도움되기를 기대한다.

끝으로 본서가 출판되기까지 많은 분의 도움이 있었기에 감사드리고 싶다. 항상 지도편달을 해주시며 격려를 아끼지 않으시는 김석동 대표이사님, 연구환경 조성을 위하여 고생하시는 황인국 전무님, 경제사업연구에 여념이 없는 연구원들, 특히 자료 검토의 수고를 해준 정준호연구원에게 감사한다. 그리고 출판이 이루어지도록 도와주신 농민신문사 신태관 부장님과 성홍기 차장님께도 감사한다.

2010. 7. 5

저자 **한 기 인**

목   차

제 3 장 「집하」 마케팅 플래닝

제 5 장 「연합」 마케팅 플래닝

제1장

마케팅 플래닝 과제와 방법

1. 마케팅 플래닝 과제

　연구대상은 생산 농업인으로부터 농산물을 매취하거나 위탁을 받아 시장에 판매하는 조직의 업(業)이다. 산지조직이 마케팅 활동의 주체이며 마케팅을 플래닝(planning)하는 것으로 다룬다. 플래닝은 계획을 세운다는 뜻이다. 신선농산물이라는 제품적 특수성과 산지라는 마케팅 활동의 공간적 특수성, 기상변화에 영향을 받는 자연적 특수성, 이러한 상황에서 상호작용하는 경제적 인간관계의 특수성이 농산물 유통산업을 구성한다.

　전략 플래닝은 산지 마케팅 주체들이 지향하는 좌표를 설정하는 것부터 시작한다. '어디로 가야 하는가' 에 대한 답변이 '무엇을 어떻게 해야 하는가' 에 대한 답변보다 더욱 중요하다. 그래서 환경을 먼저 살펴본다. 환경은 크게 거시환경과 산업환경으로 나눈다. 거시환경은 소비자식품소비변화, 정부정책변화, 정보·통신기술변화, 기후변화 네 부분이다. 경제사회 환경은 소비자 식품구매 행태에 영향을 미치는 부분들 위주로 다루므로 소비자 변수에 포함시켰다. 이어서 신선농산물 유통산업 환경은 마이클 포터(Michael E. Porter)의 산업구조분석 모델인 다섯 가지 경쟁요인을 도구로 하여 살핀다. 산지 마케팅 조직의 관점에서 기회와 위협요인들을 도출한다. 위협은 조직의 수익 또는 브랜드 가치에 마이너스 영향을 주는 것이고 기회는 그 반대인 경우를 말한다. 위협·기회 요인들은 조직의 강점·약점과 결합되어 전략적 과제를 이끌어 낸다. 전략과제는 농산물 유통산업에서 경쟁우위를 이루기 위한 성공요인(KFS, Key Factors for Success)을 현실화 시키는 것이다.

1.1 농산물 유통 거시환경

1.1.1 정부정책 변화

- 가공식품산업 육성, 농과 식품의 연계강화로 농산물의 부가가치 향상을 지향하는 농식품(Agro-food)을 정책대상으로 한다. 과거 1차 신선농산물 위주에서 가공 농식품의 비중이 커졌다.
- 기업(형) 유통조직을 지향하여 농업생산 및 유통분야에 기업형 조직의 참여를 조장하고 있다. 농업인으로부터도 자금을 조달하고 행정이 주도하는 「시군유통회사」 「품목단위 유통회사」의 설립, 축산산업에 대기업 참여를 위한 문호를 확대하는 움직임이 그 예이다.
- 정책대상이 생산자 위주에서 소비자·기업으로도 바뀌고 있다. 식품 원산지 표시 강화, 산지 농축산물 안전을 위한 이력추적제의 강화는 소비자 안전의식에 부응하려는 것이다. 농업인에게만 지원하던 산지유통활성화자금을 대형마트에도 지원하며 식품기업에 대한 지원책도 확대하고 있다.
- **위협**은 산지 마케팅 조직이 거대 몸집의 새로운 조직들과 경쟁하여야 하는 것이다. 농업인에 대한 지원의 상대적 위축으로 영농의욕의 약화가 우려된다. **기회**는 신선농산물과 가공식품 등 취급상품의 다각화로 새로운 가치 창출을 모색할 수 있다는 점이다.

1.1.2 소비자 식품소비 변화

- 식품의 안전성을 중시한다. 구매상품의 안전성과 관련된 신뢰할 수 있는 근거를 제시받기를 바란다. 원산지 이력추적제, 친환경농산물, 농산물우수관리제도(GAP : Good Agricultural Practices) 등을 활용한 농산물이 일반 농산물과 수입산에 대하여 차별성을 갖는다.
- 편의성을 추구한다. 김치·장류를 만들어 먹기보다는 구입하고, 세척되었거나 즉석 샐러드와 같은 전처리 농산물 소비가 늘어나며 구매단위는 점점 포장화·소량화된 것을 선호한다. 핵가족화와 독신가구의 증가, 여성의 경제활동 증가로 이러한 경향이 늘고 있다.

- 계층간 소비형태의 다양성 경향이 커지고 있다. 경제상황이 어려워도 소비경제 양극화 트랜드는 바뀌지 않는다. 고소득층은 건강을 중시하여 유기농, 고품질 고가 농식품을 선호한다. 쌀의 경우도 고 · 중 · 저가 쌀 소비가 고가 또는 저가 경향으로 나타나 중가쌀의 마케팅 컨셉이 애매해진다. 소비스타일도 고령층, 직장인, 청소년, 여성 등 계층 분화에 따라 특징이 있어 타깃 마케팅이 필요하다.

- 식품의 외부화 경향으로 음식비 지출액에서 외식비가 차지하는 비중이 커진다. 매식과 급식으로 쌀 소비의 3분의 1이 가정 밖에서 이루어진다.

- **기회**와 **위협**은 타깃으로 하는 소비자 식품기호에 맞추려는 상품개발 컨셉을 인식하고 지향점을 찾으며 실행하는지의 여부에 따라 갈라진다.

1.1.3 정보 통신 · 기술의 변화

- 유비쿼터스 정보환경의 진화로 시간과 공간의 제약 없이 손쉽게 네트워크를 이용하여 커뮤니케이션하게 되었다. 상품정보가 생산, 유통, 소비에 이르기까지 실시간으로 이력이 추적가능하다. "벌거벗은 사회"라고 일컬어질 만큼 정보유통이 활발한 투명한 사회가 되었다. 인터넷 접속이 PC 중심에서 모바일로 확대되어 글로벌 인터넷 이용이 증가되었다. 이미 개정 농안법에 따라 도매시장에 전자거래가 도입되어 거래방식에 근본적인 변화를 일으키고 있다. 앞으로 '중간단계'가 점점 불필요해지는 방향으로 거래 형태가 달라진다. 도매사업은 유비쿼터스를 이용, 상품과 생산지 정보가 관리되어 이를 고객에게 적극적으로 제공하는 비지니스 관계를 형성하지 않는다면 사양길로 갈 것이다.

- 소비자 구매환경도 달라져 인터넷 쇼핑이 확대 추세에 있다. 인터넷 쇼핑시장은 2008년 15.6% 성장한 18조 2,500억원, 2009년 14.8%

성장한 20조 9,500억원, 2010년 13.4% 성장한 23조 7,700억원에 이를 전망이다(온라인쇼핑협회, "2008 온라인 쇼핑시장에 대한 이해와 전망" 보고서).

- 인터넷 커뮤니티 공동체가 활동하고 있다. 커뮤니티는 비슷한 인구통계적 집단에 속하는 사람들, 동종 직업, 특정 취미·관심사를 갖거나 정치 사회적 이슈에 대하여 형성된 집단 등으로 다양하게 구성된다. 사이버상에서 이들은 정보를 나누고 힘을 합친다. 소비자이면서도 생산활동에 참여(프로슈머)하고 커뮤니티 안에서 기업 상품에 대한 사용후기를 교환하면서 넷소문(사이버입소문)을 퍼뜨려(세일슈머) 기업 판촉사원 역할을 하기도 하고 반기업 여론을 형성하기도 한다. 기업은 이들 커뮤니티와 사이버상에서 관계관리를 하지 않고는 원활한 소통을 한다고 볼 수 없다.

- 중개업 성격을 갖는 산지 마케팅 조직은 생산자 출하고객이 인터넷을 이용하여 소비자와 직접 거래하는 기회가 늘어나고 있다는 측면에서는 위협이 된다. 기회는 생산자 출하고객을 통합하고 전자거래 체계에 편승하여 일정 루트를 구축하는 것이다.

1.1.4 기후변화

- 1904년 이후 2000년까지 한반도의 평균기온은 1.5도 상승했다. 세계 평균기온 상승치인 0.74도보다 두배나 높다. 겨울은 짧아지고 여름은 길어졌다. 겨울은 1920년대에 비해 1990년대에 약 한달정도 짧아지고 여름과 봄이 길어졌다. 비 내리는 날은 줄고 비의 양은 늘었다. 한 번 내릴 때 많이 내린다. 남부지방은 20년 전에 비해 연 강수량은 7% 늘었으나 비오는 날은 14%가 감소하였다. 이산화탄소 농도도 높아져 1991년에 357.8ppm을 기록한 이후 2000년에 373.6ppm으로 높아졌다. 한반도에 영향을 주는 태풍도 많아져 1989년부터

증가하기 시작하여 2003년까지 12%가 증가하였다.(중앙일보 2008. 5.15)

- 국내 농업생산 변화는 품목에 따라 재배지가 이동하여 재배면적이 전체적으로 증가하거나 감소하는 경향을 보이고 있다.

  - 경북 대구와 안동이 주산지였던 사과는 이제는 강원도 인제와 양구, 화천 등에서도 재배가 시도되고 있다. 사과나무가 얼어죽는 영하 20도 밑으로 기온이 내려가는 날이 거의 없어지고 일교차는 여전히 커 경기 북부 지역이 사과의 최적 지배지가 되었다.

  - 감귤과 한라봉은 전남 해안지방까지 올라왔고, 전남 보성의 녹차는 강원도 고성에서 시험 재배되고 있다. 포도는 시장개방 여파로 재배면적이 감소되고 있는 가운데 경북에서 강원도로 이동하여 새로운 주산지로 부상하고 있다.

  - 복숭아는 주산지가 경북에서 충북으로, 쌀보리는 전남지역에서 충북, 강원지역으로 이동하고 있다. 가을감자는 강원도에서도 이모작이 가능하고 전북지역 재배면적이 늘어나 전체적으로도 재배면적이 증가하고 있다.

- 시사점은 이렇다. 작물별로 기후온난화에 대응하는 기술을 개발하고 아열대 신품종의 국내 도입과 정착 방안을 마련하여야 한다. 국가적 차원에서 지역별 새로운 농어업생산 재배치도를 구축하고 유관기관(통계청, 기상청, 농촌진흥청, 수산과학원 등)간 협력체계를 구축한다. 그리고 기후온난화에 따른 재배적지, 한계지, 재배면적, 생산량 변화를 지속적으로 모니터링 하여야 한다.(통계청 2009.3.24)

- 품목별로 기존산지와 새로운 산지간에 위협과 기회가 교차한다. 작부체계가 연쇄적으로 변화를 일으켜 복잡한 수급불균형을 초래할 수 있다. 전체 수급에 큰 변화가 없다는 전제에서는 새로운 산지에는 비즈니스 기회이다.(전남 고흥 한라봉) 그렇지만 기존산지는 새로운

재배지의 생산량 증가로 생산과잉과 시장가격 하락으로 이어져 위협
적이다.

1.2 농산물 유통산업 경쟁환경

그림 1-1은 전술한 거시환경 변화와 마이클 포터(Michael E. Porter)
의 산업구조분석 모델을 합친 것이다. 동 모델을 농산물의 경우에 적용하
기로 한다. 신선농산물 유통산업의 다섯 가지 세력으로서 ①현재의 산지
내 또는 산지간 경쟁조직 ②대체품 ③출하고객 ④구매고객 ⑤신규 진입
자를 등장시켰다. 이러한 방식은 신선농산물 유통산업 경쟁상황을 산업
(Industry)적 시야에서 분석하는데 도움을 준다. 기존의 시장, 소비자,
경쟁자 분석 이상의 업그레이드된 시각의 안테나를 360도로 하는 것이
다. 현재와 미래에 걸쳐 위협과 기회의 변화를 역동적으로 추정하면서 전
략적 프레임 워크를 형성하는데 유용하다.

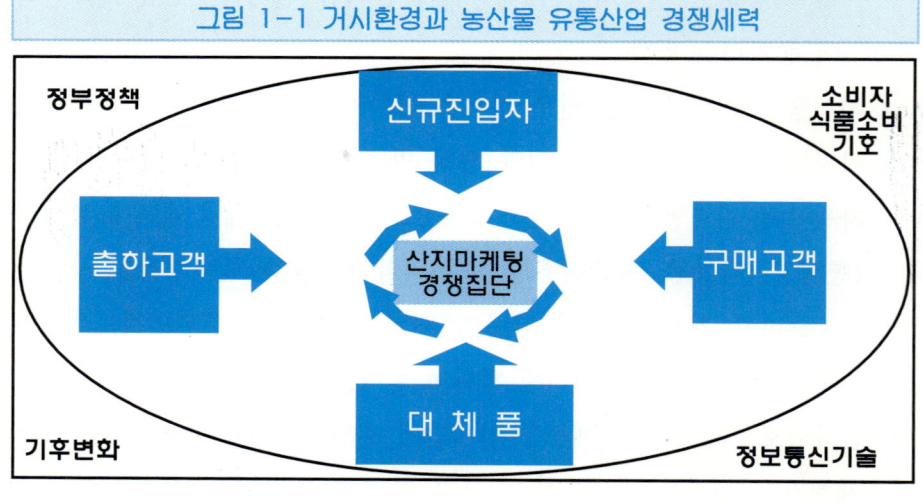

그림 1-1 거시환경과 농산물 유통산업 경쟁세력

산지 마케팅 조직 경쟁 집단은 다양하다. 농협, 영농법인, 산지유통인,
밴더, 유통회사, 연합조직, 수입업자 등이 그것이다. 이들과 상호작용하는

세력들은 생산자로서 출하고객, 구매자로서 소매유통업체를 비롯한 구매 집단이 있다. 횡적으로 3자 관계는 교섭력의 우열관계에서 대항적으로 또는 협력적인 관계에 있다. 기본적으로 얼마나 협력적 관계를 구축할 것인가가 경쟁집단간 경쟁의 우위와 열위를 결정짓는다. 신규 진입자는 경쟁집단에 진입 가능성이 있는 세력들이다. 대체품은 소비행태 면에서 신선농산물과 소비자에게 동일한 욕구를 충족시켜주는 상품과 서비스를 말한다. 이처럼 수직적 관계에 있는 진입자와 대체품은 경쟁과정에서 철저하게 배제시켜야 하는 세력이라고 할 것이다. 즉 대체품과 신규진입자는 산지 마케터들에게 공동의 라이벌이라고 할 수 있다. 5개의 세력들을 아래와 같이 상술한다.

① 현재 산지내 또는 산지간 경쟁상황

현재 신선농산물 유통 산업의 직접적 경쟁자들은 출하고객의 유치, 동일 거래처, 품목, 출하시기에 대하여 치열한 경쟁을 벌이고 있다. 특정 경쟁자가 시장을 크게 장악하지도 못한 상태이다. 농협도 결합된 시장행동을 하기보다는 개별적인 행동을 하고 있어 일종의 영세사업자의 난립이라고 할 수 있다. 특히 농협은 "비슷할수록, 가까울수록, 싸움은 더 치열하다"는 「경쟁의 역설」이 더 잘 들어맞는다. 즉 많은 숫자의 그리고 비슷한 규모의 경쟁자이기에 서로 큰 위협이 된다. 이들에게는 제품과 서비스의 차별화도 뚜렷하지 않다. 차별화의 부재가 농산물 특성이기도 하지만 전국에서 손에 꼽을 수 있는 브랜드는 극소수가 있을 뿐이다. 또 하나의 위협적 요소는 산업자체의 성장률이 낮다는 것이다. 새로운 시장의 발굴과 새로운 제품의 개발로 시장의 크기를 키우지 않는 한 수익구조는 악화되고 성장률은 정체될 것이다. 이 시장에서 철수 장벽은 높지 않으며 진입의 산업적 매력도도 낮다. 다만 농협은 이념적으로 판매사업을 해야 하므로 마음대로 철수할 수도 없다. 지역 농협은 정부자금과 중앙회 자금을 비롯한 각종 지원을 받고 있으나 정책변경, 중앙회 경영여건 변화는 이러한 지원에 변화를 가져올 것이다.

경쟁자들 간에 기회는 있다. 경쟁집단 수가 대폭적으로 줄어드는 것이다. 마케팅 창구수가 줄어드는 것 외에는 이 산업에서 뾰족한 방법은 없다. 이것이 가능해져야 제품과 서비스의 차별화와 함께 원가의 절감도 가능해진다. 원가는 시스템의 개선으로 줄일 수 있는 여지가 많기 때문에 그렇다.

② 대체품의 위협과 기회

직접적인 경쟁자가 제공하는 제품이나 서비스는 고객이 가지는 동일한 욕구를 동일한 방법으로 충족시킨다. 그러나 대체재는 고객이 가진 욕구를 다른 방법 또는 다른 제품과 서비스로 충족시킨다. 예를 들어 여름에 아이들에게 수박을 먹으라고 했는데 수박보다는 아이스크림을 찾는다면 수박의 대체재는 아이스크림이다. 풍요의 시대에 먹을거리가 넘쳐나 신선 농산물 대체재는 매우 많다. 여기서 논하고자 하는 것은 농산물대 비농산물의 대체관계보다는 농산물간의 대체관계의 경우이다. 두 측면에서 볼 수 있는데, 하나는 새로운 제품이 시장에 출현하는 경우이고, 다른 하나는 소비자 식품소비 행태 변화로 달라지는 경우이다.

● 가격이나 소비용도에 특별히 어필될 수 있는 것은 기존 제품에 위협이 된다.
  - 2007년 4월 미국산 생감자 시장테스트 반입 당시 국산감자 가격이 20kg에 32,000원에서 25,000원으로 하락하였다.
  - 칠레산 포도가 싼 가격과 소비편리성(껍질째 먹을 수 있는 장점)으로 수요층도 두터워지는 추세에 있다.
  * 칠레산 붉은 포도 〈레드글로브〉, 청포도 〈탐슨 시드리스〉
  - 새로운 맛으로 파파야, 두리안, 망고스틴, 람부탄 등 열대과일이 시장에 출현하고 망고 · 아보카도 물량이 급속히 증가하여 국산과일을 대체한다.
  - 수입석류가 국산 즙과 진액시장을 대체한다.

- 국산 건조과일이 생과일을 대체하는 경우도 있다.

* 청도농협의 감 말랭이, 사과·배·단감·딸기·포도·방울토마토를 첨가물 없이 동결건조

● 한국인의 식품소비 추세는 외식 비중 확대, 건강 중시, 맛 지향, 간편화 추구 경향으로 대체되는 해당품목의 성장이 위축된다.

- 외식비중이 증가한다면 식재업체가 주로 취급하는 품질상품의 수요가 증가한다. 가정소비 품질 상품(고·중품질)이 식재품질(중·저품질) 상품으로 대체된다.

- 소득계층의 양극화 소비행태는 고가와 저가 소비의 양극화로 나타나 중가 제품의 가격 컨셉의 시장 타깃이 애매해진다. 중가상품이 고가 또는 저가로 대체된다.

- 건강 중시 경향은 일반채소를 친환경채소로 대체시킨다.

- 편리성 추구로 일반 상품이 전처리 상품으로 대체된다.

대체품은 일시적으로 해당 제품의 대체효과 뿐만 아니라 붐이 일어났을 때 유별 품목 전체의 성장을 위축시킨다. 대체되는 상품에게는 위협이지만 시장의 변화에 맞춰갈 수 있다면 기회이다. 마케터는 취급상품이 시장에서 어떠한 대체경향에 관계하는지 주시하여야 한다.

③ 출하고객 교섭력의 위협과 기회

출하고객이 마케팅 조직에 판매를 위탁하거나 매취하여 판매하는 경우에 자기이익을 우선적으로 관철시키고자 대상 조직에 영향을 미치는 힘을 교섭력이라고 하자. 출하자는 지역 마케팅 조직이 다수 있다면 선택이 자유롭다. 또한 마케팅 조직을 거치지 않고 직접 시장을 상대할 수도 있다. 그리고 이들은 농민단체를 구성하여 발언력을 높이거나 자체 결성한 생산조직의 규모화 조직화에 따라 교섭력 발휘의 위상이 달라진다. 출하고객이 마케팅 조직에 위협이 되는 경우는 다음과 같다.

- 생산자 조직이 어느 정도 규모화되어 있으며 조직원간 신뢰도가 높아

결합도 강하다. 리더십이 발휘되고 지역사회에서 발언력이 있다.
- 제품도 품질이 높으며 차별성도 있어 시장에서 높은 평가를 받고 있다.
- 마케팅 조직을 이용하면서도 잘 못하면 직접판매에 나서거나 다른 마케팅 조직을 이용할 것이라고 위협한다.
- 마케팅 조직의 역할에 별로 기대하는 바가 없으며 신뢰하지 않는다.

이러한 위협의 결과로 수취가에 대한 항의와 출하처 및 출하물의 기회주의적 대응이 발생하며, 조직의 마케팅 활동을 비판한다. 마케팅 조직은 시장행동에 제약을 받는다. 이러한 위협을 중화시키고 기회적 분위기를 조성하기 위해서는 마케팅 조직의 혁신이 먼저 있어야 한다. 물론 출하고객이 비합리적인 경우도 있겠지만 마케팅 조직의 역량 강화가 필요하다. 차별적 역량을 키워야 한다. 차별적이라 함은 출하고객이 자신이 직접 마케팅하거나 기타 다른 마케팅 조직을 이용하는 경우보다도 더 많은 편익을 제공할 수 있는 것을 말한다.

마케팅 조직의 기회는 출하고객이 산지조직을 배제하고 전방 통합하려는 유인을 갖지 않는 것에 있다. 바꿔 말하면 마케팅 조직을 활용하는 것이 자신에게 유리한 점이 있으면 그것이 기회적 요소라는 말이다. 다음과 같은 경우가 그렇다고 볼 수 있겠다.
- 출하고객은 고령화, 여가에 대한 선호로 수확후 선별노동을 자신이 하기보다는 마케팅 조직의 선별장에 위탁한다. 소비지 구입처가 소포장 작업을 산지단계에서 하려는 경우가 늘고 있다.
- 대형마트와 같이 구매집단이 대형화하여 개별 출하자가 웬만한 규모를 갖고 있지 않는 한 거래상대가 되지 못한다. 도매시장에 출하는 가능하겠지만 도매시장도 일정규모 이상만 수탁하는 수탁거부 금지 원칙의 예외적 조건들을 적용하고 있다.
- 생산자 조직은 자체 조직운영이 잘 안되어 갈등이 생기는 경우 조

정자가 필요하고 성장을 위하여 외부 지원이 아쉬우므로 마케팅 조직과 연계하며 활용할 여지가 있다.

- 재배와 판매의 양립성의 어려움이다. 관행적 판매에서 벗어나 조금이라도 수취가를 올리려면 마케팅 전략이 필요하다. 출하고객 자신들이 정보를 갖고 시장을 상대하기에는 번거로움이 따른다.

④ 구매고객 교섭력의 위협과 기회

구매고객은 산지 직구입에 나서는 대형마트, 식재료 조달 농식품 업체, 도매시장 도매법인, 중도매인, 기타 대형 구입자 등을 말한다. 구매고객은 농산물 생산이 과잉되는 상황에서 구입자 시장(buyer's market)의 교섭력을 발휘하고 있는게 현실이다. 교섭력 발휘에 따라 마케팅 조직의 수익을 낮추는 위협을 준다. 다음과 같은 경우에 위협이 된다.

- 대형마트는 인수 합병이 활발하여 이제는 이마트, 롯데마트, 홈플러스의 3사가 Big 3가 되어 소수의 구매자가 되었다. 이들이 대형마트에서 차지하는 점유비도 70%를 넘어섰다. 대형마트의 중앙집중 구매방식이 교섭력 발휘의 원천이다. 즉 산지 마케팅 조직의 이들에 대한 판매 의존도는 높아지고 대형마트의 산지 구입 의존도는 낮아졌다.

- 농산물의 상품특성상 비차별적이고 공급처로서 전환비용이 낮아 대형마트는 구입처를 쉽게 해고시킬 수 있다. 산지가 불공정 거래로 끌려다니는 사례가 보도되고 있다.

- 농산물이 일반 공산품보다 이윤이 낮으므로 가격 의식적이라서 산지 구입가격에 민감하다.

- 가장 큰 위협은 대형마트가 후방통합하여 산지 마케팅 조직을 배제하는 것이다. 산지에 밴더를 계열화하며 출하고객과 직접 계약재배하는 사례가 나타나고 있다.

- 대형마트 PB 확대는 구매자 교섭력이 커진 결과인데 브랜드가 중

요시되는 시대에 영세한 산지는 브랜드 파워를 강화시킬 여지가 없어진다. 즉 대형마트가 브랜드 네임 가치를 내세워 PB 상품정책의 강화 → 산지는 얼굴 없는 제품 납품업자로 전락 → 대형마트의 수입농산물도 PB상품으로 변신 → 소비자는 수입농산물과 국산농산물을 PB 때문에 동일한 제조자 상품으로 취급 → 국산·수입산 제품 구별 무감각 → 국산농산물 매대박탈이라는 과정이 예상된다.

- 식재업체의 원료 농산물 구입처를 해외로 전환하면 국산 농산물 공급량 과다로 구매자 교섭력이 커지고 공급자 교섭력이 상대적으로 낮아진다. 중소음식점시장의 건고추, 고춧가루, 참깨, 마늘, 양파 등 수입산 사용이 일반화되었다.

그렇다고 대형마트에 대하여 기회가 없는 것은 아니다. 기회는 다음과 같다. 첫째, 대형마트는 대량적·안정적 공급처를 필요로 하고, 산지 협력업체의 관리를 단순화시킬 필요성이 대두한다. 그만큼 물량조달의 부담이 커졌기에 산지가 규모화되어 안정적인 거래처 역량을 갖추면 파트너십 관계를 맺을 수 있다. 둘째, 산지가 발전하여 대형마트의 매력 있는 협력업체가 되면 상대방 역시 거래처를 쉽게 전환할 수 없다. 전환비용이 소요되므로 지속적 거래관계가 이루어진다. 파트너가 되기 위하여는 품질 개선이 이루어져야 하고 제공하는 품질 서비스가 파트너의 경쟁자보다 우수하며 차별화되어야 하는 것이 조건이다. 결국 산지의 마케팅 역량을 스스로 강화한다면 기회가 생긴다.

⑤ 신규 진입자 위협과 기회

위협은 두 측면이다. 진입장벽이 무너지는 것이다. 진입장벽은 그동안 정부의 농업에 대한 보호정책에 의하여 비관세 및 관세장벽에 의하여 유지되어 왔다. 그러나 세계 각국과 FTA 체결 진행, DDA 협상 등으로 낮은 원가 상품의 반입이 증가 일로에 있다. 또 하나는 다국적 농업기업들의 세계 농업 지배에 대한 우려이다. 제스프리의 「골드키위」를 국내 농업인들과 계약재배하여 공급한다. 세계 5대 생명공학(아스트라제네카, 듀퐁, 몬센토, 노바티스, 아벤티스)에 의한 유전자 조작 농업(GMO)을 통하여 종자를 공급받으면 영농 및 농산물 가공 등 국내 농업생산의 가치 사슬을 지배할 우려가 있다.

　기회는 이렇다. 진입장벽을 높이는 경제적 조건을 만드는 것이다. 우리 나라에 수출해도 별로 수익이 생기지 않는다는 여건 조성이다. 소비자는 해외 농산물의 안전성에 대하여 불신하고 있다. 정부의 강력한 원산지 표시제도가 시행되는 과정에서 국산과 수입산이 명시된다. 수입 농축산물에 대한 유해한 질병 보도는 소비자의 안전의식을 강화시켜 국산 농산물에 대한 선호도를 높였다. 국산 농산물을 신뢰할 수 있도록 원산지 표시 위반 단속조치를 강력히 시행하고 마케팅 조직도 안전성 홍보를 마케팅 포인트화 한다면 경쟁우위는 가능하다.

1.3 플래닝 과제-산지 마케팅 조직 성공요인

　거시환경 변화가 산지 마케팅 조직에 던져주는 메시지는 무엇인가? 산지 마케팅 조직을 격변의 소용돌이 속으로 몰아넣고 있다. 마케팅 조직의 기업화 추세는 전문성이 떨어지는 영세한 조직과 경쟁을 더욱 부추긴다. 소비 고객의 식품기호는 점점 까다롭게 되어 누가 어디에서 어떻게 구입할지를 알아야 판매가 가능하다. 유비쿼터스의 진화는 농산물 유통산업도 정보산업처럼 바뀌어질 것이라는 전망을 쉽게 한다. 소비자와 생산자는 더욱 가까워져 산지 마케팅 조직은 불필요한 존재로 전락할 수 있다는 위기감을 느끼게 한다. 기후변화는 농산물 산지 지도를 새로 그리게 만들었다. 산지간 경쟁이 더욱 심해지고 생산기술의 격차가 발생한다.

　산지 마케팅 조직은 이렇게 자기질문을 하여야 한다. "이러한 변화 속에서 위기를 기회로 바꿀 수 있는 역량을 가지고 있는가? 관행에서 벗어나 새롭게 터득해야 할 역량이 무엇인가? 지금까지 잘 유지되어온 전략적 위상이 계속될 것인가? 계속되지 못한다면 어떻게 하여야 하는가?"

유통산업내 경쟁상황에서 산지 마케팅 조직을 둘러싼 세력요인들의 위협과 기회는 무엇을 시사하는가? 신규진입자를 경쟁에서 무력화시키고 대체품으로부터 시장을 빼앗기지 않도록 하는 것이 전략 포인트이다. 산지 마케팅 조직은 서로 치열하게 경쟁하는 가운데 출하고객 및 구매고객과 협력적 관계를 구축해야 한다. 산지 마케팅 조직간 경쟁의 내용도 누가 더 고객과 협력관계를 잘 만들어 가느냐 하는 것이다. 즉 협력관계의 구축을 위하여 산지 마케팅 조직과 출하고객 관계에서 기회요소 그리고 산지 마케팅 조직과 구매고객 관계에서 기회요소를 활용하여 위협요소를 중화시켜야 한다. 여기에 산지 마케팅 조직의 성공요인(KFS : Key Factors for Success)이 있다. 세 가지로 나눠볼 수 있는데 연합, 통합, 결연이다. 다음과 같이 상술한다.

- **연합** : 많은 숫자의 경쟁조직의 마케팅 창구 수를 줄이는 것이다. 규모가 비슷하고 제품서비스의 차별화도 이루지 못하는 영세 조직의 난립으로는 산업자체의 낮은 성장과 저 수익성 구조를 벗어날 수 없다. 우선은 규모화 효과를 발휘할 수 있는 조건이 성립되지 않고서는 바람직한 시장전략에 한계가 있다. 산지 마케팅 조직간 연합을 이룩함으로써 구매고객에 대한 안정적 공급체계도 구축할 수 있으며 품질과 서비스의 일관성을 기대할 수 있다. 교섭열위 상태의 해결에 직접적 대안이 여기에 있다. 마케팅 전략에 대한 통일을 기할 수 있으며 마케팅 비용의 절감이 가능하다. APC, RPC 가동률 향상도 연합을 통하여 고정비를 줄일 수 있어 비용 측면과 가치 창출 측면 모두 장점이 있다.

- **통합** : 통합은 마케팅 조직이 출하고객과 강력한 연계체계를 구축하는 것이다. 출하고객이 전방통합을 하거나 그동안 출하하던 기존 마

케팅 조직을 바꾸지 못하게 하는 여건을 강구하는 것이다. 마케팅 조직에게는 구매고객에 대한 관계보다 출하고객과의 관계관리가 더욱 중요하다. 출하고객은 마케팅 조직을 유리한 정도에 따라 선택하지만 마케팅 조직은 출하고객을 붙잡지 못하면 존립할 수가 없다. 구매고객도 협력업체인 마케팅 조직을 평가할 때 출하고객과 관계를 얼마나 공고히 하고 있는지를 본다. 마케팅 조직의 신뢰성이 출하조직과의 관계에 달려 있다.

- **결연** : 마케팅 조직이 거래처 구매고객과 일시적 거래관계가 아닌 상호의존적인 파트너십 관계를 결연(結緣)이라고 하였다. 왜 결연인가? 마케팅 조직과 구매조직은 지속적 유대관계를 전제로 해야 진정으로 서로 윈윈(win-win) 하기 때문이다. 구매고객의 우월적 지위 남용으로 마케팅 조직을 쉽게 바꾸기도 하지만 거기에는 비용이 들어간다. 마케팅 조직은 구매고객과 대등한 것 이상의 교섭력을 키워야 결연을 맺는 것이다.

마케팅 조직이 먼저 통합을 바탕으로 연합체계를 구축하고 결연을 실현하는 것이 성공요인이다. 통합이 안되면 연합도 이루어지기 힘들고 결연은 불가능하다. 이것이 산지 마케팅 조직이 성공하는 방정식이다. 그렇다면 여기서 산지 마케팅 조직의 전략적 방향성이 나온다. 그림 1-2의 산지 마케팅 조직 전략도를 보라. 그림 횡축은 핵심성공요인 KFS1인 "통합" 전략이다. 횡축이 독립변수이고 종축은 핵심성공요인 KFS2 "결연" 전략이다. 어느 마케팅 조직이 현재 위치A에 있다. 조직 상태는 통합도 약하고 결연관계도 미흡하다. 원의 크기도 작아 연합은 되어 있지 않은 영세한 개별조직이다. 이 조직이 혁신을 통하여 위치B로 이동하였다. 원의 크기도 커져 조직의 연합이 이루어진 가운데 통합의 강도가 커졌다. 그렇지만 결연의 수준은 KFS2 아래 부분에 있어 아직 굳건하지 못하다. 여기서 화살표의 의미는 무엇인가. 조직의 역량 발휘를 의미한다.

그림 1-2 산지 마케팅 조직 전략도

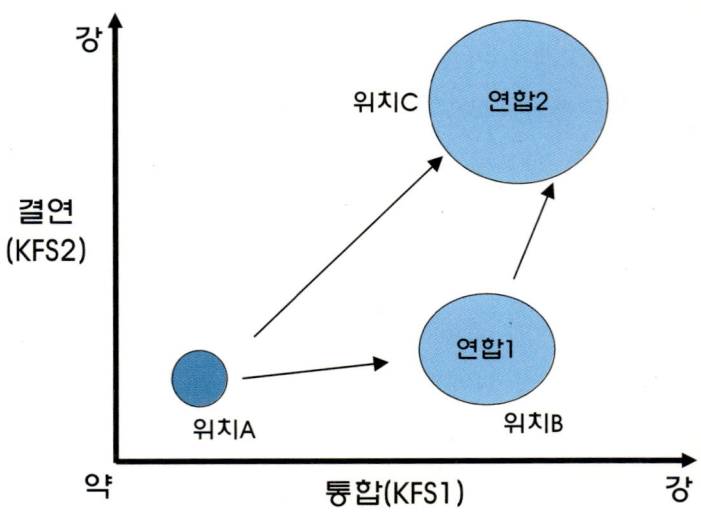

조직의 활동으로 KFS1을 위한 활동이 효과적이었다. 다음은 위치C에 주목하기 바란다. 위치B가 연합과 통합으로 조직역량을 강화하여 드디어 결연전략도 달성하는 위치C에 도달한 것이다. 원의 크기는 더욱 커져 연합에 참여조직수도 증가하였음을 시사한다. 이 밖에도 위치A에서 위치C로 바로 이동하는 경우도 상정할 수 있다. 이 경우는 핵심성공요인 세 가지가 동시에 이루어진 경우를 의미한다. 특단의 산지 마케팅 조직의 혁신이 일어났다고 가정하여도 좋다.

여기서 전략의 방향성을 분명히 할 수 있다. 통합, 연합, 결연을 향하여 이동할 수 있는 역량을 구축하는 것이 전략의 구체적 내용이다. 플래닝이 전략 대안을 만드는 절차이다. 대안을 만들기 위하여 전략적 사고가 필요하고 「마케팅 이론」이라는 도구를 활용해보자는 것이다. 산지 마케팅 조직의 궁극적인 목적 또는 비전, 사명은 조직 특성별로 다르겠지만 「산지 마케팅 조직의 업(業)」의 특성상 핵심 성공요인은 동일하다. 핵심 성공요인을 현실화시키는 역량의 차이가 경쟁우위를 결정할 것이다.

2. 마케팅 플래닝 방법

앞 절에서 패스 받은 '성공요인(KFS)의 현실화'를 위한 계획수립이 전략 플래닝이다. 전략 플래닝을 위하여 먼저 흔한 일상어가 되어버린 전략개념을 이해하여 전략사고를 형성하기로 한다. 이어서 마케팅 조직이 이를 실행하는 것이므로 전략의 비즈니스 계층구조도 아울러 다룬다. 이어서 전략 플래닝이 왜 필요한지 그 유용성을 논한다. 농업계에서 실행하는 플래닝의 문제점을 언급하면서 이를 시정하기 위한 좋은 플래닝은 어떠해야 하는지에 대한 기본적 논의를 덧붙인다. 여기까지가 성공적 마케팅 전략 플래닝을 위한 예비적 고찰이다.

2.1 전략개념 이해

전략(strategy)은 원래 군사용어로 그리스어 'stratigk'에서 유래된 것으로 '장군의 기술'이라는 의미이다. 동양에서는 손무(孫武, BC544~BC496)의 저서 「손자병법」의 '병법'이 여기에 해당하는 말이다. 오늘날 '전략'은 군사학 분야뿐만 아니라 정치·경제·경영·사회·외교 등 광범위한 분야에서 사용하는 일상어가 되어버렸다. 손자병법을 포함하여 경영학 분야에서는 전략을 다음과 같이 정의한다. 다양한 개념을 살펴봄으로써 전략에 대한 종합적 인식을 갖고자 한다.

◆ 전략이란 생존에 중요한 역할을 하는 것으로 삶과 죽음의 문제이기도 하며 안전과 존망에 영향을 미치는 것이다. 어떠한 경우라도 소홀히 하여서는 안된다.(손자병법)

◆ 전략이란 사업의 영역을 정의하고 성장의 방향을 제시할 수 있는 의사결정의 규칙이다.(Igor Ansoff)

◆ 전략이란 기업의 장기적인 목표의 결정과 그 목표를 달성하기 위하여 행동을 결정하고 경영자원을 배분하는 것이다. (Alfred D. Chandler Jr)

◆ 전략이란 기업의 목표와 그 목표를 달성하기 위한 여러 가지 계획
  이나 정책을 말한다. 또한 전략은 그 회사가 어떤 사업분야에 참여
  하고 있어야만 하고 그 회사가 어떠한 성격의 회사이어야 하는가를
  결정하는 중요한 이론이다.(Kenneth Andrews)

◆ 전략은 어떻게 하면 경쟁자에 비해서 경쟁우위를 가질 것인가 하는
  문제이다. 전략은 효율적인 방법으로 경쟁자에 비하여 그 기업의
  경쟁우위를 상승시키는 노력이라고 볼 수 있다.(Ohmae Kenichi)

◆ 전략은 격동이 보편화된 시대에서 변화를 빠르게 예측하고 감지하
  여 대처함으로써 위기를 예방하고 기회를 활용하는 프레임워크이어
  야 한다.(P. Kotler)

위 다양한 전략개념에서 각자 핵심적 키워드가 들어 있다. 손자병법에
서는 '생존'이다. 전쟁의 승패와 직결되는 병법은 인명과 재산에 관계된
다. 현대경영에서도 기업전략이 잘못되어 부도가 나게 되면 경영자는 경
영권을 넘기고 회사를 떠나야 하며 구조조정으로 해고된 종업원은 생계
가 어렵게 된다. 앤소프의 전략개념에는 '성장'이다. 즉 전략은 성장하
기 위한 방향제시이다. 성장이라고 하여 단순히 사업물량 또는 수익을 일
정부분 증가시키는 것을 말하지 않는다. 성장은 경쟁사와 격차를 벌려서
그 기업의 포지셔닝을 새롭게 하는 것을 말한다. 앤소프는 제품과 시장에
서 새로운 포지셔닝에 위치하는 것을 제시하였다. 보통 기업의 중장기전
략이 앤소프 개념에 해당하고 단기전략은 '생존'문제인 경우라고 하겠
다. 생존전략인가 성장전략인가에 따라 전략 수단들이 다르다. 기업환경
이 급격히 악화된 경우는 어떻게 하면 살아남느냐가 중요한 문제가 되므
로 자연히 '생존전략'에 해당하는 수단을 강구해야 한다. 즉 비용의 절
감이나 불요불급한 투자를 확대하지 않을 것이다. Alfred D. Chandler
Jr의 전략은 목표결정과 자원의 조달과 배분이다. 목표는 정량적 목표와

정성적 목표를 함께 명시한다. 그리고 경영자원을 어떻게 조달할 것인지, 그리고 이를 사업부문에 어떻게 배분할 것인지에 대한 의사결정이 주요한 전략이라는 말이다. Kenneth Andrews의 전략은 '사업 포트폴리오'에 관한 것이다. 해당 산업부문에서 평균수익 이상의 높은 잠재력을 갖는 사업부문이 매력적인 포트폴리오라고 할 것이다. 사업내용은 회사성격에 따라 달라지지만 고객이 기대하는 바를 지향해야 하므로 포트폴리오는 고객가치와 밀접하게 관계한다. Ohmae Kenichi의 전략은 경쟁우위를 실현하려는 노력이다. 전략의 선택과 실행은 경쟁우위를 창출하기 위한 것이다. 경쟁의 우열은 경쟁사와 자사간의 경제적 갭이 있으며 상대적으로 자사가 우위를 차지하자는 것이다. 우위란 무엇인가? 고객에 대하여 제공하는 경제적 가치의 상대적 우수함이라고 하겠다. 많은 전략론 학자들은 일반적으로 한 기업이 다른 기업들보다 경제적 가치를 더 창출하는 것으로 정의한다. 여기서 경제적 가치는 기업이 제품이나 서비스를 제공함으로써 구매자가 인식하는 편익(benefits)과 그 제품이나 서비스를 제공하는데 발생한 경제적 원가(cost)와의 차이를 말한다. 이것을 기업의 경제활동을 고객과의 관계에서 단순화시켜 말해보자. 코스트를 분모로 하고 편익을 분자로 하였을 때 경우이다. 기업의 전략에 의한 혁신 활동은 편익이 고정되어 있다면 코스트를 낮추거나, 코스트가 고정되어 있다면 편익을 높이는 것이다. 가장 바람직한 것은 동시에 코스트는 낮추고 편익은 높이는 것이다. 이 경우에 경제적 가치가 가장 크게 된다. 그래서 기업이 전략을 플래닝 하였을 때 "코스트 측면에서는 어떻게 하여 낮춰지고, 고객편익은 어떻게 하여 높아진다"고 한마디로 표현될 수 있어야 한다. 마케팅의 구루 P. Kotler는 카오틱스(CHAOTICS)에서 전략행동은 카오틱스 경영시스템을 구축하여 시나리오에 맞게 유연한 대응 패러다임을 구축하는 것이어야 한다고 하였다. 지금은 기업들이 '격동'의 시대에 있다는 것이다. 격동은 기업조직의 내외부에서 일어나 기업성과에 영향을 미치는 급속하고 예측 불가능한 변화를 말한다. 이런 상황에서는 기업의 전략이 빗나가기 일쑤다. 극심한 변동이 보편적이므로 이 점을 인식하고 새로운 전략 패러다임이 필요하다고 주장한다. 그것이 카오틱스 시스템이다. 이는 기업의 내부시스템과 규칙을 강화해 격동을 신속히 감지하여 약점과 기회를 찾아내고 혼돈에 대응하여야 한다는 것이다.

이상과 같은 다양한 전략개념은 각각 강조하는 키워드가 있는데 그 자체만으로도 전략속성이 잘 드러난다. 개념을 종합한다는 생각으로 작위적으로 각 개념의 퍼즐을 완성해 보면 이렇게 된다.

> "전략은 생존 또는 성장과 관련된 경쟁우위를 기업목표 계획으로 설정하고, 이것의 달성을 위한 최적의 사업부문을 선택하여 여기에 자원을 조달하고 배분하는 전략경영시스템을 격동의 시대에 상황적 합하게 작동시켜 가는 것이다."

산지 마케팅 조직의 마케터는 전략사고를 가져야 한다. 그러면 전략사고가 아닌 비전략적 사고는 어떠한 것인가? 두 측면에서 말할 수 있다. 하나는 현재 상황과 사고의 틀 안에서 과제를 해결하고 자신과 관계하는 범위를 벗어나지 않으려는 내부지향 사고다. 이제까지의 메커니즘에 매몰되어 창조적 도전적 의식이 결여된 것이다. 다른 하나는 의사결정을 내리기까지 과학적이고 분석적인 논리적 사고절차가 결여된 상태에서 결론을 강요당하는 상황이 와서 무모하게 즉흥적으로 결정하는 사고다. 마치 도박판에서 돈을 걸어 돈을 따는 행운을 기대하듯이 적중하기를 바라는 사고와 같다. 전략을 이해하고 전략 프레임워크를 체득하는 훈련을 한다면 이러한 비전략적 사고에서 벗어날 수 있다. 이것이 본서의 사명이기도 하다.

2.2 전략체계 이해

전략은 기업의 비즈니스 계층(hierarchy)의 한 부분을 차지한다. 전략이 기업의 최상위 개념은 아니다. 그림 1-3은 기업의 경영활동을 피라미드로 나타낸 것이다. 기업 경영활동의 최상위 개념으로 피라미드의 맨 꼭대기에 미션(mission)이 있다. 미션은 "기업이 사회에서 왜 존재하는가?"에 대한 답변이다. 기업의 사회에 대한 책임, 목적, 사명, 경영 자세를 밝히는 것으로 일관되게 주장하는 것이다. 미션은 변할 수 없다. 한편, 비전은 기업이 추구하는 모습을 나타내는 것으로 기업이 나가고자 하는 방향으로서 기업의 목표라고 하겠다. 기업이 무엇을 해야 하는지 또는 되고 싶은 것을 말한다. 비전은 사업환경의 변화에 따라 달라지며 도전적인 목표를 세움으로써 발전해 나가고자 한다. 목표는 정성적 목표와 정량적 목표로 설정되는데 시간을 전제로 미래의 어느 시점에서 이루어야 할 것인지 제약이 있다. 비전이 설정되었다면 현상황과 차이를 확정했다는 말과 같다. 전략은 바로 그 갭을 줄여 비전을 현실화 시키려는 계획이다. 비전이 없다면 현실과 갭도 없는 것이므로 전략도 있을 수 없다.

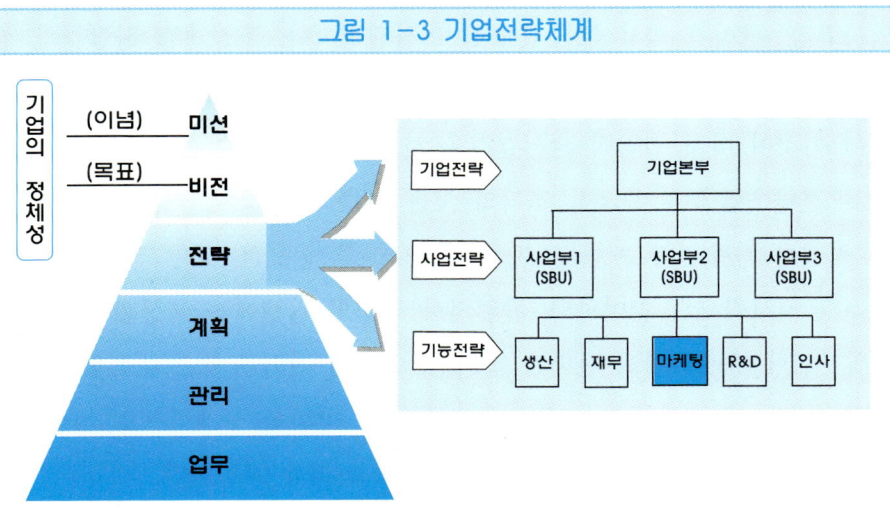

그림 1-3 기업전략체계

전략의 계층 구조 속에서 전략이 충족해야할 것은 기업의 사명을 뒷받침하고 기업의 목표와 관련을 맺어야 한다. 본서에서 플래닝은 설정된 미션이나 비전을 실현하기 위한 전략을 구상하는 것이다. 플래닝은 미션과 목표를 달성하는 행동계획을 수립하는 것이라고 하겠다.

한편 전략의 하위개념으로 계획 등이 있는데 이것은 전략을 실천사항으로 더욱 세분화한 것이다. 전략을 잘 세워야 계획이나 관리도 잘 이루어질 수 있다. 그리고 전략과 전술적 하위 개념을 혼동하여서는 안된다. 전략은 앞서 개념에서도 충분히 나타났듯이 비즈니스 추구 방향, 획득할 자원과 배분의 결정 등을 결정하여 기업 조직들의 기능별 부서 운영단위의 입장을 통합하여 이끌어가는 방향인 것이다. 일회적이고 비일상적이므로 정형화하기 어렵다. 전술적 계획 등은 운영의 효율성을 높이기 위한 노력들로서 품질관리, 재고관리, 물류관리 등 일상적이고 획일적인 업무이며 시간적으로도 단기적인 활동이다. 즉, 이들은 결정된 전략을 집행하는데 자원투입을 최소화하고 주어진 자원을 이용하여 목표달성을 최대화하려는 것이다. 또한 사전적으로 정해진 방식과 체계에 따르므로 매뉴얼화가 가능하다.

이와 관련하여 앤소프는 세 가지 의사결정의 종류를 제시했다. 전략적 의사결정, 관리적 의사결정, 운영적 의사결정이다. 조직계층 사람들의 역할에 맞지 않게 상위경영층이 관리적 의사결정 또는 운영적 결정에 매몰되어 이것이 마치 전략적 의사결정을 하고 있다고 착각해서는 안된다. 그리고 전략수립에는 가급적 조직의 모든 계층의 관리자를 참여시키는 것이 적절한 대응전략 개발에 도움이 된다. 즉 중요한 것은 전략개발에는 모두가 전사적으로 참여하되, 관련의사 결정의 집행에는 구성원의 계층적 역할분담에 충실하여야 한다는 것이다. 이처럼 전략은 비즈니스계층의 중간위치에서 위로는 기업의 목표를 실현하는 방향을 구체적으로 제시하고 아래로는 효율적 통합적기업의 운영활동에 논리를 제공한다.

　다음은 전략의 수준에 대하여 살펴본다. 전략수준은 그림 1-3 전략체계에서 피라미드 오른쪽 기업기능조직도에서 나타나 있는 바와 같이 세 가지 수준으로 기업전략, 사업전략(경쟁전략), 기능전략(마케팅전략)이다. 첫째, 기업전략은 다양한 사업의 포트폴리오를 전사적 차원에서 어떻게 구성하고 사업부간의 시너지를 창출하기 위하여 이들을 어떻게 조정할 것인지를 결정하는 일이다. 이러한 결정들은 기업을 둘러싼 환경변화에 적응하거나 극복하면서 기업의 성장이나 구조조정 과제와 관계 있다. 기업 CEO의 주된 기능이다. 둘째, 사업 전략은 특정사업에서 어떻게 경쟁할 것인가를 결정하는 문제이다. 예를 들면 원가우위의 저가격 전략인가 아니면 품질 차별화에 우위를 두는 전략을 선택할 것인지를 결정하는 것이다. 이 중에서 시장을 더욱 세분화하여 저가격이나 차별화에 집중하는 전략을 취할 것인지도 포함한다. 물론 블루오션전략에서 말하는 것처럼 차별화와 저가격을 동시에 실현시키려는 전략도 있을 수 있다. 방향이 분명하지 않은 경우는 어정쩡한 전략이 되는 수도 있겠다. 사업 전략의 주요 관심사는 경쟁자와 역량을 비교하여 경쟁사 대비 독보적인 시장지위를 획득할 것을 목표로 하는 전략이다. 즉 경쟁우위에 중점을 둔다. 이러한 전략선택은 기업의 본부장 직책에서 한다. 기능 전략은 예를 들면 제품 혹은 브랜드를 어떻게 관리할 것인가를 결정하는 일이다. 주요 관심은 고객의 니즈(needs)를 파악하여 고객을 만족시키는 것을 목표로 한다. 전략의사 결정을 위한 툴킷(toolkit)으로는 전략을 개념화시키는 STP(Segmentation, Targeting, Positioning)전략과 이를 실행에 옮기는 4P(Product, Price, Place, Promotion)전략이 있다. 이 전략의 특징은 실행전략이므로 자원은 이미 한정되어 있다는 점이다. 전략평가 지표는 생산성이나 효율성이다. 따라서 마케팅 전략 수립시에 새롭게 예산을 늘리거나 사람을 신규로 투입하여 어떻게 해야 한다는 식으로 전략을 만들어서는 안된다. 주어진 조건에서 최적의 효과를 올리는 전략을 어떻게 해야 하는지로 구성해야 한다. 이러한 기능은 기업의 팀장이 할 일이다.

2.3 올바른 전략 플래닝을 위하여

2.3.1 올바른 플래닝의 유용성

산지 마케팅 조직들의 치열한 경쟁상황에서 성공을 향한 전략이 세 가지로 요약됨을 밝힌 바 있다. 즉 출하고객과의 통합, 구매고객과의 파트너십 형성, 경쟁마케팅 조직간의 연합이 그것이다. 플래닝은 이러한 전략을 실현시키기 위한 구체적 계획이며 문서로 작성하는 것이다. 조직의 일이므로 문서화되어 있어야 객관적으로 볼 수 있고 전파가 가능하여 다양한 참여주체가 가치로서 공유가 가능하다. 원래 마케팅 계획 수립절차는 상황분석과 기본적인 가정을 설정한 후 목표를 설정하는 것이다. 앞서 5 경쟁세력 모델에 의한 분석에서 이미 이러한 3과정은 거쳤다. 이제 남은 절차는 관련 목표를 어떻게 달성할 것인가를 결정할 일이다. 플래닝의 핵심내용이라고 하겠다. 플래닝은 설정된 목표를 달성하기 위하여 계획을 세우는 일련의 체계적인 절차다. 플래닝을 할 때는 성공을 위한 강력한 도구가 되어야 한다는 확신을 갖고 임해야 한다. 올바른 마케팅 플래닝이 세워져야 목표 달성이 가능하다. 플래닝이 마케팅 성공의 필수적 요소라고 하겠다. 플래닝은 다음과 같은 유용성을 갖고 있다.

첫째, 경쟁력의 원천을 발견하는데 도움이 된다. 자사와 경쟁사는 모두 고객들에게 가치를 제공하는 경쟁을 벌이고 있다. 각 조직 역량의 강점과 약점이 비교된다. 자사가 무엇에 강점이 있는지 플래닝 과정에서 밝혀질 것이다. 또한 경쟁사의 강점이 무엇인지도 나온다. 그러면 현재와 같이 조직간에 경쟁상 우열의 차이가 생기게 된 원인이 규명된다. 그 긍정적 원인이 경쟁력의 원천이라고 하겠다. 이러한 분석기법을 비즈니스 시스템(Business System, Value Delivery System)이라고 한다. 비즈니스 시스템이란 '하나의 제품을 생산해서 최종소비자에게 이르게 하여 자사의 고객으로 만들어 가는 흐름' 이다. 플래닝의 핵심 도구다. 유통업종에 잘 어울릴 수 있는 분석도구라고 하겠다.

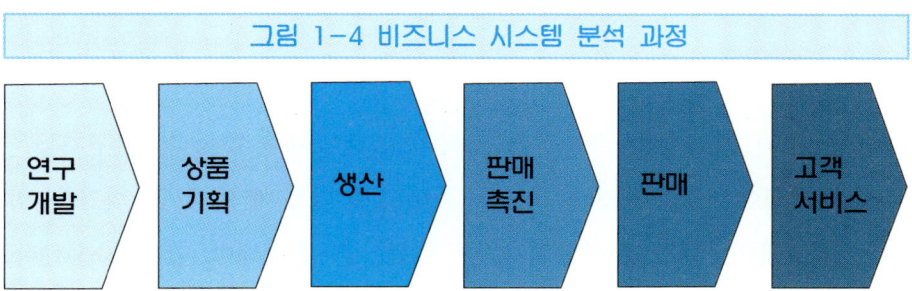

그림 1-4 비즈니스 시스템 분석 과정

연구
개발

상품
기획

생산

판매
촉진

판매

고객
서비스

  본서는 이러한 도구를 즐겨 사용하여 분석한다. 농산물 유통 흐름에 맞게 다양하게 시스템을 그려낸다. 산지 마케팅 조직의 입장에서 이를 응용한다면 생산조직화→생산지도→집하관리→상품화→판매관리→사후관리의 가치사슬 흐름으로 생각할 수 있다. 그리고 각 사슬도 더욱 세분화하여 치밀한 전략적 플래닝이 시도된다. 경쟁사와 비교 관점에서 자사의 비즈니스 시스템의 개선과 개혁 사항이 제안될 것이다. 단순히 현재 하고 있는 일의 설명이 아니라 산지 조직이 출하고객과 구매고객의 두 관점에서 발전 사항들이 도출되어야 한다는 말이다.

  둘째, 조직 구성원으로 하여금 참여를 촉진시킨다. 개선과제의 발굴은 조직 구성원이 목표를 향하여 노력을 할 것을 의미한다. 성문화되었으므로 이 점은 명확하다. 조직 하부계층에서부터 최고 책임자에게 이르기까지 노력할 부분이 드러난다. 노력할 내용에도 우선 순위가 있는 법이다. 플래닝에는 누가 무엇을 어떠한 방식으로 시간적 순위를 고려하여 실행할 것을 분명히 하는 촉진기능이 있다고 할 것이다.

  셋째, 계획 실행에 필요한 자원확보 내용을 제시한다. 자원은 눈에 보이는 사람, 자금, 유통설비이지만 여기에 국한하지 않는다. 특히 산지 조

직화는 지역사회의 수많은 관계주체들과 얽히고 설켜 있다. 목표에 대한
공감, 신뢰, 카리스마, 지원의지 등 무형적인 협력자원들이 매우 중요하
다. 비전이 분명하고 전략적이며 구체적 실행계획이 나타난 플래닝은 이
러한 유무형 자원을 끌어모으는데 필수적이다.

2.3.2 업계 플래닝 문제점

첫째, 과거의 관행을 반복하여 전략적 플래닝이지 못하다. 연구자들은
마케팅 계획이 실행 가능한 목표를 준비하기 위해 현재와 곧 다가올 미
래환경에 대해 "아무런 선입견 없는 관점"을 견지해야 함을 주장한다.
그러나 현실은 단순히 사업물량을 책정해 놓고 수확기가 가까이 오면 추
진하러 다닌다. 급속히 변화하는 경쟁상황과 산지와 소비지 동향에 대한
관찰 결과를 형식화 시키지 못하고 "팔아야 한다"는 생각 위주이다.

둘째, 환경분석이 피상적이며 형식적이어서 상황의 나열에 그치는 경우
가 있다. 환경을 다루는 것은 자사조직의 마케팅 활동에 대한 시사점과
관련한 힌트를 발견하려는 것이다. 따라서 좀 더 직접적이고 피부에 와
닿는 위협과 기회적 요소와 관련을 맺는 환경요소를 찾아야 한다. 예를
들면 시장개방을 환경변화로 보고 나열하지만 이것은 모든 산지 경쟁조
직에게 다 그렇다. 마케팅 목표와 전략을 차별화하는데 힌트가 되는 세분
시장이나 구매고객과 관련되는 구체적인 환경변화 요소가 필요하다.

셋째, 전략적 플래닝을 방해하는 요소들이 많은 것이 문제다. 다양한
사업을 펼치는 농협과 같은 조직은 복잡하여 마케팅과 관련한 전략적 플
래닝에 특화하기 어려운 점이 있다. 일반적으로 플래닝을 전략적으로 수
립하여 유용성을 발휘하려는 구성원의 태도나 역량이 부족하다. 그리고
기능의 전문화가 미흡하고 일손부족으로 플래닝을 수립하는 과정을 거치
는 것이 번거롭다.

넷째, 세분시장, 고객요구 가치, 경쟁자 대응에 대한 입체적 인식과 논

리적 대응의 서술이 결여되어 있다. 주요 세분시장을 확인하지 못하며 분석이 잘 안된다. 산지 또는 시장에서 경쟁자 대응이 별로 부각되지 않는다. 고객집단 요구 가치에 대한 도출에 기반한 제품 포트폴리오 전략이 세분화되어 있지 않다.

2.3.3 전략 플래닝 원칙 및 구성

전략 플래닝 원칙의 제 1은 전술적 계획 이전에 전략적 계획이 만들어져야 한다는 것이다. 전략은 상황변수와 영향요인이 분석된 후에 나갈 방향인 것이므로 세부 전술적 사항을 한데 모아 요약하여 전략이라고 해서는 안된다. 실무적으로 중장기 계획을 전략계획이라고 하지만 절대로 연도별 계획을 세우고 이를 모아서 전략이라고 해서는 안된다. 만약 전략을 만들어 목표달성에 3개년이 소요된다고 하면 1차년도는 분기별로 계획이 나오고 이후 2차년도 3차년도 전략이 나온다. 원칙의 제 2는 플래닝에는 조직구성원 모두에게 책임이 주어진다고 인식하여야 한다는 것이다. 구성원들은 전략가치를 공유하여야 한다. 공유가치는 조직구성원이 공동으로 소유하고 있는 가치관, 이념, 존재목적이다. 이는 기능 또는 역할 이상으로 구성원의 전략에 대한 태도와 관련되는 사항이다. 전략단위별로 전략 기획자와 실무자가 역할 분담을 해야 한다. 전략 기획자는 실무자가 계획을 잘 수립하도록 지원해야 한다. 필요하다면 관계자들의 워크숍과 같은 대화의 장을 마련하여야 한다. 최고경영진의 계획수립 의지가 확고한 가운데 전략지향적 조직문화를 만들어 가면 이와 같은 구성원의 상호작용과 절차들이 순조롭게 이루어질 것이다. 원칙의 제 3은 전략사업 단위별로 계획을 세운다. 그림 1-5는 농산물 마케팅 플래닝 체계를 보여주고 있다. 네 부문에 걸쳐 전략사업단위(SBU : Strategic business unit)를 표시하였다. 산지 마케팅 조직이 영세한 경영조직이더라도 나름대로 전략수준을 구분할 수 있다. '농산물 마케팅전략' 을 기업전략으로 하고, 네

부문을 '사업부 전략' , 하위수준인 STP와 4P는 '기능전략'에 해당하는 것으로 보고 싶다. 본서의 논의는 이러한 플래닝 체계에 따라 상세히 진행한다. 여기서는 각 내용들의 개념정도로 스치고 지나간다.

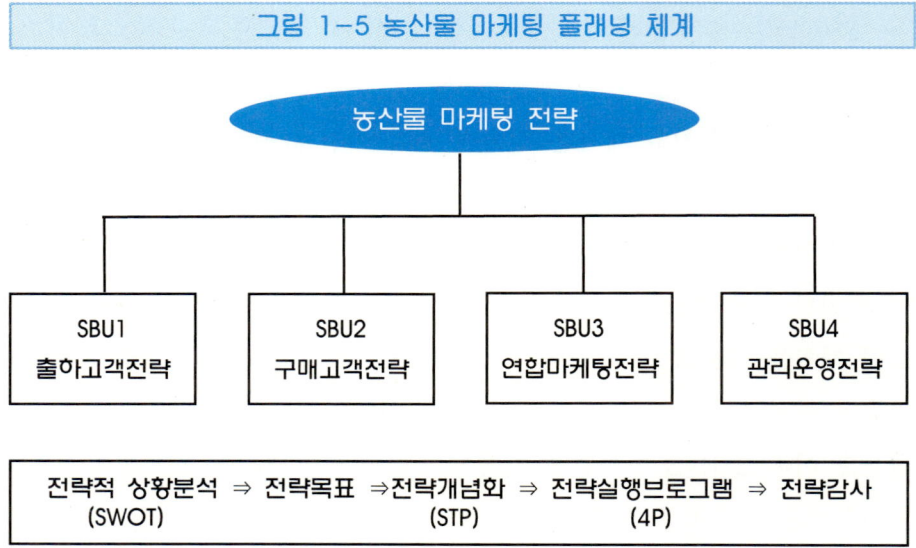

그림 1-5 농산물 마케팅 플래닝 체계

농산물 마케팅 전략

| SBU1 출하고객전략 | SBU2 구매고객전략 | SBU3 연합마케팅전략 | SBU4 관리운영전략 |

전략적 상황분석 ⇒ 전략목표 ⇒전략개념화 ⇒ 전략실행브로그램 ⇒ 전략감사
(SWOT)   (STP)   (4P)

- **출하고객전략** : 산지 조직에 출하하는 농업인을 출하고객이라고 하였다. 농업인에 대한 산지간 물량규합의 경쟁이 벌어지는 상황이므로「집하전략」으로 중요하게 논할 것이다.
- **구매고객전략** : 농산물을 구매해가는 중간구매조직의 바이어에 대한「판매전략」이다.
- **연합마케팅전략** : 교섭력을 발휘하여 구매고객과 파트너십 관계를 공고히 하기 위한 산지조직간 전략적 제휴 수단이다.
- **관리운영전략** : 조직의 의사결정 지배구조, 집행기능 분담, 자원의 조달과 배분 등에 관한 전략이다. 본서에서 별도의 장으로는 다루지 않지만 다른 전략부분의 논의에 스며들어 있다.
- **전략적 상황분석** : 전술한 기회와 위협에 대한 논의에서와 같이 전략

을 수립하기 위하여 필요한 가정들이다. 이 부분을 다룰 때 중요한 것은 가정은 핵심적이고 중요한 내용이어야 하며 관련된 사실이 일관성을 유지하여야 한다는 것이다. 흔히 강약점, 위협기회의 나열만으로는 의미가 없다. 전략적 지향점을 뽑아내야 한다.

- **전략목표** : 각 SBU에는 고유의 목표가 있다. 단위 목표라고 볼 수 있으며 이를 실현하기 위한 하위 전략과제를 품고 있다.
- **전략적 개념화** : 고객, 자사, 경쟁자의 분석을 통하여 자사의 전략적 지향 위치를 개념화한다.
- **전략실행프로그램** : 주로 「집하전략」과 「판매전략」을 실행하는 제품, 가격, 유통, 촉진전략을 농산물 부문에 응용하여 고유의 전략논리를 구성하였다.
- **전략감사** : 마케팅 감사라고 하는데 PLAN-DO-SEE 관점에서 목표 대비 성과를 비교하고 시정조치하는 기능이다. 경영조직의 일반적 기능이라서 별도의 논의는 생략한다.

원칙의 제 4는 각 전략 목표의 우선순위를 설정하는 일이다. 예를 들어 어느 마케팅 조직이 산지조직화가 취약함에도 불구하고 이 부분에 대한 전략은 소홀히 하고 판매전략 부분에 역량을 강화하는 전략을 세웠다고 하자. 이것은 전략목표의 우선순위가 틀렸다. 농산물은 집하전략부분이 먼저 갖춰져야 한다. 해당 조직마다 마케팅 발전 단계가 다르므로 적합한 목표계획을 세워야 할 것이다. 원칙의 제 5는 대체계획이 있어야 한다. 마케팅 계획은 모든 시점에서 무조건 적용되는 것이 아니다. 전략적 상황분석에서 가설이 달라지거나 실행을 위한 자원조달에 문제가 생기거나 한다면 계획을 변경시켜야 한다. "만약 ~이라면" 변화의 가능성도 가정한다. 전술한 카오틱스 전략개념에서와 같이 변화에 대처하는 전략적 유연성을 견지하여야 한다. 원칙의 제 6은 플래닝 결과물은 문서여야 한다. 조직 내부와 전략적 파트너에게도 형식화되어 알려져야 한다.

문서 내용은 해당 조직이 가치창출하려는 목표가 단순명쾌하고 전체 내용들이 잘 정리되어야 한다. 대안이 나열되고 우선순위도 명시되며 재무적 성과에 미치는 영향도 드러나야 한다. 얼마나 효과적으로 플래닝이 되었는지는 '플래닝 자기 질문 진단' 과정을 거친다면 명확해질 것이다. 질문 리스트를 만들어 체크해 볼 필요가 있다.

제2장 플래닝 도구－「마케팅 이론」

본서의 테마는 플래닝이므로 플래닝과 관련하여 설명한다. 플래닝을 집을 짓는 것에 비유하자. 집을 짓는 데는 건축 재료와 더불어 연장이 필요하다. 연장이 마케팅 이론이라고 생각하였기에 제목도 「마케팅 이론」이라는 도구라고 하였다. 연장을 능숙하게 사용하여야 집을 잘 짓는다. 연장을 잘 사용할 줄 아느냐 모르느냐에 따라 집짓는 솜씨가 달라진다. 「마케팅 이론」이라는 도구를 잘 사용하면 플래닝을 잘 할 수 있고 플래닝을 잘 하면 무엇을 어떻게 얼마동안에 실행할 수 있는지 로드 맵(road map)이 선명하게 떠오른다. 그러면 마케팅 조직의 목적을 성공적으로 달성할 수 있는 실행이 순조롭다. 따라서 「마케팅 이론」이라는 도구는 성공을 위하여 필수적으로 지참해야 할 무기이다.

마케팅 이론체계를 그림 2-1에서 집 모양으로 나타냈다. 가장 중요한 것이 마케팅 개념이라서 주춧돌로 하였고 이를 바탕으로 고객 행동을 이해한다는 의미로 기초를 더욱 다졌다. 여기에 STP라는 마케팅 개념의 핵심적 요소로 기둥을 세우고 그 위에 마케팅의 실행적 요소인 4P로 벽돌을 삼아 집의 체제를 갖추었다.

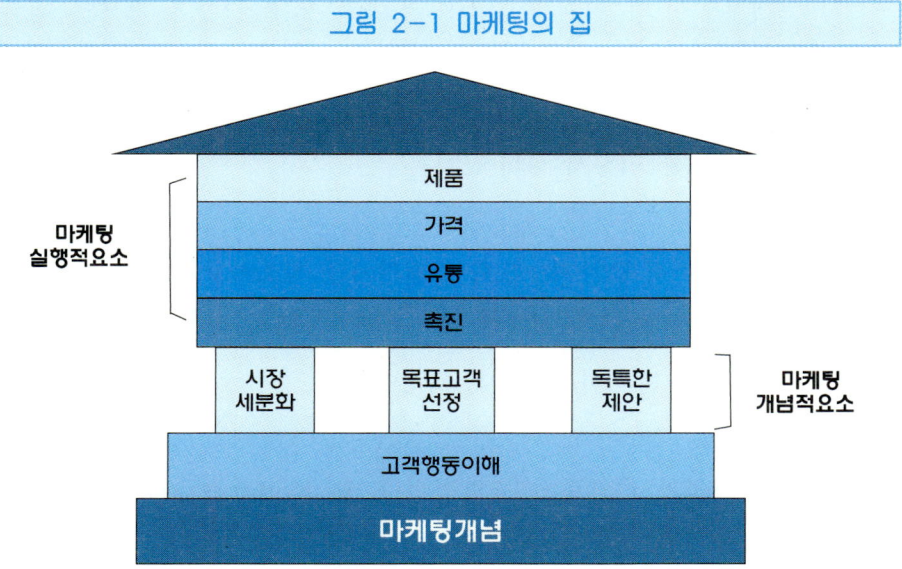

그림 2-1 마케팅의 집

그 위에 씌운 지붕은 마케팅 목표에 해당하는 것으로 하여 4P 실행을 통하여 달성되는 것으로 보았다. 「마케팅의 집」이라고 불러도 좋다. 이하에서 마케팅 이론의 각 개념요소들을 나누어 설명하되 농산물 유통경제 및 산지 마케팅 조직 과제와 관련시켜 본다.

1. 「마케팅 개념」 도구

마케팅(marketing) 개념은 마케팅 전략을 수립하는데 중요하다. 마케팅 전략의 등식은 이렇다.

마케팅 전략 = 마케팅개념 이해도 × 최고경영층 의지 × 마케팅전략 체계성

마케팅 개념에 대한 이해정도에 따라 전략이 제대로 수립될 수도 그렇지 못할 수도 있다. 따라서 마케팅 플래닝을 하는데도 마케팅 개념에 대한 명확한 이해가 앞서야 한다고 할 수 있다. 플래닝 후 실행하는 마케팅 활동이 마케팅 개념의 이해에 기초를 두어야 한다. 마케팅 개념은 1950년대 중반 구체화되었다. 이후 표현의 변화는 있었으나 2004년 미국마케팅협회(American Marketing Association)는 시장의 급격한 변화에 적합한 마케팅 개념을 이렇게 정의하였다.

"마케팅이란 조직체의 기능으로 고객가치를 창조하고, 커뮤니케이션하고, 전달하며, 또한 조직체와 이해관계자들에게 이익이 되는 방법으로 고객관계를 관리하는 일련의 과정이다."

첫째, 고객가치가 마케팅의 출발점이다. P. Kotler는 가치를 "타깃이 되는 시장을 겨냥해 품질과 서비스, 가격의 세 가지 요인을 적절히 구성

비에 따라 결합시킨 것"이라고 하였다. 고객은 획득하는 것과 제공하는 것의 비율로 가치를 결정한다. 고객 입장에서는 품질과 서비스는 더 받으려고 하고 가격은 낮추려 한다. 기업은 가능한 한 비용을 최소한으로 줄여 고객의 욕구를 충족시키는 것이다. 마케팅 개념의 출발점은 판매와 다르다. 판매 개념에서는 출발점이 고객이 아니라 공장 또는 기업이며 판매자의 욕구에 초점을 맞춘다. 피터 드러커(Peter Drucker)는 마케팅의 목표를 고객을 이해하고 맞춤으로써 저절로 팔리도록 하여 판매가 필요 없게 만드는 것이라고 하였다.

둘째, 마케팅의 초점은 제품이 아니라 고객가치의 바탕을 이루는 '고객욕구'이다. 마케팅 개념이 제품 중심적 즉 '제조해 판매하는' 개념이 아니라 고객 중심적으로 고객욕구에 '감지하며 대응하는' 개념으로 본다. 현재의 고객욕구 뿐만 아니라 이제까지 없었던 새로운 욕구를 발견하는 것까지 포함한다. 제품에 대한 고객을 찾는 것이 아니라 고객에게 최적의 제품을 찾아주는 것이다.

셋째, 마케팅 관리(marketing management)활동을 강조한다. 위 정의에서 가치를 커뮤니케이션하고 전달하는 것은 중심된 마케팅 관리활동이다. 즉, 마케팅 관리는 표적시장을 선정하고 창조한 고객가치를 의사소통함으로써 전달하여 고객을 확보하고 유지하는 활동이라고 정의한다. 마케팅 커뮤니케이션 활동은 기업이 브랜드를 매개로 고객에게 제품에 대한 정보를 제공하여 상기시키거나 설득하는 수단이다. 고객이 잘 '감지'하도록 한다. 또한 고객가치의 전달은 기업의 제품을 제공하는 경로활동을 의미한다. 기업의 제품에 고객이 편리하게 가까이 다가갈 수 있도록 하는 활동이다.

넷째, 마케팅은 기업과 고객의 상호이익을 추구한다. 기업의 존립도 지속가능해야 하므로 가치제공을 통한 고객만족과 기업이윤 추구는 양립하여야 한다. 위 정의에서 "조직체와 이해관계자들의 이익이 되는 방법"이라는 것은 기업의 수익성도 실현하는 상호이익을 의미하는 것으로 보고 싶다.

그림 2-2 마케팅 개념의 이익

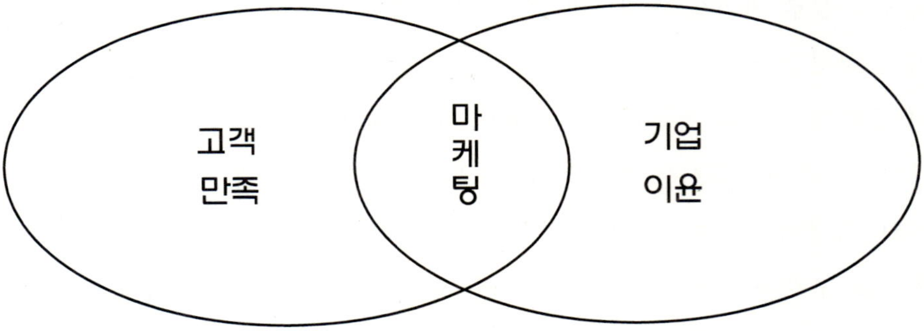

고객 만족 / 마케팅 / 기업 이윤

　다섯째, 고객 관계 관리의 중요성이 매우 커졌다. 「관계관리」는 고객을 확보하고 유지하며 개선하려는 지속적 협력적 시장행동이다. 고객을 돌보며 가꾸는 것이지 기업목표를 위하여 이용하기만 하는 것이 아니다. 지난 날 마케팅 정의(AMA, 1985)에서는 마케팅을 "개인의 목적과 조직의 목적을 충족시키는 교환을 조장하기 위하여 아이디어, 재화, 서비스, 가격결정, 촉진, 유통경로를 계획하고 실행하는 과정"이라고 하였다. 새로운 정의는 기존의 정의와 다르게 고객의 영향력이 매우 커졌으므로 '고객과의 관계를 관리'하는 것이 중요하다는 점을 강조하고 있다. 관계관리는 기업의 마케팅 활동과 관계하는 모든 이해관계자, 즉 고객, 공급업자, 유통업자, 마케팅 동반자들과 장기적으로 원만한 관계를 지향한다. 점차 경쟁은 기업간의 경쟁이 아니라 기업의 협력관계집단, 바꿔 말하면 네트워크간의 경쟁이다. 이를 위하여 데이터베이스 경영관리를 하고 협력자들을 연결하는 가치체인 통합 등을 실행한다. 특히 고객에 대하여는 단순한 판매량 증가를 통한 이익창출 또는 고객만족 목표에서 머무르지 않는다. 더욱 지속적인 관계지향으로 고객평생가치의 획득을 통한 수익성 있는 성장을 도모하는 것이다. 여기서 고객점유율, 고객애호도와 같은 지표들이 시장점유율이라는 지표보다 더욱 중요해진다.

지금까지 논의한 마케팅 개념의 키워드는 고객가치, 마케팅관리, 상호
이익, 고객관계관리로 정리할 수 있다. 이러한 개념들이 농산물 유통경제
에 시사하는 바가 있는가? 있다면 어떠한 점에서 그러한가? 그리고 마케
팅 개념이 플래닝 주체인 산지 마케팅 조직에게도 과제를 발견하고 이를
해결하는 전략에 유용한가? 대답은 모두 "그렇다"이다.

- 「고객가치」 개념의 유용성 : 산지 마케팅 조직의 고객은 출하고객과
  구매고객이다. 출하고객이 마케팅 조직에 출하를 하고, 구매고객이
  이들을 통하여 구입을 하는 것은 이용할 만한 「가치」가 있기 때문이
  다. 또한 이용을 중단하였을 때는 기대가치를 충족시켜 주지 못하였
  기 때문이다. 「고객가치」에 대하여 깊은 관심을 가질 수밖에 없는 이
  유가 여기에 있다. 마케팅 개념은 「고객가치」로부터 출발한다고 했는
  데 농산물 마케팅에도 그대로 적용된다. 「고객가치」를 좀더 분해하여
  설명하면 확실히 이해하게 될 것이다. 표 2-1은 고객별 편익과 비
  용의 내용을 예시하였다.

표 2-1 고객별 고객가치 예시

구분	편익	비용

출하
고객
가치
요소
	· 재배관리 기술을 제공 받는다.
	· 순회수집하여 운반을 직접 안한다.
	· 수확후 선별을 해주어 여가가 생겼다.
	· 판매가격을 잘 받아준다.
	· 조합을 이용하는 것에 소속감 느낀다.
	· 직원들이 고생하는걸 보니 믿음직
	  스럽다.
		· 판매 수수료를 낸다.
		· 수확작업에 힘이 든다.
		· 선별 포장하는데 자정을 넘긴다.
		· 내가 받는 수취가격이 아무래도
		  잘못된 것 같다.
		· 선별기준이 나에게 불리한 것 같다.

구매 고객 가치 요소	· 출하기간 동안 안정적 물량 있다. · 선별도 균질하여 단골소비자 있다. · 긴급 상황에도 탄력적으로 대응한다. · 상품 차별성 있으며 적정가격이다. · 직원의 상품지식이 풍부하다. · 직원과 대화하기가 편하다.	· 대금정산을 월 2회 한다. · 소비자 리콜이 자주 발생한다. · 주문에 대한 조치가 늦다. · 가격 협상에 너무 힘이 든다. · 직원이 자주 교체된다. · 말다툼을 자주 하여 껄끄럽다.

고객은 가치를 편익/비용으로 생각한다. 이용한 편익이 지불한 비용보다 크다면 이용할 것이고 이용한 편익이 지불보다 작다면 떠날 것이다. 이제 고객이 왜 이용하며, 왜 떠나는지 알 수 있을 것이다. 그리고 이용하지 않는 고객을 끌어들이기 위하여는 어떠한 편익을 증가시키며 어떠한 비용을 줄여야 하는지 시사점에 대한 인식이 분명하였으리라 믿는다. 모든 생각들의 시작은 고객가치에서 하여야 한다. 그래서 끊임없이 이렇게 자기질문을 하여야 한다. 우리고객의 니즈(needs)와 원츠(wants)는 무엇인가? 한편, 마케팅과 판매가 다르다는 점도 여기에서 말할 수 있다. 고객가치가 경쟁조직보다 월등히 뛰어나다면 고객을 찾아다닐 필요가 없다. 고객이 알아서 찾아올 것이다.

- 「마케팅 관리」개념의 유용성 : 「마케팅 관리」개념은 마케팅 전략의 계획이 농산물 마케팅에도 필요함을 말하여 준다. 여전히 제도권 도매시장이 농산물 유통의 근간이기는 하지만 대형마트의 소비지 유통 주도, 인터넷 경로의 다변화, 소비자 기호변화의 다양성, 산지간 경쟁의 격화가 농산물 유통의 주된 흐름이다. 마케팅 마인드를 가진 전략이 필요하다고 할 수 있다. 전략은 「마케팅 관리」개념에서와 같이 1차적으로 표적시장을 설정하여야 한다. 산지 마케팅 조직의 역량에 적합한 표적 출하고객과 표적 구매고객을 정하는 것이다. 표적고객에 대하여 농산물 역시 커뮤니케이션 수단으로 브랜드 전략을 세워 산지 규합을 도모한다. 동일한 브랜드를 우산으로 하여 그 아래 출하고객의 통합을 촉진시킨다. 구매고객에 대하여도 산지 마케팅 조직의 정체성을 브랜드에 함축적으로 담아 긍정적인 브랜드 이미지를 형성하여 궁극적으로 브랜드 자산을 구축하는 것이다. 다음에는 마케팅 경로 활동인데 출하고객과 관계에서는 비용의 최소화와 편리성을 실현하도록 한다. 구매고객에 대하여는 시장전략을 구사한다. 마케팅 정보를 바탕으로 경로의 다변화를 꾀하면서 창출가치의 극대화와 최

적화를 이룩한다. 요컨대 전략을 체계화하는데 「마케팅 관리」개념이
유용하다.

- 「마케팅 상호이익」개념의 유용성 : 산지 마케팅 조직도 엄연한 경영
조직이다. 사업의 성과가 있어야 하며 이익을 실현하여야 한다. 이익
을 실현하지 못하는 조직은 지속가능경영이 불가능하다. 결국 없어질
운명에 놓이게 될 것이다. 농협의 판매사업은 적자사업으로 본다. 잘
못된 인식이다. 진정으로 가치를 창출하면 이익을 발생시킬 수 있다.
항상 적자가 생기는 데는 반드시 이유가 있으며 근본적으로 개선이
불가능한 상태로 있어야 하는 조직은 아니라고 생각한다. 산지 마케
팅 조직은 고객과의 「마케팅 상호이익」개념을 받아들이고 문제해결
에 적극적이어야 한다. 그림 2-3은 산지 마케팅 조직이 출하고객과
구매고객에 대하여 각각 상호이익을 공유하는 것을 보여 준다.

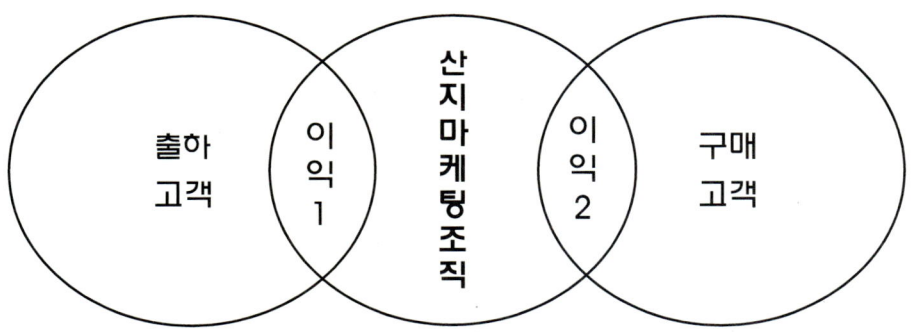

그림 2-3 산지 마케팅 조직의 이익

- 「고객 관계관리」개념의 유용성 : 농산물의 속성은 일반 공산품처럼 생
산을 마음대로 조절할 수가 없다. 수확이 시작되고 끝날 때까지 지속적
인 거래관계가 구매자와 공급자간에 이루어져야 한다. 그리고 산지 마
케팅 조직은 불특정 다수의 소비자에게 마케팅하는 것이 아니라 중간
구매자에게 도매하는 것이므로 특별히 고객에 대한 「관계관리」가 중요

하다. 「관계관리」를 잘 형성하지 못하면 사실상 마케팅 실패라고 할 수 있다. 지속적이고 협력적인 원만한 관계의 구축이 매우 중요하다. 현대는 기업간의 경쟁이 아니라 기업네트워크간의 경쟁이라고 하였는데 농산물 산지 마케팅의 경우가 여기에 잘 맞아 들어간다. 그림 2-4는 소비자 고객을 둘러싸고 있는 네트워크간 경쟁상황을 보여주고 있다. 각 네트워크는 출하고객 - 마케팅 조직 - 구매고객의 관계관리에 의하여 구축되었다. 소비자에 대하여 시장에서 3개 유통업체가 각각 소비자 쟁탈 경쟁을 하며 각각 출하고객과 협력업체인 마케팅 조직이 유통업체를 백업하고 있다. 각 네트워크는 소비자와 상품과 정보를 주고받고 있다. 누가 소비자 고객을 자기 고객으로 할 것인가? 유통업체의 경쟁우위를 결정짓는 것은 무엇인가? 소비자로부터 들어오는 정보흐름을 신속히 파악한 네트워크는 이를 기존의 제품과 서비스에 반영한다.

그림 2-4 관계관리 네트워크간 경쟁상황

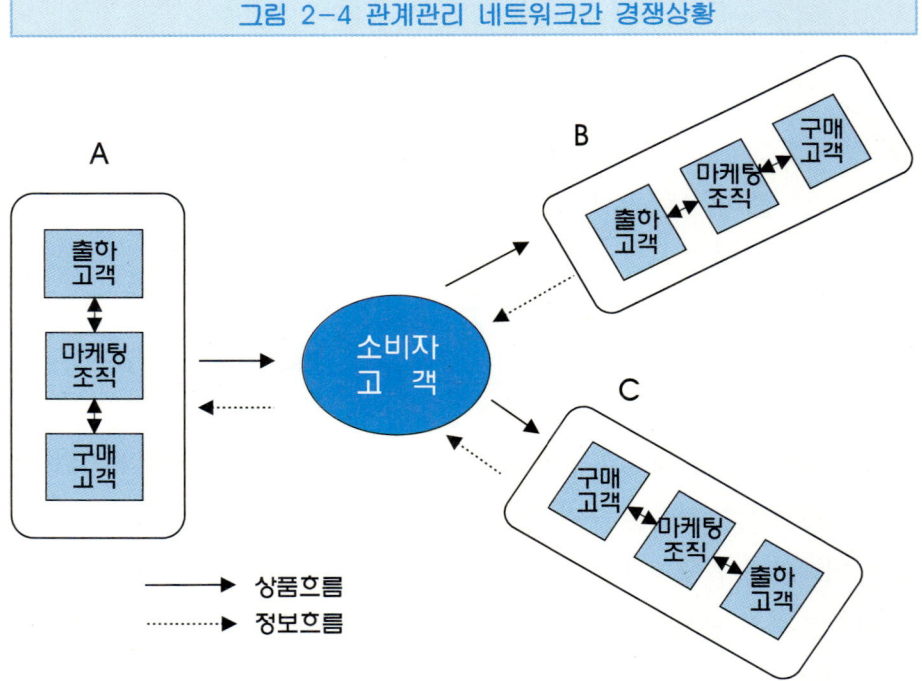

수정된 제품과 서비스를 다시 소비자 고객의 니즈와 원츠에 맞게 제공할 수 있다면 소비자 고객은 자기고객이 되는 것이다. 이것이 가능하기 위하여는 각 네트워크 안에서 사전에 관계관리가 강력하게 이루어져 있어야 한다. 그래서 관계관리가 매우 중요하다는 것이다.

요컨대 마케팅 개념은 농산물 마케팅의 경우에도 매우 유용하다. 즉 고객가치를 파악하는 것에서 출발하여 마케팅 관리를 프레임 워크로 하여 전략을 세우고 상호이익이 되게 마케팅 이익을 창출한다. 이러한 이익은 고객과 관계관리를 통하여 지속가능하게 하여 마케팅 목표를 달성한다.

2. 고객 행동의 이해

산지 마케팅 조직의 고객은 중간구매자인 대형마트, 식재업체, 공공기관, 중소형마트, 도매법인, 중도매인 등 조직구매자와 이들의 분산을 통하여 최종적으로 소비하는 소비자들이다. 따라서 고객의 행동을 이해하는 대상은 둘이 된다. 전자를 조직체 구매자로 하였고 후자를 개인구매 소비자라고 하였다.

2.1 개인구매 소비자

소비자 행동에 대한 연구가 제품이나 서비스를 도입하고, 가격을 설정하고 경로를 고안하고 커뮤니케이션하는 마케팅 활동 계획을 수립하는 단서를 제공한다. 소비자를 잘 이해함으로써 소비자에게 맞는 제품과 서비스를 올바르게 마케팅할 수 있다. 그림 2-5의 소비자 행동 자극 - 반응 모델이 이해의 출발점이다. 그림에서 보면 마케팅 활동과 외부 환경적 자극이 소비자 의식 속으로 들어간다. 이러한 자극이 소비자 특징과 결합되고 소비자 심리적 과정을 거쳐 구매의사 결정과정에 이르게 된다.

그림 2-5 소비자 행동 자극 - 반응 모델

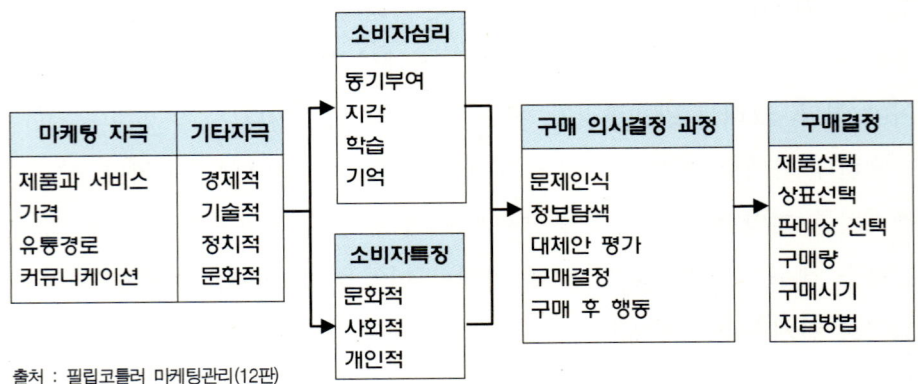

출처 : 필립코틀러 마케팅관리(12판)

소비자가 구매결정에 이르기까지를 세 가지 프로세스를 중심으로 설명한다. 첫째, 무엇이 구매 행동에 영향을 미치는가? 둘째, 소비자가 반응하는 심리적 과정은 어떠한가? 셋째, 구매의사는 어떠한 과정을 거쳐 구매행동으로 나타나는가?

• 구매자 행동 영향요인 : 문화적, 사회적, 개인적 요인이 구매에 영향을 미친다. 첫째, 문화적 요인에 대하여 설명한다. 문화는 개인의 욕구와 행동을 결정하는 가장 기본적인 요소로서 영향력이 가장 크다. 대표적으로 사회계층을 예로 들 수 있는데 상류층·중산층·서민층이 여기에 해당된다. 각 계층별로 의식주 형태, 여가 선호가 다르므로 구매 행동도 다르다는 것이다. 각 계층이 소비 활동 영역에서 독특한 제품, 브랜드 선호성을 나타낸다. 둘째, 사회적 요인은 준거집단, 가족, 사회적 역할과 지위에 영향을 받는 것을 말한다. 준거집단은 개인의 태도와 행동이 직접적 또는 간접적 영향을 미치는 모든 집단이다. 지속적이고 비공식적인 가족, 친구, 이웃, 직장동료가 있고 좀더 공식적이며 덜 지속적인 종교집단, 전문가 단체, 노조 등이 있다. 가족은 남편과 부인, 자녀와 관계인데 누가 구매하고 의사결정에 영향을 미치느냐는 제품종류, 가정경제에서의 역학관계에 따라 다르

다. 최근 독신가구가 증가하고 있는 것은 마케팅의 새로운 표적고객이 등장하고 있음을 시사한다. 사회적 역할은 개인이 속하는 집단에서 주위 사람들이 그 개인이 수행하기를 바라는 활동이며 지위를 수반한다. 사장은 고급 승용차를 타고 평사원은 경차를 타는 것이 어울려 보인다. 셋째, 개인적 요인은 연령, 라이프 사이클 단계, 경제적 상황, 개성 및 자아, 라이프 스타일, 가치관에 의하여 영향 받는 것을 말한다.

- 구매자 심리적 과정 : 네 가지 중요한 심리과정인 동기부여, 지각, 학습 및 기억은 마케팅 자극에 대한 소비자의 반응에 영향을 준다. 「동기」는 사람으로 하여금 행동하도록 촉구하는 데 압력을 가하는 욕구이다. 매슬로의 「인간욕구 5단계설」과 허즈버그의 「위생이론」이 있다. 매슬로는 사람은 왜 특정한 시기에 특정한 욕구에 의하여 움직이는 지를 설명했다. 생리적 욕구(음식)→안전욕구(보호)→사회적 욕구(소속감)→존경욕구(자존심)→자아실현욕구를 주장한다. 「위생이론」은 불만족 요인과 만족요인의 두 가지 요인을 설명한다. 불만족 요인이 충분한 동기를 부여하지는 않지만 제거되어야 하며 만족요인이 제공되어야 구매동기가 이루어진다는 것이다. 「지각」은 개인에게 투입된 정보를 의미 있는 것으로 만들기 위해 선택하고 조직하며 해석하는 과정이라고 정의한다. 부여된 동기가 실제로 행동에 영향을 준다. 동일한 광고에 노출되더라도 사람들 간에는 지각이 크게 다르다는 것이다. 「학습」은 경험에서 나오는 개인적 행동의 변화이다. 행동하는 데 강한 자극이 있거나, 유사한 자극에 대하여 차이를 인식하고 그 차이에 따라 반응을 조절한다. 「기억」은 소리, 모양, 요약 또는 문맥인 정보가 기억 네트워크 속에 저장되었다가 특정한 상황에서 회상되는 것을 말한다.
- 구매 의사결정 과정 : 실질적으로 소비자들이 어떻게 구매 의사를 결

정하는지 이해하기 위해서는 「구매의사 결정과정 5단계」가 중요한
역할을 한다. 누가, 무엇을, 언제, 어디에서, 어떻게 그리고 왜 구매
하는지에 대한 이해에 도움이 된다고 할 수 있다. 5단계는 아래와
같이 설명한다.

① 욕구(문제) 인식 : 구매자가 욕구를 인식함으로써 구매과정은 시작
   된다. 욕구는 내적인 욕구, 즉 정상적인 욕구로서 배고픔, 목마름 등
   이 있다. 외적인 욕구는 타인의 구매행동에 자극을 받는 경우이다.

② 정보탐색 : 정보탐색은 수동적으로 또는 능동적으로 할 수 있으며
   제품과 구매자의 특성에 따라 다르다. 정보의 원천은 상업적 광고
   를 비롯하여 가족, 친지, 이웃이나 경험이 반영된 취급사용 등이다.
   인터넷이 정보탐색과정을 크게 변화시키고 있다. 온라인 소비자가
   등장한다.

③ 대안의 평가 : 소비자가 탐색한 경쟁적인 상표정보를 비교하여 자신
   이 바라는 이점을 전달해 주는 제품을 높이 평가한다. 여기에는 개
   인이 지니고 있는 설명적인 생각(신념)이나 호의적 또는 비호의적
   감정과 행동경향(태도)이 작용한다.

④ 구매 결정 : 위 그림 구매결정에 6가지 하위 구매 결정 고려요소를
   나타냈다. 그렇다고 모든 상품의 구매를 결정할 때 이와 같은 고려
   를 하는 것은 아니다. 일상용품이라면 판매상이나 지급방법에 대하
   여 깊이 생각하지 않으며 모든 상표를 공식적으로 평가하지 않을
   것이다. 또한 구매의도와 구매의사 결정을 방해하는 요인도 있다.
   타인의 부정적인 태도, 구매지각의 위험으로 구매결정을 수정하고
   연기하거나 회피할 수 있다. 또한 예기치 못한 상황요인, 예를 들면
   점원의 불친절에 대한 불쾌감, 갑작스러운 구매 품목 우선순위의
   바뀜 등이 있을 수 있다.

⑤ 구매후 행동 : 구매결과에 불리한 정보, 우호적인 정보, 불안하게

하거나 자신의 결정을 지지하는 정보에 영향 받는다. 따라서 마케팅 커뮤니케이션도 소비자 선택을 강화하고 느낌을 좋게 하는데 도움을 주도록 해야 한다.

2.2 조직체 구매

2.2.1 조직체 구매 특징

최종적으로 개인 소비자가 아닌 재판매 목적으로 또는 단체소비 목적으로 구매하는 집단을 조직체 구매라고 하자. 이들은 비교적 소수의 대규모 구매자이다. 구매 대리인들은 조직의 구매방침, 제약조건 및 요구조건을 구매에 반영하여야 한다. 훈련받은 전문구매자들은 여러가지 구매 도구들을 활용한다. 예를 들어 견적서, 판매제안, 구매계약서 등을 사용하는데 이러한 점이 개별 소비구매 활동에서는 나타나지 않는 특징이다. 많은 관계자들이 구매에 영향을 미친다. 판매원들은 한 번의 거래 성사를 위하여 여러 번 방문하여 경쟁사보다 우수한 점을 설득시켜야 한다. 이들은 중간 수요자이므로 최종 수요자의 구매를 기반으로 하는 파생수요자이다. 따라서 이들의 구매 동향을 알기 위해서 최종소비자의 구매 행태 파악도 중요하다.

구매방식은 한 판매업자에게 관련된 여러 품목이 결합된 「시스템 구매」를 선호한다. 판매업자는 이에 대하여 「시스템 판매」 방식을 채택하게 된다. 시스템 판매는 댐, 관개시스템, 위생시스템, 파이프 라인, 공공설비 등 대규모 산업프로젝트를 수립하는데 응찰하는 산업마케팅 전략이다.

2.2.2 구매센터

구매조직의 의사결정 단위를 구매센터라고 한다. 구매의사 결정에 참여하는 다양한 개인으로 구성되며 구매결정 리스크를 공유한다. 구매센터의 주요 구성원은 다음과 같다.

- 발안자 : 구매하도록 요청하는 사람이다.
- 사용자 : 제품과 서비스를 사용하며 구매제안을 한다. 제품규격명세서 작성을 돕는다.
- 영향력 행사자 : 제품 규격명세서 작성을 돕고 구매대안을 평가하는데 필요한 정보를 제공한다.
- 의사결정자 : 제품에 대한 조건과 공급업자에 대한 결정권한을 갖는다.
- 구매자 : 공급업자 선정, 구매조건을 제안하는 사람이다. 납품업자 선정과 협상에서 중요한 역할을 한다. 개인적 욕구를 기반으로 보상에 대한 기대를 갖고 동기를 부여한다. 개인적인 성취와 보상을 획득하려는 개인적 문제 그리고 조직의 경제적 합법적 전략적 문제를 고려한다.

위와 같이 구매센터의 주요 관계자들의 역할을 보았으나 연구자들은 어떤 유형의 집단역학이 의사결정 과정에서 발생하는지 정확하게는 알기 어렵다고 말한다. 소규모 판매기업들은 중요한 구매 영향자에게 집중적으로 접촉할 수밖에 없다.

2.2.3 구매과정 단계

구매과정 단계는 그림 2-6 산업재 구매 그리드 틀로 나타내었다. 구매흐름 도표를 추적함으로써 마케팅 관리자는 판매제안을 할 경우 많은 인사이트를 얻을 것이다.

구매과정단계	신규구매	수정반복구매	획일반복구매
그림 2-6 산업재 구매 그리드 틀			
1. 문제인식	예	가끔	아니요
2. 전반적 요구명시	예	가끔	아니요
3. 제품규격 명세	예	예	예
4. 공급자 탐색	예	가끔	아니요
5. 계획서 요구	예	가끔	아니요
6. 공급자 선정	예	가끔	아니요
7. 주문용 규격명세	예	가끔	아니요
8. 성과검토	예	예	예

출처 : 필립코틀러 마케팅관리(12판)

① 문제인식 : 내부자극과 외부자극에 의해서 발생된다. 내부자극은 신제품 개발, 설비자재의 필요 대체품 구입, 기존 공급업자의 불만으로 대체 공급자 물색, 기존 제품과 서비스보다 저가 또는 고품질 인지 등이다. 외부자극은 새로운 아이디어, 광고, 방문 판매원의 매력적 제안 등이다.

② 전반적 요구명시 : 표준화된 품목이 아니라면 구매자는 필요한 품목에 요구되는 특성을 정하여 사용자들과 협력한다. 판매원은 자사제품이 구매자의 일반적 욕구를 어떻게 충족시키는지 설명을 통해 도움을 줄 수 있다.

③ 제품규격명세 : 제품가치분석(PVA : product value analysis)을 한다. 이는 제품구성요소를 주의 깊게 연구하여 원가요소가 지나치게 높지는 않은지 또는 과잉 설계로 특정 표준이상을 나타내는지를 검토한다.

④ 공급업자 탐색 : 규격명세서에 적합한 납품업자를 확인하는 과정이다. 거래명부, 추천기업 탐색, 광고 등을 활용한다. 중요성이 더해지는 탐색경로는 인터넷이다. B2B 전자거래가 증가추세에 있어 공급자에게 원대한 시사점을 주고 있으며 앞으로의 거래형태를 변화시킬 것이므로 주목해야 한다.

⑤ 계획서 요구 : 공급업자에게 상세한 계획서를 문서상으로 제출하도록 요구한다. 계획서를 평가한 후 공급업자에게 공식적인 제출서를 요구한다. 따라서 공급 마케터는 계획서를 조사 - 작성 - 제시 하는데 숙련되어야 한다. 내용도 고객입장에서 가치와 이점이 부각되어 확신을 주고 자사의 능력이 경쟁사보다 뛰어나다는 것을 분명히 해야 한다.

⑥ 공급업자 선정 : 공급업체의 속성과 속성의 상대적 중요성을 구체화한다. 속성은 예를 들면 가격, 공급업자 평판, 제품과 서비스 신뢰성, 공급업자 유연성이다. 중요도에 따라 가중치를 두고 종합적으로 점수를 매겨 공급업체를 비교한다. 일상적인 제품은 주문품의 적시 인도, 가격, 공급업자 평판이 매우 중요하다. 최종 선택 전에는 가격조건 중심의 협상이 일반적이다. 그리고 공급업자의 수가 고려 대상인데 구매자는 가급적 공급업자수를 줄이려 한다. 그러나 단일 공급원은 리스크가 있으므로 피한다.

⑦ 주문용 규격명세서 : 공급업자에게 주문시 기술적 명세, 필요수량, 납기, 반송조건, 보증 등 문서를 작성해 협상한다. 고객들은 컴퓨터로 주문하고 공급업자에게 전달되어 재고 관리, 보충재고의 관리가 이루어진다.

⑧ 성과검토 : 구매자가 성과검토를 통하여 공급업자와 계속 거래할 것인가, 수정 또는 단절할 것인가를 결정하는 기준이 된다. 검토는 최종사용자의 만족정도를 평가하도록 요청하거나 구매자가 가중점수 방법에 의하여 공급업자를 평가한다.

2.2.4 고객관계 관리

　구매업자와 공급업자는 서로 그들의 관계를 잘 관리하는 방법을 탐구한다. 단순한 거래관계에 머무르지 않고 서로를 위해 더 많은 상호가치를 창조하는 활동에 몰두한다는 것이다. 기업의 신뢰와 신용이 기업간 관계 관리의 결속력을 강력하게 한다. 기업 신뢰성이란 기업이 고객들의 욕구를 충족시키는 제품과 서비스를 디자인하고 제공할 수 있다고 고객들이 믿는 정도를 의미한다. 신용은 다른 기업에 대한 신뢰성 그리고 기업의 판매에 중요한 결정요소이다. 신용은 사업 동반자에게 의존하는 기업의 위치와 믿음을 반영한다.

　연구자들은 관계의 유지를 위한 변수를 「몰입(commitment)」, 「협력(cooperation)」, 「구조적 유대(structural bond)」의 세 가지로 설명한다. 「몰입(commitment)」은 관계를 지속시키고 지속성을 확보하려고 노력하는 열망이다. 관계의 미래를 측정하는 변수라고 할 것이다. 「협력(cooperation)」은 기대되는 호혜적 결과를 달성하기 위해 기업들이 취하는 유사하거나 보완적인 조정된 행동이라는 것이다. 「구조적 유대(structural bond)」는 관계의 종결에 대한 장애요인을 조성하는 역할을 한다. 구매자와 판매자의 관계가 투자, 적응, 공유된 기술관계가 높아지면 관계의 종결을 어렵게 만든다.

2.3 「농산물 마케팅 플래닝」에 대한 시사점

　고객의 행동을 이해함으로써 플래닝 관리자는 고객에게 어떻게 마케팅 자극을 주어야 할지에 대한 인식을 하는데 도움이 된다. 고객의 구매행위는 위에서 언급한 구매의사 결정이나 구매과정을 반드시 거치지는 않는다. 때로는 두세 과정을 생략하거나 합리적 절차 없이 구매할 수도 있다.

특히 농산물은 저관여 상품이다. 사과를 구매하는 것과 핸드폰을 구매하는 것을 비교해보라. 사과를 구매할 때 소비고객은 거의 습관적으로 마트에 가서 진열대 위에 놓여 있는 상품을 약간의 비교와 품질을 본 다음 손으로 집어들어 바구니에 넣을 것이다. 구매의사 결정 과정에서 언급한 바와 같이 어느 사과가 좋은지 정보를 사전에 충분히 탐색하고, 경쟁적인 상표를 비교하며 거기에 구매자가 갖고 있는 신념을 부가하지도 않는다. 이러한 과정은 핸드폰 살 때 할 일이다. 이러한 과정에서 이효리의 TV광고 모습도 떠올리게 될 것이다.

농산물 마케팅 관리자는 어려운 마케팅을 해야 하는 과제를 떠안고 있다. 도대체 어떻게 비슷비슷하고 여기저기 널려 있는 사과들을 고관여 제품처럼 변화시킬 수 있을까? 단서를 발견해야 한다. 표적고객을 대상으로 구매자 행동요인과 심리과정을 세분하여 경쟁조직과 다르게 마케팅 할 수 있는 힌트를 찾아내면 가능하다.

그리고 산지 마케팅 조직은 조직체 구매와 1차적으로 밀접한 관련을 맺는다. 조직체 구매자에 대한 마케팅활동은 고관여 제품 마케팅과 동일하다. 대량구매자이며 소수구매자인 조직체 구매자는 산지 공급자와 주도 면밀한 관찰과 교섭과정을 거쳐 거래관계를 맺는다. 일시적 거래가 아닌 파트너십을 동반한 「결연」관계를 목표로 하므로 앞서 언급한 구매센터와 구매과정이 적용된다고 할 것이다. 여기서 두 가지 시사점을 이끌어 낼 수 있다.

첫째, 산지 마케팅 조직이 교섭에 임할 때 상대방에 대하여 예측 가능하다. 제안서를 준비하고 프리젠테이션하며 관계를 지속적으로 이어가는데 착안사항이 잘 드러난다. 물론 구체적이고 개별적인 상황에 따라 다르겠지만 산지 마케팅 조직과 구매 조직간에 교섭의 절차를 사전에 숙지하고 대응하는 '체크 포인트' 가 선명하다. 제안은 어떠한 관점에서 해야 하며 상대방의 심사에 대하여 어떻게 대응해야 하는지 알 수 있다. 그리

3. 마케팅 전략의 개념화-STP 전략   67

고 구매조직은 어떠한 기준으로 심사하며 제안자의 대응에 대하여 평가를 어떻게 할 것인지 기준을 알 수 있다.

둘째, 산지 마케팅 조직의 교섭전략 포인트를 지각하게 해준다. 소비자 고객의 니즈와 원츠에 대한 충족을 교섭내용으로 활용하는 과제를 제기한다. 소비자 고객은 교섭의 당사자는 아니지만 산지 마케팅 조직과 구매조직 고객 모두에게 최종 표적고객이다. 최종고객을 만족시켜 「고객화」시키는 것이 공동의 이익이 됨을 부정할 수 없으리라. 소비자 고객이 구매조직에게 만족하여야 구매조직 고객도 해당 산지 마케팅 조직에 주문도 많이 할 것이므로 지속적인 거래관계가 이루어진다. 즉 산지 마케팅 조직의 기본적인 제안전략 포인트는 이러해야 한다. "우리는 소비자 니즈를 구매심리 과정에서 이렇게 발견하였다", "우리는 고객이 추구하는 개인적 가치를 이렇게 생각하여 이 부분에 반영하였다", "우리 제안은 소비고객 니즈의 그 부분을 충족시켜 줄 수 있다", "그리하여 소비자 고객은 우리를 기억하게 될 것이고 다음에 또 찾을 것이다"

3. 마케팅 전략의 개념화-STP 전략

마케팅전략을 실행하기 전에 전략을 개념화할 필요가 있다. 즉, 세분화(Segmentation), 표적화(Targeting), 포지셔닝(위치화 : positioning)을 명확히 해야 한다. 앞 글자를 따서 STP라고 한다. 고객의 다양한 욕구를 일정한 기준으로 나누어 유사한 집단으로 그룹핑하는 것이 세분화(Segmentation)이며, 그러한 집단 중에서 자사의 목표와 역량에 적합하게 특정 시장을 목표로 하는 것이 표적화(Targeting)이며, 그 표적시장에 자사의 제공물을 독특하게 인식하도록 이미지를 만드는 것이 포지셔닝(위치화 : positioning)이다. 만약 STP가 잘못되면 이후의 마케팅 믹스전략은 성과를 거두기 어렵다. 그러므로 STP는 모든 전략실행의 바탕이 된다고 할 수 있다.

3.1 시장세분화(Segmentation)

　시장을 구분한다면 크게 두 시장이다. 모든 고객욕구가 동일한 대량 시장(mass market)과 모든 고객들이 서로 다른 고객주문화시장 (customerization)이다. 모든 시장과 제품을 다 커버할 수 있을 정도의 대기업이 아니라면 모든 시장을 서브할 수 없다. 모든 고객들에게 모든 제품을 팔 수 있는 기업은 거의 없다. 설사 대기업이라고 하더라도 고객의 모든 욕구가 일치하지 않으므로 시장의 세분화에 따른 실행전략의 차별화는 필요하다. 시장을 세분화하는 것이 중요한 이유는 마케팅 프로그램이 고객의 차이에 맞게 효과적으로 조정될 수 있기 때문이다.

　시장을 세분화하는 목적은 이렇다. 첫째, 기업의 한정된 자원과 노력을 집중시켜야 한다. 자기에게 유망한 사업기회(고객)를 선택하고 기업의 모든 노력을 집중적으로 쏟아붓도록 하는 것이다. 시장에서 생산성 극대화를 위하여 시장을 세분화한다. 둘째, 현실적으로 달성 가능한 판매목표를 결정하는데 유용하기 때문이다. 소비자의 욕구와 구매동기 등을 파악하여 정확한 시장 상황 파악이 가능하기 때문에 그렇다. 셋째, 해당 시장에 적합한 대안을 고려하는 것이 가능하여 의사결정을 향상시킨다.

　그러면 시장을 세분화하는 변수는 무엇인가. 소비재 시장을 기준으로 일반적으로 아래 4가지 변수를 활용한다. 변수는 소비자 개개인이 가지고 있는 특성을 분석한다. 변수라고 하더라도 한 가지만을 이용하는 것에는 한계가 있으므로 다양한 차원으로 변수를 활용하여 세분화한다. 일단 세분시장이 형성되었더라도 마케팅 믹스의 자극에 반응이 달라야 그 세분화가 의미가 있다고 할 것이다.

① **지리적 세분화** : 지리는 제품을 구매하는 사람들이 거주하거나 활동하는 지역이다. 고객이 사업을 하는 장소이고 제품을 판매할 지역이기도 하다.
  - 대도시·중소도시·농촌, 강남지역·강북지역, 업무용빌딩지역·아파트 단지
② **인구통계적 세분화** : 고객집단 구분에 가장 널리 사용한다. 소비자욕구, 브랜드 선호성, 사용빈도와 연관성이 높으며 측정하기 쉽기 때문이다. 따라서 다른 변수를 사용하더라도 인구통계변수와 다시 연관시켜 본다.
  - **연령** : 취학전·중고생·대학생, 미성년자·중년층·노년층, 6세미만·6~11세·12~19세
  - **가족규모** : 1~2명, 3~4명, 5인 이상
  - **가족생활주기** : 독신, 무자녀 부부, 자녀1인 부부, 중고생 2인 부부, 성년자녀 부부
  - **소득** : 월 300만원 미만, 300만~500만원, 500만원 이상
  - **직업** : 전문직, 회사원, 공무원, 자영업, 학생, 주부, 무직자
  - **학력** : 중졸 이하, 고졸 이하, 대졸, 대졸 이상
  - **종교** : 천주교, 기독교, 불교, 무종교, 기타
  - **사회계층** : 서민층, 중산층, 상류층
③ **심리묘사적 세분화** : 소비자들을 보다 잘 이해하기 위하여 심리적·인구 통계적 특징을 이용하는 세분화이다.
  - **개성특성** : 사교적, 보수적, 권위적, 리더십
  - **라이프 스타일** : 활동분야, 관심거리(문화 지향·스포츠 지향), 의견
④ **행위적 세분화** : 제품에 대해 갖고 있는 지식, 태도, 사용법 또는 반응 등으로 집단 구분

- **사용 경우(계기)** : 발렌타인 초콜릿 사기(제품을 구매하는 계기), 일·주일·월간·분기당
- **이점(편익)** : 제품에서 추구하는 이점에 따라 분류. 품질이 좋아서, 가격이 저렴하여, 서비스가 좋아서, 편리해서, 믿을 수 있어서, 신속히 처리해 주어서
- **사용자 상태** : 비사용자, 전사용자, 잠재적 사용자, 처음사용자, 규칙적 사용자

* 임신부는 아기 분유의 잠재적 사용자다.

- **사용률(사용량)** : 다량·보통·소량, 자주·가끔·드물게
- **구매자 준비상태** : 제품이 있는 것도 모름, 있다는 것만 알고 있음, 정보를 갖고 있음, 관심까지 갖고 있음, 구매를 원하고 있음, 구매하려고 함
- **충성도 수준** : 핵심충성(항상 하나 브랜드만 고집), 유연한 충성(2~3개 브랜드), 이동적 충성(하나 사용하다가 다른 브랜드 사용), 전환적 고객(충성 브랜드 없음)
- **태도** : 자사 제품에 대한 태도를 계층적으로 구분함. 열광적 집단, 긍정적 집단, 무관심 집단, 부정적 집단, 적대적 집단

세분화된 시장이더라도 다음과 같은 요건을 갖추어야 마케팅 프로그램의 실행을 위하여 세분시장으로서 유용성이 있다.

- **시장크기의 규모화** : 세분시장의 사이즈는 수익이 있을 정도로 충분히 커야 한다. 시장이 너무 작으면 무의미하다. 즉, 구매자가 언제(Recency, 최근에) 얼마나 자주(Frequency), 얼만큼(Monetary Amount) 사느냐 라는 데이터로 RFM을 측정해야 한다.

    * 이익=f (R, F, M) 모형으로 고객의 평생가치(Life Time Value)를 측정한다.

- **측정가능성** : 세분시장의 규모와 구매력 및 특성이 계량적으로 측정

할 수 있어야 한다.

- **차별화 가능성** : 세분시장은 개념적으로 구분되어 마케팅 믹스 프로그램에 다르게 반응을 보여야 한다.

- **접근 가능성** : 세분시장에 도달할 수 있는 정도로서 고객들이 접하는 매체가 기준이 된다.

- **실행가능성** : 세분시장을 유인하고 그 시장에 맞게 효과적인 마케팅 프로그램을 수립할 수 있어야 한다.

3.2 고객 표적화(Targeting)

표적화는 고기 잡는 어부가 그물을 바다의 아무데나 던지지 않고 고기가 몰려 있을 만한 곳에 그물을 던지는 것과 같다. 무엇을 누구에게 마케팅할 것인가를 잘 알고 있다면 마케팅은 쉬워진다. 표적화는 각각의 세분시장의 매력도를 분석하여, 자사의 한정된 역량을 가장 효과적으로 활용할 수 있는 세분시장을 선택하는 것이다. 누가 자사제품을 왜 구매하는지, 어디서 구매하는지를 확인하고 규명하는 작업이다. 작업은 구매고객 계층의 속성을 파악해야 한다. 예를 들어 자동차를 구매하는데 가격을 우선적으로 고려한다면 가격지배적 속성을 가진 구매계층이고, 디자인을 우선적으로 고려한다면 디자인지배적 구매계층이라고 할 수 있다. 현재 자사 상품을 구매한 계층에게 왜 우리 회사 제품을 구매했는지 질문하여 답변을 알아냈는데 아래와 같은 사유였다고 하자.

- 기능적 특성(가격)
- 편리성
- 감성적 사유

이러한 사유중의 어느 하나이든지, 여러 요인이 상호작용하였든지 그 구매이유가 우리가 「표적화」하고 있는 시장이 된다. 그리하여 고객의 행위를 이해하고 설명할 수 있다면 고객에게 제품을 더 잘 판매할 수 있다. 고객과 커뮤니케이션 프로그램을 작성하고 가동하는데 효과적인 조건을 갖추게 된다. 바꿔 말하면 커뮤니케이션을 잘 하기 위한 활동들을 구체화시킬 수 있다.

그런데 세분시장을 평가하고 선정하는 데는 세 가지 고려 요인이 있다. 하나는 시장의 매력성이다. 매력도는 세분시장이 규모, 성장, 수익성, 규모경제, 낮은 리스크를 갖고 있는지를 보는 것이다. 다른 하나는 기업의 목표와 역량에 적합하여 의미가 있는지 여부이다. 아무리 매력적인 시장이더라도 기업의 목표와 조화를 이루지 못한다면 무시될 수 있다. 또한 그 시장이 기업이 현재 가지고 있는 역량으로 서브하지 못한다면 채택할 수 없다. 끝으로 미래의 수요를 고려한 잠재적 경쟁정도도 고려해야 한다. 기업 성장 측면에서 표적시장의 변화를 염두에 두는 것이라고 할 수 있다. 세분시장의 평가를 통하여 자사가 표적화하는 시장에 대하여는 다음과 같은 요소들을 인식하는데 도움이 된다.

- 시장점유율
- 성장률 측정
- 목표고객 세부사항
- 관련경쟁업체 인식
- 마케팅 목표와 전략 입안
- 커뮤니케이션 목표와 전략 입안

표적시장의 유형은 다음 그림 2-7에서 다섯 가지 시장으로 나눠 볼 수 있다. M1, M2, M3는 시장을 세분화한 것이고 P1, P2, P3는 제품을 유형화한 것이다. 따라서 수직차원과 수평차원이 마주친 부분이 해당시장과 해당제품 영역이 되며 표적화의 단위가 된다고 하자.

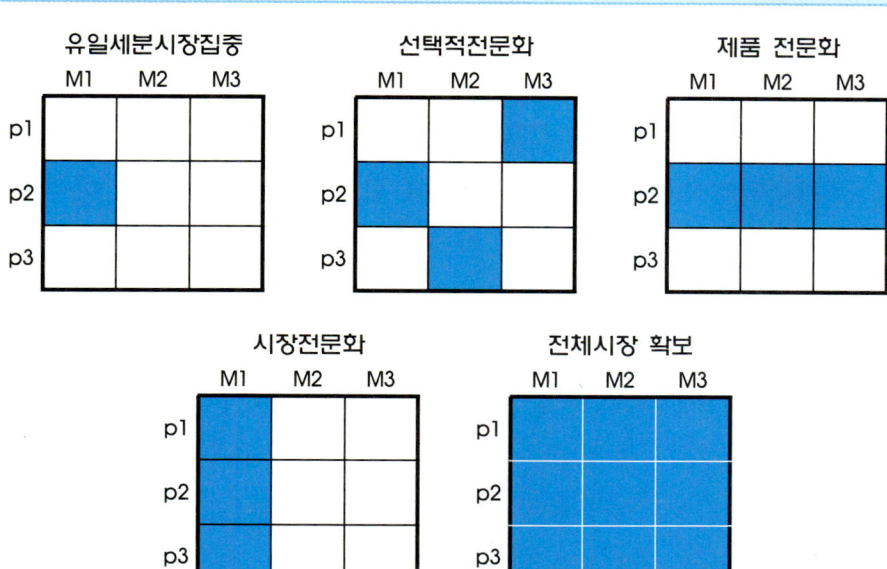

그림 2-7 5가지 표적시장 선정유형

출처 : 필립코틀러 마케팅관리(12판)

- 유일 세분시장 집중 : 하나의 시장과 하나의 제품에 마케팅을 집중한 다. 고객의 욕구를 잘 알게 되어 그 세분시장에서 강력한 위치를 확보 할 수 있다. 생산, 유통, 촉진의 전문화로 운영의 경제성을 거두는 이점 이 있다. 그러나 경쟁사가 그 시장에 진출하여 치열하게 경쟁하게 되 어 우위를 상실할 위험성이 있다.

- 선택적 전문화 : 몇 개의 세분시장을 선택한다. 그 세분시장 간에는 시너지 효과는 없지만 기업의 위험을 다각화하는 이점이 있다.

- 제품 전문화 : 다양한 여러 세분시장에 판매할 수 있는 단일한 제품 을 생산하는데 집중한다. 그 기업은 그 전문적인 제품 분야에서 강한 명성을 구축한다. 그러나 그 제품이 보다 새로운 기술에 의해서 대체 된다면 그 기업은 위험하다.

- 시장 전문화 : 기업이 어느 특정 고객집단의 다양한 욕구를 충족시키

는데 집중한다. 그러한 고객집단을 서브하는데 전문화함으로써 강한
명성을 획득하게 된다. 그러나 그 고객집단이 갑작스레 구매능력이
줄어든다면 큰 위험이 발생할 수 있다.

● 전체시장 확보 : 모든 고객집단들이 필요로 하는 모든 제품을 전체
고객집단에게 서브한다. 대기업만이 할 수 있는 전략이다. 대기업들
은 무차별 마케팅과 차별적 마케팅을 통해 전체시장을 충족시킨다.
무차별 마케팅은 표준적이고 대량생산에 해당하는 마케팅이다. 제품
관리비용을 줄일 수 있어 저가격으로 세분시장을 확보할 수 있다. 차
별적 마케팅은 여러 시장에서 각각 차별적 마케팅 프로그램을 전개
하는 것이다.

그런데 표적시장은 변화한다. 시장의 매력도와 자사의 조건이 달라진다
면 새로운 시장에 대한 침투계획이 세워질 수 있다. 이 점은 이고르 앤소
프(Igor Ansoff)의 「기업전략(Corporate Strategy, 1965)」의 성장전략
모델이 잘 설명해 준다.

그림 2-8 앤소프의 성장전략

제품＼시장	기 존	신규
기존	시장침투 (Market Penetration)	시장개발 (Market Development)
신규	제품개발 (Product Development)	다각화 (Diversification)

앤소프가 강조한 것은 표적시장의 변화 전략의 한 가지로서 위 그림
화살표의 성장벡터이다. 성장벡터는 현재의 시장과 현재의 제품에서 어디
로 나갈 것인가를 결정하는 것이다. 첫째, 시장침투전략은 현재의 제품과
시장영역에서 시장점유율을 높이는 것이다. 둘째, 시장개발전략은 기존제

품으로 새로운 시장을 개척하는 것이다. 셋째, 제품개발전략은 기존제품을 대체할 신제품을 개발해 기존시장에서의 시장점유율을 높이는 것이다. 넷째, 다각화전략은 새로운 제품으로 새로운 시장을 공략하는 전혀 새로운 차원의 성장방향을 뜻한다.

3.3 포지셔닝(위치화 : Positioning)

표적시장을 선정했다는 말은 거기서 경쟁사와 경쟁하겠다는 싸움터를 정한 것이다. 싸움을 어떻게 할지 그 방향 또는 경쟁위치를 정하는 것과 포지셔닝 이론은 밀접한 관련을 맺는다. 예를 들면 지난날 크라운 맥주는 OB맥주와 맥주시장에서 전쟁할 때 물싸움으로 승부했다. 하이트 맥주를 "150미터 지하 암반수"에서 나온 물로 만들었다고 광고하여 대성공을 거두었다. OB맥주는 '보통 물'이고 하이트 맥주는 '깨끗한 물'이라는 것이다. 이것이 포지셔닝(Positioning)이다. 촌철살인의 한마디로 구매고객에게 던지는 간결하고 냉철한 문구이다.

그림 2-9 표적화와 포지셔닝 관계

화살 : 포지셔닝

과녁 : 표적시장

알 리스와 잭 트라우트(Al Ries and Jack Trout,1972)는 포지셔닝을 다음과 같이 정의했다.

"포지셔닝은 제품에서 시작한다. 물론 상품, 서비스, 기업, 심지어 사람에게서도 시작할 수 있다. 그러나 포지셔닝은 어떤 상품 자체에 대하여 무엇을 행하는 것이 아니라 잠재고객의 마음 속에 자신의 이미지와 상품을 위치(인식)시키는 것이다."

기업의 이미지나 상품을 고객의 마음속에 인식시키는 것이다. 인식이라는 말이 키워드다.

마케팅은 상품이 아니라 인식(Perception)의 싸움이라고 주장한다. 포지셔닝은 표적시장에서 자사의 이미지나 상품을 고객들의 마음 속에 각인시키기 위하여 디자인하는 행동이다. 잠재고객의 머릿속에 제품을 넣는 수단이 포지셔닝이다. 포지셔닝은 현란한 캐치프레이즈나 대대적인 선전 문구와 다르며 브랜드 이상의 의미를 갖는다. 포지셔닝을 통하여 고객들은 기업이 어떠한 모습을 하고 있는지를 알며 또한 그렇게 되도록 하여야 한다. 포지셔닝을 통하여 표적시장 고객들은 고객과 관계를 맺으므로 마케팅 목표에 집중하는 마케팅의 기초라고 할 수 있다. 포지셔닝은 표적시장에서 고객이 그 제품을 구입하는 이유를 간단하고 분명하게 설명하는 가치제안을 만드는 것이다. 그래서 포지셔닝 문구를 독특한 판매제안(USP, Unique Selling Propositions)이라고도 한다.

광고의 홍수 속에서 어떻게 자사의 존재와 제품과 서비스를 독특하게 기억하게 할 것인가. 이것이 포지셔닝 전략이다. 포지셔닝 전략은 다음과 같다.

첫째, 고객의 기억 속에 최초가 되게 한다. 사람들은 최초로 인식된 것이 가장 좋다고 생각하므로 시장이 아니라 고객의 기억 속에 최초가 되라는 것이다. 기억의 사다리에 맨 위를 차지하라는 말이다. 더 좋은 것보다는 맨 처음이 낫다고 리스와 트라우트는 말한다. 최초가 되지 못한다면 최초가 되도록 조그만 틈새(Niche)를 찾아야 한다. 예를 들면 여성전용 당구장, 여성전용 고시원 등이다. 그리고 최초가 아니면 현재의 위상을 강조하거나, 1등 그룹을 형성하여 1등임을 주장한다. Big 3, Top 10,

Big 10, 가전 3사, 6대 생보사 등이 예가 된다.

둘째, 경쟁사와 다르게 한다. 차이점은 자사 포지셔닝을 소비자가 경쟁사와 다르게 긍정적으로 평가하거나 경쟁사에게서는 발견할 수 없다고 믿는 속성이나 이점이다. 강하고 우호적이며 독특한 상표연관성은 속성이나 이점에 바탕을 둔다.

(예) 새로운 상품기능속성 : 최초로 붙이는 관절염 치료약
    케토톱 vs 낙센 "캐내고 싶다! – 케토톱"
    콜라가 아닌 것 : "7UP은 콜라가 아닙니다"
    빠르다 : "페덱스는 심야 배송을 보증한다"

셋째, 현재의 포지셔닝(위상)을 더 강하게 강조하며 또한 높인다. 독특하지는 않지만 다른 상표와 공유하는 연관성을 긍정적으로 변화시킨다. 경쟁사보다 잘 하지 못하는 부분은 평균 수준으로 끌어올린다. 경쟁사와 대등한 부분은 뒤떨어지지 않도록 한다. 경쟁사보다 우수한 점이 한 가지가 있다면 두 가지 이상을 만든다.

넷째, 경쟁상대를 재포지셔닝(Repositioning) 시킨다. 소비자 마음 속의 경쟁사 상품을 재포지셔닝함으로써 자신의 포지셔닝을 구축한다. 대표적인 방법이 비교하여 광고를 하는 것이다. 비교 광고를 통하여 명확한 근거제시로 소비자가 상품을 선택할 때 중요한 기준을 제공한다.

(예) 파스퇴르 우유의 1988년 고온살균 우유 광고(경쟁사 우유를 고름 우유로 포지셔닝)
    카페인 없는 영양음료 비타 500 vs 박카스

포지셔닝 전략을 수립하는 절차는 다음과 같다.

① 현재 자사의 포지셔닝을 파악한다. 소비자들의 인식 속에 있는 자사와 경쟁사의 현재 포지셔닝이 어떠한지 파악한다. 제품과 서비스, 인적요소, 이미지를 비교한다.

② 소유하고 싶은 포지셔닝을 장기적인 관점에서 탐색한다. 경쟁우위를 구축하고 소비자의 관심을 끌 수 있는 포지셔닝을 탐색하여 발견한다.

③ 동일한 포지셔닝 경쟁자를 확인하고 경쟁업체에 대한 명확한 분석을 한다.

④ 경쟁사 대비 경쟁적 강점을 파악한다. 자사의 자원과 역량을 활용하는 경우 비용, 규모와 성장률 등을 고려하여 단계적으로 경쟁적 강점을 도출한다.

⑤ 적절한 경쟁우위 포지셔닝을 선택한다. 포지셔닝 문구는 아래의 조건을 충족시킨다.

- 고객의 이익에 초점을 맞춘다 - 고객을 만족시키고 재구매를 하게 만드는 요소.

- 강점을 부각시킨다. 경쟁사보다 우월한 점은 최대한 적극적으로 알리고 기억시킨다. 반면에 약점은 소비자들과 커뮤니케이션과 마케팅에서 극소화시킨다.

- 독특하고 모방곤란하게 한다. 자사만이 유일하게 할 수 있다고 단언하는 한 가지를 강조한다.

⑥ 선택한 포지셔닝을 전달한다. 마케팅 믹스를 통하여 포지셔닝을 획득하도록 커뮤니케이션한다. 일단 획득한 포지셔닝은 유지하여 지속적이고 강하게 만든다.

3.4 「농산물 마케팅 플래닝」에 유용성

산지 마케팅 조직을 자사(company)라고 하고, 출하고객과 구매고객을 고객(company)으로 하고, 경쟁 산지조직을 경쟁자(competitor)라고 하여 3C

라고 하자. 이들 관계를 STP 관계에서 살펴보면, 산지 마케팅 조직과 경쟁조직은 서로 경쟁우위를 목표로 하여 포지셔닝의 차별화를 도모한다. 산지 마케팅 조직과 고객과의 관계 그리고 경쟁조직과 고객과의 관계는 시장세분화와 표적시장 선정 관계로 볼 수 있다. 그림 2-10은 이와 같은 STP와 3C 관계를 보여준다.

이제 고객은 시장세분화에 따라 나누어진다. 전술한 4가지 변수를 힌트로 하여 농산물 출하고객에게 맞게 독특한 방식으로 세분화 변수를 사용할 것이다. 시군단위를 기본으로 한다면 면이나 리 단위 또는 들녘 단위로 지리적 변수를 적용할 수 있다. 어느 지역 출하고객이 특별히 자사 조직에게 호감인가 비호감을 갖는가.

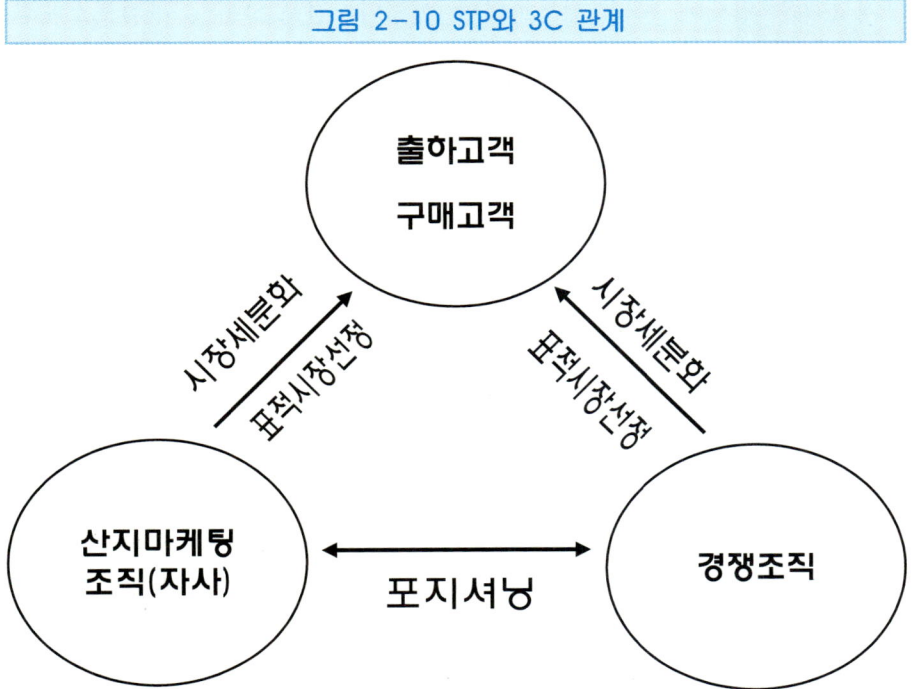

그림 2-10 STP와 3C 관계

경쟁조직이 아직 고객으로 하지 않고 있는 고객들은 주로 어느 마을인가? 왜 그 마을 사람들은 그러한가? 이러한 자기 질문을 충분히 할 수 있다. 인구통계학적 변수 측면에서도 현재 우리 조직에 출하하는 고객들이 더욱 고령화되어 있는가 아니면 경쟁조직보다 젊은 편인가? 소규모 농가인가 대규모 농가인가? 심리묘사적 세분화 측면에서도 농협에 대한 인식이 긍정적인가 부정적인가? 독립성이 강하여 위탁출하를 좋아하지 않는가? 행위적 세분화 변수 측면에서도 어떤 출하농가는 왜 수시로 출하처를 바꾸며 기회주의적으로 행동하는가? 유난히 출하가격에 민감한 편인가? 전에는 자사 조직에 출하하였는데 왜 지금은 경쟁조직에 출하하는가?

구매고객도 동일한 변수를 응용하여 나누어 볼 수 있다. 예를 들어 쌀 구매고객을 업태에 따라 세분화하면 이렇다. 점포소매점, 무점포소매점, 식자재점(자가소비), 쌀가공식품제조사, 도매상인, 집단소비 구입처, 특정 다량소비처 등이다. 후술하는 「판매」 마케팅의 STP 전략에서 상세히 다룬다. 또한 「행위적 세분화」 변수에서 이점 또는 효익을 기준으로도 나누어 볼 수 있다.

시장 표적화를 위해서는 전술한 고려사항들이 그대로 적용된다. 마케팅 목표와 세분시장의 매력도 자사의 역량, 그리고 경쟁조직과의 관계를 종합적으로 고려해 선정한다고 할 수 있다. 시장이 정해졌다면 포지셔닝을 확립한다. 예를 들어 어느 수박 농가가 자사에 출하하지 않고 밭떼기로 산지 유통인에 넘긴다고 하자. 그 출하고객은 왜 그렇게 하는가? 행위변수의 성격을 규명할 필요가 있다. 고령화하여 수확작업에 힘들어 한다는 것을 알았다고 치자. 우리는 그러한 농가들을 '수확작업을 힘들어하는 고령농가' 고객집단으로 세분화한다. 만약 이러한 고객집단을 끌어들이려면 포지셔닝은 "편안하게 제값으로 팔아줍니다" 이다. 이걸 가능하게 하는 자사의 역량은 무엇인가. 수확작업단을 관리하고 APC를 운영하여 선별하며 마케팅 정보를 관리하여 시장가격을 평균 이상 받아내는 것이다. 산지유통인과 포지셔닝의 차별점이 어떻게 다른가. 편하게 한다는 점은 같을지 모르지만 가격을 잘 받아준다는 점에서 포지셔닝 이점이 1가지 더 많다. 포지셔닝 문구의 요건 "고객의 이익에 초점을 맞춘다"는 조건을 충족시켰다.

다음은 구매고객에 대한 표적시장 선정과 포지셔닝을 언급한다. 우선 자사의 능력과 재원을 확인해야 한다. 초출하기부터 출하가 끝날 때까지 물량의 크기가 일정한가? 품질 수준은 상·중·하 어디에 해당하나. 마케팅 인력들의 유연한 운영능력은 있는가. 만약 물량이 많지 않고 일정하지 못하면 대형마트 타깃시장은 적합하지 않다. 품질이 뛰어나고 균질하며 일정출하가 가능하면 백화점이나 대형마트 타깃 시장이다. 물량이 많으며 저가작업이 가능하다면 가격 민감형 고객을 표적으로 한다. 예를 들어 소비자단체가 선정한 우수 브랜드 쌀로 평가를 받았다면 품질지향 고가격 전략으로 나가야 하므로 백화점이나 대형마트를 표적으로 하고 포지셔닝은 품질 차별성을 강조한다. "비무장지대 깨끗한 물로 재배하여 찰기와 씹히는 맛이 좋다"가 된다. 한마디로 "청정쌀로 밥맛 좋다"이다. 탁월한 포지셔닝이라고 할 수 있다. 이처럼 자사의 역량과 목표에 적합한 표적시장을 선정하고 거기에 맞게 포지셔닝하는 것이 중요하다.

요컨대 STP 이론 도구는 세 측면에서 유용하다. 첫째, 산지 마케팅 조직, 고객, 경쟁조직과 관계를 입체적으로 이해하게 한다. 3자 관계를 단순히 평면적으로 보지 않고 관계의 속성을 인식할 수 있게 되었다. 둘째, 고객을 분류하는 다양한 관점을 제공한다. 지금까지 출하고객을 시장세분화하는 기법은 잘 활용하지 않았다. 막연히 그러하다고 생각하였던 것을 논리적으로 분석하는 사고의 틀을 갖고 보는 것이다. 끝으로 마케팅 활동의 효과성을 높이는 전략수립을 쉽게 한다. STP를 잘 하였다면 다음에 무엇을 어떻게 해야 할지가 선명히 떠오를 것이다.

4. 「제품전략」 실행 도구

고객이 추구하는 가치는 제품의 품질과 공급자 서비스의 합과 지불 가격과의 비교에 의하여 결정된다. 제품은 그 속성과 이로부터 얻어지는 편익으로 구성되는 것이 기본이다. 드릴을 구입하는 것은 드릴 그 자체를 원하는 것이 아니고 '구멍을 뚫음' 을 구입하고 싶어 하기 때문이라는 것은 자주 회자된다. 영화관에 가는 것은 스크린 영상을 보는 것 뿐만이 아니라 현실을 잠시 잊고 싶은 '분위기' 도 구입하러 가는 것이다. 이처럼 제품은 욕구를 충족시켜 주는 가치의 가장 중요한 요소로서 물리적 재화, 서비스, 경험, 사람, 지식, 장소 등이 포함된다.

그런데 제품에는 그림 2-11과 같이 수준에 차이가 있다.

그림 2-11 제품의 수준 : 고객가치의 계층화

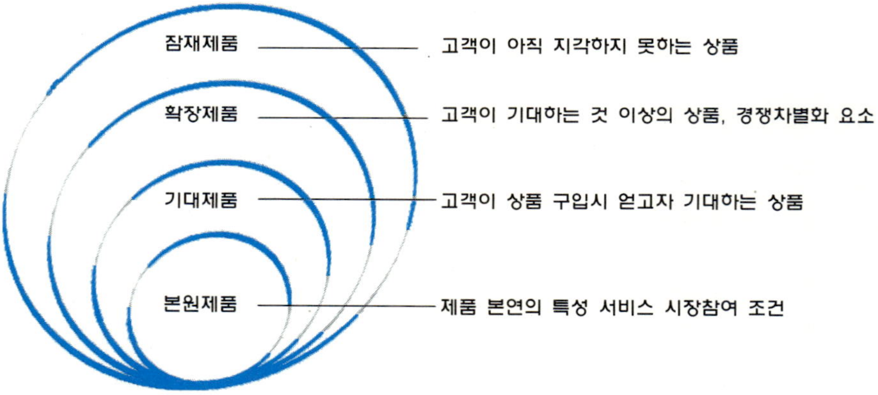

- 잠재제품 ── 고객이 아직 지각하지 못하는 상품
- 확장제품 ── 고객이 기대하는 것 이상의 상품, 경쟁차별화 요소
- 기대제품 ── 고객이 상품 구입시 얻고자 기대하는 상품
- 본원제품 ── 제품 본연의 특성 서비스 시장참여 조건

제품의 속성은 계속 진화하고 있다. 고객의 니즈가 누적적으로 쌓여 기대 수준이 더욱 높아진다. 경쟁제품도 우위를 얻기 위하여 자사 제품보다 동일한 가격에 비하여 제공 수준을 높인다면 자사도 거기에 따라갈 수밖에 없다. 또 하나는 기술 수준의 발전으로 제품의 품질이 높아지는 경우이다. 그래서 이전에는 확장제품 수준이던 것이 이제는 기대제품 수준이

된다. 예를 들어 휴대폰은 초창기에 잘 터지는(통화가 잘 되는) 것을 광고의 포인트로 삼아 차별적 요소로 부각시키려 하였다. 그러나 지금은 통화가 잘 된다는 것을 광고하지 않는다. 통화의 양호성은 기대제품 수준이거나 나아가서 본원제품 수준으로, 휴대폰이라면 당연한 속성이 된 것이다.

한편 제품의 수준을 무작정 확장할 수만은 없다. 추가되는 비용을 고려하여야 한다. 그리고 수준의 진화만큼 고객이 느끼는 편익이 균형을 이루는지도 살펴야 할 것이다. 가격요소가 가치결정에 변수로 작용한다. 수준을 한 단계 낮추어 저가격 전략으로 갈 수도 있다. 그래서 시장을 지배하는 것은 '더 좋은 제품'이 아니라 '마케팅이 더 잘된 제품'이라는 지적이 있다.

4.1 차별화 : 제품 · 디자인 · 서비스

4.1.1 제품 차별화

- **형태** : 제품의 크기, 모양, 물질적인 구조에서 여러 가능한 형태를 구상한다. 예를 들어 포도를 송이째 판매하던 것을 원 모양의 플라스틱 용기에 세척한 낱알을 넣어 판매하는 것을 참고하라.
- **특성** : 특성이란 제품의 기본적인 기능을 보완하는 특징요소이다. 고객들이 원하는 특성을 조사하여 제품에 반영하는 것을 말한다. 기업은 기능의 보완에 따른 비용, 즉 기업가치 관점에서도 고려해야 한다.
- **성능품질** : 제품의 기본적인 특징이 작동되는 수준을 말한다. 예를 들면 고 · 중 · 저 수준으로 등급화시킨 것이다. 품질을 향상해 수익과 성장률을 높여야 하지만 최고 성능품질이 능사는 아니고 표적시장에 적합하고 경쟁수준에 맞는 성능수준을 설계해야 한다.

- 적합성 품질 : 생산된 모든 제품단위가 일관성이 있으며 고객과 약속한 규격명세를 충족시키는 정도를 말한다. 예를 들어 감귤상자에 당도 12브릭스 이상이라고 했는데 실제 그렇다면 적합성 품질이 높다고 할 수 있다. 적합성 품질이 낮으면 소비자는 실망한다.
- 내구성 : 정상적인 또는 긴박한 조건에서 제품에 기대되는 작동수명의 측정 수준이다.
- 신뢰성 : 제품이 특정 기간에 고장이 나지 않거나 제대로 움직일 확률의 측정치이다.
- 수선 용이성 : 기능을 발휘하지 못하거나 원활하게 작동되지 않는 제품을 정상적으로 작동시키기 용이한 정도를 측정한 수치이다. 수신자 부담전화, Q&A, 서비스 요원 응답체계 등이 해당한다.
- 스타일 : 해당 제품이 구매자에게 어떻게 잘 보이며, 어떻게 잘 보이게 하느냐는 것이다. 경쟁사가 복제하기 어려운 특수함을 강조할 수 있는 이점과 우위성을 갖고 있는 것을 말한다.

4.1.2 디자인 차별화

고객 요구조건 관점에서 제품이 어떻게 보이며 또한 어떻게 기능을 수행하느냐에 영향을 주는 특성의 총합체이다. 가격과 기술만으로 경쟁은 충분하지 않으며 디자인이 경쟁 우열 요소에서 중요한 요인이 되고 있다. 기능에서 감성으로 변화하는 소비자 기호에 디자인은 강력한 마케팅 도구로 통합적 힘을 발휘하고 있다. 다른 차별화 요인들과 밀접한 매개변수로 관계를 맺는다.

4.1.3 서비스 차별화

물적 차별화 못지 않게 중요한 차별화 요인이다. 서비스에 가치가 부가되고 서비스 질을 향상시키는 것이다.

- 용이한 주문 : 슈퍼마켓에 가지 않고도 식료품을 주문할 수 있는 것처럼 고객이 얼마나 쉽게 주문할 수 있느냐는 것이다.
- 적기배달(공급) : 제품이나 서비스가 어떻게 고객에게 잘 전달되느냐이다. 배달되는 과정에서 속도, 정확성, 제품보호를 포함한다.
- 설치 : 미리 정해진 자리에 그 제품이 제대로 만들어질 수 있도록 하는 작업이다. 중장비를 구입한 구입자는 공급업자로부터 양호한 설치 서비스를 기대한다.
- 고객훈련 : 고객의 종업원들이 공급업자의 설비를 적절하고도 효율적으로 사용할 수 있도록 훈련하는 것이다. 맥도널드 프랜차이즈 가맹자는 햄버거 대학에 가서 프랜차이즈 점포를 관리하는 방법을 2주간 교육 받는다고 한다.
- 고객상담 서비스 : 판매업자가 구매자에게 제공하는 자료, 정보시스템, 또는 권고 시스템을 말한다.
- 유지 및 수선 서비스 : 고객들로 하여금 작업 순서에 따라 그들이 구입한 제품을 유지하도록 도와주는 기업의 서비스 프로그램에 관한 것이다.

4.2 제품믹스와 제품관리

제품믹스는 어떤 특정 판매자가 구매자들에게 판매하는 제품과 품목의 일체를 말한다. 그림 2-12는 농협 한삼인 브랜드의 제품 믹스 사례를 예시하였다. 제품믹스는 여러 가지 제품계열로 구성되어 있다. 예를 들면 홍삼은 홍삼류와 홍삼제품류로 구성되는데 그림은 홍삼제품류를 홍삼분말류와 농축홍삼류, 기타홍삼제품류로 계열화시킨 것을 보여주고 있다. 기업의 제품믹스는 넓이, 길이, 깊이 및 일관성으로 설명된다. 「넓이」는 기업이 얼마나 많은 종류의 제품계열을 취급하느냐이다. 사업의 확대를 위해서는 계열을 늘릴 수도 있다. '인삼 분말류' 계열을 하나 추가할 수도 있을 것이다. 「길이」는 제품믹스에 포함된 총 품목수를 말한다. 한삼인은 제품믹스 길이가 37개 품목이다. 총길이(37)를 계열수(5)로 나누면 평균제품길이는 7.4이다. 「깊이」는 계열내 각 제품이 얼마나 다양하게 제공되어 있느냐이다. 홍삼차를 예로 들면 "홍삼정차골드"와 "홍삼차골드" 두 가지이다. 「일관성」은 여러 가지 제품계열이 사용·생산요소·유통경로 등에서 얼마나 밀접하게 연관되어 있느냐를 말한다. 가맹점이나 마트 등 다양한 경로로 판매된다면 일관성이 낮다.

그림 2-12 한삼인 브랜드 제품 믹스 사례

	제품 믹스의 넓이(쪽)				
제품계열의 깊이	홍삼류 천삼 지삼 양삼	홍삼분말류 프리미엄 하루2번 V홍삼	농축홍삼류 홍삼정골드 홍삼성분환골드 홍삼성분캅셀골드 홍삼순액 천지수 미엔수 기력엔홍삼 홍삼파워S 홍센100 홍삼키즈 홍삼A+ 홍삼진액마일드 진홍삼	기타제품류(식품) 봉밀절편홍삼 홍삼정차골드 홍삼차골드 홍콤C 홍삼정과 홍삼무설탕캔디 홍삼캔디 홍삼초코릿 홍삼크런키초콜릿 홍삼양갱 홍삼젤리골드 홍쎈 홍삼진액골드	기타제품류(비식품) 홍삼비누세트 홍삼바디워셔 홍상폼클렌징 홍삼미용<미엔수>미세트 홍삼미용<미엔수>수세트 홍삼미용<미엔수>비누

주 : 2009. 4.30 현재 상품카탈로그 기준

　이러한 제품믹스를 관리한다는 것이 제품전략이라고 말할 수 있다. 제품의 폭(넓이)을 넓힐 것인가 좁힐 것인가? 제품의 깊이는 더욱 깊게 할 것인가 얕게 할 것인가? 깊게 한다면 위로 깊게 할 것인가(고가화) 아래로 깊게 할 것인가(저가화)? 동일 계열 내에 특정 품목을 끼워넣는(제거하는) 것은 어떠한가? 제품믹스 관리는 특정 품목을 구축, 유지, 수확 또는 철수할 것인가를 결정하는 일이기도 하다. 이와 같은 전략결정은 다음과 같은 관점에서 살펴본다.

- **재무적 관점** : 제품 계열별로 판매액과 매출이익을 파악하여 전체 총 판매액과 총매출이익에서 계열별 기여도를 확인 규명한다. 덧붙여서 각 제품계열별로 촉진비용을 산정한다. 그러면 제품계열별 마진이 나올 것이다. 제품관리자는 주기적으로 이익을 악화시키는 쓸모없는 품목이 있는지를 체크하여야 한다.

- **경쟁사 제품 비교 관점** : 각 제품계열이 경쟁사와 비교하여 어떤 위치에 있는지를 파악한다. 예를 들면 「정관장」은 홍삼분말류 계열에 "홍삼분 캡슐", "홍삼태블릿", "비타센스" 세 품목으로 구성되어 있어 「한삼인」의 두 가지 품목보다 다양하다. 그러나 「한삼인」은 기타홍삼제품류 비식품품목에서 화장용품 6개 품목이 있으나 「정관장」은 그렇지 못하다. 경쟁사와 비교하여 새로운 품목을 추가할지 아니면 기존 품목을 줄일지, 아니면 경쟁사에는 없는 품목을 강점으로 내세워 전략적으로 어떻게 활용할지를 결정할 수 있다. 향후 제품전략 방향 측면에서 품목별로 시장의 위치를 이해하는 것은 중요하다.

- **고객니즈 관점** : 만약 중간상인 가맹점이나 대리점들이 현재 계열 내에서는 품목이 없어 시장기회를 상실한다고 불평하거나 소비자의 새로운 소비행태에 맞추어 경쟁사를 따돌리기 위해서 필요하다면 한 계열 내에 품목을 추가할 수도 있다. 반면에 낡은 소비습관을 전제로 한 상품이라면 계열내 제품을 제거해야 한다. 특히 새로운 표적시장에 진출하기로 하였다면 제품계열에 대한 재검토는 반드시 따라야 한다.

- **전략적 상황관점** : 계열내 특정 품목을 시장전략적 관점에서 출시할 수 있다. 새로운 구매자를 끌어들이기 위하여 할인 기획상품을 만드는 것이다. 다른 경우는 고급 이미지를 높이기 위하여 특별 명품 계열을 추가할 수도 있다. 경기상황에 따라서도 고려되는데 경기침체기에는 제품계열을 길게 한다는 것이다.

4.3 포장화 및 라벨링

포장화는 제품의 용기를 디자인하고 제조하는 제반 활동이다. 포장은
재료를 기준으로 세 가지 수준으로 되어 있다. 첫째는 「기초포장」으로 딸
기를 예로 들면 투명 비닐용기 케이스에 500g씩 담았다. 둘째는 「2차
포장」으로 500g케이스 4개를 개방형 골판지박스에 넣었다. 셋째는 「운
송포장」으로 골판지 박스를 팔레트 위에 깔아 5단으로 적재한 다음에 박
스 주위를 두루마리 비닐로 감아 운송과정에서 고정시키는 포장이다.

잘 설계된 포장은 편리성 뿐만 아니라 촉진적 가치도 창조한다. 구매자
의 제품에 대한 첫 대면은 포장으로부터 시작한다. 포장은 첫 대면에서
호감을 갖게 하거나 무관심으로 지나치게 한다. 포장 자체가 긍정적 서비
스 기능을 발휘한다면 주위를 끌고, 제품을 설명하고, 고객에게 신뢰를
주며 호감적인 인상을 느끼게 할 것이다. 포장화는 다음과 같은 목적을
성취할 수 있어야 한다.

- 브랜드를 확인하고 규명한다. 매력적인 도안이라면 더욱 그렇다.
- 제품에 대한 설명과 설득적인 정보를 제공한다. 제품의 등급, 제조자,
  제조일자, 성분, 사용법, 안전수칙 등이 명시되어 있다.
- 제품을 수송하고 보관하는 과정에서 제품보호에 도움을 준다.
- 제품 소비에 도움을 준다.

또한 포장은 미학적, 기능적 측면에서 소비자의 욕망을 충족시켜야 한
다. 미학적인 것은 포장의 크기, 형태, 재료, 색상, 의미 및 도형과 관련
있다. 기능적으로는 소비자 관점에서 보관이 잘 되어야 하고, 소지하기
쉽고, 열기 쉽고, 사용할 때마다 편리하여야 한다. 최근에는 포장 디자인
의 촉각적 요소가 가미되어 디자인과 재질로부터 소비자 마음에 느끼게
하는 것까지로 진화하고 있다.

다양한 포장 요소들은 조화를 이루어야 한다. 많은 마케팅 관리자들은 포장(Package)을 마케팅 4P에 추가하여 제 5의 P로 부르고 있다. 따라서 포장요소들이 가격, 광고, 기타 마케팅 프로그램에 대한 결정과 조화를 이루어야 한다. 예를 들어 고령자를 표적시장으로 하는 제품은 포장설명서 글씨가 커야 할 것이다. 또한 제품에 대한 수선, 대체, 환불과 관련한 보증사항이 프로모션 기능을 하는 것이다. 만약에 "만족하지 않으면 환불 한다"와 같은 특별한 보장사항은 유사한 보장을 제공하지 않는 경쟁사보다 고가격 정책으로 나갈 수 있다.

4.4 농산물 마케팅에 유용성

농산물은 저관여 일반상품이며 대체재도 많다. 유통업체도 미끼 상품으로 고객을 끌어 모으는데 활용하기도 한다. 매스미디어에서 광고하는 공산품과는 달라서 수요를 특별히 촉진하기도 쉽지 않다. 한편, 공급량이 조금만 부족하면 품귀 현상을 빚어 가격이 오르고 물량확보에 어려움이 따른다. 생활필수품이며 식량이기에 생명재화라고 할 것이다. 또한 농업 생산 경제는 단순히 재화를 공급하는 것 이상으로 홍수를 방지하고 토양을 보전하며 대기 이산화탄소를 흡수하는 등 국민생활에 유익한 다원적 기능을 발휘한다. 전통문화도 밀접하게 농산물 생산경제와 결합되어 있다. 농업이 국가산업에 중요하기에 국민여론을 환기시키며 농업의 보호를 위하여 정치적 요구도 한다. 일종의 정치재화로도 볼 수 있다. 이처럼 농산물은 「일반재」, 「생명재」, 「다원적 기능재」, 「전통재」, 「정치재」로서 다양한 얼굴을 하고 있다. 이러한 까닭으로 농산물의 특성을 한마디로 한다면 「복합 가치재」라고 할 수 있다.

복합 가치재를 어떻게 마케팅할 것인가? 위에서 언급한 제품전략 이론은 농산물의 마케팅 제품전략 활동에도 유용하다. 먼저 제품의 수준에서 본원제품과 기대제품의 개념에 주목하여야 한다. 농산물은 살아 있는 비정형화 상품이다. 부패하고 손상되기 쉬우며 표준화와 규격화가 곤란하다. 그러므로 특별한 상품관리 체계, 등급 규격화 기준의 상호 이해확립 과정이 필수적이다. 농산물 거래의 이상은 "공산품처럼 균질하게" 하는 것이다. 「균질」의 의미를 농산물의 외관적 속성뿐만이 아니라 품질과 같은 내부적 속성까지도 제품제공시마다 일관성을 유지한다는 것으로 정의하고 싶다. 농산물의 경우에 본원제품 개념은 외관적 필요조건이고 기대제품 개념은 품질의 균질성을 지속성 있게 유지하는 것으로 보아 제품의 충분조건이라고 말하고 싶다. 예를 들면 배가 본원제품 개념으로는 겉 모양이 크고 고유의 색택을 갖추고 외상이 없는 것이다. 기대제품 개념으로는 배의 맛이 고유의 단맛이 나고 씹히는 식미감이 사각사각한 느낌을 주고 과즙도 풍부하여야 한다. 추석을 앞두고 촉성 재배로 출하되는 배 중에는 본원제품적 요건은 갖추었으나 기대제품적 요건이 부족하여 소비자가 배맛에 실망하여 외면하는 경우를 떠올리면 된다.

다음은 차별화에 대하여 논한다. 차별화의 정의는 제품수준 이론을 빌려 말한다면 확장제품 이상의 수준에 도달하는 것이다. 기업 마케팅 교과서에 농산물과 관련하여 거의 유일하게 회자되는 차별화 사례가 있다. 썬키스트 재배자조합 CEO인 핸린(Russell L. Hanlin)의 브랜드 명언이 그것인데 다음과 같다.

"여기 오렌지가 있다. 이것도 오렌지이고, 저것도 오렌지이다. 그럼에도 불구하고 미국소비자의 80%가 이 오렌지라는 과일 이름을 썬키스트로 알고 있거나 믿고 있다."

위 제품전략이론은 차별화에 대하여 정교한 논리를 제시한다. 농산물 마케팅에 대한 시사점은 농산물 차별화를 위한 마케팅 요소도 그림 2-13과 같이 4가지로 나타낼 수 있다는 것이다. 즉 차별화 요소에 대한 전체적인 그림을 보여준다. 물론 위에서 언급한 차별화 요소가 농산물 마케팅에 그대로 적용되는 것은 아니지만 농산물 유통경제의 특성을 감안하여 응용하여 적용할 수 있는 사고의 단초를 제공한다.

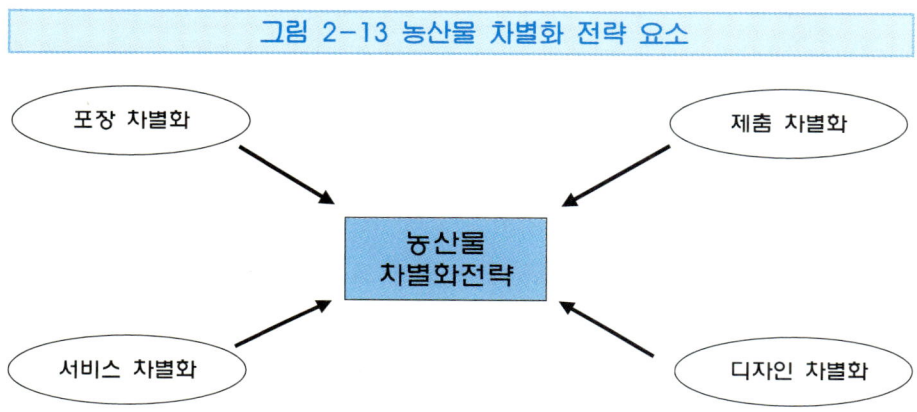

그림 2-13 농산물 차별화 전략 요소

농산물 마케팅에서도 차별화의 필요성은 많이 언급되지만 어떻게 차별화할 것인가에 대하여는 풍부하게 논의되는 것은 아니다. 그리고 차별화 방법도 포장 방법이나 제품 위주였다는 느낌이다. 사실 저관여 농산물 특성상 차별화는 쉽지 않다. 기대제품 수준까지 만이라도 충실하게 한다면 마케팅을 잘 하고 있다고 말할 수 있을지도 모른다. 그러나 산지간 치열한 경쟁에서 마케팅 조직이 지속 가능한 경쟁우위를 이룩하려면 확장수준 이상의 차별화가 필요하다. 이를 위한 농산물 마케팅의 차별화는 마케팅 조직의 차별화 문제라고도 볼 수 있다. 위 차별화 전략요소 중에서 서비스 차별화가 매우 중요하다. 중간 구매자인 고객과의 관계관리 차원에서 서비스가 거래 당사자 사이에 감성적인 요소로 작용한다. 디자인 차별화 요소는 앞으로 중요성이 더할 것이다. 제품수준의 최고 계층인 잠재수준에 도달할 수 있는 요소이다. 병배와 병포도를 상기하라. 소비자가 지각하지 못하였던 상품이다. 먹는 상품을 눈으로 보는 관상용 상품으로 디자인을 바꾸었다.

   또 다른 제품전략 이론의 유용성은 취급제품 브랜드 믹스를 관리하는
분석의 시각을 제공했다는 점에 있다. 아래 그림 2-14는 어떤 산지 마
케팅 조직이 취급하는 제품들을 브랜드별로 계열화시키고 깊이를 규격별
·계급별로 분류하여 보았다. 만약 품목수가 많다면 제품계열이 품목별로
나열되고 친환경등급은 제품의 깊이 항목에 나타낼 수 있다. 그리고 쌀과
같이 단일 품목이지만 브랜드 개수가 많은 것은 제품계열이 브랜드가 되
고 제품의 깊이는 포장단위나 친환경 또는 일반 상품의 구분으로 나누어
볼 수 있다. 마케팅 조직의 실정에 맞게 전체 브랜드를 망라하면 된다.
중요한 것은 이러한 그림이 무엇에 도움이 되는가에 있다. 수평차원과 수
직차원의 항목이 달라지면 위에서 언급한 제품믹스 관리 이론이 그대로 적
용되기 어렵지만 나름대로 분석의 포인트를 정립하면 된다. 바람직하게 지
향하는 바는 브랜드 개수는 난립해서는 안 된다는 것, 아래 그림에서 제품
깊이는 다양해야 한다는 것, 가급적 깊이는 위로 확장되어야 한다는 것 등
이다. 각 제품계열별 브랜드별로 거래가격과 취급량이 산출되어 분석의
기초조건은 갖추어야 한다.

그림 2-14 농산물 브랜드 믹스 관리

	일반A	일반B	유기농	무농약	저농약	GAP
크기 (무게)	___ ___ ___	___ ___ ___	___ ___ ___	___ ___ ___	___ ___ ___	___ ___ ___
당	___ ___	___ ___	___ ___	___ ___	___ ___	___ ___
도	___	___	___	___	___	___
품위 (특상보)	___ ___ ___	___ ___ ___	___ ___ ___	___ ___ ___	___ ___ ___	___ ___ ___

제품믹스 관리를 통하여 브랜드 통합 방향을 세우는 것이 농산물 특유에 존재하는 관리방향이다. 일반 기업과는 달리 영세한 산지 마케팅 조직입장에서 브랜드의 난립은 가장 시정해야할 사항이다. 제품 또는 브랜드믹스 관리는 해당 산지 마케팅 조직이 취급하는 제품 중에서 수취가격이나 규모면에서 취약한 품목이 무엇인지를 밝혀내려는 것이다. 조달에 문제가 있는 것인가 판매에 문제가 있는 것인가? 그리고 수수료 또는 마진측면에서도 밝혀져야 한다. 즉 전술한 재무적 관점, 경쟁조직 비교 관점, 고객니즈 관점, 전략적 상황관리 관점이 함께 고려되어야 한다. 이럼으로써 농산물 제품전략의 골격이 세워질 수 있다.

5. 「가격전략」 실행 도구

가격은 제품이나 서비스를 사기 위하여 지불해야 하는 화폐의 양이다. 가격의 기능은 사회적으로 자원 배분의 방향을 제시하고, 기업에게는 생산여부와 생산량을 결정하며 소비자에게 역시 구매 여부와 구매량을 결정하게 한다. 기업이나 구매자 모두에게 자기입장에서 「가치」를 구성하는 핵심요소라고 할 수 있다.

기업에게 가격은 무엇인가? 기업의 시장 점유율과 수익성을 결정하는 중요한 요소 중 하나이다. 기업의 전략실행 도구 중에서 제품, 유통, 촉진은 모두 비용이 수반되는 요소이지만 가격은 유일한 이익획득 요소이다. 가격 변화를 통한 이익 개선 효과가 가장 크다는 연구가 있다.(McKinsey & Company, 1992) 가령 판매량이 일정하다고 할 때 가격이 1% 증가하는 경우 영업이익은 11.1% 증가, 판매량이 1% 증가하면 영업이익은 3.3% 증가, 변동비용 1% 감소는 영업이익 7.8% 증가, 고정비용 1% 감소는 영업이익 2.3% 개선 효과가 있다는 것이다.

한편 구매자 가격결정 심리는 나름대로 기억이나 일상적으로 알려진 가격정보를 준거가격으로 한다. 또한 기본적으로 가격을 품질의 지표로 사용하여 고가는 고품질, 저가는 저품질로 인식하지만 가격 대비 지각품질의 고저에 따라 구매를 결정할 것이다. 최근의 인터넷 발달, 생산과잉, 글로벌 경제의 영향으로 소비자들은 끊임없이 유통업자에게 가격인하를 요구하고 유통업자는 제조업자에게 가격인하를 압박한다. 기업의 가격정책은 세분화 시장, 기업의 포지셔닝 정책, 유통경로 및 구매에 따라 충분히 달라져야 하지만 실제로는 가격결정에 어려움을 겪는다. 기업의 마케팅 의사 결정 중에서 가장 어려운 요소 중의 하나이다.

5.1 가격결정 절차

대부분의 시장이 품질에 따라 3~5개의 가격 계층을 가지고 있다. 자사는 어느 가격계층에 위치할 것인가? 가격 의사결정을 위하여 4가지 기본적인 요소–원가, 수요, 경쟁, 목적–를 알아야 한다. 처음으로 가격을 정한다는 가정하에 4가지 가격관리 요소를 순차적으로 구성하면 ①목표설정 ②수요설정 ③원가파악 ④경쟁사 분석 절차를 거치게 된다.

① 목표설정
- 생존 : 가격이 변동비와 고정비를 전부 충족시키지 못하는 상태가 계속된다면 기업은 도산하게 된다. 장기적으로 가치를 증대시키는 방안을 강구해야 한다. APC 설비 중에서 이러한 목표개념을 확실히 할 필요가 있다.
- 단기이익의 극대화 : 여러 가격에 관련된 수요와 비용을 감안하여 장기적 성과를 희생시키면서 현재의 재무적 성과를 중시한다.
- 시장점유율 극대화 : 규모의 경제 효과를 의도하며 가격 감수적인 시장의 가정 하에 최하가격정책을 실시한다. 가격인하가 시장성장을 조장하며 저가격이 잠재적 경쟁을 무력화시킬 때 가능하다.

- 고가격 정책의 극대화 : 높은 가격에도 수요가 있다는 것을 전제로 한다. 고가격이 제품의 이미지를 좋게 하며, 소량판매에 따른 원가가 이익을 초과하지 않으며, 나중에 가격을 내리면 가격에 민감한 구매자를 흡수할 것으로 예상한다.
- 가격 - 품질 선도력 : 소비자의 지급의사를 벗어나지 않는 고가격 수준의 특성화되는 품질의 제품과 서비스를 지향하는 것이다. 충성적 고객 기반에 품질, 고급스러움, 고가격을 결합하여 품질선도자로 포지셔닝하는 것이다.

② 수요파악

구매자의 수요곡선을 알 수 있다면 대안적 가격과 수요량의 관계를 나타낼 수 있다. 가격민감도를 평가하여 수요곡선을 추정한다. 가격민감도는 수요량의 변화량 % / 가격 %에 있어서 % 차이로 정의한다. 예를 들어 어느 RPC가 20kg 쌀 1포대를 5만원에서 5만 2천원으로 올렸는데 수요량은 1만포대에서 9천포대로 줄었다고 한다면 가격민감도=10%/4%에서 2.5가 된다. 대단히 탄력적인 수요라고 할 수 있다. 즉 자사의 제품과 서비스에 대한 수요곡선은 탄력적이거나 비탄력적이며 시간의 경과에 따라서 달라진다. 마케팅 목표는 다양한 가격의 변화에 반응하는 수요수준에 영향을 받고 수요수준은 수요민감도에 달려 있다고 할 수 있겠다.

기업은 구매자의 가격민감도가 높지 않기를 바란다. 아래는 가격민감도를 평가할 수 있는 질문들을 예시하였다. 왼쪽의 경우가 민감도가 높고 오른쪽이 민감도가 낮은 경우이다.

- 제품가격을 구매의사 결정자가 부담한다. vs 다른 측에서도 부담한다.
- 구입비용이 최종제품의 총비용에서 비중이 높다. vs 비중이 낮다.
- 가격이 높으면 구입하고 싶지 않다. vs 높은 가격이 높은 품질로 인식한다.
- 구매자가 인터넷 등에서 가격비교가 쉽다. vs 구매 비교하는 경우가

드물다.

- 구매자가 대체품을 알고 품질비교가 쉽다. vs 대체품을 잘 모르고 품질비교 습관이 없다.
- 구매시기나 배달시기가 구매자에게 중요하지 않다. vs 중요하다.
- 구매자가 공급선 바꾸는데 희생이 크지 않다. vs 상당한 대가를 치러야 한다.
- 제품에 특이성이 별로 없고 품질도 좋은 편은 아니다. vs 제품이 독특하고 고품질이다.
- 그 제품이 과거 구입 제품과 결합 사용되는 것은 아니다. vs 결합 사용된다.
- 구매결정에 다른 영향요인은 없다. vs 다른 무형적 요인 있다.

수요곡선은 계량적인 방법으로 예측할 수 있다. 첫째, 과거의 데이터를 이용한다. 가격, 판매량, 기타요인들을 통계적으로 분석한다. 둘째, 가격 실험을 한다. 실제로 가격을 체계적으로 변경시키면서 각 경우의 수요를 조사하는 것이다. 셋째, 신제품을 출시하는 경우에 대표적으로 활용하는 방법이지만 다르게 제시되는 가격에 구매자들이 얼마만큼 구매의사가 있는지 설문조사하는 것이다. 다양한 과학적 기법들이 필요하므로 전문가 집단의 도움을 받아야 할 것이다. 이처럼 마케팅 프로그램을 수립하는데 고객의 가격탄력성과 가격과 관련한 욕구변화를 세심하게 고려해야만 한다.

③ 원가파악

가격결정을 잘하기 위해서 기업은 생산량에 따라 원가가 어떻게 변하는지 알아야 한다. 원가는 제품가격의 하한선을 정한다. 만약 제품가격이 원가를 커버하지 못하면 이익이 없는 것이다. 주어진 조업도 수준에서 총생산비용을 최대한 충당할 수 있는 가격수준을 원한다. 총생산비는 다음과 같이 구성된다.

- 고정비(fixed cost) : 생산수준이나 매출액과 관련없는 비용. 임대료, 이자, 임직원 급여
- 변동비(variable cost) : 생산수준의 변화에 따라 변화하는 비용. 재료비와 같이 단위당 비용은 일정하지만 전체 생산량이 변하면 비용의 합계는 변화하기 때문에 변동비가 된다.
- 평균비용(average cost) : 어떤 조업도 수준에서 단위당 비용으로 총비용/생산량이 된다.
- 총비용(total cost) : 주어진 조업도 수준에서 고정비와 변동비를 합계한 비용

위 비용요소를 할당하는 것이 원가계산 과정이다. 기업은 규모의 경제 이익을 실현하기 위하여 생산수준 규모를 늘려 단위당 원가가 최저가 되는 최적생산량을 추구한다. 또한 생산 경험을 오랫동안 축적하여 학습효과에 의하여 평균비용이 체감하는 경험곡선에 의한 가격결정을 추구하기도 한다. 원가계산 방법을 합리화하여 행동기준원가회계라든가 목표원가 방법을 동원하여 원가절감을 위한 노력을 한다. 이러한 모든 노력들의 결과로 비용요소가 결정되면 원가파악이 가능하다.

④ 경쟁사 분석

자사 가격은 자사의 원가와 고객이 받아들이는 효용가치 가격 범위 안에서 경쟁사 가격과 비교하여 방향을 정해야 한다. 자사 가격은 경쟁사가격과 비교하여 대등하든지, 높든지, 낮든지 세 가지 중 하나이다. 가장 가까운 경쟁사의 제품과 서비스(제공물)가 자사보다 긍정적 특성이 있어 차별적 가치가 존재한다면 자사가격은 경쟁사보다 그 가치만큼 낮아야 한다. 그 반대의 경우라면 자사의 가격은 경쟁사보다 높아야 한다. 또 하나 고려요소는 자사의 결정가격에 대한 경쟁사의 반응이다. 경쟁사는 다시 가격을 변경할 수도 있다는 점이다.

5.2 가격결정 방법

그림 2-15는 가격 고려 요소와 결정 방법을 보여준다. 가격결정과 관련한 여러 방법과 그 방법의 차이를 가져오는 특징을 나타냈다. 가격 결정에 대한 이해의 관점을 돕기 위하여 3C 측면에서도 가격결정의 방법을 연관시켰다. 이 그림을 유심히 살핀다면 가격결정이론의 개요가 한 눈에 들어올 것이다. 방법에 대한 세부 설명도 3C 관점에서 하겠다.

- 자사 생산조건 기준 : 원가가산법과 목표수익률법이 있다.
  - 원가가산법(markup pricing) : 제품원가에 표준 마진을 가산하여 가격을 산정한다. 예를 들어 어느 APC에서 거래업체에 5천상자의 사과를 특별할인 행사를 실시하여 납품을 하기로 하였다고 하자. 이 때 판매상자당 변동비 5천원, 행사관련 총투자고정비 200만원이라면 상자당 원가는 얼마일까?

그림 2-15 가격결정 고려 요소와 결정방법

저가격 (이익없음)	← 가격하한선	가격책정가능범위	가격상한선 →	고가격 (수요없음)
	· 생산원가	· 경재사 가격 · 법적 규제 · 자사방침	· 구매자 지각 가치	
가격결정 방법	· 원가 가산법 · 목표수익률가격법	· 경쟁사 모방가격 · 경매유형	· 지각적 가치 결정법 · 가지가격법	
변화동인	생산 판매량에 따라 변화	경쟁자 가격에 따라 변화	마케팅 믹스의 특성에 따라 변화	
3C 측면	자사	경쟁사	고객	

원가=변동비+고정비/판매량 이므로 원가=5,000+200만원/5천상자= 5,400원이다. APC가 10%의 마진율을 원한다면

원가가산가격=단위원가/(1-예상판매수익률)=5,400/(1-0.1) =6,000원이다.

APC는 상자당 6,000원에 팔아 600원의 이익을 획득한다.

원가가산법은 원가에 대한 확실한 정보를 갖고 있으며 가격결정 작업을 단순화할 수 있다. 다른 기업도 이와 같은 방법을 사용하므로 지나친 가격경쟁을 피할 수 있으며 구매자와 판매자에게 모두 공정한 방법이라고 할 수 있는 장점이 있다. 그러나 수요자 가치와 경쟁을 무시한 가격결정 방법이며 예상했던 판매수준이 달성되었을 때에만 의미가 있다고 할 것이다.

- **목표수익률법** : 기업이 목표수익률(ROI)을 달성할 수 있도록 가격을 정하는 방법이다. 위 예에서 이번 행사를 통하여 20%의 수익을 올릴 것을 목표로 하였다고 하자. 총투자액은 위의 예에서 총투자 고정비 2백만원이라고 한다. 그러면 가격은 얼마로 해야 하는가?

목표수익률가격=단위원가 + (목표수익률*투자액)/판매량
  = 5,400 +(0.2*2,000,000)/5,000 = 5,480

APC는 이번 행사를 통하여 5,480원 가격으로 투자비에 대하여 20% 수익을 획득할 것을 희망한다. 그렇지만 목표수익률 가격법은 가격탄력성과 경쟁사의 대응을 고려하지 않았다. 만약 경쟁사도 행사에 참여하여 가격인하 경쟁을 벌인다면 결과는 달라질 수 있다.

● **구매자 수요기준조건** : 지각적 가치가격 결정법과 가치가격법이 있다.

- **지각적 가치가격결정법**(perceived-value pricing) : 마케팅 믹스에서 비가격적 변수를 사용하여 구매자의 마음속에 가치를 전달하려고 자사의 제공물을 포지셔닝시키는 것이다. 가치는 기업제품의 성능에 대한 구매자의 이미지, 품질보증, 평판, 기업의 신뢰성 등으로 구성된다. 구매자의 반응은 다르게 나타나는데 크게 세가지 유형으로 볼 수 있다. 가격추구자, 가치지향자, 충성적 구매자이다.

각 유형별로 가격전략을 다르게 제시하여야 한다. 가격추구자에게는 가격외 불필요한 서비스적 요소를 최대한 줄이며 가치추구자에게는 기업의 가치혁신을 확신시키며 충성적 구매자에게는 관계구축에 대한 투자가 이루어져야 한다. 가장 중요한 것은 고객들에게 경쟁사보다 더 많은 가치를 이해시키고 제공하는 것이다.

- 가치가격법 : 품질을 낮추지 않고 저가격을 부과하여 많은 가치 의식적 고객을 끌어들이는 가격 결정법이다. 그러기 위해서는 원가를 절감하여야 하는데 기업의 운영을 리엔지니어링하는 등 기업 내부의 혁신을 통하여 구현하려고 한다. 대표적인 예가 매일저가격화 (EDLP : everyday low pricing)를 적용하는 소매상이다. 가격촉진과 특별할인 행사를 하지 않고 항상 저가격을 적용한다는 것이다. 지속적인 가격할인과 촉진은 비용이 많이 수반될 뿐더러 소비자의 신뢰를 얻지 못한다. 그러나 현실적으로 쇼핑객들은 촉진과 행사를 쫓고 있으므로 이를 완전히 무시할 수는 없다. 따라서 EDLP와 행사활동은 혼용해서 쓰이고 있다.

• 경쟁사 행위기준 : 경쟁사 모방 가격결정법과 경매유형이 있다.

- 경쟁사 모방 가격결정법(going-rate pricing) : 경쟁사 가격을 기준으로 동일하게 또는 낮거나 높게 한다. 흔히 사용하는 방법이다. 기업들은 원가측정이 어렵거나, 경쟁사의 반응이 불확실한 경우에 업계의 중지를 따르는 좋은 방법으로 생각한다.

- 경매유형 가격결정법 : 인터넷 성장으로 전자식 시장이 인기가 높아지고 있다. 재고나 중고품 처리에 이용되고 있다. 세 가지 방식이 있는데 영국식 경매로 상향식 입찰, 네덜란드식 경매로 하향식 입찰, 공개입찰형 경매로 공급업자는 오직 하나의 입찰에만 참가하고 다른 공급업자 응찰가격을 알 수 없는 경매방식이다.

5.3 가격조정

기업은 하나의 가격이 아닌 다양한 요인들에 의한 일련의 가격결정 구조를 갖고 있다. 기본 가격에서 마케팅 정책에 따라 가격을 조정하는 전략을 실행한다. 가격을 변경하는 경우 가격변경에 대하여는 고객, 경쟁사, 공급업자 등에게 영향을 주며 정부의 반응을 불러일으킬 수 있다. 특히 자사의 변경에 대하여 경쟁사의 대응과 반응에도 주시하여야 한다.

- **가격할인과 공제** : 고객에 대한 보상차원에서 시행하는 할인가격 결정이 조급하게 이루어진다면 자사의 정가가 유동적임을 말하여 주는 것이다. 할인이 일상화가 되어버리면 품질에 대한 지각가치를 낮추며 계획이익을 달성하지 못할 수도 있다. 할인이 빈번하면 순가격분석이 필요하다. 강력하고 독특한 차별적 요소가 있는 자사 상품의 할인에는 신중하여야 한다. 장기적인 합의에 의한 거래방식으로 기업에게 반대급부가 주어질 때 할인정책은 유용하다.
  - **현금할인** : 대금을 조기 지불하는 고객에게 가격을 인하함
  - **수량할인** : 대량구매 고객에게 할인해주는 것으로 할인폭이 대량판매로 인한 원가 감소분을 초과하지 말아야 한다.
  - **기능할인** : 판매, 보관, 장부정리 등과 같이 중간상 기능을 해주는 경로구성원에게 제조업자가 할인함
  - **공제** : 특별한 프로그램에 참여하도록 하기 위하여 계획된 특별한 지급방식. 신형모델 구입자에게 구형모델을 가져오면 그만큼 가격을 할인하여 주는 등이 그 예다.
- **촉진적 가격** : 고객을 추가로 유치하기 위하여 미끼로 가격을 인하하거나, 현금 반환, 금융제공, 보증서비스 제공, 심리적 가격할인(의도적 고가 책정 후 얼마 지나 저가로 할인)이 있다. 경쟁사의 모방을 초래하거나 그간의 마케팅에 투입한 기업의 노력을 망치게 할 수 있다.

- 차별적 가격 : 제품 또는 서비스를 원가차이가 아닌 다른 두 가지 이 상의 가격으로 판매하는 것이다. 차별화 기준은 세분시장, 제품형태, 이미지, 경로, 위치, 시간대 등 다양하다. 차별화는 고객에게 불만이 나 좋지 않은 감정을 유발하지 말아야 하며 합법적이어야 한다.

- 가격의 인하·인상 : 인하하는 경우는 과잉설비이거나 저원가를 이용 하여 시장을 지배하려는 경우다. 인상은 원가가 상승하거나 초과수 요가 발생하는 경우다. 소비자는 약간의 정상적인 인상이 갑작스러 운 인상보다 수용적이다. 가격인상이 정당하다는 인식이 없으면 기 업을 속이는 존재로 여길 것이다.

한편 경쟁사가 가격을 변경한다면 어떻게 대응해야 할 것인가도 검토 과제다. 경쟁사의 가격변경 이유를 먼저 파악한다. 그리고 가격변경이 일 시적인지 영구적인지 그 성격을 규명한다. 다음은 영향 분석으로 대응하 지 않을 경우 자사의 이익과 시장 점유율이 어떻게 될 것인지와 다른 기 업들의 반응도 염두에 둔다. 그리고 자사의 조치에 따라 경쟁기업과 다른 기업의 반응이 어떠할 것인지도 검토되어야 한다. 대응책으로는 ①가격유 지 ②가격유지 및 가치추가 ③가격인하 ④가격인상과 품질 향상 ⑤공격 용 저가 제품라인 출시 등이 있다.

5.4 「가격전략 이론」의 산지 마케팅 조직에서 활용

산지 마케팅 조직은 우선 생존하고 그리고 지속가능한 경영이어야 한 다. 두말할 필요도 없이 이익을 실현하지 못하면 지속가능은 불가능하 다. "출하농민을 위하여 적자가 불가피하다"라는 말은 본서에서 용납하 지 않는다. 마케팅 사고는 고객의 이익과 조직의 이익을 제로 섬(zero sum)으로 보지 않고 고객과 마케팅 조직이 모두 윈윈하는 관계를 전제 로 한다.

가격은 마케팅 프로그램에서 유일한 이익변수라고 하였다. 얼마나 가격을 잘 관리하느냐가 조직의 생존문제와 직결된다. 산지 마케팅 조직에게 가격관련 의사결정은 두 당사자와 관계가 있다. 첫 당사자는 출하고객인데 수탁판매의 경우에 수수료 가격을 결정해야 하고 매취판매의 경우는 매입원가를 결정해야 한다. 또 하나의 당사자인 구매고객과는 판매가격을 결정해야 한다. 수수료가격, 매입원가, 판매가격의 세 가지 종류의 가격을 잘 관리하기 위하여는 계량화된 근거가 있어야 한다. 아울러 다양한 정성적 고려요소도 있을 수 있다. 무엇이 계량적 근거이며 고려하여야 할 사항인지에 대하여 위에서 언급한 가격이론은 도움을 줄 것인가? 가격전략이론의 시사점으로부터 도움을 받는다면 농산물 마케팅에서도 가격결정 기법으로 정형화시키는 것이 가능할 것인가? 가격을 조정하는 메커니즘도 농산물 마케팅 상황에서 응용이 가능할 것인가? 답변은 모두 "그렇다" 이다. 아래 표 2-2는 농산물 마케팅 가격유형과 가격전략 관련변수를 크로스하여 나타냈다.

표 2-2 산지 마케팅 조직 가격관리 유형 및 전략변수

전략변수 \ 가격유형	매입가격	판매가격	수수료가격
고려요소	• 생산원가 • 출하자 수취가 근기 • 경쟁자 매입가 • 예상 판매가격	• 납품원가 • 가치특성 요소 • 경쟁시세	• 목적(시장침투/수익확대) • 취급량(현재/목표) • 위탁자 민감도
가격결정 방법	• 경쟁자 모방가격 • 지각적가치결정법	• 목표수익률가격법 • 원가가산법 • 경매유형	• 목표수익률가격법
가격조정	• 인상-특별물량, 품목유치 프리미엄 가산 • 인하-공급과잉, 약세시장	• 할인행사 참여 • 우월적 지위 프리미엄가격 • 반품, 리콜	• 취급목표량변화 • 조직 관리비용의 증감
순가격 변수	• 유치 촉진비용(+) • 저리 선도금 이차(+) • 매입장려금(+)	• 지급판매장려금(-) • 배송료(-) • 수취출하장려금(+) • 지자체 택배비(+)	• 선별장 이용료(+) • 수취장려금 환원액(-)

6. 「경로전략」 실행 도구

마케팅 경로(marketing channel, distribution channel)는 「제품이나 서비스가 사용 또는 소비될 수 있도록 하는 과정에 참여하는 상호의존적인 조직체의 집합」으로 정의된다. 제조업체, 도매상, 소매상, 수송업자, 창고업자, 판매 대리인 등 각각의 경로 구성원이 활동한다. 이들의 활동은 하나의 프로세스로서 연속적으로 이어진다. 궁극적으로는 최종 사용자를 만족시키는 것을 목적으로 한다. 유통경로는 물이 흐르듯이 제공물의 가치가 흘러가는 통로이다. 경로의 관계자들이 존재하고 활동함으로써 가치를 부가하여 새로운 가치를 창출하는 것이다. 이들은 제조업자와 소비자와의 사이에서 정보를 제공하여 탐색비용과 시간을 줄여준다. 중간 경로구성원은 상품을 분류하여 개별상품의 등급화, 동질적 제품의 취합, 취합상품의 소규모 분배, 연관성 제품의 구색화에 필요하다. 이러한 활동들은 반복적으로 수행되어 교환 과정이 일어날 때마다 경로주체 사이에 협의를 불필요하게 한다. 이럼으로써 양 끝에 있는 구매자와 판매자의 거래 횟수를 줄여 교환의 효율성을 가져오는 것이다.

일반적으로 제조업자와 소비자 사이에는 시간적, 공간적, 사회적 거리가 존재한다고 하며 거리를 줄여주는 것을 「유통의 기능」이라고 한다. 그림 2-16은 유통기능을 마케팅 경로기능이라고 하여 화살표 흐름에 따라 나타냈다. 제조업자를 기준으로 전방흐름과 후방흐름, 양방향흐름으로 화살표 안에 각각의 기능을 표시하였다. 경로기능흐름은 최종사용자에게 제공될 가치를 창출하는 모든 활동이다. 경로기능흐름은 경로구성원의 배열과 구조를 이해하는데 기초가 된다. 경로구성원은 제거할 수 있어도 경로기능 흐름은 제거할 수 없다. 직거래 한다고 하여 중간 경로구성원을 거치지 않고 생산자가 직접 소비자에게 공급하는 것이 반드시 효율적이 아니라는 말이다. 누군가는 8가지 기본적 기능을 수행해야만 한다. 즉, 유통

의 효율성은 생산자나 소비자에게 전가되는 기능수행 비용이 중간 경로구
성원이 할 때보다 낮은지 여부에 달려 있다.

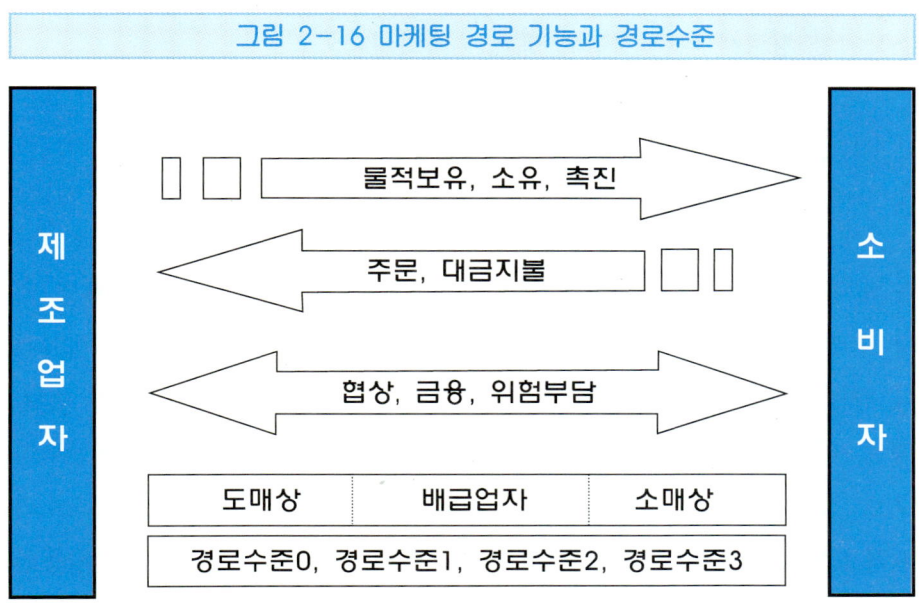

그림 2-16 마케팅 경로 기능과 경로수준

경로기능과 관련된 비용은 다음과 같다.

- 물리적 보유 : 저장 및 배달 비용
- 소유 : 재고 유지비용
- 촉진 : 인적판매, 광고, 판매촉진, 홍보, PR 비용 등
- 협상 : 시간 및 법적 비용
- 금융 : 신용조건, 판매조건
- 위험부담 : 가격보장, 보증, 보험, 수선 및 A/S 서비스 비용 등
- 주문 : 주문처리비용
- 대금지불 : 대금회수, 부실채권비용

그리고 중간상의 수에 따라 경로수준이라고 하여 경로수준0~경로수준
3으로 나누었다. 「경로수준0」은 중간상 없이 방문판매와 같은 제조업자
직판이며, 「경로수준1」은 소매상만 존재하며, 「경로수준2」는 도매상과 소

매상이 존재하고 「경로수준3」은 배급업자가 도매상과 소매상에 개입하는 경우이다. 경로수준이 낮을수록 유통단계는 단축되고 제조업자의 직접유통은 증가한다. 경로수준이 높을수록 경로범위는 확대되고 투자비용은 감소하지만 경로에 대한 지원과 통제는 약화된다.

6.1 유통채널의 중요성

첫째, 유통채널은 마케팅 역량의 중요한 원천을 구성한다. 그림 2-17 은 유통채널과 마케팅 역량과의 관계를 나타냈다. 유통경로는 마케팅 역량 발휘 전략 중에서 푸시전략을 가능하게 한다. 푸시전략은 강압적이거나 유인적 방법으로 제조업자가 중간상으로 하여금 최종사용자에게 전달, 촉진, 판매하도록 하는 것이다. 브랜드 충성도가 낮은 경우에 상표선택이 주로 점포내에서 이루어질 때 사용하는 방법이다. 유통력은 양적요소와 질적요소의 결합으로 이루어지며 경로구성원 전체가 시스템적으로 활동한다고 볼 수 있다.

그림 2-17 유통 채널의 마케팅 역량 원천과 관계

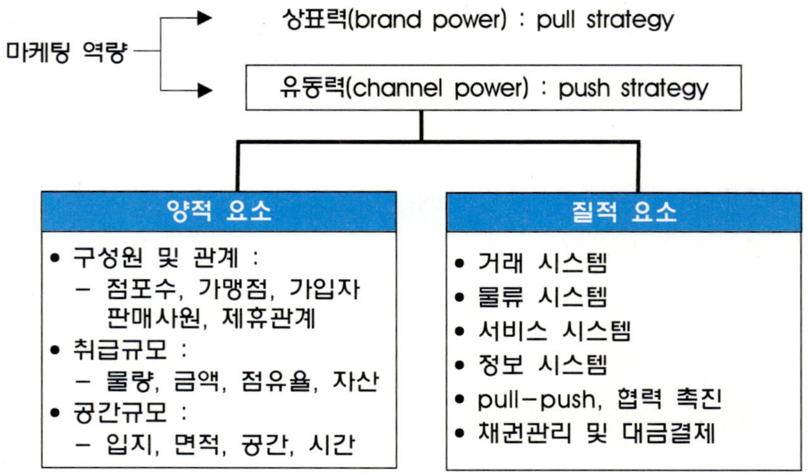

마케팅 역량
- 상표력(brand power) : pull strategy
- 유동력(channel power) : push strategy

양적 요소
- 구성원 및 관계 :
  - 점포수, 가맹점, 가입자 판매사원, 제휴관계
- 취급규모 :
  - 물량, 금액, 점유율, 자산
- 공간규모 :
  - 입지, 면적, 공간, 시간

질적 요소
- 거래 시스템
- 물류 시스템
- 서비스 시스템
- 정보 시스템
- pull-push, 협력 촉진
- 채권관리 및 대금결제

둘째, 유통채널집단간의 상호작용이 가치사슬에서 경쟁우위 결정에 중요한 역할을 한다. 소비자가 소매상에서 구매하는 것은 단순히 제품을 구매하는 것이 아니라 유통시스템을 구매하는 것이다. 예를 들어 소비자가 A마트와 B마트를 놓고 사과를 구매하는데 A마트를 특별히 선호한다고 하자. 그것은 A마트를 서브하는 사과생산농가, 산지조직 선별체계, 산지 마케팅 조직 마케터 활동, 수송업자, A마트 물류센터 관리집단, 점포배송업자, 점포관리자 등의 전체 구성원과 구성원의 활동을 조성하는 정보와 관계 협력적 활동들에서 창출한 유통시스템의 가치를 구매하는 것으로 해석해야 한다. B마트보다 A마트가 시스템적 우위에 있다는 말이다. 경쟁은 시스템간의 경쟁 또는 기업 네트워크 집단 간의 경쟁이라고 하겠다. 그러나 현실적으로 구성원들은 전체 시스템의 효율보다는 자신의 개인적 목적을 달성하는 데만 급급해하는 경우가 많다.

셋째, 유통채널의 관리에 대한 마케팅 전략의사 결정이 가장 중요한 과제 중 하나이다. 제품을 생산하는 비용보다 제품을 시장에 내다 파는 비용이 더 많은 기업이 적지 않다는 것이다. 경로 구성원들의 마진이 소비자 수취가격의 30~50%를 차지하는 것이 일반적이다. 피터 드러커는 "앞으로 가장 큰 변화는 새로운 생산방식이나 소비 형태가 아닌 유통채널에서 일어날 것이다" 라고 전망했다. 또한 유통채널의 애로요인도 많다. 즉, 유통망의 구축에는 오랜 시간과 많은 투자가 소요된다. 따라서 유통채널의 구조와 관계의 수정이나 변경을 쉽게 할 수 없으며 보수적인 의사결정을 하게 된다. 관계 구성원에 대한 통제력 발휘가 쉽지 않고 수직적으로나 수평적으로 마찰과 갈등이 존재하며 이를 조정하는데 어려움이 따르기 때문에 그렇다. 어쨌든 유통시스템은 유통 흐름상의 코스트 절약과 구성원간의 접점에서 리스크를 최소화하는 두 가지 목표를 「유통시스템 가치」로 삼아 이를 창출하도록 노력하여야 한다. 이것이 경로전략의 과제라고 하겠다.

6.2 경로설계

경로를 결정할 때 첫 번째 의사결정은 중간상을 활용할 것인지 아닌지를 결정하는 일이다. 즉 직접경로와 간접경로 중 어느 것을 선택할 것인가이다. 또는 양자의 중간 형태인 절충형을 선택할 것인지도 포함한다. 그 결정 기준은 표적시장의 고객이 기대하는 서비스 수준이다. 아래 그림 2-18은 경로기능에 대한 고객의 서비스 수준과 경로 선택과의 관계를 보여준다. 만약에 고객의 구매단위가 크다면 고객과 긴밀한 협의가 필요하므로 중간상 없이 직접 판매하는 것이 가능하다. 예를 들어 자동차를 단체기관에 납품하는 경우와 개인에게 판매하는 경우를 비교하면 쉽게 알 수 있다. 제품의 규격이나 기술의 복잡성, 제품에 대한 필요한 정보량이 많으면 역시 직접 경로가 요구된다. 또 다른 요소는 고객이 구매 편의성을 거래처에 요구하는 비중이 높으면 중간상을 활용하여 고객 접근을 쉽게 하거나 배달대기시간을 줄이기 위하여 안전재고를 확보하는 것이 필요하다.

그림 2-18 기능별 경로 선택 : 직접경로, 간접경로, 절충형

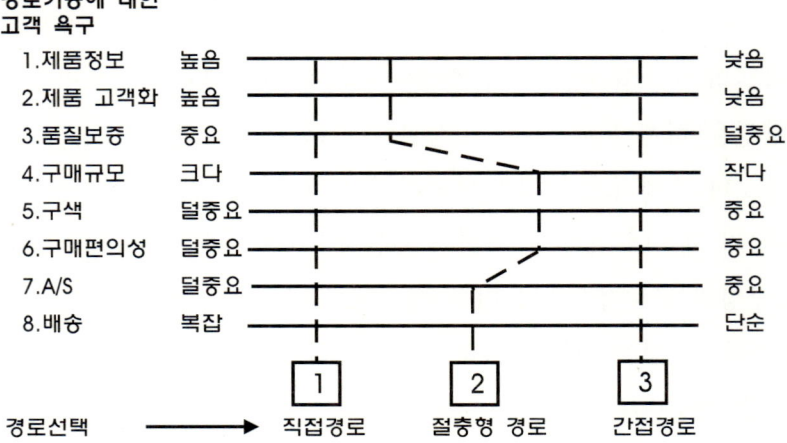

고객 요구상품의 다양성이 넓다면 구색을 갖추는 것이 필요하므로 간접경로가 적합하다. 고객이 구매한 제품의 설치, 수리, 유지, 보증과 같은 A/S에 대한 기대가 높고 중요하다면 간접경로가 우선시된다.

그렇다면 고객이 충분한 제품 정보와 다양한 구색을 요구한다면 어떻게 할 것인가? 이 경우는 직접경로적 기준과 간접경로적 기준을 모두 갖고 있다. 그러므로 고객의 기대에 대응하는 최적 경로는 두 경로기준 모두를 충족시키는 「절충형 경로」가 최선의 경로이다. 앞 그림에서 절충형 경로가 직접경로와 간접경로의 중간에 그려져 있다. 경로구조를 직접경로와 간접경로로 양분하기가 어려운 경우가 많다.

어느 형태가 최적의 경로인지는 제품시장에 따라 달라진다. 현실적으로 복잡한 고객기대를 적절하게 혼합한 대리점이나 중개인, 제조업체, 대행점 등 다양한 형태의 경로가 존재한다.

다음에 경로설계에 있어서 의사결정 과제는 몇 명의 중간상을 활용할지를 결정하는 일이다. 3가지 전략, 즉 전속적 유통경로, 집중적 유통경로, 선택적 유통경로를 이용할 수 있다. 이를 유통집약도라고 하는데 특정 지역에 얼마나 많은 수의 판매망을 확보할 것인가의 문제와 판매망으로 하여금 어떠한 기능을 수행하게 할 것인가의 문제이기도 하다.

① 전속적 유통경로 : 중간상의 수가 하나이거나 극히 제한적이다. 제조업체는 중간상의 서비스 수준과 제공물에 대하여 거의 통제하고자 한다. 전속적 거래의 합의에 의하여 이러한 관계가 성립한다. 또한 양 당사자는 배타적 권리를 부여하여 강력한 동반자 관계를 지향한다. 예를 들면 소비용품으로는 고급의상, 고급시계가 있으며 산업용품으로는 대형 에어컨이 있다.

② 집중적 유통경로 : 가능한 한 많은 수의 점포를 활용하고자 한다. 소비자가 장소의 편의성을 요구하는 일상용품인 라면, 치약과 같은 품목에 적용한다. 중간상에 요구되는 마케팅 기능이 그다지 크게

요구되지 않는다.

③ **선택적 경로** : 소수의 중간상을 이용한다. 일정 중간상에 대하여만 노력하며 집중적 유통경로에 비하여 통제력을 가지며 적은 비용으로 적절한 시장을 확보할 수 있다. 선택 가능한 지역에 경쟁자가 존재하며 경쟁제품에 대한 정보를 고객이 어느 정도 요구하는 경우에 적합하다.

다음의 논의는 경로대안의 평가이며 세 측면에서 살펴본다. 경제적 기준, 통제정도, 탄력성이다. 경로대안 평가의 목표는 다양한 고객기대를 반영하여 설정된 경로목표를 달성하면서 비용을 최소화하는 일이다.

① **경제적 기준** : 채널 대안별로 판매 잠재성과 경로비용을 고려한다. 우선 매출 확대 측면에서 회사 판매원과 판매대리점 중 어느 것을 이용할지를 결정하는 일이다. 회사 판매원은 그 회사제품에 전문성이 있으며, 훈련을 잘 받았고, 회사에서의 성공이 노력에 달려 있기 때문에 동기부여가 높다. 한편 판매대리점은 회사 판매원보다 숫자가 많아 실적을 더 올릴 수도 있다. 회사가 대리점에 제공하는 수수료가 인센티브가 된다면 판매원 만큼 적극적일 수 있다. 또한 대리점은 다양한 제품의 취급경험이 있어 시장에 대하여 광범위한 접촉이 가능하며 판매원보다 시장에 대하여 잘 안다. 비용 측면에서 각 경로들을 비교하여 발생비용을 추정한다. 판매상 운영이 기업자체 판매사업소보다 고정비는 적게 드나 기업의 판매원보다 높은 수수료를 요구한다면 판매액이 증가함에 따라 비용이 급격히 상승한다. 따라서 매출 변화와 비용의 변화를 비교하여 손익분기점을 산출하여야 한다. 예를 들어 소규모 기업으로 판매원 확보가 쉽지 않거나 판매량이 많지 않은 지역에서는 판매대리점을 사용하는 것이 효율적이라고 하겠다.

② **통제정도** : 경로구성원을 운영하고 마케팅에 대하여 통제할 필요성

이 있는지 여부에 따르는 것이다. 판매대리점은 자신의 이익을 극
대화하기 마련이다. 이들은 특정 기업의 생산제품보다도 고객들이
가장 많이 구입하는 제품에 집중한다. 자사제품에 대하여 기술적
세부사항을 잘 알지도 못하며 촉진물에 대한 이용도 잘 못하는 경
향이 있다. 따라서 대리점의 기회주의를 배격하고 관리감독을 철저
히 하고, 평가에 따른 보상체계를 확립하고 갈등과 분쟁이 생기는
경우 협상과 조정을 통하여 문제해결이 가능하도록 통제력을 확
보해야 한다. 이러한 필요성의 강약에 따라 경로의 구조를 세워야
한다.

③ 탄력성 : 새로운 경로환경 변화에 대하여 탄력적으로 적용해야 할
필요성이 있다. 경로구조는 한번 결정되면 변경이 쉽지 않으며 새
로운 경로변경은 기존 경로에 불이익을 가져오는 경우가 있어 반발
이 생긴다. 그러나 고객의 기대가 변하고 유통기법이 개선되고 유
통경로에 혁신이 발생하는 경우에 경로구조의 변화는 불가피하다.
예를 들어 신제품을 개발한 경우 기존 경로를 사용할 것인가 아니
면 새로운 경로를 구축할 것인가, 시장의 변화에 따라 기존의 계약
관계 변경이 필요한 경우 신속히 가능하도록 하여야 한다.

위와 같은 절차를 거쳐 경로형태가 결정되었다면 구체적으로 누구를
활용할 것인가를 결정하여야 한다. 즉, 경로파트너를 선정하는 것인데 전
체 유통경로의 성패가 달려있는 문제이다. 즉 대형마트를 경로로 활용하
기로 하였다면, 예를 들어 구체적으로 이마트를 선정할 것인가 홈 플러스
를 선정할 것인지를 결정하는 것이다. 표 2-3은 공급업자와 소매업자
각각의 입장에서 경로파트너 선정기준을 나타냈다.

표 2-3 공급업자 및 소매상 경로파트너 선정기준

공급업자의 경로파트너 선정기준	소매상의 경로파트너 선정기준
1. 재정적 강점 2. 판매강점 3. 제품라인 4. 평판 5. 시장포괄범위 6. 판매성과 7. 경영상 강점 8. 광고 및 판매 프로그램 9. 교육프로그램 10. 판매보상프로그램 11. 공장·장비, 설비 12. 주문 및 대금지불 철저 13. 설치 및 수리서비스 14. 전시프로그램의 질 15. 개별 제품라인·상표에 대한 자원투입의지 16. 공동프로그램의 협력 의지 17. 자료의 공유 의지 18. 판매할당의 수용 의지	1. 파손품 처리 2. 주문의 신속·편의성 3. 미판매상품 반품 처리 4. 신속한 배달 5. 적절한 공급유지 6. 불만의 신속한 처리 7. 정직성 8. 좋은 평판 9. 제품라인의 폭 10. 소량주문취급 11. 촉진보조금 12. 최소주문량 13. 신제품 개발·공급능력 14. 판매원의 이해력 15. 적절한 마진, 희망소비자 가격 16. 수량할인 제공 17. 30일 이상 신용기간 18. 숙련된 판매원 19. 전반적 촉진활동 20. 협력광고 제공 21. 상점 내 진열물 제공 22. 판매원의 낮은 이직률 23. 특정상품 촉진 조언

6.3 경로관리

경로 구성원을 선정한 후에 중간상을 훈련하고 동기부여하며 평가한다. 그리고 시간이 지남에 따라 경로협약 내용을 수정한다. 그리고 유통경로는 고정적인 것이 아니므로 경로의 수직적·수평적 변화가 발생하며 이들 간에 협조하고, 충돌하며, 경쟁하는 양상이 나타나 이를 경로목적에 적합하게 조정하여야 한다. 양적으로 신규 경로가 필요하고 상품과 시장의 변화에 따라 추가되거나 차별화되게 할 수 있다.

- 경로 구성원 관리 : 경로 구성원들로 하여금 최고의 업적을 달성하도록 그들의 욕구와 필요를 이해한다. 기업들은 자사의 중간상들에 대하여 훈련프로그램을 계획하고 능력을 키우도록 노력해야 한다. 한편으로는 생산자들은 구성원들의 협조를 얻기 위하여 다양한 유형의 인센티브에 의존한다. 긍정적 동기부여 방법으로는 높은 마진, 특별할인가격, 할증, 광고비 지원, 판매경진대회 등이 있다. 부정적인 위

협적 방법으로는 마진의 축소, 배달 지연, 관계청산 경고 등이 있다. 이러한 방법 외에 경로구성원과 장기적 파트너십 관계를 형성하는 것이다. 다음으로 생산업자는 경로구성원을 평가해야 한다. 판매할당액 달성, 재고수준, 배달시간, 파손품과 불량품 처리, 촉진 및 훈련 프로그램에 대한 협력도 등이 평가기준이 된다. 성과평가에 따라 보상과 지원, 관계의 종결을 결정해야 한다.

- **경로 수정** : 기존의 유통경로가 경로환경의 변화 또는 시간이 지남에 따라 계획대로 운영되지 않는다면 수정하여야 한다. 경로수정은 3가지 수준에서 검토한다. 첫째, 개별경로 구성원을 추가하거나 감소시킨다. 즉 중간상이 있고 없음에 따라 추가적인 이득과 손실을 비교분석하여 결정한다. 둘째, 특별한 시장경로를 추가하거나 감소한다. 예를 들어 일정 수준 이하 실적 중간상을 제거하는 경우 그 영향을 분석한다. 셋째, 전체적인 경로전략을 수정하는 것이다. 구식화 되어가는 경로를 표적고객들의 변화에 따라 경로시스템을 바꾸는 것이다.

- **수직적 경로시스템** : 수직적 경로시스템은 생산자, 도매상, 소매상 등이 결합되어 하나의 시스템으로 행동하는 것을 말한다. 각각 독립적으로 경로기능을 수행하고 교섭이나 협상과 같은 단기적 수단에 의해 이루어지는 전통적 유통경로와 다르다. 전통형 경로는 전반경로목표에 의한 거래처 유지보다는 자신의 이익을 추구하며, 경로기능의 분업을 위한 공식적 의사결정 구조도 없으며 구성원의 몰입수준도 낮다. 수직적 경로시스템은 경로전반에 걸친 효율성 제고에 있다. 경로선도자가 생산에서 최종 소비에 이르기까지 마케팅 흐름을 통합·조정하여 규모, 교섭력 및 중복되는 서비스를 제거함으로써 기술, 관리, 촉진에서 경제성을 달성하려는 시도이다. 수직적 경로시스템에는 3가지 유형, 즉 관리형, 계약형, 기업형이 존재한다.
  - **관리형** : 하나 또는 제한된 수의 경로선도자가 개발된 프로그램에

의해 경로구성원들의 마케팅 활동을 조정한다. 경로구성원은 각각 독립된 목표를 얽어매는 공식적 조직은 없으나 프로그램화된 시스템에 의하여 조정되고 비공식적으로 협력하며, 사안에 따라 과업을 분담하고 수행한다. 경로구축 요건은 경로선도자가 전문적 힘과 보상적 힘을 갖고 구성원이 따를 수 있도록 보상을 제공하는데 있다. 관리형의 이점은 유통업자에게는 상품구색 계획과 상품통제에 있어 지원을 받을 수 있으며 적절한 가격과 적기적량 확보가 가능하다. 제품의 품질 및 고객유지와 관련된 고도의 서비스를 공급업자로부터 받으며 주문기능 등을 공급업자에게 넘기면 비용이 절감되고 효율성이 높아질 수 있다. 공급업자의 이득은 잠재매출액과 이익을 최대화할 수 있는 기회가 생긴다. 생산과 유통활동을 조정하여 촉진과 판매활동을 지속적으로 수행한다. 또한 최종고객에 대한 접근이 전체적으로 조정되고 계획되며 통제된 마케팅 접근 방법을 활용할 수 있다. 중간상 재고관리와 통제에 효율을 기한다.

- **계약형** : 공식적이고 명시적인 계약에 의하여 경로구성원의 권리와 의무가 정해진다. 추구하는 목표가 구성원에 따라 달라질 수 있으나 시스템 전체 목표를 조정하는 공식적인 기구(예를 들어 본부)에 의하여 경로구성원 행위가 조정되는 네트워크를 갖는다. 세 가지 유형이 존재한다. 즉 ①도매상 중심 소매상 체인조합 ②소매상 조합 ③프랜차이즈 조직이다.

① 도매상 중심 소매상 체인조합 : 도매상을 중심으로 여러 소매상들이 자발적으로 체인을 형성하는 유통경로를 말한다. 도매상들은 개별 독립소매상이 다른 체인 조직과 효과적으로 경쟁할 수 있도록 판매행위를 표준화하고 구매의 경제성을 달성하기 위한 프로그램을 개발한다.

② 소매상 협동조합 : 주체가 소매상이며 도매상의 기능과 더불어 생산

기능까지 맡는다. 도매상 중심 소매상보다 자율권이 크고 공동출자
한 도매상과 관계에서 역할분담이 완전한 합의에 이르지 못한다.

③ 프랜차이즈 조직 : 본부(franchisor)가 가맹점(franchisee)에 대해
제품, 서비스, 경영노하우 등을 제공하는 대가로 계약금, 로열티, 임
대료 등의 수입을 얻는 라이선스 계약에 의하여 운영된다. 프랜차
이즈 본부는 매출액 비례 로열티를 부과함으로써 경제적 통제를 가
한다. 자사 등록상표 사용을 배타적으로 사용토록 하고 품질기준에
미흡한 제품이나 서비스를 판매하지 못하게 하는 법적통제를 한다.
그리고 회계시스템이나 교육 프로그램에 의하여 관리적 통제가 이
루어진다. 신뢰는 관리적 통제에 의하여 이루어지며 본부, 가맹점,
가맹점간의 연계를 강화시키며 교육이 큰 역할을 한다.

－ 기업형 : 하나의 기업이 유통경로 단계를 통합하여 직접 수행하는
경로를 말한다. 유통시스템을 통합함으로써 비용을 절감하고 공유
자원에 의한 시너지를 발생시킬 수 있다. 그러나 수직적 통합은 규
모의 증가로 일반관리비가 증가하며 매출을 증대시키지 못하는 결
과를 낳을 수도 있다. 따라서 수직적 통합을 할 것인지 아니면 아
웃소싱할 것인지의 판단은 생산비용이나 효율성에 대한 분석이 전
제되어야 한다. 성과 측정이 쉽거나 기업 고유투자가 발생하지 않
으면 아웃소싱이 적합하다.

● 경로 갈등과 관리 : 갈등유형에는 세 가지, 즉 수직적 경로갈등, 수
평적 경로갈등, 복수경로갈등이 있다. 수직적 경로갈등은 경로내의
다른 수준(도매상과 소매상) 사이에서 일어나는 갈등을 말한다. 제조
사가 도매상에게 서비스, 가격 및 광고를 강요하는 방침을 정한다면
여기에 해당된다. 수평적 경로갈등은 동일한 경로수준에 있는 경로구
성원 사이의 갈등이다. 어떤 지역의 판매상이 할인판매를 한다면 다
른 지역의 판매상이 불평하는 경우이다. 복수경로갈등은 제조업자가

동일한 시장에 판매하도록 2개 이상의 경로를 확보함으로써 일어나는 갈등이다. 예를 들면 「한삼인」 홍삼을 대리점에서도 판매하고 가맹점에서도 판매하는 경우 두 구성원 사이에 제조업체에 대하여 자기에게 독점권한을 주지 않는다고 불평하는 경우이다.

이러한 갈등의 원인에는 세 가지 요인이 있다. 첫째, 서로 목표가 불일치하여 발생한다. 제조업체가 판매상에게 자사제품의 매출 극대화를 요구하나 판매상은 수익극대화를 목표로 한다. 프랜차이즈 본부는 매출에 비례하여 수수료가 증가하여 가맹점에게 매출증대를 요구하나 가맹점은 매출증대에 따라 판매비용이 늘어날 수 있어 본부 방침에 따르지 않을 수도 있다. 둘째, 현실인식 차이에서 발생한다. 제조사는 단기간의 경제전망을 낙관적으로 보아 판매상이 재고를 충분히 확보하기를 바라지만 판매상은 비관적으로 보아 이에 따르지 않는 경우이다. 셋째, 불분명한 역할과 범위의 차이에서 발생한다. 제조업체의 역할을 소매상이 하려고 한다면 갈등이 생긴다. 대형 소매상이 시장을 잘 알고 있다고 하여 제조업체에게 원자재 선정, 제품 디자인, 제품 명세에 대한 요구를 하는 경우가 예가 된다.

다음은 갈등의 관리방법에 대하여 다룬다. 가장 중요한 해결 방법은 고차원적인 목표를 설정하는 것이다. 공동으로 추구하는 목표에 대하여 합의를 한다. 공동합의는 외부의 위협이 발생하였을 때 대처하는 방안으로 필요하다. 다른 하나는 중재를 동원한다. 중재는 제 3자가 조력자 또는 자문자로 개입한다. 합의가 어려운 경우에 제 3자가 상호 수용 가능한 해결방안에 합의할 수 있도록 돕는다. 인력교환도 유용한 갈등관리 방법이다. 제조사 임직원이 판매상에 근무하고 판매상 소유자도 제조업체 정책결정에 참여하여 상대방의 견해에 대한 이해의 폭을 넓힌다. 가장 흔한 방법으로 협상과 교섭이 있다. 양보의 대가로 얻을 것에 대한 판단이다. 상호신뢰를 전제하는 경우에 협상이 성공할 수 있다.

6.4 농산물 마케팅에 시사점

농산물 마케팅에서는 유통경로 선택이 사실상 거래처 선택이며 마케팅 성과에 가깝다. 일반기업의 경로선택 이상의 의미를 갖는다. 지난날 도매시장 중심으로 유통이 이루어질 때 물류관리가 유통이었고 유통이 마케팅이었던 것이다. 이제는 과거의 물류=유통이었던 시대가 아닌 것이다. 전술한 「마케팅 경로전략」은 새로운 마케팅 환경에서 산지 마케팅 조직에 중요한 시사점을 던져준다. 시사점은 네 가지 측면에서 논의할 수 있다.

① 거래처 관계에서 농산물 마케팅 역량을 구성하는 전체 모습을 보여준다.

전술한 바와 같이 유통력은 상표력과 더불어 마케팅 역량의 한 축을 구성한다. 유통력은 경로구성원과 그 관계 및 취급규모 등의 양적요소와 거래처와 관계하는 유통기능상 시스템인 질적요소로 구성되어 있다. 산지 마케팅 조직은 흔한 말로 규모의 경제를 이루고 조직의 마케팅 활동은 상품 공급을 둘러싼 운영시스템이 원활하게 작동하여야 한다는 것이다. 질적요소는 조직관리자의 관리역량이므로 거래처 입장에서 산지 마케팅 조직을 차별화시키는 요소라고 할 수 있다. 마케터는 이제까지 상품과 관계하는 요소들 중심에서 시야를 확대하여 소프트웨어적인 유통력의 질적요소에 많은 관심을 가져야 한다. 산지 경쟁력 우위는 양적요소의 크기와 질적요소의 체계가 안정적으로 균형 있게 구축되어 있느냐에 달려 있다.

② 마케팅 경로 선택 또는 상대거래처의 선정시 고려요소를 환기시킨다.

산지에서 대도시지역에 직판 소매장을 상설로 설치하는 경우를 본다. 판매상인 중간상에 판매하는 경우인 간접경로와 비교하면 직접경로를 구축하는 것이다. 우리는 이러한 경로정책이 바람직한지 아닌지에 대한 판단기준으로 경로기능에 대한 고객욕구의 8가지 요소를 검토기준으로 하였다. 절충적 경로를 고려한다고 하여도 검토기준은 유용하게 활용될 수 있다.

유통집약도는 산지 마케팅 조직의 거래처 수를 얼마로 할 것인가 또한 관계의 지속정도를 어느 정도로 할 것인가를 생각하게 한다. 그리고 여러 거래처 경로를 판단하는 기준으로 경제적 기준, 통제정도, 탄력성 등도 유용하다.

다음은 경로파트너 선정기준의 시사점을 언급한다. 공급업자의 기준은 산지 마케팅 조직이 거래처를 선정할 때 거래처의 적정성을 판단하는 고려요소이다. 소매상의 선정기준은 산지 마케팅 조직을 선정할 때 고려요소이다. 산지 마케팅 조직은 소매상의 선정기준이 요구사항이라는 것을 안다면 경로 파트너가 되기 위하여 각각의 기준들을 충족시킬 수 있는 조건들을 갖추어야 한다. 항목에 따라서는 농산물 유통에 어울리지 않는 부분이 있겠지만 산지간 경쟁에서 우위를 차지하기 위하여 거래처의 체크 포인트를 소홀히 할 수 없다.

③ 마케팅 경로로서 출하고객과 구매고객에 대한 관리 방향성을 시사한다.

산지 마케팅 조직은 출하고객과 구매고객의 중간에 위치하여 각 경로를 관리하는 위치에 있다. 출하고객과 관계는 경로선도자로서 전문적 힘과 보상적 힘을 갖고 수직적 경로시스템을 주도하지 않으면 안된다. 수직적 경로시스템의 계약형에서 보는 바와 같이 주체간 역할 분담의 전제하에 권리와 의무를 설정하고 지켜나가야 한다. 출하고객의 개별 목표에 좌지우지되어 경로목표 달성을 이룩하지 못하는 상황이 발생하지 말아야 한다. 출하고객 관리 방법의 하나로 교육프로그램이 중요한 역할을 할 것이다. 아울러 출하고객간의 관계도 경로관리 영역으로 보고 구성원간의 결합력을 공고히 하여야 한다.

　한편 구매고객과의 관계는 파트너십 관계를 지향한다. 공급업자로서 이득을 누려야 하나 구매고객의 우월적 지위 때문에 산지 마케팅 조직이 오히려 거래처의 조정관리 대상으로 될 소지가 있다. 산지 마케팅 조직은 구매고객에 대하여 경로관리 정책을 정립하여 구매고객을 경로구성원으로서 관리하되 긍정적 인센티브 방안과 부정적 위협방법도 강구한다. 평가도 실시하여 경로수정 대책으로서 새로운 경로를 구축하거나 폐지한다.

　④ 경로구성원에 대한 갈등관리 인식을 높인다.

　산지 마케팅 조직의 경로구성원과 갈등은 복잡하다. 마케터는 출하고객, 구매고객, 협력마케팅 조직과 갈등을 고려하여야 한다. 즉 갈등은 3자와의 관계에서 발생한다. 어떤 경우는 출하고객 또는 구매고객과 한쪽 당사자의 갈등해결이 다른 당사자와의 갈등을 야기하는 경우도 있다. 산지 마케팅 조직이 중간에서 샌드위치되어 어려움을 겪는다. 산지 마케팅 조직은 표 2-4와 같은 갈등관리표를 만들어 체계적인 갈등관리를 한다.

표 2-4 산지 마케팅 조직 갈등관리표

갈등대상	갈등양상	갈등원인	갈등해결방향	조직행동
출하 고객	조직↔고객			
	고객↔고객			
구매 고객	조직↔고객A			
	조직↔고객B			
협력 조직	조직↔조직A			
	조직↔조직B			

7. 「커뮤니케이션(촉진) 전략」 실행 도구

촉진(promotion)은 고객에게 자사 상품을 알려서 사고싶은 욕구가 생기도록 만들어 판매로 연결되게 하는 활동이다. 마케팅 전략 4P의 하나에 해당하지만 고객관점에서는 커뮤니케이션이다. 촉진을 더 넓게 보아 커뮤니케이션의 한 부분으로 보고 여기서는 소비자에게 정보를 제공하고 설득하며 생각하게 하는 기업의 모든 시도를 의미하는 것으로 한다. 커뮤니케이션의 수단도 광고, 판매촉진, 행사, 경험, 홍보(PR), 인적판매, 직접마케팅으로 광범위하게 다룬다. 심지어 기업의 건물, 종업원 표정, 사회적 활동 등 모두가 커뮤니케이션하는 것이다. 이러한 수단들을 믹스하여 커뮤니케이션 목표를 지향하게 한다. 1~2개의 수단이 아닌 다양한 수단을 어떻게 통합하여 효과를 극대화시킬 것인가가 커뮤니케이션의 핵심적 과제이다. 커뮤니케이션 목표와 이를 구체화시키는 마케팅 커뮤니케이션 프로그램은 브랜드 자산과 밀접하게 관계한다. 다양한 통합적 커뮤니케이션 활동으로 자사의 브랜드를 소비자로 하여금 기억시키고 브랜드 이미지를 형성하여 반응하게 하여 고객관계를 구축하는데 기여하도록 하자는 것이다.

커뮤니케이션 전략은 기업이 현재의 이해관계자와 잠재적 이해관계자 모두에게 의사소통하는데 있어서 무엇을, 어떻게, 누구에게 그리고 얼마나 자주 할 것인가를 결정하는 일이다. 기업이 하고싶은 의사표시가 있는데 사람들이 여기에 주목하도록 하자는 말이다. 그러나 사람들은 인쇄물, 전파, 전자정보의 홍수 속에 빠져 있어 듣거나 보고 관심을 가지려 하지 않는다. 마케터들은 고객의 주목을 끌 수 있는 최상의 방법을 찾고 실행하는 노력이 필요하다.

7.1 커뮤니케이션 과정 이해

커뮤니케이션은 효과적이어야 한다. 송신자는 표적 청중을 선택하고 전달내용을 부호화하고 매체를 통하여 수신자에게 전달한다. 수신자의 반응이 어떠하였는지 살펴보고 이후에 송신내용을 수정하는 피드백 과정을 거친다. 이러한 커뮤니케이션 과정의 거시적 흐름 속에서 소비자의 특이한 반응에 집중하여 심리적 과정에 따라 커뮤니케이션 과정을 이해하는 것이 반응계층 모델이다. 그림 2-19는 심리적 과정을 학습 - 느낌 - 행동이 연속적으로 이루어진다는 가정에 따라 각 과정별 개인의 수용 내용을 분해하였다. 커뮤니케이션 목표를 정하기 위하여 표적 청중이 어떠한 상태에 있는지 확인한다. 그러면 효과적인 커뮤니케이션을 개발할 수 있는 기초조건을 만들게 된다.

그림 2-19 커뮤니케이션 과정과 전략과제

심 리 적 과 정	학 습		느 낌			행 동	
개 인 별 수용단계	인지	숙지	호감	선호	확신	구매	재구매
커뮤니케이션측정 과제	자사제품을 알고 있는가? 모르는가?	제품에 대하여 지식이 있는가?	자사제품에 호감을 갖는가?	다른 제품보다 더 좋아하는가?	구매하겠다고 결정하는가?	실제 구매할 것인가?	다음에 다시 구매할 것인가?
달 성 률 예 시	90%	50%	10%	5%	1%	0.5%	0.1%

첫째, 심리적 과정의 순서는 제품 특성에 따라 다르다. '학습 - 느낌 - 행동' 의 순서를 밟는 것은 제품간 차이가 크기 때문에 높은 관여를 보이는 경우이다. 예를 들어 자동차 구매의 경우 구매자는 여러 가지 정보를 갖고 비교한다. '학습 - 행동 - 느낌' 의 과정은 표적 청중들이 제품의 범주에 대하여 전혀 차이를 느끼지 못하는 경우이다. 소금 또는 농산물과 같이 구매에 앞서 관여를 거의 하지 않는 경우가 여기에 해당된다. '행동 - 느낌 - 학습' 으로 이어지는 과정은 제품 범주에 거의 차이를 느끼지

못하지만 크게 관여하는 경우이다. 항공권이나 PC 구입 등이 여기에 해당한다.

둘째, 개인별 수용단계를 자세히 설명하면 다음과 같다. 「인지」 단계에서는 대부분의 청중들이 표적물을 전혀 모르기 때문에 커뮤니케이션의 직무는 우선 이름만이라도 알리는 것이 된다. 「숙지」는 자사 제품을 알고는 있지만 정확히 모르는 단계에서의 커뮤니케이션 방향이다. 즉, 이 단계에서는 청중들에게 상품지식을 심어주어야 한다. 「호감」은 자사상품을 어떻게 느끼는지 파악한 결과로서 별로 우호적이지 못하다면 원인을 규명하여야 한다. 커뮤니케이션 내용도 호감을 갖게끔 한다. 「선호」는 자사 제품보다 타사 제품을 더 좋아할 수 있는 단계에서의 커뮤니케이션이다. 이 단계에서의 커뮤니케이션 내용은 자사 제품의 품질, 성능, 기타 특성을 경쟁사와 비교하여 선호하도록 하여야 한다. 「확신」은 선호하지만 그 제품을 꼭 구매하려 하지 않는 경우라면 구매의사 결정이 올바른 선택이라는 믿음을 주도록 해야 한다. 「구매」는 확신을 하더라도 구매의 실제 행위에까지 이르지 않는 경우가 있다. 구매를 유도하는 수단으로 예를 들면 저가격 할인을 하거나 사용해 보도록 유인하는 것이다.

셋째, 효과적인 커뮤니케이션은 각 단계에서 달성도를 높이는 것이다. 만약 청중들의 자사제품에 대한 수용도 단계를 알고 있고 여기에 맞게 커뮤니케이션 하였다면 각 단계의 가능성은 높아질 것이다. 즉 위 그림에서 예시한 달성도는 커진다. 달성도를 구체화시키는 것이 커뮤니케이션의 정량적 목표가 되며 커뮤니케이션 평가시 기준이 될 것이다.

7.2 커뮤니케이션 전략 절차

그림 2-20은 효과적인 커뮤니케이션 전략수립을 위한 절차이다. 단계별로 설명한다.

그림 2-20 효과적인 커뮤니케이션 수립단계

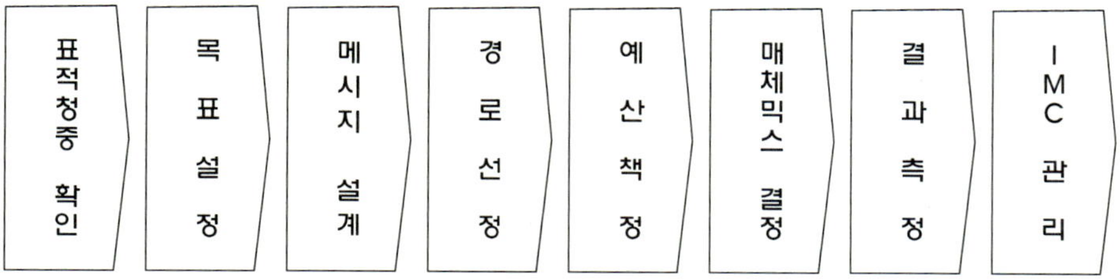

표적청중 확인	목표설정	메시지설계	경로선정	예산책정	매체믹스결정	결과측정	IMC관리

*IMC : Integrated Marketing Communication
출처 : 필립코틀러 마케팅관리론(12판)

- **표적청중 확인** : 기업 및 기업의 제품·서비스, 경쟁사에 대하여 청중들의 현재 이미지를 평가한다. 이미지는 대상과 관련한 신념, 아이디어, 느낌의 일체이다. 사람들의 태도와 행동은 이미지와 밀접하게 조건화되어 있기 때문이다. 자사에 대한 청중들의 「친밀감 척도」와 「우호성 척도」를 조사하여 친숙도·애호도를 분석한 후 커뮤니케이션 과업 방향을 정한다.

구분	친밀감	우호감	수행과업
1	높다	높다	계속적으로 높은 평판과 사회적 인지도를 유지함
2	높다	낮다	비우호적 원인을 파악하여 내부 개선에 치중
3	낮다	높다	좋아하는 사람들이 있으므로 널리 알려지도록 함
4	낮다	낮다	당장 알리지 말고 자사 비우호적 문제점부터 개선

- **목표설정** : 커뮤니케이션의 목표는 현재의 이미지와 바람직한 이미지 간의 차이를 줄이는 것이다. 브랜드 인지도의 확산, 브랜드 태도의 호전, 브랜드구매 행위 유도로 목표 범위가 정해질 것이다. 구체적으로는 커뮤니케이션 과정에서 보면 개인별 수용단계의 어딘가에 중점

적인 목표를 설정하고 달성도를 높이도록 하는 것이다.

- 메시지 설계 : 두 가지 사항, 즉 메시지 내용과 누가 그 내용을 말할 것인지를 결정하는 것이다. 첫째, 메시지 내용에 대하여는 아이디어가 제품 또는 서비스 성과(상표의 속성, 경제성 또는 가치)에 직접적으로 관련되는 내용인지 아니면 간접적으로 관련되어 있는 내용(비제품적 이점, 이미지)인지를 결정하는 일이다. 드러내놓고 제품의 장점을 강하게 설명하여 결론을 제시하는 것도 필요하지만, 한편으로는 의문을 제기하고 청중들로 하여금 스스로 결론을 내리게 하는 방법도 효과적이라는 것이다. 비제품적 이점이나 이미지를 활용하여 사랑, 유머, 긍지, 기쁨과 같은 긍정적인 감정적 소구를 사용하여 소비자의 주의를 끌어 관심을 높일 수도 있다. 둘째, 메시지를 말하는 사람은 유명하거나 잘 알려져 있지 않은 사람을 사용한다. 중요한 것은 사람의 전문지식, 신뢰성, 호의성의 3가지 요소를 갖추어야 한다는 점이다. 전문지식은 말하는 사람이 소유하는 지식으로 주장을 뒷받침하는 것이다. 신뢰성은 객관적이며 정직하게 소비자에게 지각되는 것을 말한다. 호의성은 말하는 사람의 매력으로 공정함, 유머, 자연스러움을 느끼는 것이다.

- 커뮤니케이션 경로설정 : 인적 경로와 비인적 경로로 나누어 설명한다. 첫째, 인적경로는 커뮤니케이션 전달자가 사람들과 직접 의사소통하는 경로를 말한다. 얼굴을 보는 대면, 전화, 전자우편을 통하여 할 수 있다. 말하는 사람의 제시와 피드백을 개인화하므로 매우 효과적이다. 판매원 경로, 전문가 경로, 사회적 경로의 세 경로로 나눈다. ①판매원 경로는 회사의 판매원이 표적시장 구매자와 접촉하는 것이다. ②전문가 경로는 개별적인 전문가를 통하여 고객에게 필요한 내용을 전달하는 것이다. ③사회적 경로는 이웃, 친구, 가족, 동료 등이 표적고객과 의사소통하는 경우이다. 인적 영향은 그 제품이 고가이거

나 간혹 구매해 사용하는 자의 신분이나 취향을 제시하는 경우에 크다. 그리고 구전이나 소문, 바이러스 마케팅에 대한 영향력이 대단히 중요해져 마케팅 관리자들의 관심이 높아지고 있다. 둘째, 비인적 경로는 한사람 이상의 많은 사람들에게 지향하는 의사소통이다. 매체, 판매촉진, 행사와 경험, 공중관계(Public relation)가 포함된다. ①매체는 인쇄, 방송, 네트워크(전화, 유선, 무선, 인공위성), 전자(테이프, 디스크, 웹페이지), 전시매체(광고, 간판, 포스터)가 있다. ②판매촉진은 소비자 촉진(견본, 쿠폰, 프리미엄), 중간상 촉진(광고 공제, 전시 공제), 기업촉진, 판매원 촉진(콘테스트)이 포함된다. ③행사와 경험은 소비자와 새로운 브랜드 상호작용을 조장하는 비공식적 활동과 스포츠, 예술, 오락, 대의행사가 해당된다. 최근 기업들이 행사 개최나 후원으로 자사 상표 이미지 구축에 활용하는 경우가 늘어나고 있다. ④공중관계는 기업의 내부와 소비자, 다른 기업, 정부, 매체에 대한 의사소통이다. 한편 인적 경로와 비인적 경로는 상호 통합적으로 활용하여야 한다. 예를 들어 대중매체에 의한 커뮤니케이션은 의견 선도자에게 영향을 주고 의견 선도자는 매체에 관여하지 않은 대중에게 전파된다. 의견 선도자의 중개과정이 경로를 통합시키는 역할을 한다.

- **예산 책정** : 기업이 촉진비용의 지출규모를 결정하는 것은 어렵다. 아래 4가지 방법, 즉 가용자원법, 매출액 비율법, 경쟁사 기준법, 목표과업법에 대하여 설명한다.

① **가용자원법** : 기업들이 지출할 수 있다고 생각되는 수준에서 촉진예산을 설정하는 것이다. 이 방법은 촉진예산이 투자로서 매출액에 미치는 영향을 완전히 무시한다. 매년 예산책정액이 불명확해져 장기적 커뮤니케이션 계획 수립이 어렵다.

② **매출액 비율법** : 대부분의 기업들이 그들의 실제매출액 또는 예상매출액의 일정 비율을 촉진예산으로 결정한다. 장점은 촉진예산을 자

사의 자금사정에 따라 다르게 책정할 수 있고, 경영자들은 촉진비용 및 판매가격과 단위당 이익과의 관계를 고려할 수 있으며, 기업들 간의 촉진예산으로 책정하는 매출액 비율이 유사하기 때문에 경쟁적 안정이 있다. 그러나 기회활용에 근거한 예산책정이 아니라 가용자금에 근거한 예산책정을 하게 되며, 판매하락에 대처하기 위한 촉진이나 적극적인 촉진을 할 수 없다는 점이 단점이다.

③ **경쟁사 기준법** : 자사의 촉진예산을 경쟁사들이 지출하는 수준에 맞추어 책정하는 것이다. 장점은 경쟁사들의 지출수준에 그 산업의 중지가 반영되어 있다는 점과, 경쟁사의 지출 금액과 균형이 맞게 지출하는 것은 촉진비 과다경쟁을 방지하는 역할을 한다는 점이다. 단점은 경쟁사 기업이 자사보다 금액에 대하여 잘 알지 못하며 더 좋은 아이디어를 가지고 있다고 믿을 만한 어떤 근거도 없다는 것이다. 또한 기업들이 극히 상이하며 또한 각 기업들은 자신의 특이한 촉진욕구를 가지고 있기 때문에 좋은 비교가 될 수 없다는 점이다.

④ **목표과업법** : 커뮤니케이션 목표를 규정하고, 그 목표를 달성하기 위해 수행하여야 할 과업을 결정하고 이 과업수행에 소요되는 비용을 추정하며 이러한 비용의 합계가 촉진예산총액이 된다. 촉진예산 책정을 위한 가장 논리적인 방법이다. 다만 특정 목표를 달성하기 위하여 필요한 특정과업을 사전에 모두 파악한다는 것이 쉽지 않으므로 가장 시행하기 어려운 방법이기도 하다. 목표는 예를 들면, 시장점유율, 광고 등을 통하여 도달하고 싶은 시장 범위, 고객의 인지도 비율, 시청률 등이 되겠다.

• **커뮤니케이션 믹스 결정** : 기업은 다양한 촉진 수단을 갖고 구사할 수 있다. 이들 수단은 비용과 효과가 다르고 고유의 특성이 있다. 촉진 수단 사용시는 제품상황과 구매자 상태가 고려되며 동일 업종이라도 기업마다 주로 사용하는 수단이 다르다. 여기서는 커뮤니케이

션 수단의 특성을 살펴보고 커뮤니케이션 믹스 수립시 고려사항을 덧붙인다.

① 광고 : 장기적 이미지 구축과 신속한 판매를 위하여 동일한 메시지의 반복으로 침투성이 높다. 구매자들에게 경쟁사와 비교할 기회를 주며 기업 이미지 전체에 긍정적 효과를 일으킨다. 인쇄물, 소리, 색상 등으로 기업과 제품을 극화할 수 있는 장점이 있다. 단, 청중에 대하여 일방적 독백에 그친다.

② 판매촉진 : 신속한 구매자 반응을 통하여 기업제품을 두드러지게 하고 판매부진을 만회하기 위한 단기적 효과를 노린다. 쿠폰, 콘테스트, 프리미엄 등의 수단으로 소비자의 주의를 제품으로 유인하여 지금 즉시 거래하도록 권유하는 것이다.

③ 공중관계 및 홍보 : 다른 커뮤니케이션 요소와 믹스하여 사용하면 효과적이다. 기사화된 새로운 이야깃거리는 광고보다 진실하여 경계심을 배제한다. 기업과 제품을 극화할 수도 있다.

④ 행사와 경험 : 소비자와 개인적으로 관계하는 것처럼 보이게 한다. 소비자에게 생생하게 실시간 품질을 제공하고 몰입을 유도할 수 있다. 행사는 판매를 자연스럽게 이루어지게 해 주는 효과가 있다.

⑤ 직접마케팅 : 직접 우편(DM), 전화마케팅, 인터넷 마케팅이 있다. 커뮤니케이션 메시지는 고객별로 개별화할 수 있으며 신속하게 준비된다. 그리고 메시지 내용도 사람의 반응에 따라 변경될 수 있다.

⑥ 인적판매 : 인적판매는 구매자의 선호, 확신 및 행동을 유발하는 가장 효과적인 수단이다. 대면은 생동감 있으며 상호작용으로 상대방 반응을 관찰할 수 있다. 상대방도 판매원의 말에 주의를 기울이며 유대관계를 형성하게 해준다.

커뮤니케이션 믹스 결정시 고려사항에 대하여 언급한다. 광고는 소비재 시장의 수단이고 인적판매는 산업재 시장의 수단이다. 그렇지만 산업재 시장에서도 광고와 인적판매가 결합하면 효과는 더 높아진다고 알려졌다. 잘 훈련된 판매원의 활동은 판매상들의 재고를 증가시키고 열정을 고취시키며 거래처 관리에 절대적 영향을 미친다. 그리고 구매자 준비단계에 따라 비용면에서 효과성이 다르다는 것이다. 광고 및 홍보는 주로 인식단계에서 가장 중요한 역할을 수행한다. 소비자 확신은 인적판매에 의하고 주문이나 재주문은 판매촉진과 인적판매에 의해 영향 받는다. 제품 수명주기 측면에서도 도입기에는 광고, 행사와 경험, 홍보가 비용효과성이 높으며 성장기에는 구전이 힘을 갖는다.

- 커뮤니케이션 결과 측정 : 커뮤니케이션 결과 청중의 반응에 대한 행위를 측정하는 것이다. 결과를 측정하는 과제는 다음과 같다.
  - 자사 제품이 존재한다는 것을 얼마나 더 알게 되었나?
  - 자사 제품에 대한 특성 등 지식이 정확히 얼마나 전달되었나?
  - 자사제품을 다른 제품보다 얼마나 더 좋아하게 되었나?
  - 구매할 의향은 몇 % 높아졌나?
  - 실제 구매행동에 이르는 비율이 몇 % 높아졌나?
  - 한번 구매한 사람 중 다음에 다시 구매할 사람의 비율은 몇 % 높아졌나?

예를 들어 기업이 상표인지도를 현재 20%에서 50%까지 높이려 했는데 30%까지만 도달하였다고 하자. 이것은 기업의 광고예산이 충분하지 못하였든가 아니면 메시지 내용이 부적합하였든가 기타 다른 부정적 요인이 작용했다고 보아야 한다.

- 통합적 마케팅 커뮤니케이션(IMC) 과정관리

IMC는 커뮤니케이션의 전체과정을 관리하고 조정하는 것이다. IMC는 기업이 구사하는 여러 메시지를 명료하고 일관성 있게 통합함으로써 메시지 효과의 극대화를 도모하는 것을 말한다. 여러 메시지의 전략적 가치를 평가하고 결합하여 포괄적인 마케팅 커뮤니케이션 계획을 수립함으로써 시작된다. 예를 들어 동일 고객에게 신제품 뉴스캠페인, 직접우편, 전화마케팅, 대면 방문 등 다양한 수단과 다단계 커뮤니케이션 캠페인을 벌이는 것이다. 이럼으로써 메시지의 도달 범위와 영향을 증대시킬 수 있다. 또한 어떤 기업은 온라인과 오프라인을 연결하여 촉진을 강화한다. 기업들은 광고대행사를 통하여 여러 수단들을 일괄적으로 운용하고자 한다. 그리하여 메시지의 일관성을 더욱더 조장하고 적기에 최적의 메시지가 고객에게 도달 가능하게 한다.

7.3 산지 마케팅 조직 커뮤니케이션 전략에 시사점

산지 마케팅 조직 사업은 공급자와 구매자 사이에서 이해관계를 조절하는 성격을 갖고 있다. 출하고객에게 마케팅 조직에 출하를 위탁하도록 커뮤니케이션하여 이를 다시 구매고객을 발굴하고 거래관계를 맺어 마케팅 성과를 거둘 수 있도록 커뮤니케이션하여야 한다. 출하고객은 높은 가격을 받고싶어 하고 구매고객은 저렴한 가격으로 구매하고 싶어 한다. 산지조직의 커뮤니케이션 역량이 잘 발휘되지 않는다면 상충되는 이해관계를 조절하기가 힘들다. 어떻게 무슨 메시지로 커뮤니케이션하여 출하고객 상품을 집하촉진할 것인가? 역시 어떻게 무슨 메시지로 커뮤니케이션하여 구매고객과 지속적 거래관계를 유지하여 수탁상품을 원만하게 처리할 수 있을까? 이러한 커뮤니케이션 활동이 산지 마케팅 조직의 핵심적 과업이다. 그리고 산지 마케팅 조직은 지자체, 연구기관인 대학, 기술센터 등과도 커뮤니케이션을 해야 한다. 지역농업 개발 차원에서 행정적·기술적 지원을 이끌어내어 조직의 역량을 강화할 필요가 있다. 여기서 커뮤니케이션의 목표가 나온다. 산지 마케팅 조직은 출하고객과는 통합을 위한 커뮤니케이션, 구매고객과는 파트너십 관계를 지향하는 커뮤니케이션, 지역기관과는 역량강화를 위한 커뮤니케이션을 지향한다고 할 수 있다.

그림 2-21은 산지 마케팅 조직의 커뮤니케이션 표적청중과 목표를 나타냈다. 몇 가지 산지 마케팅 조직의 커뮤니케이션 특징은 이렇다.

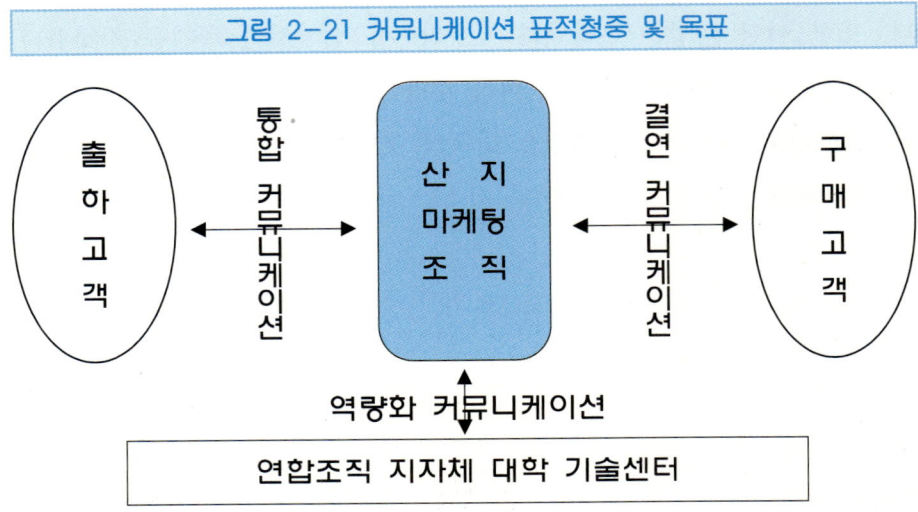

그림 2-21 커뮤니케이션 표적청중 및 목표

첫째, 커뮤니케이션 목표 자체에 조직의 사활이 걸려 있다. 통합과 결연이 산지 마케팅 조직의 성공요인임은 전술한 바와 같다. 커뮤니케이션 목표를 조직 성공요인으로 규정한다면 커뮤니케이션은 조직의 존립문제와 직접적으로 연관될 만큼 중요하다고 하겠다.

둘째, 커뮤니케이션은 출하고객과 가장 먼저 이루어져야 한다. 통합커뮤니케이션이 이루어지지 않으면 결연 커뮤니케이션은 불가능하다. 농산물 마케팅에 있어서 산지 조직인프라가 정비되지 않고는 구매고객과의 결연관계가 성립될 수 없다.

셋째, 커뮤니케이션은 인적경로 위주의 대면활동이 중심이다. 감성적 교감이 이루어지도록 빈번한 교류가 이루어져야 하며 개인의 커뮤니케이션 능력이 중요한 비중을 차지한다. 일반 기업이 공장을 건설하여 종업원을 생산라인에 투입하여 돌리면 물건은 만들어진다는 것을 전제로 하는 것과는 다르다. 거래처와 커뮤니케이션도 인적판매 위주로 이루어진다.

커뮤니케이션 수단도 예를 들면 강의, 협의, 워크숍, 대면상담, 현장견학, 실연, 입소문, 행사 등이다. 거래 개척을 위한 상담과 납품 진행과정에서 원만한 관계를 위한 커뮤니케이션이 대면관계로 이루어질 수밖에 없다. 계절적 산지이동에 의하여 일정기간 거래 공백 기간이 생기고 다시 거래가 이루어지도록 해야 하므로 산지 마케팅 조직이 적합거래처로서 평가받기 위하여 많은 노력이 필요하다.

커뮤니케이션 전략이론은 산지 마케팅 조직의 커뮤니케이션 전략수립에 있어서 커뮤니케이션 과제를 발굴하는 착안점을 제공한다. 커뮤니케이션 과제는 관계설정 전에 관계를 맺기 위한 것과 관계가 설정된 후 출하와 납품이 진행되면서 납품 종료까지의 원만한 진행, 그리고 다음 작기에 관계의 재설정을 위한 것으로 단계별로 구분할 수 있다. 표 2-5는 출하고객과 구매고객 각각에 대하여 단계별로 커뮤니케이션의 주요 과제를 예시하였다.

표 2-5 산지 마케팅 조직 거래단계별 커뮤니케이션 과제예시

대상	관계설정단계 과제	관계진행단계 과제	재설정단계 과제
출하고객	- 현재 이미지의 우호도 - 당조직 사업 잘 아는가 - 이용하지 않는 이유 - 이용하고 싶은가 - 개선 사항 및 이용여부 - 이용하려는 상태인가	- 출하계획 이행 가능한가 - 출하 위한 준비 양호한가 - 선별대책 동의하는가 - 조직요원 활동 평가 - 고객욕구 숙지 교육 - 품질 요구사항 수용도 - 반원과 호흡 맞는가	- 다른 출하자 비교우위 - 향후 조직강화 계획 - 애로사항 질의 - 조직의 개선사항 - 다음 이용 불가 이유 - 다른 출하자에게도 홍보
구매고객	- 제안서 제출상담 - 고객 요구사항 청취 - 산지조직 우수성 알림 - 기존거래처 비교우위강조 - 산지방문 요청	- 계약서 합의 명문화 - 이행계획 알림 - 수확 배송 상대협조 요구 - 예측 가능 수발주체계 - 할인행사 대응 진행	- 재거래 위한 워크숍 개최 - 시정의지 사항 표명 - 거래조건 재설정 피력 - 상호 윈/윈 결과 명확화 - 향후계획 합의

[보론1] 인터넷 마케팅

이제 소매 유통업태는 크게 둘로 나눠지게 되었다. 온라인 시장과 오프라인 시장이다. 인터넷이 정보환경의 중심이 되자 쇼핑시장에도 유통경로로서 큰 자리를 차지하게 되었다. 우리나라 소매유통시장에서 인터넷 쇼핑이 차지하는 비율은 미국과 일본을 상회할 정도이다. 인터넷 쇼핑을 이용하는 소비자 계층도 다양화되면서 이용 인구는 계속 확대될 것으로 전망된다. 이러한 소비자 구매경로의 변화로 오프라인 유통업체도 온라인 경로를 설정하여 이제는 인터넷 판매가 필수적인 판매방식으로 되었다.

▌인터넷 마케팅 환경과 특징

먼저 인터넷 쇼핑시장 구조와 소비환경을 살핀다. 인터넷 쇼핑시장 구조의 가장 큰 특징은 인터넷 쇼핑업체의 유형중 오픈마켓의 비중이 가장 크다는 것이다. 순수 B2C 인터넷 쇼핑몰이나 오프라인 기반 인터넷 쇼핑몰을 능가한다. 단일품목 전문몰도 자기 쇼핑몰을 유지한 채 인지도 높은 C2C 중개몰에 입점한다. 이처럼 오픈마켓이 활성화되는 요인은 개방성을 바탕으로 가격면에서 경쟁력을 갖추었다는 점이다. 판매자에게 동등한 유통기회를 부여하여 판매자가 웹환경에 밀집하여 다양한 품목, 동일한 상품을 판매하자 가격경쟁이 발생하여 저가를 실현한다. 이에 고객이 증가하고 다시 다수의 판매자가 모이는 선순환 구조를 형성한다. 그리고 인터넷 쇼핑업체는 대형화·과점화·다양화를 특징으로 한다. 대형화로 사업체당 판매액이 증가한다. 과점화는 일부 대형쇼핑몰에 소비자가 집중되는 현상을 보이는 것이다. 이럴수록 판매품목은 다양해져 One Stop 쇼핑이 가능해진다. 또 하나의 특징은 온라인 채널과 오프라인 채널이 병행하며 융합 현상을 보이는 것이다. 온라인 업체와 오프라인 업체는 서로 약점을 보완하여 소비자들의 구매행태와 부합하려 한다. 즉, 오프라인 업체는 유통채널을 확장함으로써 지역적 한계를 벗어나 전국을 대상으로 영업할 수 있다. 온라인 업체는 오프라인 업체의 참여가 늘어나자 수수료 수입을 올리며 품질이 좋은 오프라인 보유 품목을 구비할 수 있고 소비자를 유인하는 효과를 얻는다.

다음은 인터넷 소비환경의 특징에 대하여 언급한다. 소비자가 제품 정보를 유통시켜 주도하는 현상이다. 소비자들은 기업이 제공하는 정보보다 다른 소비자가 제공하는 정보를 더욱 신뢰한다. 이용자 자신도 구매 후 의견을 적극적으로 표현한다. 구매사이트, 인터넷 커뮤니티, 카페 등에 사용소감을 나타내 소비에 영향력을 발휘한다. '트윈 슈머(twinsumer)' 라고 하여 다른 소비자의 소감이나 의견을 참고하여 '쌍둥이' 처럼 행동한다. 기업이 제품정보의 유통을 주도하였던 전통적 기업과는 사뭇 다르다. 이렇게 되자 기업도 소비자간 원활한 인터넷 커뮤니케이션을 유도하며 다양한 제품정보를 수집하려고 노력한다. 자사 제품을 구매한 후 사용후기를 남기는 고객에게 혜택을 제공한다. 그리고 소비자는 온라인과 오프라인을 유효적절하게 활용한다. 오프라인에서는 실물을 체험하고 사는 곳으로, 온라인에서는 업그레이드된 정보를 비교하는 곳으로 인식하기도 한다. 반대로 오프라인 매장에서 제품을 확인 후 가격이 저렴한 인터넷 쇼핑몰을 이용하는 경우도 있다. 가격비교 사이트 등을 통해 치밀한 가격비교를 한 다음에 최저가 제품을 구매하여 단기간 사용하고 폐기하는 소비형태(smart mob)가 일반화되고 있다.

인터넷 경제환경의 도래로 기존의 마케팅 패러다임이 바뀌고 있다. 마케팅 환경이 달라져 공간과 시장주체간 경계가 허물어졌다. 시장에서 성공의 방정식이 달라진다. 고객을 바라보는 관점이 또한 달라진 것이다. 다음 표 2-6은 전통적 마케팅과 인터넷 마케팅을 비교하여 설명하였다.

표 2-6 마케팅 특성 비교

구분	전 통 적 마 케 팅	인 터 넷 마 케 팅
마케팅 환경	• 시장의 공간이 지역과 국가에 한정됨 • 기업이 적극적 주도, 고객은 수동적 • 기업내부 한정된 정보시스템	• 시장의 경계가 없어짐 • 고객이 주도적 역할을 함 • 외부정보 연결로 통합적 시스템화
마케팅 성공 요인	• 선도기업 주도적 역할 중요함 • 고객과의 커뮤니케이션에 많은 비용이 발생하며 일방향 위주	• 고객과 쌍방향 반응이 중요하여짐 • 기업간의 전략적 제휴가 중요함
고객에 대한 관점	• 고객의 상품지식과 정보가 적음 • 고객의 형태와 기대가 예상 가능	• 고객들의 학습증가로 상품에 대한 많은 지식과 정보보유 • 고객과 1:1로 집단 아닌 개인관계

▌인터넷 마케팅 전략

인터넷이 오프라인 기반을 전제로 할 때 마케팅 전략 4P 중 경로전략의 하나이거나 고객과 커뮤니케이션 경로에 해당하지만 인터넷 웹사이트 안에서도 4P 전략이론 전반을 논할 수 있다. 웹 마케팅으로서 자기완결적인 선행적 연구가 이루어지고 있다. 여기서는 웹 마케팅 전략을 4P 측면에서 간략히 다루기로 한다.

■ 제품전략 – 컨텐트 웨어 관리

컨텐트 웨어란 고객의 욕구를 충족시키기 위하여 기업이 인터넷에서 제공하는 제공물의 총칭으로 고객에게 제공하는 모든 가치를 말한다. 인터넷 사용 고객은 물리적 제품뿐만이 아니라 정보와 서비스, 체험을 웹상에서 이용하는 것이다. 제품전략으로서 마케팅 성공은 양질의 경험과 서비스를 최적으로 조합하는 것이다. 결국 차별화는 서비스 관리와 체험의 활용에서 나온다고 하겠다.

「서비스」는 구매결정에 필요한 다양한 정보, 편리성, 전자결제의 안정적 운영을 제공하는 것이다. 서비스를 포함한 제공물을 총체적으로 개인별로 차별화하고 개인도 참여의 기회를 마련토록 해야 한다. 이를 위하여 개인정보 수집을 바탕으로 개인화된 특별한 서비스를 제공한다. 고객이 원하는 모습대로 주문토록 하고 기업은 고객에 맞춤 대응하는 것이 된다.

다음은 체험의 활용에 대하여 언급한다. 「체험」이란 소비자가 웹사이트와 상호작용하는 동안 반응하는 모든 자극에 대한 소비자의 인식과 해석이다. 체험이 제품과 서비스보다도 경쟁사와 차별성이 크며 감성적 요소가 강하다. 따라서 긍정적이며 새로운 체험을 할 수 있도록 체험을 관리하고 마케팅에 활용하여야 한다.

■ 가격전략

일반 마케팅 이론에서와 마찬가지로 가격전략의 목표를 설정하는 것이 중요하다. 현재의 수익성을 최대화할 것인가 아니면 장기적 수익성을 최대화할 것인가. 비즈니스 목표를 인식하고 가격 정책을 비지니스 전략과 부합시키기 위하여 노력해야 한다. 예를 들면 고객의 이탈을 줄이고, 세분화 시장침투를 최대화하며, 수익성 없는 채널 또는 고객들을 추려내는 것이다.

많은 소비자들은 인터넷 구매는 싸야 한다고 생각하고 있다. 지금의 인터넷 쇼핑시장은 가격을 중심으로 경쟁하는 가운데 기업의 수익성은 낮아지고 있으며 시장의 규모가 커지고 있다는 점이다. 가격비교 사이트의 발달로 구매자들의 가격 비교가 쉬워졌기 때문이기도 하다. 이러한 상황에서 가격전략이 어떠해야 하는지 고민하지 않을 수 없다. 가격에 민감한 소비자에 대한 전략이 세워져야 한다. 아래와 같은 독특한 특징과 혜택 있는 사이트 운영이 소비자의 가격지불 의향을 높일 수 있을 것으로 본다.

  - 기업의 독특한 가치제안을 부각시킴으로써 고객의 가격민감도를 낮춘다.

- 제공물에 대한 깊이 있는 정보를 제공하여 고객의 자사 상품에 대한 이해를 높인다.
- 고객과의 다양한 쌍방향 커뮤니케이션 활용으로 고객과의 더 깊은 관계를 형성한다.

■ 유통 채널전략

유통전략적 목표는 고객방문이 일회성에 그치지 않고 다시 찾도록 하는 것이다. 그러기 위해서는 방문 고객에게 매력적이며 효과적인 웹사이트를 개발하고 운영해야 한다. 사용자에게 친화적이지 못한 사이트는 읽기가 어려운 문장으로 되어 있고, 처리 성능이 느리며, 신뢰할 수 없는 사이트라고 하겠다. 몇 가지 바람직한 사이트 운영환경은 다음과 같다.

- 사용 편리한 사이트 조건 : 다운로드가 빠르며 초기화면이 이해하기 쉽다. 검색하기도 쉬우며 각 페이지가 빨리 열린다.
- 매력적인 사이트는 다음과 같은 조건을 갖추어야 한다.
  - 개별 페이지가 깔끔하며, 지나치게 많은 내용으로 가득차 있지 않다.
  - 글자의 크기와 서체가 온라인으로도 읽기 좋다
  - 사이트가 색깔과 소리를 잘 활용한다
- 컨텐츠기능으로서 고객이 재방문하기 위해서 사이트가 담아야 할 내용은 이렇다.
  - 관련 사이트에 링크된 깊이 있는 정보
  - 계속 변하는 흥미로운 뉴스
  - 계속 변하는 무료제공 뉴스
  - 콘테스트와 복권
  - 유머와 농담, 게임

한편 인터넷 방문 고객의 상호작용을 위한 커뮤니티의 활성화가 매우 중요하다. 인터넷은 단순한 정보검색 이상의 차원이다. 인터넷은 사람을

만나는 공간이며, 의사소통하는 채널이며, 자신을 드러내는 자아실현의
장이기도 하다. 기업은 커뮤니티로서 이러한 점들을 잘 활용하여야 한다.
커뮤니티의 역할을 다음과 같이 논할 수 있겠다.

- 소비자의 관심을 끌어 커뮤니티에 왕래토록 하고 서로의 유대감 강
  화로 재방문을 유도한다.
- 독특한 컨텐츠를 개발하여 고객의 이탈을 막는다. 고객 불만의 파
  급효과를 관리하는 차원에서 커뮤니티 모니터링을 실시한다.
- 소비자 견해를 제품개발 및 서비스 개선에 반영하여 프로슈머로서
  역할을 하게 한다.
- 네트워크허브(network hub)를 통한 입소문을 창출하도록 한다.
  오피니언 리더, 유력자, 선도사용자, 파워유저 등의 활용이 효과적
  이다.

■ 커뮤니케이션전략

전통적 마케팅에서는 미디어 매체를 통한 광고, 공중관계(PR)가 커뮤
니케이션 수단이었고 인적판매, 판매촉진이 오프라인 상에서 이루어졌다.
또한 커뮤니케이션 방향도 일방적이었다. 인터넷 마케팅에서는 이와 같은
커뮤니케이션 전략들이 고객들과 쌍방향으로 교류하며 웹상에서 이루어
진다. 커뮤니케이션 수단, 바꿔 말하면 표현양식도 독특한 형태를 띠게
된다. 커뮤니케이션 믹스 요인은 인터넷 광고, 인터넷 PR, 인터넷 판매촉
진, 인터넷 입소문이며 커뮤니케이션 방법은 이메일, 홈페이지, 게시판,
채팅, 커뮤니티 등으로 달라지게 되었다.

여기서는 웹상의 촉진 수단으로 몇 가지 예를 들어보기로 한다.

• 배너광고 : 웹페이지 내에 짧은 문장과 그림, 애니메이션을 포함하는
  작은 박스 형태의 광고이다. 배너등록 기업은 등록이나 클릭률에 따
  라 광고비용을 지불한다. 클릭률이 매우 낮은 것이 단점이다. 유사한

광고로 웹페이지 전체 전면광고가 있으며 이메일이나 동영상도 자주 이용하는 광고 수단이다.

- 스폰서십광고 : 기관이나 개인에서 수행하는 일을 후원하면서 간접적으로 상표와 제품을 노출시키는 광고이다. 웹사이트에 로고나 배너를 게재하여 대중적인 이벤트와 관련을 맺는다.

- 마이크로사이트 : 대형 웹사이트의 일부로 미니사이트라고도 한다. 홈페이지처럼 별도의 웹 주소를 갖고 외부 광고업자나 기업이 컨텐츠를 관리하고 사용요금도 지불 받는다.

- 삽입형 광고 : 웹사이트상에서 화면이 바뀔 때마다 그 사이에 튀어나오는 광고이다.

- 제휴 및 가맹프로그램 : 인터넷 기업이 다른 인터넷 기업과 공동으로 사업을 할 때 두 회사가 서로 광고를 하는 것을 말한다. (예) 아마존의 가맹업체가 그들의 웹사이트에 아마존의 배너를 올려놓음.

- 인터넷 판촉 : 인터넷 쿠폰, 인터넷 콘테스트, 인터넷 수량할인, 인터넷 가격할인이 있다.

- 푸시광고(pushad) 또는 웹캐스팅(webcasting) : 사용자들에게 받고자 하는 광고의 종류를 등록하도록 권유함으로써 목표 방문자에게 웹으로 컨텐츠를 보낸다.

- 인터넷 구전 : 소비자들 사이에 자발적인 의사소통을 하도록 인센티브를 제공한다. 추천인 우대 프로그램은 사이트 가입 구매를 추천하는 추천인에게 보상을 해주는 것이다.

▮ 인터넷 마케팅 감사

e-biz의 성공을 위해서는 고객 맞춤형 마케팅을 시행한 후에 고객들이 어떻게 반응하였는지를 파악하는 것이 필요하다. 분석 데이터는 인터넷

사용자가 사이트 방문 후에 남긴 '로그'라는 흔적 데이터를 분석한다. 웹 로그 분석을 통하여 기업의 일방적인 정보, 상품, 서비스 제공이 아닌 쌍방향 커뮤니케이션으로 고객들의 니즈를 파악하여 장기적인 관계기반을 구축하는데 유용하게 활용할 수 있다. 분석내용은 아래와 같다.

- 접속량 : 사용자가 보는 페이지 수, 순수 방문자 수
- 페이지 : 인기 있는 페이지, 처음·마지막 접속 페이지, 1인당페이지뷰
- 방문자 : 시간대, 성별·연령대, 주·월별 방문자수
- 방문경로 : 어떻게 방문하였는지(게시판, 검색엔진, 검색어)
- 네비게이션 : 서핑경로, 체류시간
- 광고효과 : CPC*광고, 이메일광고 등
- 마케팅캠페인 : 캠페인에 해당하는 정보분석
- 커머스 : 상품에 대한 주문·매출, 장바구니 등을 분석함
- 컨텐츠·상품 : 인기컨텐츠·상품, 체류시간, 조회수, 방문수
- 시나리오 : 방문자가 홈페이지를 둘러보는 순서
- 시스템 : 방문자 컴퓨터의 시스템을 분석함

▌농산물 마케팅에 대한 시사점

인터넷 경로시장은 대형마트 다음으로 큰 소매유통 시장으로서 오프라인의 부속시장이 아닌 독립적 유통채널로서 위상을 확립하고 있다. 2015년에는 온라인 시장이 대형마트를 능가할 것으로 전망되기도 한다. 품목도 식품군 부문이 성장하고 있는 가운데 농산물 부문도 품질보증 인증제 등 브랜드화가 진행되고 있어 농산물의 인터넷 마케팅 환경은 좋아지고 있다고 하겠다. 또한 산지와 소비자 간의 직배송 체계가 확대되어 신선식품의 당일 배송이 가능해진 점도 고무적이다.

주) Cost Per Click의 약자이다. 인터넷 광고의 지불가격 기준을 광고수용자가 실제 click 하여 반응한 것을 기준으로 하는 것이다.

산지는 인터넷 마케팅 경로가 보편화된 판매시장으로서 선택필수 경로라는 인식을 할 필요가 있다. 구매역량을 급속도로 향상시켜가는 소비자로부터 농산물 판매 방식이 전통적 방식에 머물러 후진성을 면치 못하면 따돌림 받을 수 있다.

특히 산지 마케팅 조직에게는 인터넷 마케팅이야말로 지역 판매조직의 공간적 한계를 극복하는 유력한 채널전략으로 매우 유용하다는 점이다. 인터넷 마케팅은 지역 마케팅 조직이 글로벌 마케팅 주체로 변신하는 발판이라고 하겠다. 인터넷은 지역 마케팅 조직의 지리적 도달영역을 기하급수적으로 확장한다.

[보론2] 브랜드 마케팅

▍브랜드 의의

브랜드의 개념은 협의와 광의로 구분하여 살펴볼 수 있다. 협의로는 '나와 남을 구별해 주는 요소' 라고 할 수 있다. 여기서 말하는 요소란 브랜드 네임, 로고, 상징, 캐릭터, 포장, 디자인, 징글, 슬로건 등을 말한다. 광의로는 이러한 요소들과 여러 마케팅 활동의 결과로서 형성된 인지도, 이미지, 품질인식, 그리고 이에 따라 나타나는 고객충성도 등을 포괄하는 '총체적 무형자산' 으로 생각할 수 있다. 일반적으로 브랜드를 관리하거나 브랜드 전략을 개발한다고 할 때는 두 번째 의미로 사용한다.

브랜드 마케팅의 중요성은 콜라 마시기 블라인드 테스트를 통하여 회자된다. 동일한 피 실험자들을 대상으로 눈을 가린 채 한번, 가리지 않은 채 한번 테스트를 시행한 결과, 눈을 가린 채로 콜라를 맛보았던 경우는 코카콜라와 펩시콜라를 선호하는 비율이 비슷하였지만 브랜드를 보여주고 마시게 한 결과는 코카콜라를 선호하는 비율이 압도적으로 많았다. 상표를 본 후 콜라를 마셨을 때 소비자들은 제품 맛의 기능적 요소보다는 브랜드 이미지를 떠올려 특정 브랜드의 콜라를 선택한 것이다. 이러한 결과로 브랜드 가치는 매우 크다는 것을 알 수 있다. 경험 · 정서 · 디자인 등과 같은 감성적 정보는 상품의 기능적 정보와는 또 다른 가치를 창출할 수 있는 요소라는 것이다. 이것이 브랜드가 지향하는 바이다.

기업은 자사 브랜드가 장수하기를 바란다. 아래는 장수 브랜드의 사례를 보여준다.

- **국내 브랜드** : 활명수, 진로소주, 샘표간장, 박카스, 브라보콘, 새우깡, 빙그레 바나나맛 우유 등
- **해외 브랜드** : Tiffany, Levi's, Cadillac, Morton, Volvo, BMW, Nike, Ivory 등

연구자들은 이러한 브랜드들이 장수할 수 있었던 비결을 다음과 같이 말한다.

첫째, 그 제품을 찾아야 하는 이유에는 실체적으로 뒷받침되는 당위성이 있다. 그 브랜드 제품의 우수한 기능에 만족하는 기능적 만족과 BMW · 샤넬처럼 유명한 브랜드 제품을 사용함으로써 얻는 심리적 만족 모두가 포함된다. 둘째, 오랜 세월 변함없는 아이덴티티를 갖는 일관성이다. 박카스하면 생활의 활력, 아이보리 비누의 순수함 등 성공적인 브랜드들은 오랫동안 유지하고 있는 브랜드 아이덴티티들이 존재한다. 셋째, 브랜드 컨셉과 시대조류를 일치시켜 소비자에게 상품 이미지를 각인하는 적합성이다. 미원이 가지고 있던 화학조미료 시장을 능가시킨 천연조미료 다시다가 대표적인 예가 될 수 있다. 넷째, 적은 마케팅 비용으로 효과를 높이는 효율성이다. Nike의 경우 브랜드 파워를 최대한 활용하여 운동화에서 스포츠웨어, 운동기구 등 다품목의 브랜드로 확장시켰다.

잘 만들어진 브랜드는 기업과 소비자 모두에게 긍정적 역할을 한다. 즉, 기업 측면에서는 기업 · 제품 · 서비스의 정체성과 경쟁 브랜드와의 차별화, 고객과의 의사소통, 수익성 증가의 역할 등을 한다. 또한 소비자

측면에서는 제품·서비스 출처 확인, 구매위험 및 시간절감, 사회적·심리적 만족, 제품·서비스 품질 판단 등의 역할을 한다.

한편 브랜드는 국가, 공공기관에게도 중요하게 활용된다. 공공기관에 관해서는 장소 브랜딩(place branding)과 공익목적 달성 수단 등으로 역할을 할 수 있다. 장소 브랜딩이란 자기가 살고 있는 지방·마을의 가치와 특징을 살려 지역을 발전시키기 위한 올림픽, 국제회의, 관광객 유치, 특산품 판촉 등이 있을 수 있다. 공익목적 달성 수단으로는 시민의 니즈를 충족시키고 성과를 제고할 수 있는 대중적 프로그램 및 서비스 개발을 브랜드 전략으로 적용한다. 에너지 절약, 승용차 요일제, 자원 재활용 등이 그 예라 할 수 있다. 국가적 차원에서는 국가자체가 브랜드 대상이 될 수 있다. 국가 이미지에 따라 국가 생산제품에 대한 매력도가 달라질 정도로 역할이 중요하다고 할 수 있다.

▌브랜드 아이덴티티 개발

이처럼 중요한 브랜드 마케팅은 브랜드 아이덴티티(BI : Brand Identity)의 개발에서 시작된다. 브랜드 아이덴티티란 소비자가 특정 브랜드에 대하여 동일성을 연상할 수 있는 모든 브랜드 구성요소의 집합체라고 할 수 있다. 브랜드 아이덴티티는 브랜드 이미지와 구별하여 생각해야 할 필요가 있다. 브랜드 아이덴티티가 소비자들이 브랜드에 대하여 느끼고 생각하고 행동하여 주기를 바라는 정보 전달자의 과제라고 한다면 브랜드 이미지는 소비자들이 실제로 느끼고 생각하고 행동하는 브랜드 수용자의 과제라고 할 수 있다. 즉, 브랜드 아이덴티티는 브랜드 전략의 중심이 되며, 브랜드 이미지를 기업이 원하는 대로 소비자의 기억 속에 자리잡을 수 있도록 하는 전략적 도구가 된다. 따라서 브랜드 아이덴티티의 개발은 매우 중요하다. 올바른 브랜드 아이덴티티의 개발을 위해서는 고객뿐만 아니라 경쟁사, 자사 등 모두를 고려한 종합적인 분석이 필요할 것이다. 그림 2-22는 브랜드 아이덴티티의 정립관계를 보여준다.

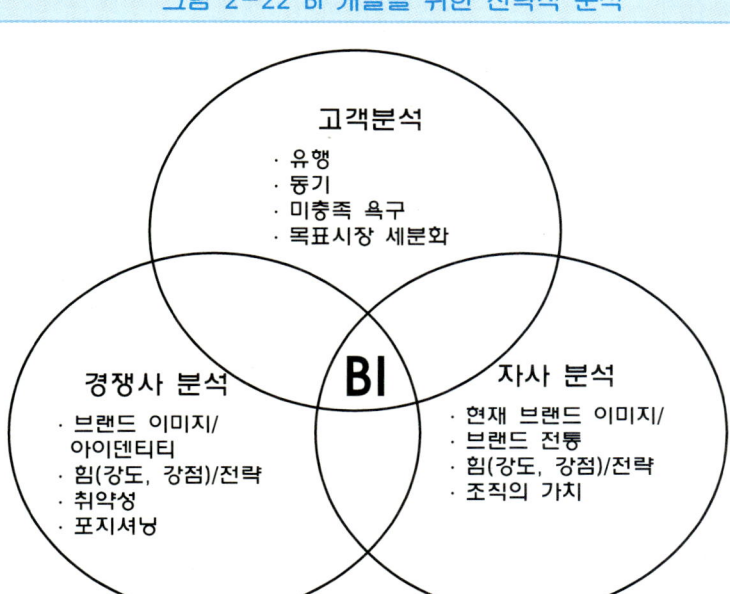

그림 2-22 BI 개발을 위한 전략적 분석

고객분석
· 유행
· 동기
· 미충족 욕구
· 목표시장 세분화

BI

경쟁사 분석
· 브랜드 이미지/
  아이덴티티
· 힘(강도, 강점)/전략
· 취약성
· 포지셔닝

자사 분석
· 현재 브랜드 이미지/
· 브랜드 전통
· 힘(강도, 강점)/전략
· 조직의 가치

자료 : David A. Aaker(2007), 브랜드 경영, 비즈니스 북스, P.282

다음으로 브랜드 아이덴티티의 요소들에 대하여 살펴보자. 브랜드 네임은 가장 중요한 브랜드 아이덴티티 요소라고 할 수 있다. 훌륭한 브랜드 네임을 개발하기 위해서는 로고, 슬로건, 캐릭터, 도메인, 컬러, 징글, 패키지 등이 브랜드 네임을 중심으로 통합화 되어야 한다. 브랜드 네임은 의사소통 및 브랜드의 핵심이며, 브랜드의 정체성과 법적 무형자산을 나타내므로 매우 중요하다고 할 수 있다. 따라서 브랜드 네임은 '다른 브랜드요소 만들기의 적합성, 창의성, 발음·쓰기·기억의 용이함, 법률성, 소비자 친화성, 바람직한 연상이 쉬운가' 등의 요소를 기준으로 개발되어야 한다. 브랜드 네임 외에도 브랜드를 보다 차별화 시키고 브랜드 연상력을 높이기 위해서 브랜드 로고·심벌을 사용하기도 한다. 이는 소비자의 브랜드 인지도 및 선호도 제고에 네임 못지않게 중요 역할을 한다. 로고를 선택할 때는 로고와 브랜드와의 동일성이 유지되고 눈에 잘 띄어서 소비자에게 직감적으로 전달되도록 하여야 하며, 브랜드 네임과는 다르게 소비자나 시장 추세에 따라 변화될 수 있어야 한다. 이 밖에도 브랜드 인지력을 높일 수 있는 브랜드 캐릭터나 브랜드의 핵심 주제를 전달할 수 있는 브랜드 슬로건, 소비자나 대중들에게 브랜드를 알리려는 음악적 전달 수단인 브랜드 징글, 소비자 시각을 자극시킬 수 있는 브랜드 패키지, 브랜드 컬러, 소비자들과 직접적인 쌍방향 커뮤니케이션을 할 수 있는 브랜드 도매인 등이 브랜드 아이덴티티 요소로 존재한다.

▎브랜드 커뮤니케이션

브랜드를 개발하였으면 다음 단계는 브랜드를 알려야 한다. 효과적인 마케팅을 위하여 기업이 추구하고자 하는 브랜드 아이덴티티를 의도한 대로 브랜드 이미지화하는 것이 커뮤니케이션의 목표다. 효과적인 브랜드 커뮤니케이션이 이루어지기 위해서는 우선 목표고객의 정확한 정의 및 파악이 필요하다. 목표대상에 따라 커뮤니케이션 방법, 수단 등이 달라질 수 있기 때문이다. 다음으로 경쟁브랜드나 경쟁회사와 비교하여 목표고객을 움직일 수 있는 차별화 전략을 선택해야 한다. 전달 메시지 내용으로서 고객에게 전달할 가치를 결정하는 것과 가장 효율적인 메시지전달 수단을 선택하는 것도 중요하다. 커뮤니케이션 후에는 장·단기적 효과 분석을 통하여 향후 계획을 세우는데 활용할 수 있어야 한다.

또한 브랜드 커뮤니케이션의 관계 관리에 있어서는 기업과 고객간의 외부 마케팅뿐만 아니라 기업과 협력자간의 내부 마케팅, 협력자와 고객간의 상호 마케팅 모두를 고려해야 한다. 직원 및 협력자가 브랜드 비전에 헌신하지 않는다면, 고객들을 설득하여 그 비전을 믿어주길 바라기가

어렵기 때문이다. 따라서 내부직원 및 협력자의 브랜드 경영에 대한 동기
부여를 위하여 상호 마케팅 및 내부 마케팅이 중요하다. 상호 마케팅은
고객과 브랜드를 연결시켜주는 중요한 역할을 하며, 내부 마케팅은 자신
의 브랜드 본질과 가치를 내부 직원들에게 효과적으로 전달하여 협력자
가 진정한 의미에서 브랜드 전도사가 되도록 훈련하고 동기를 부여하는
역할을 한다. 따라서 최근에는 브랜드 컬쳐라는 것이 확산되고 있다. 브
랜드 컬쳐란 브랜드가 제공하는 약속을 실천하고 기업 문화 속에 브랜드
비전을 정착시키기 위한 내부 브랜드 관리 프로그램을 말한다. 임직원이
브랜드 가치를 이해하고, 브랜드 사명을 완성하는데 필수적으로 요청되는
구체적인 과제와 수행 역할의 선정 및 교육, 관리에 대해 세심하고 지속
적인 관심을 기울이는 것이 주요과제라 할 수 있다.

　브랜드 커뮤니케이션 수단 역시 광고, 판촉, PR, 이벤트 및 스폰서십,
개인판매 등 다양한 수단의 통합커뮤니케이션(IMC)이 필요하다. 한편 아
무리 효율적인 커뮤니케이션을 통하여 브랜드 마케팅을 한다 하더라도
브랜드 위기는 언제든지 찾아올 수 있으므로 철저한 위기관리 대처방안
을 마련해야 할 필요가 있다. 위기가 찾아왔을 때 대응을 잘 한다면 오히
려 브랜드 이미지를 높일 수 있는 계기가 되며(타이레놀), 대응을 잘 못
한다면 최악의 상황에 빠질 수 있다(일본 유끼지루시 우유). 브랜드 마케
팅의 위기에 효과적으로 대처하기 위해서는 위기에 닥친 기업이 자신을
소비자에게 어떤 모습으로 보여줄 것인가가 아닌 소비자가 어떤 모습을
보고 싶어 할까에 주목하여 "신속하고 성실하게" 대응할 수 있는 자세를
가져야 한다.

▌브랜드 자산 구축 및 관리

　브랜드 자산이란 제품이나 서비스에 부가가치를 가져다주는 브랜드 아
이덴티티 요소들의 힘이라 할 수 있다. 지금까지 다뤄왔던 브랜드 아이덴

티티 개발이나 브랜드 커뮤니케이션 관리 등의 과정은 브랜드 자산 구축을 위한 필수적인 과정들이다. 브랜드 자산 구축을 통하여 브랜드가 가져다주는 편익을 기업과 소비자 모두가 누리고자 하는 것이다. 이러한 브랜드 자산은 고객과 기업 모두에게 가치를 가져다줄 수 있으며[1], 브랜드 충성도, 브랜드 인지도, 지각된 품질, 브랜드 연상이미지, 기타 독점적 브랜드 자산 등으로 구성된다.[2] 또한 브랜드 자산은 '어떻게 고객에게 효율적으로 브랜드 커뮤니케이션을 할 것인가?'에 따라 '기업브랜드를 사용할 것인가', '제품브랜드를 사용할 것인가' 하는 문제와 '수평적으로 브랜드를 얼마나 넓게 분할할 것인가' 하는 문제 등을 고려하여 체계화되고 최적화된 수평·수직 구조를 형성해야 한다.[3]

한편 기존에 구축된 브랜드 자산은 브랜드 확장과 브랜드 재활을 통하

---

[1] 고객에게는 정보 처리 및 해석, 구매결정에 대한 확신, 사용 만족도 등의 가치를 창출하며, 기업에게는 마케팅 프로그램의 효율성, 브랜드 충성도 증가, 가격 및 마진 향상, 브랜드의 확장, 거래 영향력 향상, 경쟁우위 확보 등의 가치를 창출한다.

[2] 브랜드 인지도란 소비자가 어느 제품 범주에 속한 특정 브랜드를 재인식하거나 회상할 수 있는 능력을 말한다. 브랜드 충성도는 특정 브랜드에 대해 소비자가 가지는 애착의 정도로 특정 브랜드를 지속적으로 구매하는 정도를 말한다. 지각된 품질은 제품의 우월성 또는 우수성에 대한 소비자의 총체적인 평가로 정의된다. 브랜드 연상이란 브랜드와 연계된 기억 속의 그 무엇이라 정의할 수 있다. 긍정적인 브랜드 연상은 구매동기를 부여하고 구매 의욕을 제고시켜 주는 역할을 한다. 기타 독점적 브랜드 자산은 특허, 등록상표 등을 말한다.

[3] 기업 단일브랜드를 사용하는 경우에는 브랜드 마케팅 비용이 절감되고 브랜드 신뢰도를 활용할 수 있는 등의 장점이 있지만 같은 브랜드 사용으로 인하여 부정적 이미지가 존재할 시에는 전체적으로 영향을 미치거나 기존 제품과 컨셉이 상이한 경우, 브랜드 전이가 어려운 등의 단점 역시 존재한다. 따라서 브랜드 명성이 강력한 경우나 일관성 있게 브랜드 세계화를 시도하는 등의 경우에 적합하다고 할 수 있다. 한편 제품 독립브랜드의 경우에는 다양한 소비자 니즈와 관심을 충족할 수 있고 제품군마다 차별화할 수 있으며 잘못된 브랜드의 부정적 영향을 최소화할 수 있는 등의 장점이 있지만 과다한 마케팅 비용이 필요하고 단일브랜드를 사용했을 시보다 효과적일 것이라는 확신이 없는 등의 단점이 존재한다. 따라서 독립브랜드의 경우에는 기업브랜드가 가치가 없거나 차별화가 불가능한 경우, 사업의 다각화를 시도하는 경우 등에 적합하다고 할 수 있다.

여 자산의 성장을 꾀할 수 있다. 브랜드 확장이란 소비자에게 알려진 기존 브랜드를 활용, 신제품을 소개하여 마케팅 비용을 절감하고 소비자의 신뢰감을 획득할 수 있는 전략이다. 이러한 브랜드 확장은 축적해온 기존의 브랜드 가치를 활용하여 새로운 브랜드 출시보다 비용을 절감하면서 경쟁 브랜드를 견제하는 등의 장점이 있을 수 있지만 확장 실패의 경우 모 브랜드 소비자 신뢰 상실, 형제 브랜드 잠식효과(cannibalization) 등이 존재할 수 있다는 것을 명심해야 한다. 따라서 성공적 브랜드 확장을 위해서는 이미 형성된 모 브랜드의 기능적·상징적 가치를 유지하고 모 브랜드와 확장브랜드간의 인지를 차별화하며, 소비자의 평가를 충분히 반영한 전략을 펼쳐야 할 것이다. 브랜드 재활성은 브랜드 이미지가 약화된 상황에서 방향을 조정하여 브랜드 자산을 강화하는 것을 말한다. 이를 통해 인지도 증가, 브랜드 품질 향상, 브랜드 연상 효과 전환, 고객기반 확대, 브랜드 충성도 증대 등을 기대할 수 있다. 브랜드 재활성의 예로는 브랜드 사용도 증가시키기, 새로운 사용법 발견, 새로운 시장 진입, 브랜드 재포지셔닝, 제품이나 서비스 확대, 브랜드 확장 등이 있을 수 있다.

그림 2-23 브랜드 자산 관리 시스템

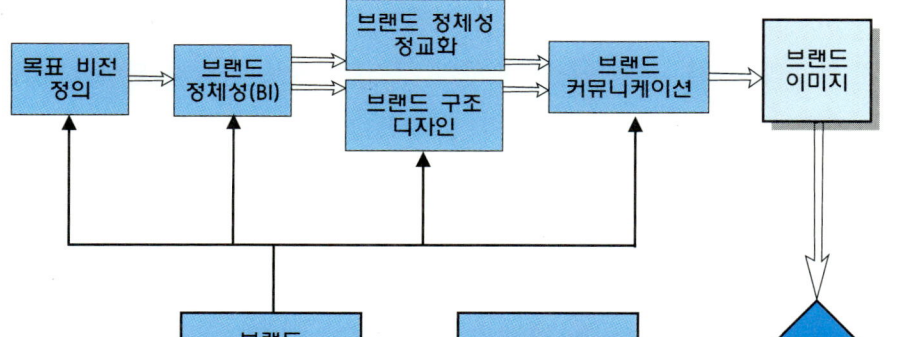

지금까지 다루어 왔던 브랜드 마케팅 전략을 종합하여 브랜드 자산 관리 시스템을 체계화해보면 그림 2-23과 같이 요약할 수 있다.

▌농산물 마케팅에 시사점

농산물 부문에도 브랜드가 대 유행하고 있다. 산지간 경쟁이 심화되어 차별화 수단으로서 마케팅 조직들의 브랜드 마케팅이 활발하다. 지자체들도 지역농업 육성 차원에서 자기지역의 홍보와 특산물 판매확대를 위하여 브랜드를 통한, 차별성 부각에 많은 노력을 기울이고 있다. 소비자들도 브랜드를 보고 농산물을 선호하는 비중이 점차 증가한다. 이처럼 브랜드 마케팅의 중요성이 커지고 있는 가운데 농산물 부문에서 브랜드를 둘러싼 많은 문제들이 노출되고 있는 것도 현실이다.

기업의 브랜드마케팅 이론은 농산물브랜드 마케팅의 지향점과 현실 사이의 갭을 줄이는데 다음과 같은 시사점을 준다고 생각한다. 첫째, 기업의 성공한 장수 브랜드 비결이 지금의 농산물 브랜드가 갖추어야 할 요소로도 참고가 된다. 둘째, 브랜드 개발의 전략분석 조건들은 농산물 브랜드 개발에서도 거쳐야 할 절차라는 것을 인식할 필요가 있다는 것이다. 농산물 브랜드가 이름 붙이기 수준에서 난립하는 것을 볼 때, 사전에 충분히 3C 분석시각에서 개발 절차를 거치는 것이 얼마나 중요한 과정인지 알게 해준다. 셋째, 브랜드는 정교하게 시스템적으로 관리가 되어야 비로소 '자산'으로서 가치가 있다는 사실이다. 많은 농산물 브랜드가 개발된 이후에 치밀한 관리가 안되어 브랜드 신뢰성을 떨어뜨리는 원인이 되고 있다. 형식화한 브랜드 관리체계를 개선하는 것이 매우 중요하다는 점을 시사한다고 하겠다.

제3장

「집하」 마케팅 플래닝

　마케팅은 '고객의 마음을 훔치는 것이다' 라는 말이 있다. 「집하 마케팅 플래닝」은 출하고객의 마음을 훔치려는 정서적·기술적 노력이다. 출하고객이 시장행동을 할 때 다른 마케팅 조직을 이용하거나 본인이 직접 하지 말고 자사의 마케팅 조직을 활용하도록 유인하는 것이다. 집하마케팅 대상은 '출하행위' 이다. 후술하는 바와 같이 구매고객을 상대로 농산물 제품을 판매하려는 마케팅과는 사뭇 다르다. 유형의 물건을 앞에 놓고 '사가시오', '파시오' 하는 것과 비교해 보라. 집하 마케팅은 선거시즌에 정당이 자기사람에게 투표해 달라는 유세활동에서 '유권자의 투표행위' 를 놓고 벌이는 캠페인과 비슷한 점이 있다. 선거와 농산물 집하마케팅의 공통점은 출하한 다음에 또는 투표한 다음에 마케터(선거 후보자와 산지 마케팅 조직 판매자)의 서비스를 믿어달라는 것이다. 다른 점은 마케터가 거짓말하여 속았을 경우에 선거는 다시 수년을 기다리는데 반하여 농산물 집하마케팅은 그 순간에 획 돌아선다는 점이다.

　본 장에서는 마케팅 이론도구가 출하고객에게 유용하게 적용되는 진면목이 펼쳐진다. 경영학이론이 농업경제학 연구대상 필드에서 융합이 일어나는 것이다. 대한민국 농산물 유통의 가장 취약한 문제인 산지 조직화에 대하여 새로운 프레임워크로 논리구성 하였다. 전체모습은 그림 3-1이다. 우선 마케터들이 플레이하는 산지현장 환경을 분석하는 틀을 제공하여 자신을 알게 한다. 이어서 마케팅 목표가 자사조직과 산지조직과의 통합임을 밝히고 전략을 개념화하는 논리를 세운다. 중요한 것은 전략 실행의 문제이다. 출하고객의 마음에 자리 잡으려는 매력 있는 가치제안의 제시논리가 있고, 대신에 출하고객이 부담하는 비용조건(마케팅 조직에게는 수익조건)이 '집하가격' 이다. 출하고객을 규합하여 조직화하도록 설득하는 다양한 주체들과 이들의 활동모습이 '가치전달' 이다. 출하고객의 욕구를 자극하는 인센티브와 출하조직의 지속성을 위한 디스인센티브의 내용들이 집하촉진이다. 이러한 체계적 노력이야 말로 시장에서 경쟁우위를 보증한다.

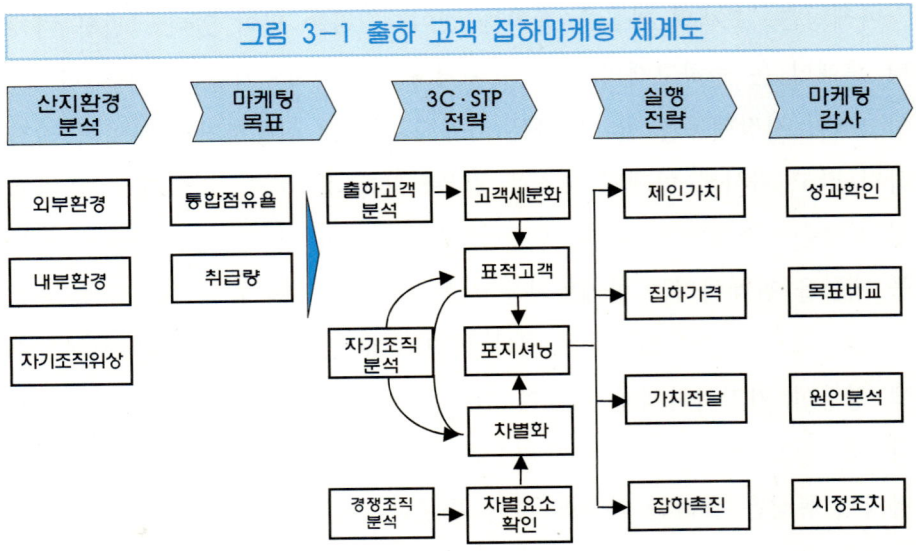

그림 3-1 출하 고객 집하마케팅 체계도

1. 산지환경 분석

1.1 산지 외부환경 분석

1.1.1 수요동향

당연한 말이지만 집하 마케팅의 출발도 고객가치의 파악으로부터 시작한다. 우선 최종소비자의 수요량 변화에 주목한다. 수요량은 해당 작목의 시장 크기 변화와 직접적으로 관련되므로 대단히 중요한 변수이다. 품목별로 1인당 소비량 변화 추세는[4] 아래와 같다.

- 쌀은 2008양곡연도(2007.11.1~2008.10.31) 기준 75.8kg으로 매년 2.0% 내외 감소 추세에 있다.
- 콩은 식용소비량은 평균 1.9kg으로 큰 변화가 없으나 가공 소비량은

---

[4] 한국농촌경제연구원의 농업전망(2009)을 참고하였다.

다소 등락이 있는 가운데 증가 추세에 있다.

- 사과는 2004년을 분기점으로 감소 추세에 있다가 품질 향상으로 만족도가 높아져 이후 계속 증가 추세에 있다.
- 배는 생산량이 매년 증가하는 가운데, 가격은 하락 추세를 나타내 2007년 9.2kg이 되었다.
- 감귤소비량은 매년 15~16kg 수준으로 일정하다.
- 단감은 생산량의 풍흉에 따라 등락이 있으나 2000년 이후 4kg 내외로 일정하다.
- 포도는 2000년 이후 감소 추세에 있다.
- 복숭아는 당도가 높은 신품종 비율이 늘어나고 다양해져 소비자 가격 상승과 함께 소비량도 매년 증가 추세에 있다.
- 수박과 참외는 생산량이 증가하면 소비량이 늘기는 하나 대체 과일 증가로 감소 추세가 일반적이다.
- 토마토는 2000년부터 2007년까지 연평균 10%씩 증가하다가 이후 감소추세에 있다. 그래도 2000년과 비교하면 1.5배나 증가하였다.
- 딸기 소비는 4.2kg 정도로 정체 상태이다.
- 풋고추는 2001년 이후 증가 추세이다. 덜 매운 오이맛 고추 소비가 청양계나 일반 풋고추보다 증가한다.
- 오이는 생산량이 급증한 경우를 제외하면 2002년 이후 감소추세가 일반적이다. 오이가 토마토로 대체되는 경향이다. 봄 여름 오이는 증가하나 유가 영향으로 겨울철 오이 생산이 감소 경향을 보이고 있다.
- 호박은 건강식품으로 인식되면서 매년 소비량이 증가 추세에 있다. 신선 단호박도 2005년 이후 소비량이 증가하고 있다.
- 배추와 무는 지속적으로 감소 추세에 있다.
- 양배추는 효능에 대한 홍보, 외식수요 증가 영향으로 구입횟수와 구입량이 모두 늘어나 꾸준히 증가 추세를 보이고 있다.

- 당근은 최근 건강식품으로 인식되면서 소비량이 늘어나고 있다. 제주 지역은 생산이 증가하고 강원지역은 감소, 영남지역은 하우스 당근의 생산이 증가한다.
- 감자는 2000년 이후 감소 추세이나 2~3년 주기로 생산량의 증감이 반복되어 소비량에 등락이 있다.
- 양념채소인 고추, 마늘은 서구식 음식문화 영향으로 2000년 이후 감소추세이다.
- 양파는 풍흉에 따라 영향을 받지만 수입산 증가와 함께 소비량도 증가 추세에 있다.
- 대파는 2004년을 정점으로 감소 추세에 있으며 쪽파도 감소추세에 있다.

위와 같은 개별 품목의 소비량 변화는 몇 가지로 유형화 시킬 수 있겠다.

① 일반적으로 증가하는 추세 : 콩, 사과, 배, 복숭아, 토마토, 풋고추, 호박, 양배추
② 일반적으로 감소하는 추세 : 쌀, 포도, 수박, 참외, 오이, 대파, 쪽파
③ 생산증감에 영향을 받지만 증가 추세 : 당근, 양파
④ 생산증감에 영향을 받지만 감소 추세 : 무, 배추, 오이, 고추, 마늘
⑤ 비교적 일정한 소비량이 유지되는 추세 : 감귤, 단감, 딸기, 감자

　한편 소비자의 농산물 소비기호는 몇 가지 방향성을 보이고 있다. 첫째, 고급화 지향 경향이다. 제품의 가격보다는 '맛'과 '당도'를 우선시하여 품위등급 간에도 품질 차이가 줄어들고 있다. 특히 과일의 경우 생산조건인 기후의 영향으로 품질이 좋고 나빠짐에 따라 소비가 늘거나 줄어든다. 둘째, 안전한 소비를 원한다. 무농약 친환경 딸기를 선호하며 당근은 여전히 흙당근을 세척당근보다 우선시하며, 구매 상품의 원산지 표시를 확인하려는 경향이 일반화되고 있다. 오이, 호박, 감자도 가격보다는 신선도를 우선시한다. 셋째, 건강 웰빙 지향 경향이다. 농산물 소비자

기호변화의 최대 이슈가 여기에 있다. 작목 소비량이 이에 영향을 받아 추세가 달라지고 있음은 기술한 바와 같다. 토마토가 매스컴의 영향으로 건강식품으로서 알려져(라이코펜신 성분의 항암효과) 소비가 늘고, 친환경 토마토 구매의향이 높아지고 있다. 넷째, 구매단위의 소규모화 경향이 있다. 예를 들면 수박 소비는 대형과에서 중형과(6~8kg)로 바뀌며, 참외는 낱개 구매 또는 소포장 구매를 지향한다. 배추도 중형을 선호하며 양배추도 1/2, 1/4로 쪼개어 파는 경우도 있다. 소가족화 현상 때문이다. 다섯째, 간편성 경향이다. 여가의 중요시, 바쁜 일상생활, 여성 경제활동의 증가로 가사노동의 축소가 원인이다. 주대마늘 비중이 감소하고 깐마늘 또는 통마늘 소비가 증가한다. 깐쪽파의 소비증가도 같은 맥락이며 세척상품 비중이 점차 높아지고 있다.

위와 같은 소비기호와 소비 규모변화 추세가 시사하는 바를 논하고자 한다. 일정 시점에서 품목 라이프 사이클별로 산지대응을 큰 흐름에서 정리하면 다음과 같다.

- 도입기 : 소비자의 새로운 기호변화에 맞춘 신품종이나 국산 열대과일과 같이 이전에는 국내 생산이 불가능하였던 품목들이 가능하게 되어 시장에 출하되는 경우다. 이밖에도 산지특성을 살린 제품, 재배법, 품질 등을 기존제품과 확실히 다르게 한 것도 포함한다. 이 경우는 홍보가 중요하다. 시식회, 이벤트를 개최하고 차별점을 강점으로 하여 입소문을 내야 한다.

- 성장기 : 소비량이 증가일로에 있는 경우에는 생산 확대 대책을 모색하되 과잉생산 수준에까지는 이르지 않도록 경쟁산지 동향에 주시한다.

- 성숙기 : 신규 수요의 성장이 이루어지지 않는다. 가격도 높아지지 않고 농업소득 상승률도 저하추세에 있는 것이 특징이다. 대책으로는 차별화된 고품질을 지향하여 단가를 올리는 품질차별화 경쟁이 중요해진다. 경쟁산지의 수요를 자기 산지로 전환하는 커뮤니케이션 활동

이 필요하고 생산비와 물류비용을 절감하려는 노력을 해야 한다.

- **정체기** : 생산량을 수요에 맞출 수밖에 없고 신규면적 확대는 억제한다. 고품질과 저원가 활동으로 전략을 바꿔야 한다. 그리고 새로운 소비자 니즈를 환기시킬 수 있는 창의적인 커뮤니케이션 활동에 산지간 협동 활동이 필요하다.

한편 소비기호 변화는 산지 상품개발의 방향을 제시한다. 소비자에게 소구하는 상품컨셉을 분명히 할 필요가 있다. 신품종 개발, 재배관리, 선별, 포장화 등이 타깃으로 하는 소비자 기호에 「맞춤형 제품」이어야 한다.

1.1.2 산지간 경쟁

우선 산지의 개념을 간단히 짚고 넘어간다. 산지는 「당해 농산물이 지역적으로 집중되어 있어 기간부문이 되며, 안정된 전업농가가 생산의 주체로서 생산력 수준도 높아 상품화율이 양호하고 시장에서도 경쟁력을 갖는 개별 농업경영 또는 조직적 경영의 집합체」로 정의되고 있다. 마케팅 측면에서 산지는 기본적으로 생산 밀도가 높고 광범위한 것 외에 다음과 같은 두 가지 특징을 갖추어야 한다. 첫째, 시장에서 경쟁력을 갖는다는 의미에서 판매 주체의 시장행동 결과로 평가를 받을 수 있어야 한다. 산지는 시장과의 관계에서 제품을 비롯한 마케팅 믹스 활동으로 평가에 차별성이 있어야 한다. 예를 들면 생산 과정 또는 수확후 품질관리 노력으로 다른 지역과는 상품성을 달리하는 특이성이 존재해야 한다. 둘째, 시장에서 경쟁하는 주체는 조직화되어 있어야 한다. 경쟁관리조직은 지역적 기능조직체로서 생산과정 및 상품화에 대한 지도를 하고 시장거래에 임하여 판매조정, 정산 등의 기능을 수행할 수 있어야 한다. 개별적인 농업경영주체는 농협의 판매조직 또는 영농법인, 유통법인과 같은 관리조직체에 거래교섭권을 비롯한 시장행동과 관련한 의사결정권을 위임하는 것이다.

지금은 산지간 경쟁이 심하다. 산지간 경쟁이란 다른 주산지의 생산 방법이나 특징, 기술발전, 판매양식, 시장전략 등을 예측하면서 자기 산지의 이윤을 극대화시키려는 행동을 말한다. 예를 들면 어느 산지의 시장 입하량 변화에 따라 판매가격에 변화가 생기고 이는 다른 산지의 판매액 총액에 영향을 준다. 어느 산지의 행동이 산지간 출하량과 단가 판매액 전체에 변화를 가져와 상호 의존관계에 있게 된다. 이것이 산지간 경쟁의 기본 메커니즘이라고 할 수 있으며 서로 영향을 주고받는 경제행동을 하는 관계라고 하겠다. 산지 작부체계의 변화로도 산지간 양상이 달라진다. 기본적으로 소비자 수요가 증가하는 품목 또는 전년도 가격이 높았던 품목의 생산량을 늘리려 한다. 해당 품목의 생산이 증가하면 대체되는 품목 생산이 줄어들 것이다. 최근에는 유가 상승으로 겨울철 시설재배 품목 생산이 줄어드는 경향도 있다. 예를 들면 영남지역 산지는 고온성 작물인 풋고추 재배면적이 줄고 저온성 작물인 애호박 재배면적이 증가한다. 또 하나는 한반도의 기온상승으로 사과품종인 「후지」의 재배지가 바뀌고 있다. 이른바 적산적지(適産適地)가 남쪽에서 북쪽으로, 해안에서 내륙으로, 평지에서 산지로 재배가능지역이 줄어든다. 한라봉의 새로운 산지로 전남 고흥과 경남 거제, 녹차는 강원 고성이 떠오르고 있다.

왜 산지간 경쟁이 심해지는가? 대형유통업체는 구매의 대형화·집중화를 통하여 대량거래, 연속적 거래, 품질규격의 통일화가 필요하게 되었다. 산지도 여기에 맞추어 조직화가 필요하여 조직간의 거래처 확보 다툼이 경쟁으로 나타나는 것이다. 그리고 국산농산물 수요의 정체 내지는 감소로 시장의 사이즈가 더이상 커지지 않고 있다. 밀물처럼 들어오는 수입 농산물이 국산 농산물 시장을 더욱 좁게 하여 이제는 국내 산지간 경쟁에서 국제적 경쟁으로 경쟁의 영역이 확대되었다.

한정된 시장 사이즈에서 경쟁우위 확보를 위한 산지 조직간에 차별화 노력이 경쟁을 부추긴다. 차별화는 품질 측면에서 크기, 색깔, 형상, 포장, 용기, 선도, 당도, 안전성, 건강, 기능성을 소구한다. 생산과 출하 측

면에서는 생산기간, 판매기간, 유통기간 연장, 신품종 개발, 다양한 재배
작형의 구사, 저장설비의 활용, 출하소강기간에 출하확대를 시도한다. 이
러한 시도는 개별 농가가 대응하기는 어렵고 조직화가 이루어져야 한다.
생산의 조직화로는 공동육묘, 대형건조시설 공동이용, 기계의 현대화로
비용절감 및 품질 균일화를 도모한다. 판매의 조직화는 공동선별, 운송수
단의 대형화, 공동출하를 가능하게 한다. 조직화야 말로 산지간 경쟁우위
를 실현하기 위한 기초조건이라고 할 수 있다.

　그러면 어느 산지의 경쟁도가 높은지 낮은지를 판단하는 기준은 무엇
인가? 경쟁력 측정의 방법은 두 측면에서 살펴볼 수 있다. 시장 유통면에
서는 산지시장 점유율을 측정한다. 아래 시장점유율식은 판매금액과 판매
량의 두 변수를 조합하여 구성하였다. 여기서 시장은 어느 특정 도매시장
이든지 또는 특정대형마트이든지 각각 별개의 시장단위로 본다. 즉, 어떤
출하시장에서 해당 산지의 시장점유율은 상대적으로 판매가격이 높을수
록, 판매량이 많을 수록 높아진다.

<유통측면 산지경쟁도>

　시장점유율은 경쟁산지의 반입량과 판매금액 크기에 따라 변동하는 불
안정적인 계수이다.

$$산지의\ 시장점유율 = \frac{v_{ij}}{V_j} = \frac{p_{ij}}{P_j} \times \frac{q_{ij}}{Q_j}$$

V_j : 출하시장 j 의 해당품목 총판매금액

v_{ij} : 산지 i 의 출하시장 j 총판매금액

P_j : 출하시장 j 의 해당품목 판매가격

p_{ij} : 산지 i 의 해당품목 판매가격

Q_j : 출하시장 j 의 해당품목 총판매량

q_{ij} : 산지 i 의 해당품목 총판매량

시장점유율은 출하시장의 P와 Q, 해당산지의 p와 q의 변화에 따라 달라지는 상대적 개념이다. 또 하나의 산지경쟁도는 유통과 생산 모두를 고려한 경우이다. 즉, 산지의 시장성과와 생산력을 감안한 단위면적당 생산수량과 생산비용을 함께 다룬다. 즉 어느 산지의 해당품목의 경쟁도는 「산지경쟁력지수」라는 이름으로 다음과 같은 식으로 나타냈다. 이 식은 생산측면을 고려하지 않고 유통측면만 강조한 시장점유율과 차이가 있다.

<생산 유통측면 산지경쟁도>

$$D_{ij} = \frac{P_{ij}/C_{ij}}{P_j/C_j} \times \frac{Q_{ij}}{Q_j} = \frac{P_{ij}}{P_j} \times \frac{C_j}{C_{ij}} \times \frac{Q_{ij}}{Q_j} = 수취가격률 \times 생산비율 \times 단수율$$

D_{ij} : i주산지 j농산물 산지간 경쟁력지수

P_{ij} : i주산지 j농산물 농가수취가격

Q_{ij} : i주산지 j농산물 단위면적당수량

P_j : j농산물 전경쟁산지 평균농가수취가격

Q_j : j농산물 전경쟁산지 평균단위면적당수량

C_{ij} : i주산지 j농산물 생산비

C_j : j농산물 전경쟁산지 평균생산비

위 식에서 산지간 경쟁력 지수는 가격비율, 생산비 비율, 단수비율로 구성된다는 것을 알 수 있다. 수취가격률이 높을수록, 자기산지 생산비 비율이 낮을수록, 단수율이 높을수록 해당 산지의 경쟁력 지수는 높다. 경쟁력 지수가 높다면 해당 산지는 유리하게 생산하고 판매하는 것이다. 한편 산지경쟁력 지수는 주산지 각 농산물의 상대적인 장기수익력으로서 농산물 전경쟁산지의 평균단위면적당 이윤으로도 나타낼 수 있다.

정성적 방법으로도 자기산지의 경쟁도를 파악할 수 있다. 자기산지가 어떠한지는 시장 고객에게 물어보면 평판이 나온다. 시장은 자기산지의 거울이므로 고객이 보여줄 것이다. 시장의 평가는 마케팅 활동의 산물이

므로 마케팅 활동 요소를 분해하여 평가받을 항목으로 정한다. 4P 믹스를 기준으로 살펴보면 다음과 같은 항목들을 예로 들 수 있다.

- **제품요소** : 무게, 크기, 포장형태, 당도, 품종, 신선도, 품위균질성
- **물류요소** : 출하빈도, 공급안정성, 운반수단, 개별출하·조직출하, 물량규모, 수송비
- **커뮤니케이션** : 브랜드 이미지, 리콜용이성, 홍보활동, 고객대면빈도, 납품제안 충실도
- **가격** : 포장단위당, 개수당, 무게당, 장려금, 시장가격수준(고·중·저)
- **세평** : 그간 관계자의 해당 산지에 대한 인식

이러한 항목들을 자기산지와 경쟁산지의 경우에 각각 비교하여 우열을 매긴다. 우열의 평가 결과는 자기산지의 강점과 약점으로 나타낸다. 약점이 파악되었으면 그것이 개선요소로 밝혀진 것이다. 강점은 경쟁우위요소로 부각시키고 약점은 개선하여 강점이 활용되지 못하는 상황을 만들지 말아야 한다. 표 3-1은 시장에서 경쟁현상 체크리스트를 나타내고 있다.

표 3-1 유통시장에서 산지간 경쟁현상 체크 리스트

구분	체크항목	자기 산지	경쟁 산지	자기산지 평가	
				강점	약점
제품	무게, 크기, 포장형태, 당도, 품종, 신선도, 품위균질성				
물류	출하빈도, 공급안정성, 운반수단, 개별출하/조직출하, 물량규모, 수송비				
커뮤니케이션	브랜드 이미지, 리콜용이성, 산지홍보활동, 고객대면빈도, 납품제안 충실도, 마케터 활동				
가격	포장단위당, 개수당, 무게당, 장려금, 시장가격수준(고·중·저)				
세평	신뢰성				
개선요소					

　다음은 경쟁산지와의 관계에서 전략적 대응을 어떻게 할 것인가가 과제이다. 크게 보면 4가지 전략방향이 나온다. 「시장침투전략」은 현재 시장에서 점유율을 높이기 위하여 수취가를 높이거나 공급물량을 증가시킨다. 「시장개발전략」은 기존의 제품으로 새로운 시장에 진출한다. 새로운 고객을 찾는 것이다. 「제품개발전략」은 현재의 시장에 신상품을 개발하여 공급하려는 것이다. 신상품이라 함은 이전에 취급하지 않았던 새로운 품종, 기존의 포장 단위나 포장기법을 새롭게 한 것, 기존상품의 형태 또는 용도를 새롭게 창출한 것, 새로운 재배관리 기법을 도입하여 시장에 내세울 수 있는 것, 새로운 브랜드로 출하하는 상품 등을 모두 포함한다. 이 밖에도 새로운 시장에 대하여 새로운 상품을 판매하는 「다각화전략」이 있다. 그림 3-2 는 경쟁산지의 대응 전략방향을 나타냈다.

그림 3-2 경쟁산지 대응전략 방향

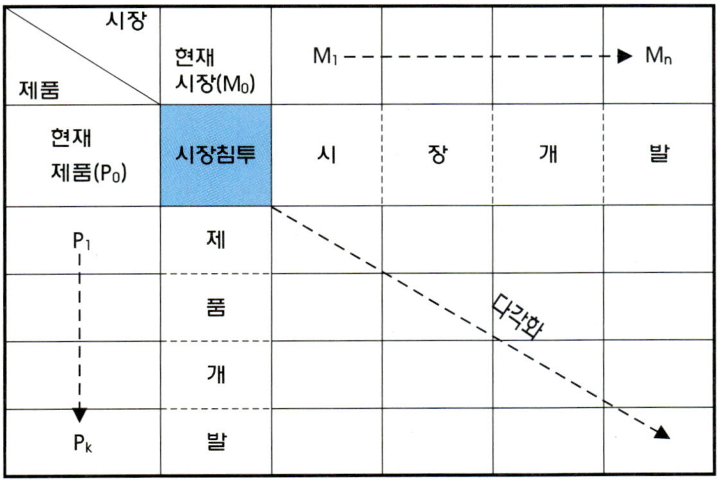

제품 ＼ 시장	현재 시장(M_0)	M_1 ----------► M_n			
현재 제품(P_0)	시장침투	시	장	개	발
P_1	제				
↓	품			다각화	
	개				
P_k	발				↘

　이와 같은 산지간 시장에서 경쟁우위를 이룩하려는 노력은 산지 발전을 위한 긍정적인 에너지로 활용되는 측면이 있다. 예를 들면 판매액의 증가, 판매단가 상승, 생산비 절감으로 수익성이 향상된다. 산지간 경쟁이

있기 때문에 새로운 이윤 확대 기회를 적극적으로 모색하려고 노력하게 된다. 한편 부정적 측면에서 과당경쟁(excessive comepetition)을 초래할 가능성이 당연히 있게 된다. 예를 들면 산지간 가격할인 경쟁으로 산지간 상호 희생적인 손실이 커지는 경우도 생긴다. 구매자는 이것을 이용하여 자신의 이익을 키우려 한다. 여기서 산지간 협력하여 과당경쟁을 회피할 유효한 방법을 찾을 수밖에 없는데 이 부분은 제 5장에서 상술한다.

1.2 산지 내부환경 분석

1.2.1 입지력

먼저 기후조건과 지형조건을 분석한다. 산지의 수리조건(강수량·강설량), 재해경험, 토양, 첫서리와 끝서리 시기, 온도, 일조량, 일교차 등 기후조건이 지역 주작목의 파종부터 재배관리, 수확시기에 미치는 영향을 파악한다. 당연히 기후조건이 품질과 수량에 영향을 미치는 원인요소이다. 마케팅 측면에서 경쟁산지와 비교하여 친환경적인 천혜적 우월성 요소를 찾아 이를 시장에 차별화 요소로 커뮤니케이션하도록 관심을 가져야 한다. 또한 작목 생육에 영향을 끼치는 기후조건의 불리함을 극복하는 농법의 개선 또는 개발을 위해서도 필요하다. 이밖에 지형적 조건, 즉 평야지대, 구릉지대, 산간지대 등 특성이 생육과 수확작업 및 운반에 미치는 영향도 함께 파악한다.

다음은 유통입지 측면에서 산지와 거래 시장과의 거리가 지리적으로 어느 정도인지 또는 수송에 소요되는 시간은 몇 시간 정도인지 파악한다. 여기서 시장거리는 대형마트의 물류센터와 같이 구체적 거래처 또는 도매시장도 함께 포함하는 개념이다. 해당산지가 공간적 입지에서 어떠한 유리점과 불리점이 있는지를 끄집어내는 것에 분석의 목적이 있다. 시장과 거리가 가까우면 물류비용에 경쟁력이 있다. 또한 공간적 조건은 공판

체계화에도 영향을 준다. 예를 들면 수도권과 가까운 산지가 원격지 산지보다 조직화가 잘 안되는 경우도 있다. 개별 농가는 특별히 조직화하지 않고 쉽게 인근시장에 출하할 수 있어 유통을 조직화할 유인이 약하다. 즉 시장과의 원근이 마케팅 활동에 유리하기도 하고 불리할 수도 있는 것이다.

중앙정부 또는 지방정부의 비농업 산업개발 계획은 산지 생산여건과 공간지형을 바꿔놓을 수 있다. 새로운 공장단지가 입주한다든지 거대한 도로가 건설되고 사회서비스 시설이 들어서면 농지가 훼손되어 어떤 작목의 생산력은 떨어진다. 개발로 인한 보상금의 방출과 지가의 상승이 농업종사자의 가치관에 변화를 가져와 '농산물을 마케팅 하려는 의지'가 약화될 수도 있다. 또한 생산인구의 감소와 소비인구의 증가는 기존의 산지와 시장과의 유통형태를 다르게 할 수도 있다. 예를 들면 당해산지의 시장권역 소비인구가 증가한다면 푸드 마일리지는 짧아진다. 향후 산지발전의 미래모습은 달라진다. 비농업적 개발계획의 산지발전에 대한 영향평가를 올바르게 하여야 향후 정확한 산지발전 모습을 추정할 수 있고 생산력 유지를 위한 대책을 강구할 수 있다.

끝으로 당해산지와 인근지역과의 관계를 살핀다. 두 측면에서 보는데 하나는 인근지역과 작목의 동질성 여부, 다른 하나는 인구유출입 형태이다. 산지의 분석단위는 기본적으로 시군이므로 행정지도를 전제로 한다. 그러나 경제지도 관점에서 인근 시군에서 똑같은 작목을 생산한다면 작목 생육여건이 유사한 동일한 산지라고도 할 수 있다. 인근 산지와 산지 간 경쟁을 한다면 가장 치열한 경쟁 상대이지만 연합마케팅 패러다임을 만든다면 규모화를 비롯한 여러 가지 시너지 효과를 기대할 수 있다. 1차적으로는 행정적 산지를 기준으로 조직적 성과를 이룩해야 한다. 2차적으로는 인근산지와 광역화한 경제적 산지의 연합 전략을 고려하는 것이 바람직한 발전지향 모습이다. 한편 당해산지를 기준으로 인구가 늘어나고 있는지 줄어들고 있는지를 관찰한다. 만약에 당해산지가 인근지역이 도시이기 때문에 위성지역에 불과하여 인구가 줄어든다면 특히 생산인구가 빠져나간다면 생산력 기반은 취약해진다. 고용노동의 수배에도 어려움이 따를 것이므로 대책을 필요로 한다.

1.2.2 생산조직력

우선 산지의 생산역량을 파악한다. 품목별로 얼마나 많은 물량이 생산되는지와 관련된 생산조건들을 확인하는데 아래와 같은 요소들의 파악이 필요하다.

- 생산규모 : 마을 또는 리, 면단위로 집계한다. 노지형 작물(ha, 평), 시설작물(하우스 동), 과수(성목수, 유목수)
- 단수 : 생산량/단위면적 * 면적외 하우스동 단위, 성목 그루 단위도 고려한다.
- 상품화비율 : 시장에 출하가능한 품위를 갖춘 정도를 말한다. 농가 단위당 차이가 난다. 예를 들어 딸기의 상품화율은 하우스동 단위당 40~80% 정도까지다. 집계범위 그룹별로 평균을 산출하여 계수로 나타낸다.
- 생산기술 발달정도 : 상품화 비율을 기준으로 범위를 정하여 3등급화 정도로 나눈다.

해당산지 고유의 특유한 농법이 있다면 언급한다.

- 생산량 : 무게, 개수, 박스. 전체 면적 또는 동수, 성목수에 단수를 적용하여 원물 전체생산량을 산출하고 여기에 상품화율을 곱하여 산지 전체 유통가능량을 계산한다.
- 단위당 농업경영비 : 생산단위당 계산한다. 인건비(인건비/생산량 : 자기 노력비 포함), 토지용역비, 자본비용, 부채비용, 광열비, 제재료비의 합계액이다.

- 농업소득 : 최근 소득액으로 계산한다. 단위판매수취액 - 농업경영비
- 생산 농가수 : 일정 규모별로 분류한다.
- 가공품 전환 정도

다음으로 산지에 분포하는 농업경영체의 특징을 살펴본다.

- 가족농/기업농 : 규모에서 차이가 생기며 수익과 비용 발생에 예민한 정도가 다르다. 기업농이 훨씬 규모가 크고 경영의식적이다. 따라서 집하 전략 전개에서 제안 포인트가 다르다.
- 전업농/겸업농 : 영농기술 수준과 조직화에 대한 몰입도는 전업농의 경우가 긍정적이다. 전업농을 중심으로 조직화를 추구하여야 한다.
- 생산분업화 : 종자구입 - 종묘 - 정식 - 재배관리 - 수확관리 - 수확후 관리 과정에서 농가의 아웃소싱 정도가 어떠한지 파악한다.
- 후계자 존재비율 : 후계자가 존재하는 농가의 비율이다. 비율이 높을수록 산지는 안정적이므로 출하고객 조직의 지속성이 크다.

끝으로 농가의 향후 농업경영 의향을 파악한다. 농가는 다음 경우 중 어디엔가 해당될 것이다. 각각의 비율을 조사하여 향후 지역 작부체계와 규모의 증감을 전망한다.

- 현재 작목을 버리고 대체작물을 도입하고 싶다.
- 현재 재배작목의 생산량을 확대하고 싶다.
- 현재 작목과 생산량에 추가하여 신규작목을 도입하고 싶다.
- 현재 그대로 하겠다.
- 지금보다 규모를 줄이고 싶다.
- 영농을 하지 않겠다.

1.2.3 유통력

여기서 유통력이란 주산지 품목의 생산량 또는 유통물량의 크기, 유통 활동을 떠받치는 여러 설비와 그 제원을 말한다. 주로 농산물 유통의 힘

을 발휘할 수 있을지의 여부를 결정하는 가장 기본적인 규모의 경제 크기와 제약 정도를 나타내는 눈에 보이는 요소들이다.

우선 주요 품목별로 전체 생산량과 시장 출하량을 확인한 후(생산조직력에서 파악) 해당품목의 우리나라 품목생산량과 시장유통량에서 점유율을 파악한다. 점유율은 수입량을 포함하는 경우도 함께 산출한다. 점유율은 시기별 생산량, 시기별 출하량(저장품인 경우 생산과 출하 시기는 상이)으로 세분한다. 점유율도 시기별로 구분한다. 신선 농산물은 일년 전 기간의 시장점유율보다 해당시기의 생산량 및 유통량을 경쟁 산지와 비교하여 점유율을 확인하는 것이 더욱 의미가 있다. 조사과정에서 시기별로 주요 경쟁산지가 파악되어 경쟁의 강도와 자기산지의 위상을 알 수 있다.

표 3-2 산지 순기별 생산 · 유통 시장 점유율

구 분	연간 순기별											
	1	2	3	4	5	6	7	8	9	10	11	12
전체 생산량												
산지생산량 (산지점유율)												
전체 유통량												
산지유통량 (산지점유율)												
수입 유통량 (산지점유율)												

(주) 순기별은 해당월을 1-1(1월 초순), 1-2, 1-3으로 표시한다.

다음은 산지가 보유하는 유통설비의 현황을 살펴보고 설비전략 방향에 대한 착안점을 도출한다. 대상 유통설비 유형은 제품생산의 효율화를 위한 것, 수확후 상품화작업을 위한 설비, 출하와 관련한 설비로 구분한다.

- 생산유통설비 : 수확기계화, 집하장, 육묘사업장, 수집전용 차량

- 상품화유통설비 : 창고(양곡, 과일, 기타), 예냉시설, 저온창고, APC, RPC, DSC, 검사기기, 간이 선별기, 선별 장소
- 출하유통설비 : 지게차, 랩핑시설, 수송차량 형태, 산지도매시장, 지역 가공시설, 검사, 직거래장터 운용

이러한 설비에 대하여 다음과 같은 사항들을 파악한다.

- 작목의 특성상 생력화가 필요하다면 생력기계화는 충분히 이루어지고 있나?
- 생산의 분업화 또는 아웃소싱 할 수 있는 산지 생산지원 네트워크는 되어 있나?
- 상품화 유통설비 배치는 산지 입지적으로 적정한가?
- 상품화 유통설비 가동률은 어느 정도이며 과잉인가 부족인가?(부족설비와 과잉설비 구분)
- 시급히 새로이 설치 또는 도입하여야 하는 설비는 무엇인가?
- 불필요한 설비는 폐기하거나 용도 전환할 필요성은 없나?
- 설비는 현대화 되었나 아니면 노후시설인가?
- 설비 운영주체들은 누구이며 합리적으로 관리하는가?
- 금후 유통설비 관련 관계주체의 신규 건설 또는 관리개선을 위한 종합계획을 갖고 있나?

결론적으로 유통설비는 위 사항을 종합하여 세 측면에서 검토한다. 첫째, 과부족 개수의 조절로, 부족하면 신규도입하고 불필요하면 과감히 변경하는 것이다. 둘째, 기존설비의 가동률을 제고하는 활성화 대책의 시행이다. 셋째, 설비 운영주체의 경영합리성을 도모하는 것이다. 이것은 물량관리와 마케팅, 운영자의 경영능력과 결부되어 있다.

1.2.4 마케팅 역량

여기서 「마케팅 역량」의 의미는 산지 마케팅 주체들의 조직화 정도와

대외적인 그 산지의 브랜드 이미지로 한다. 개별 농업경영주체가 개인적으로 판매하는 것이 개별 판매이고 작목조직을 구성하여 마케팅 관련 의사와 행동을 통일적으로 하는 것이 공동판매이다. 개별 판매는 불리한 점이 있다. 영세 가족농 구조에서는 재배관리와 판매관리를 동시에 함으로써 마케팅 관련 정보의 획득과 분석처리가 어렵고 거래처와 교섭하는 데도 거래비용이 많이 소요된다. 이러한 불리함을 극복하기 위한 방편이 판매조직화이다. 그림 3-3은 농업경영체의 판매조직화 양태를 보여준다. 작목반의 「형식화」란 명목뿐이고 「실제화」는 구성원들이 공동판매 활동을 말한다. 위탁판매는 농협이나 영농법인 등 판매전문조직에 거래교섭권을 위임하거나 매취판매하는 것을 말한다. 자기판매는 작목반 자체 의사결정으로 거래처와 교섭하는 것인데 생산과 판매가 작목반에서 함께 이루어진다. 그리고 「공동수송판매단계」는 수송만 공동이고 공동계산을 하지 않는다. 「공동선별판매단계」는 공동계산은 하지만 「계획생산판매단계」에서와 같이 생산조정에까지 지도가 행하여지지 않고 수확한 물량만 선별하여 판매하는 단계이다. 조직화 수준이 질적으로 차이가 있다.

산지의 조직화 역량 수준을 알기 위하여는 그림 3-3 농업경영체 조직화와 판매양태에 나와 있는 각각의 분류 트리의 비율을 파악해야 한다. 예를 들어 작목반 조직(B)을 실제적으로 구성(①)하여 판매전문 조직에 위탁판매(㉮)하는 공동선별판매단계(2)의 비율이 얼마인지를 파악하는 것이다. 지역 마케팅 역량이 뛰어나다면 B-①-㉮-(2) 또는 B-①-㉮-(3)의 비율이 높을 것이다. 만약 B-①-㉯ 비율이 높다면 해당 산지의 마케팅 전문조직의 활동이 미흡한 것이다. B-①-㉯ 형태의 판매활동이 강력한 마케팅 파워를 갖기에는 일정한 한계가 있다. 다양한 형태의 전체 비율 조사와 더불어 왜 해당 산지에는 이러한 특징이 나왔는지 그 비율이 시사하는 바를 도출할 수 있어야 한다. 과거와 현재 그리고 앞으로는 어떻게 될 것인지 그 추세도 전망해 본다.

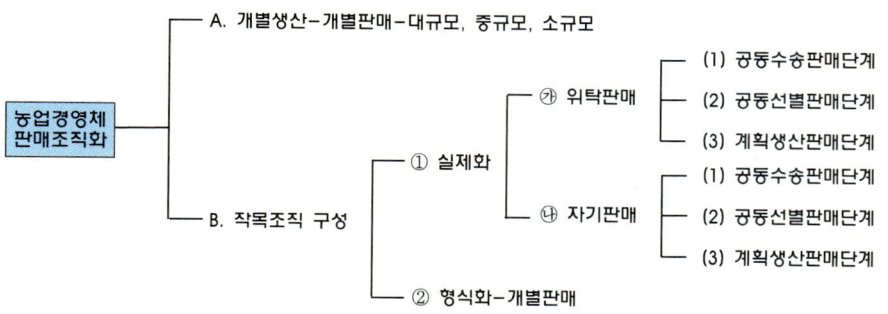

그림 3-3 농업경영체 조직화와 판매양태

다음은 산지 마케팅 조직의 경쟁도가 어느 정도인지 파악한다. 그림 3-3의 A, 개별생산 그룹이나 B-②, B-①-④ 판매양태는 판매전문 조직과 거래관계에 있지 않다. 위탁판매 형태에서 수탁받는 전문조직은 예를 들면 산지수집상, 영농법인A·B, 농협C·D, 벤더 유통법인 등이 있다. 전문조직은 생산자로부터 집하 경쟁을 벌여 나름대로 산지 집하점유율을 유지하고 있다. 즉 산지유통량 전체는 개별농가의 자기 판매량과 판매전문조직들의 집하량의 합계이다. 산지내의 경쟁도가 높다는 말은 집하량 합계가 많은 수의 유통주체들에게 분산되어 할당되어 있다는 말이다. 유통주체들의 숫자가 많을수록 서로 치열하게 경쟁하게 된다. 주체들이 난립하면 유통력의 가장 기본이 되는 규모의 경제를 실현할 수 없다. 가급적 각 주체들은 통합을 하여야 하며 그것이 어려우면 거래창구 수를 줄이기 위한 연합마케팅 조직을 구축하여야 한다. 이럼으로써 동일품목으로 동일시장에서 동일시기에 과당경쟁을 피할 수 있으며, 거래처 개척에 촉진비용을 절감할 수 있는 이점이 있다. 또한 영세한 판매조직이 대형조직으로 바뀌면 사무의 분업화도 가능하여 전문화가 이루어진다. 그러면 산지 마케팅 조직의 역할이 미흡하거나 조직간 경쟁이 치열하다는 상태를 무엇을 기준으로 판단할 것인가? 동업자 조직의 경쟁도를 강·중·약으로 결론 내리는데 아래와 같은 상태의 정도에 따라 판단한다.

- 개별농업경영체가 자기판매를 하여도 효율적일 만큼 대규모가 아님에도 불구하고 판매사무를 처리하여줄 조직이 산지내에 없다고 느끼는 경우
- 마케팅 조직 경영수지가 적자를 시현했는데 취급물량 과소가 그 원인인 경우(서로 물량을 소규모씩 나누어 갖고 있다는 근거임)
- 유통설비 가동률이 낮아 시설 운영 손익분기점을 넘어서지 못하는 경우
- 마케팅 조직간 경쟁으로 인하여 불이익을 당해본 사례가 있는 경우
- 구매고객이 일정한 출하기간 동안 지속적 안정적 출하가 가능한 조직으로는 부적합하다고 보아 거래 맺는 것을 피하는 경우

다음은 산지 브랜드에 대한 구매고객 또는 소비고객들의 인지도와 성가(聲價)가 어떠한지를 본다. 해당산지의 품목들이 출하되는 시장에서 관계자들과 인터뷰하거나 설문조사하여 평가한다. 전술한 「유통시장에서 산지 경쟁현상 체크리스트」에 의하여 자기산지의 평가상 강점과 약점을 비교하여 종합적으로 브랜드 이미지를 판단한다. 산지는 지역에 대하여는 자부심을 갖고 자랑스럽게 생각해야겠지만 판매농산물에 대하여는 시장이 어떻게 생각하는지를 냉정하게 인식하여야 한다. 농산물 브랜드에 대한 평가는 비교가능하다. 시장사람들의 평가에 귀기울여 자기산지의 마케팅 역량 수준을 직시하여야 한다.

1.2.5 관계협력

산지를 공간적 이미지로만 볼 것인가? 농산물 마케팅 측면에서 보는 산지는 다양한 역할주체들의 결합 또는 협력과 커뮤니케이션이 이루어지는 교류의 공간이다. 누가 역할 주체들이며 그들의 본연의 역할은 무엇인가? 지자체는 지역농정을 주도하며 지원하고, 기술센터·대학·연구기관·컨설팅 단체는 지식과 기술을 제공한다. 지역리더는 공식적이든 비공식적이든 지역발전을 위하여 참여자의 실천적 행동을 북돋운다. 농민단체

는 농민의 대변인 역할을 하여 마케팅 조직의 성과실현에 발언력을 높인다. 그들은 각각의 목적함수를 추구하지만 다른 주체들의 목적함수도 존중해야 하는 협력관계에 있다. 산지가 당면한 문제를 해결하여 지향하는 발전이 이루어진다면 그들 모두가 수혜자이다. 그러므로 각 역할주체들은 관계협력을 통하여 산지역량을 구축해야 한다. 여기서는 각 주체들의 관계협력이 잘 이루어지는지 아닌지를 판단할 근거가 되는 사항들을 예시하여 해당 산지의 「관계 협력도」를 강·중·약으로 결론 내리는데 참고로 활용하고자 한다.

먼저 지자체가 지역농업을 육성하려는 의지와 지원 사항들을 살펴본다.

- 평소 시장·군수가 산지 활성화를 위한 대책들을 자주 언급하나?
- 예산 편성액 추이가 연도별로 증가상태에 있나?
- 조례 등에 산지 마케팅 조직 지원에 관한 내용들을 담고 있나?
- 시장·군수가 대외적으로 지역농산물 판매 홍보활동을 하고 있나?
- 유통설비시설 건축에 대한 부지 제공이나 인프라 구축 계획을 수립하나?
- 공동브랜드 육성과 관리에 지대한 관심을 갖고 있나?
- 중앙정부의 정책사업 지원을 받기 위한 가시적 노력을 하나?
    * FTA 기금사업, 거점 APC, 공동마케팅 조직육성사업, 원예과실 브랜드 사업 등

다음은 기술센터, 대학, 연구단체들과 산지가 제휴 등을 맺어 농산물 생산과 유통의 개선을 위하여 활동을 하고 있는지를 파악한다.

- 기술센터가 신품종 개발, 생력농법기술 제공, 마케팅 조직과 교류하며 생산기술 지도·지원 활동을 아끼지 않나?
- 산학 협력 차원에서 지역클러스터 활동계획에 대학, 연구기관이 참여하고 마케팅 조직도 이들과 제휴하여 가공사업 개발 또는 생산지도 활동에 상호교류가 빈번한가?

지역발전을 위하여 노력하는 알려진 지역리더가 존재하여 활동하는지
도 주된 관심사항이다. 또한 생산농업인도 학습할 자세를 갖고 이에 따르
며 함께 노력하는지도 중요하다. 끝으로 농민단체와 마케팅 조직과의 관
계도 빼놓을 수 없다. 농민단체는 마케팅 조직의 농산물 수매가격 또는
시장 판매가격의 적정성을 놓고 다툼이 있을 수 있다. 마케팅 조직은 농
민단체로부터 농업인의 공판활동에 참여를 지원받고 싶어하고, 농민단체
는 마케팅 조직이 활성화되어 높은 판매가격을 받아주기를 기대한다. 서
로 신뢰하는 가운데 관계를 원만히 하고 있는지가 관심사항이다. 관계는
상호불만 관계, 무관심 관계, 호의적 관계중 어느 하나일 것이다.

1.2.6 산지역량 평가

전술한 5가지 요소들이 산지의 역량을 판단하는 기준이 된다. 표 3-3
은 산지역량 평가표를 보여준다. 각 요소들의 평가항목을 점수를 매겨 요
소별로 점수를 산출한다. 유사산지 중 우수산지의 각각의 경우를 최고점
수로 놓고 자기산지 상황과 비교하여 5점 척도점수를 산정하는 것도 한
가지 방법이다. 점수를 매긴 근거는 별도의 자료가 뒷받침되어야 한다.

평가표는 1회 작성으로 그치는 것이 아니고 경쟁 산지와도 비교할 수 있
으며 연도별로도 변화추세를 비교할 수도 있다. 이렇게 하여 산정한 각 요소
들의 평균점수는 그림 3-4 산지역량평가 그래프에 나타내어 산지역량 평가
그래프 및 스타모델의 각 점수 눈금에 표시한다.

만약에 각 점수들이 5점에 가깝게 나타났다면 완전한 오각형 모양을
띨 것이다. 또한 이 부분은 별모양의 끝 꼭지점과 같다. 그래서 이러한
역량평가 방식을 「산지역량 스타 모델」로 이름을 붙인다. 가장 이상적인
산지의 모습으로 역량평가 5요소가 균형이 잡혀 있고 최고 수준에 있어
"스타" 라는 표현을 사용하였다. 당연히 각 산지들은 밤하늘에 스타를
보듯이 이러한 발전 모델을 추구해 나가야 할 것이다.

표 3-3 산지역량 평가표

평가요소	평가항목	평가 내용					특이사항
		아주그렇다	그렇다	보통	아니다	전혀아니다	
①입지력	ⓐ 기후조건의 혜택						
	ⓑ 시장거리 조건 유리						
	ⓒ 비농업산업개발 불리 없음						
	ⓓ 인근산지 작목경쟁 없음						
	ⓔ 농업생산인구 유출 없음						
	평균						
②생산조직력	ⓐ 생산력조건의 규모화						
	ⓑ 상품화율이 높은편이다						
	ⓒ 농업경영체의 조직친화성						
	ⓓ 향후 농업경영의향 긍정성						
	평균						
③유통력	ⓐ 품목유통점유율 높은편						
	ⓑ 생산유통설비 갖춤 양호함						
	ⓒ 상품화 유통설비 보유						
	ⓓ 설비가동률 양호						
	ⓔ 설비운영주체 합리적 경영						
	평균						
④마케팅역량	ⓐ 농업경영체 조직화율 높음						
	ⓑ 조직의 공동계산 실시						
	ⓒ 조직집중도 큼(난립미약)						
	ⓓ 브랜드 이미지 양호함						
	평균						
⑤관계협력	ⓐ 지자체 농업육성 의지·지원						
	ⓑ 기술·연구단체 지도제휴						
	ⓒ 지역 리더 활약						
	ⓓ 농민단체와 관계원만성						
	평균						

(주) 평가내용은 5점 척도 : 아주 그렇다 5점~ 전혀 아니다 1점

그림 3-4 산지역량평가 그래프 및 스타 모델

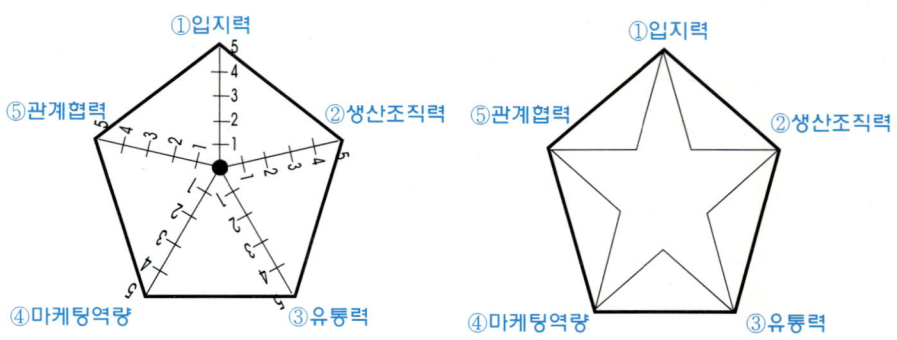

그러나 현실은 스타모델 산지는 드물고 5가지 요소 중 취약한 부문이 있어 오각형 모양이나 별모양의 꼭지점 형태를 띠지 못하는 경우가 많을 것이다. 다음 그림 3-5는 찌그러진 산지역량평가 모델을 예시하였다. 이 산지는 입지력, 유통력, 생산조직력은 발전하였지만 마케팅 역량이 부족하고 지역 역할 주체들의 협력이 잘 이루어지지 않고 있다고 할 수 있다. 주어진 사업환경도 잘 되어 있고 유통설비도 잘 준비되어 있으나 마케팅 조직들 난립이 심하여 해당 산지의 통일된 브랜드 이미지도 형성하고 있지 못한 것으로 평가된다. 즉 하드웨어는 잘 되어 있으나 사람문제, 즉 휴먼웨어가 취약하다고 하겠다.

그림 3-5 찌그러진 산지역량 평가모델(예시)

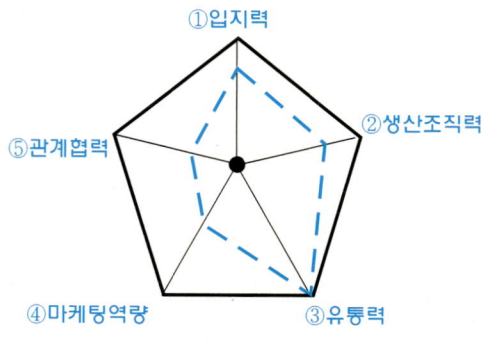

1.3 개별 마케팅 조직에 시사점

소비자의 품목별 소비 트렌드에 따라 해당 산지의 품목이 어떠한 위상에 있는지 규명되었을 것이다. 그리고 소비자 소비 컨셉은 제품개발 방향도 알려준다. 개별 마케팅 조직은 내부역량에 견주어 소비자 수요조건을 충족시킬 수 있는 전략을 강구해야 한다. 그리고 품목의 라이프 사이클 관점에서 바람직한 현재의 작부체계가 어떠한 모습이어야 하는지를 그려보아야 한다.

산지간 경쟁 측면에서 개별마케팅 조직이 속하는 산지가 어떻게 평가받는지 알려졌다. 산지가 긍정적이라면 개별마케팅 조직도 후광을 업고 산지경쟁에서 유리한 이미지를 획득하겠지만 그 반대의 경우라면 부정적인 기존 이미지를 극복해 나가야 하는 부담을 갖게 된다고 할 수 있다. 산지의 시장점유율을 높여야 규모의 경제 효과를 발휘한다. 생산비를 낮추고 단수를 높이는 것이 산지 경쟁력을 강화하는 것인데 마케팅 조직은 소속 출하고객의 지도관리에 이러한 점들을 강조하여야 한다. 또한 경쟁 산지 작부체계에 변화가 생긴다면 경쟁의 강도와 상대가 달라지는 것이므로 자기산지에 미치는 영향에 주목하여야 한다. 경쟁산지에 대한 대응전략은 시장과 제품 매트릭스에 의한 4가지 전략구사로 정리된다.

한편 산지 내부 사업환경 분석을 통하여 마케팅 조직을 둘러싼 지역역량이 어떠한지는 알게 되었다. 개별 마케팅 조직 입장에서는 주어진 상황으로 받아들일 수밖에 없는 여건의 제약조건을 감수해야 할 것이다. 「입지력」이 가장 그러하지만 창의적 전략은 입지상 어려움을 이겨낼 수 있으리라고 본다. 반대로 입지상 유리함이 있더라도 활용을 못한다면 무의미하다. 기업유통에서도 「입지 의존형」은 전통적 유통이고 「입지 파괴형」은 현대적 유통이라는 것이다. 농산물 유통도 이러한 사고를 받아들여야 한다. 「생산조직력」도 산지조직 활약에 따라서 농업경영인의 농업경영 의지를 바꿔놓을 수도 있다. 어쩔 수 없는 제약조건이라고 만은 할 수 없다. 무명산지가 유명산지로 시장에서 평가받았던 사례가 있기 때문에 그렇다. 또한 신품종과 이전에는 국내에서 생산이 불가능하였던 품목들의 재배가 가능하여 새로운 「생산조직력」을 갖추게 된다. 「유통력」은 사람이 만들어 가는 것이다. 중요한 산지 물적인프라의 건설과 운영은 산지 역할 주체들의 유통하려는 의지의 산물이다. 마케팅 조직은 지자체의 지원과 관계자의 노력을 충분히 이끌어낼 수 있다. 「마케팅역량」은 전적으로 마케팅 조직의 활동에 달려 있다. 문제는 농업인의 조직통합의 질적 수준을 어떻게 높일 것이며 조직간 과당경쟁을 어떻게 시정할 것인가이다. 시장에서 브랜드 이미지는 이러한 2가지 과제 해결결과에 대한 평가라고 하겠다. 「관계협력」은 마케팅 조직 사업추진에 윤활유와 같은 역할을 한다. 다양한 주체들의 호응을 얻어야 사업추진이 매끄럽게 진행된다. 마케팅 조직은 지역 지지자를 모아 농업인과 조직과의 문제, 기타 관계자와의 문제를 원활하게 해결하는데 도움을 받아야 한다.

개별 마케팅 조직이 직면한 상황은 위협요소와 기회요소로 귀결된다. 여기에 내부역량의 강점과 약점을 결합하여 전략적 과제를 도출하여야 할 것이다. 최종적인 마케팅 목표를 실현하기 위한 산지 마케팅 부문에서 전략목표와 과제는 다음 절에서 논의한다.

2. 집하마케팅 목표

2.1 통합점유율 제고

집하마케팅의 목표는 시장에 대하여 교섭력 발휘가 가능하도록 「통합점유율」을 최대한 높이는 것이다. 다양한 마케팅 조직들이 난립해 있다면 차별적인 출하고객의 관리와 자체 조직경영 역량을 높여 출하고객들에게 매력적인 출하 위탁처로서의 위상을 세운다. 이는 양적으로는 규모화를 달성하는 것이고, 질적으로는 출하고객들의 조직화 수준이 고도화되어 있는 상태를 지향하는 것이다. 규모화와 조직화 수준의 고도화를 「통합점유율」 개념으로 보는 것이다. 즉, 「출하고객의 통합」은 마케팅 관리조직이 집하관련 의사결정을 장악하여 출하고객에 대한 생산관리 지도를 통하여 출하시기를 지정하고 수량을 할당하는 등 관리적 통제가 이루어져 출하고객과 관리조직의 역할기능이 시스템화 되어 있는 상태를 말한다. 산지 마케팅 조직이 생산조직들과 형식적으로 되어 이름뿐인 작목반과 같은 관계가 아니라는 말이다. 점유율은 거래처에 지속적이고 안정적으로 물량의 공급이 가능할 정도의 크기는 유지하고 있어야 한다는 의미에서 사용하였다. 그림 3-6은 출하고객에 대한 집하마케팅 목표와 개념적 요소, 출하조직에 대한 조직경영 전체 모습을 보여준다.

출하고객조직은 산지 마케팅 조직의 하부조직이다. 통합점유율을 높인다는 말은 출하고객조직을 넓게 규합하고, 내실 있게 조직을 관리하며, 산지 환경의 변화에 따라 조직을 변경시키는 것이다.

그림 3-6 출하고객 집하마케팅 목표와 조직경영

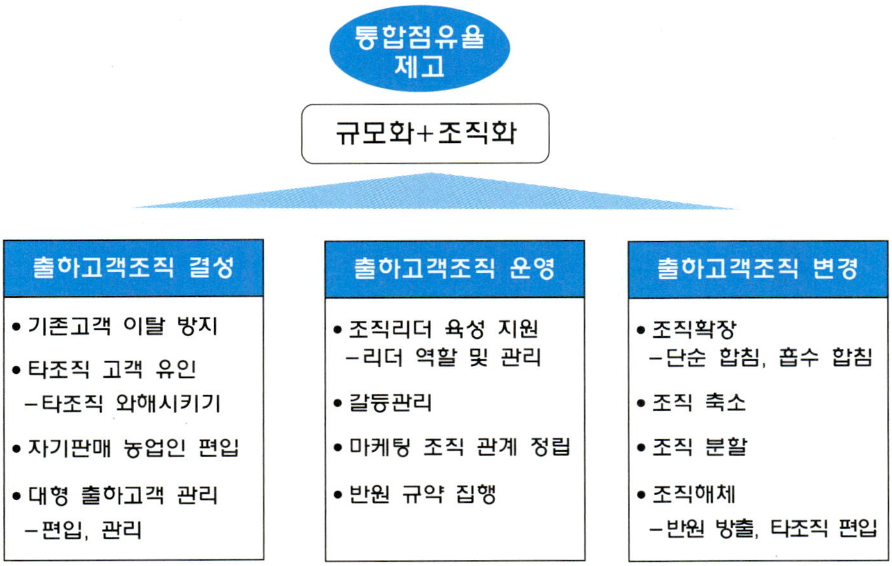

2.2 출하고객 조직결성

출하고객조직인 작목반은 동일한 작목을 재배하는 영세농들이 거주지역 또는 경지집단별로 자율적으로 구성하는 산지 마케팅의 기초적이며 핵심적인 조직이다. 개별 공급자는 항상 불리한 조건에 놓여지기 마련이므로 이를 극복하려는 과정에서 조직화가 필요하다. 마케팅 조직은 이러한 작목반 조직을 직접 또는 중간에 관리 조직을 두고 관할한다. 기본적으로 작목조직은 규모화를 이룰 정도가 되어야 하는데 두 측면에서 그렇다. 첫째는 마케팅 조직의 취급량이 손익분기점을 넘어설 정도이어야 한다. 수익은 매취라면 매매가 차익이고 수탁이라면 수수료인데 모두 취급량 크기에 달려 있다. 또 하나는 시장교섭력의 확보가 가능할 만큼 물량이 충분하여야 한다. 거래처와 일정기간 공급계약을 맺는 경우 그 기간 동안 균질한 품위로 일정량의 생산물을 공급할 수 있어야 한다. 예를 들어 어떤 지역의 복숭아가 조생종은 부족하고 중생종은 과잉이며 만생종은 부족하다면 거래처로서 부적합하다.

산지 마케팅 조직은 우선 출하고객 조직을 결성하여 규모화를 이룩하여야 한다. 조직결성을 위하여 아래와 같은 대책을 강구한다.

- 기존 출하고객 이탈 방지 : 새로운 출하고객을 규합하여 조직을 구성하는 것보다 기존 출하고객을 마케팅 조직의 하부구조로 유지시키는 것이 더욱 중요하다. 출하고객이 조직을 이탈하는 데는 여러 가지 이유가 있다. 생산기술이 우수한 농가가 열등한 농가와 동일하게 취급받는 것이 싫은 경우가 있다. 수취가에 차별이 생기지 않기 때문이다. 공동판매의 시장성과가 기대에 못 미치든가, 조직 반원간에 갈등이 심화되어 뜻이 맞지 않든가, 조직 리더의 활동에 불만을 품든가 등이다. 이러한 이탈요인이 발생하지 않도록 사전에 조직관리를 하여야 한다.

- 타조직 이용 출하고객 자사조직으로 유인 : 동일한 산지 내에서도 마케팅 조직은 규모의 경쟁을 하기 마련이므로 출하고객입장에서 보다 매력적인 조직이 되도록 하여야 한다. 고객은 마케팅 조직을 비교하여 이용할 것이다. 이용에 대한 편익과 비용을 비교할 것이므로 다른 조직보다 편익이 큰 조직으로 보이도록 하여 고객을 유인한다. 출하고객에게 이익을 주지 못하는 조직은 자기 고객을 빼앗기거나 고객 스스로 판매활동을 할 것이므로 와해될 것이다.
- 자기판매 출하고객 자사조직에 편입 : 농업경영 고객은 판매관리를 스스로 하든가 마케팅 조직을 이용한다. 마케팅 조직은 공동판매가 개인판매보다 고객에게 유리하다는 인식을 심어주어 조직에 참여토록 한다. 다음 단계로 자사조직이 가장 적합한 조직이라는 조건을 만들고 그렇게 느끼도록 마케팅하는 것이 과제이다.
- 대형 출하고객 관리대책 : 대형 농업경영자는 생산규모가 크고 판매관리도 스스로 하여 거래처를 직접 개척하는 자기 완결적인 경영을 하는 경우가 많다. 마케팅 조직이 대형고객이 판매를 아웃소싱할 수 있을 만큼 매력적인 제안을 만들고 관리할 수 있다면 규모화에 큰 도움이 된다. 대형고객의 니즈를 탐색하여 마케팅 조직이 대응 가능하도록 역량을 갖추는 것이 중요하다. 영세 작목조직의 관리대책과는 다른 특별한 전략이 필요하다.

2.3 출하고객 조직운영

결성된 조직이 형식화되지 않고 마케팅 조직과 역할 분담이 잘 이루어져 성과를 거양할 수 있어야 한다. 즉, '통합'이 제대로 이루어지기 위하여 조직관리가 매우 중요하다. 관리가 잘 안되면 출하조직은 응집력이 약화되고 마케팅 조직은 해체의 길을 갈 수밖에 없다.

- 출하고객 조직과 마케팅 조직의 관계정립 : 출하고객 조직과 마케팅 조직 사이에 생산조직을 관리하는 조직이 있을 수도 있고, 마케팅 조직이 직접 생산조직을 관리할 수도 있다. 조직간 관계는 마케팅 - 조직관리 - 생산효율화의 세 기능을 세 조직이 분담하는 것이다. 중간조직이 없다면 마케팅 조직이 생산조직에 대한 관리를 맡는다. 이러한 기능이 정립되지 않는다면, 예를 들어 중간조직이나 생산조직이 마케팅 관여를 한다면 마케팅 조직이 있어야 할 이유가 없다. 철저하게 역할의 전문화와 분업화가 이루어져야 한다.

- 출하고객조직 지원·지도 : 생산조직은 품종의 통일과 영농자재를 공동으로 구입하고, 농작업을 공동으로 한다. 이러한 활동에 관리조직은 농업경영비를 절감시키고 공동활동이 잘 이루어지도록 인센티브를 주어야 한다. 그리고 상품성을 유지하거나 선별, 출하행위 등에 다양한 지원책과 더불어 지도를 정확히 하여 실질적 통합을 달성하여야 한다. 반원 간에 맺어진 규칙은 명문화된 규약대로 지켜지도록 지도하되 가능한 한 자율성을 조장하는 것이 바람직하다. 위반하는 사람은 사전에 명시된 바에 의하여 제재를 집행하여야 한다. 전체적으로 반원의 역량이 상향 평준화 되도록 높은 기술 보유자가 낮은 기술 보유자를 도와주어야 한다. 공동계산의 실행을 통하여 반원간 협력적 활동이 상호이익이 됨은 사례가 보여주고 있다.

- 리더의 역할과 육성 : 생산조직이 제대로 운영되기 위해서는 조직리더의 역할이 매우 중요하다. 관리조직과 반원과의 가교역할을 리더가 한다. 따라서 리더를 적극적으로 육성하는 것이 조직의 발전과 연결된다. 리더는 특별히 관리하여야 하므로 선진지 견학이나 교육기회를 제공한다. 또한 마케팅 정책과 관련한 협의에도 참여시켜 조직과의 일체감을 조성한다.

- 조직원 갈등관리 : 갈등의 양상은 리더와 반원 사이 또는 반원과 반

원 사이에 발생한다. 리더가 독주하여 소외감을 느끼든가, 반원들이 자기 역할을 소홀히 하거나, 규약위반을 방치하여 조직질서가 흐트러지면 반원들은 서로 대립한다. 1차적으로 반원간 해결을 도모하여야 하나 잘 안되면 관리조직이나 마케팅 조직이 나서서 해결을 해야 한다.

- 마케팅 조직의 중간조직 관리문제 : 예를 들어 연합사업단 - 참여농협 - 작목반이 있는 경우 연합사업단이 다수의 참여농협을 어떻게 관리하는 것이 바람직한가의 문제이다. 시장에 대하여는 마케팅 조직이 전담하고 작목반 관리에 대하여는 참여농협이 담당하는 철저한 역할 분담이 확립되어야 한다. 이를 전제로 마케팅 조직의 마케팅 역량 발휘가 중요하다. 생산농업경영자와 참여농협이 판매문제에 대하여는 전적으로 마케팅 조직을 신뢰하는 분위기를 조성하는 것이 원활한 관리에 필수적이라고 하겠다.

2.4 출하고객 조직변경

출하고객 조직은 산지와 마케팅 활동에 따라 달라진다. 적정한 조직의 상태를 유지하는 것이 바람직한데 현재의 조직들이 그러한지 조직 관리자는 기준을 갖고 판단하여야 한다. 개별 출하고객조직 크기와 구성의 적정성을 판단하는 기준으로 다음과 같이 예시한다.

- 조직원의 수 : 너무 많지 않아야 서로 의사소통이 잘 이루어지고 합의 도출이 쉽다.
- 구성원 성향 : 가능한 한 인접지역이거나 가치관이 비슷해야 한다.
- 공급 규모 : 일정규모 이상이나 너무 양이 많으면 조직이 지나치게 크다.
- 기술수준 : 기술수준이 동질적일수록 품질을 둘러싼 갈등의 소지가 적다. 하지만 다양한 출하고객을 끌고 가야할 경우 기술 수준에 격

차가 있도록 섞어야 한다. 그래야 하위 기술 수준을 상향평준화로 할 수 있어 조직이 발전한다.

- 품종과 작기 : 품종이 동일하여야 품위의 이질성이 크지 않고 작기도 같아야 시기별 출하 물량의 관리가 용이하다.
- 마케팅 전략적 판단 : 특정 거래처 대응과 관련하여 특별히 조직하는 것도 좋다.
- 관리적 사유 : 특정인 또는 조직관리 정책적 판단에 의하여 조직크기를 조정한다.

위와 같은 기준에 추가하여 구매고객 관점을 하나 추가하고자 한다. 출하고객 조직의 변경은 조직화 수준을 향상시키기 위한 것이다. 이것 역시 생산조직간 경쟁우위를 지향하는 것이라고 할 수 있다. 무엇이 경쟁우위인지는 구매고객 입장에서 판단할 수밖에 없는데 이들이 자사조직으로부터 반복구매를 할 수 있도록 제품공급체계가 이루어진 조직화 상태라고 할 만하다.

다음은 조직변경의 양태에 대해서 논하기로 한다. 위 기준에 의하여 다음과 같은 방식이 있다.

- 조직 확장 : 어떤 조직을 다른 조직과 통합하여 규모를 크게 한다. 어떤 조직을 중심으로 그 조직의 운영체계를 유지하면서 다른 조직의 조직원만 증가시키는 경우(흡수 확장)와 두 조직을 새롭게 임원체계도 변경하여 신설 조직처럼 확장하는 경우도 있겠다.(신설확장)
- 조직 축소 : 관리의 비효율, 과대규모로 인한 결속의 느슨함, 단체행동 방해꾼의 제거 필요성 등의 이유로 정예화한 조직원만 남기는 것이다.
- 조직 분할 : 한 개의 조직을 복수의 조직으로 한다. 특별히 조직운영에 방해가 되는 요인은 없지만 조직이 너무 큰 경우 의사소통에 어려움이 있을 수 있다. 조직이 과대한지 과소한지는 품목적 특성도 작

용한다. 예를 들어 양파, 마늘, 과일 등과 같이 대규모 농가나 저장성 품목은 조직규모가 커도 좋지만 딸기와 같이 수시 수확하고 출하하는 경우는 조직인원이 너무 많지 않아야 한다는 것이다. 약 30명 정도가 적당하다는 것이 현장 관계자의 말이다.

- 조직 해체 : 집행부가 잘못하여 마케팅 조직과 대립하는 경우, 반원의 뜻이 잘 맞지 않는 경우, 기타 갈등이 발생하였지만 중재가 잘 안되는 경우 등은 조직을 해체한다. 마케팅 조직 관리자는 조직을 관리하는 조정비용과 조직결성 효과를 비교하여 전자가 더욱 큰 경우는 조직을 완전히 떼어내어 관리를 포기하는 것이 낫다.

3. 집하전략 개념화

3.1 예비적 고찰

3.1.1 농업경영체의 비즈니스 시스템 분석

농업경영체가 가치를 만들어내는 과정을 시간흐름을 통해 중복과 누락 없이 포착한 것이 비즈니스 시스템(business system)이다. 산지 마케팅 조직은 출하고객 관점에서 경영과정을 분해하여 각 과정에서 이루어지는 경영활동을 살펴본다. 각 단계를 거치면서 가치는 계속 부가되고 마지막에는 열매(수확물)를 맺어 시장에서 경영성과를 확인한다. 그림 3-7 농업경영체 비즈니스 시스템은 경영계획 수립부터 시작하여 시장에서 판매가 이루어지기까지를 6단계로 가치전달체계를 나타냈다. 각 단계에서 농업경영체가 수행해야 할 주요 사항들도 함께 표시하였다. 각 단계의 공정이 전체적으로 경영목표와 정합성을 이루며 성공하는 경영관리가 되기 위한 조건들도 성공요소라는 항목으로 부기하였다.

그림 3-7 농업경영체 비즈니스 시스템

	경영계획	영농자재 조달배치	작업관리	제품관리	수확물관리	시장관리
주요사항	• 목표 수익 • 품종 영농규모 　-단일, 복합 • 자원투입계획 • 작목조직 활동 • 리스크 대책	• 노동 기계화 • 시설관리-하우스 　배수 관수 • 아웃소싱대책	• 시비 방제 제초 • 물관리 • 정식 육묘 관리 • 수확시기조절	• 단수 • 정지 전정 • 수분, 적뢰, 적화, 　적과, 착색	• 선별노동수배 • 선별기준정립 　-규격 등급 • 신선도 유지 　-예냉, 저장, 　수확후 관리	• 자기판매/위탁 • 시장촉진활동 • 출하전략강구
성공요소	• PLAN-DO- 　SEE체계화 • 경영개선요소 • 경영자능력 발전 • 조직역량활용	• 원가관리 　-원가절감 • 공동구매활용 • 적기적재수배	• 원가관리 　-원가통제 • 기술수준향상 • 공동작업조직화	• 목표품질달성 　-개선 차별화 • 작업시기, 기준 　명확화 • 생육동향적합	• 선별생력화 • 선별객관화 • 선별후 규모화 • 현대적 유통기술 　활용	• 마케팅비용 통제 • 수취가 제고 • 제품 시장전략적 　관리 • 브랜드 자산화

특별히 강조할 부분이 있다면 그것은 농업경영체가 직면하는 「판매관리」 문제인데 다음과 같이 설명한다.

- 수확물 관리 : 유리한 판매를 위하여 과거의 출하방법이나 가격을 고려하여 자기상품이 최고의 가격을 형성하도록 생산물의 상품성을 높인다. 이 과정에서 코스트도 함께 고려한다. 수확물 관리는 두 측면에서 이루어진다. 하나는 수확후 선별 및 등급매기기를 철저히 한다. 시장에서 통용되는 선별기준을 준수하고 등급을 다양화시켜 고급 품질에는 높은 가격이 반영될 수 있도록 한다. 공동판매의 경우 정해진 기준을 충족시켜야겠지만 새로운 차별화 관점에서 선별과 등급화 기준을 연구하는 것도 필요하다. 다른 하나는 신선도 관리이다. 특히 하절기 채소의 경우에 도매시장에서 경매직전 예냉상품과 비예냉상품의 품온은 섭씨 15~25도 차이가 생긴다는 조사보고가 있다. 고온 상태에 상품이 놓이면 변색, 쪼그라들기, 육질저하, 향기의 변화가 생긴다. 맛과 영양에 관계하는 성분, 예를 들어 전당(全糖)의 소모가 발생하여 신선도 저하가 현저하다. 따라서 예냉이 신선도 유지를 위

해 필요하고 유통기한을 연장시킬 수 있다.

● 시장관리 : 경영체는 시장판매를 전제로 하므로 적극적으로 시장대책을 마련하지 않으면 안된다. 우선 현재의 제품으로 그동안 출하해오던 시장에서 유리한 위치를 확보하여 높은 가격으로 판매하는 것이다. 이를 시장침투 전략이라 하며 아래와 같은 전략이 강구되어야 한다.

① 일정 품질의 상품을 일정량 계속하여 계획적으로 공급한다. 이를 위하여 철저한 선별과 가격하락에도 불구하고 일정량의 출하를 약정하여야 한다. 또한 일정 규모의 생산체계를 확립하여야 한다.

② 시장관계자(도매법인, 중도매인, 유통업체 바이어)에게 자기제품을 충분히 이해시켜야 한다. 시장에서 시식회 개최, 생산지에 관계자 초청, 소비자 홍보가 있어야 한다.

③ 강조하는 판매 포인트를 브랜드로 확립한다. 과잉생산 기조에서 불가피한 차별화 대책이다.

④ 시장조사를 실시한다. 조사내용은 아래와 같다.

- 주요산지의 입하동향, 시장관계자의 품질가격 평가, 출하예측
- 가장 높은 가격에 팔리고 있는 제품과 관계되어 있는 사항
- 시장관계자로부터 자기제품에 대한 평가 및 요망사항
- 소매점 판매 동향, 전략, 구체적 방법, 시장 및 산지에 대한 요망사항, 특히 대형마트 바이어의 자기 상품에 대한 평가
- 소비동향, 소비자 니즈

한편 현재 거래하는 시장 외에 새로운 시장을 개발한다. 모든 시장이 품목별 등급간 가격이 동일하지 않다. 시장별로 또는 거래처별로 가격차이가 존재하기 때문에 다양한 시장조사를 통하여 보다 유리한 시장을 탐색하여야 한다. 자기상품의 차별성 포인트에 입각하여 새로운 시장에 적극적인 판매대책을 세우는 것이다.

- 수요대응 제품개발 : 경영계획 관점에서 신제품 개발에 힘쓴다. 우선 현재 공급하는 자기제품이 라이프 사이클 관점에서 어떤 상태에 있는지 파악한다. 그리고 사이클 단계별 상황에 따라 새로운 제품을 개발하는 것이다. 제품 라이프 사이클은 ①도입기 ②성장기 ③성숙기 ④쇠퇴기의 4기이다. 아래 그림 3-8의 딸기의 품종별 정식규모 비율의 변화를 예로 들어 라이프 사이클을 설명[주]*한다.

그림 3-8 딸기 품종별 라이프 사이클

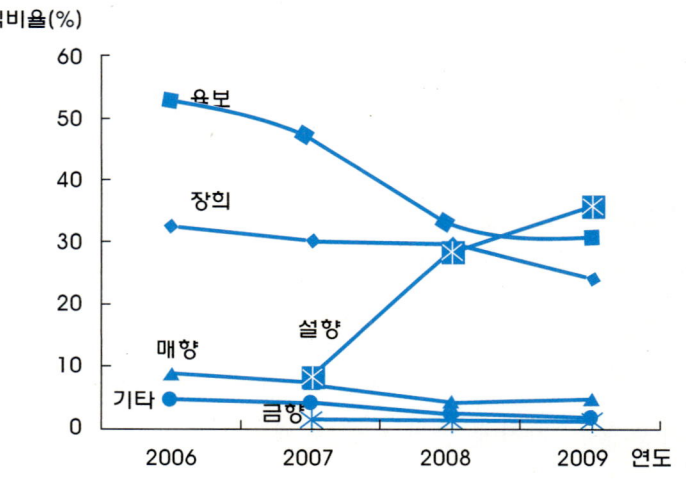

①도입기는 2007년 설향과 금향 품종에서 보여주고 있다. 기존의 품종은 육보(레드펄)와 장희(아키히메)가 주류를 이루고 있었으나 촉성작형인 국산품종 설향의 보급확대가 이루어졌다. 일본품종인 반촉성작형에서 촉성작형으로 시장반입시기가 빨라지고 있다는 것을 알 수 있게 해준다. 보통 도입기에는 제품이 새롭게 디자인되고 경영 속에 편입되는 단계다. ②성장기를 확연하게 설명해주는 것은 설향이다. 2008년, 2009년 재배면적이 10% 수준에서 30%, 37% 수준으

주) 각년도 데이터는 한국농촌경제연구원 농업관측자료를 참고하였다.

로 급증하고 있다. 이 단계에서는 시장 침투가 활발하고 생산량 증가가 크다. ③성숙기는 2006년도 육보와 장희를 예로 들 수 있다. 시장에서 일정한 지위를 확보하고 생산증가가 둔화되어 있는 상태이다. 2007년에는 육보는 감소, 장희는 정체 상태에 있다. ④쇠퇴기는 육보의 2007년에서 2008년, 장희의 2008년에서 2009년 급속한 생산 감소 모습에 나타나 있다.

신제품 개발은 라이프 사이클을 고려할 때, 성장기 중반 이후나 성숙기 진입시점에서 하는 것이 바람직하다. 반드시 신품종 도입만이 신제품 개발이라는 말은 아니다.

산지특성을 살리거나 제품 디자인, 재배법, 품질 변화 등 기존제품과 확실한 차별화 포인트가 존재하며 소비자 기호의 어느 부분을 컨셉으로 하는지 명확히 하는 것도 신제품 개발의 일부분이라고 할 수 있다. 신제품 개발을 위해서는 제품개발 절차 계획을 수립한 다음에 다양한 조사를 바탕으로 진행하여야 한다.

- 장기적 시장전략 강구 : 지금은 대체상품이 범람하며 자연조건의 변화로 재배환경도 달라지고 농업정책이나 기술환경도 불확실하다. 농업경영체는 현재뿐만 아니라 미래에도 지속가능하며 성장하는 경영이어야 한다. 현재의 시장과 새로운 시장, 현재 취급하는 제품과 새로운 제품개발 모두를 시야에 두고 다각화를 지향하는 것이 장기적인 전략방향이다. 농업경영체는 다각화를 위한 인식을 분명히 하고 나가야 할 좌표를 늘 염두에 두어야 한다. 이러한 사고가 성장하는 농업경영관리를 지향하는 경영체의 조건이기도 한다.

3.1.2 마케팅 조직의 집하전략 포인트

마케팅 조직은 농업경영체가 직면한 영농활동에 도움이 되어야 한다. 위에서 언급한 농업경영체의 가치시스템 흐름에서 성공요소에 부합하는 역할이 있어야 한다. 예를 들어 「영농자재의 조달배치」 단계에서 공동구매여건을 조성하거나 최적의 자재를 가능한 한 염가에 조달할 수 있는 대책을 컨설팅하는 것이다. 특히 판매관리 부문에서 경영체가 직접 하기에는 불가능하거나 낮은 성과를 가져올 수밖에 없는 과제를 잘 해결하여야 하는 것은 두말할 필요도 없다. 궁극적으로는 위탁자의 판매 수취가를 높이는 것이지만 마케팅 조직의 집하마케팅 활동 대상은 경영체의 비즈니스 시스템 전영역이 된다. 그렇더라도 마케팅 조직의 관여하는 범위에는 한계가 있으므로 경영체와 역할 분담이 필요하다. 비즈니스 시스템에서 마케팅 조직과 농업 경영체의 역할 분담은 아래와 같이 구분될수 있다.

- 농업경영체가 자기 책임으로 할 일
- 마케팅 조직이 지도하고 농업경영체가 준수해야 할 일
- 마케팅 조직이 제안하고 농업경영체가 협력할 일
- 마케팅 조직과 농업경영체가 같이 고민할 일
- 마케팅 조직이 자기 책임으로 할 일

전 과정에서 마케팅 조직이 가능한 한 많은 서비스를 하면 좋겠지만 투입자원과 기술에 제약이 따른다. 어느 정도 비즈니스 시스템에 관여하느냐는 그 마케팅 조직의 역량의 문제이다. 역량 발휘에 한계가 있으므로 농업경영체를 세분하여 집하마케팅을 효율적으로 하여야 한다. 즉 마케팅 이론의 STP 전략 개념화 프레임 워크가 집하마케팅에 활용되어야 하는 것이다.

3.2 출하고객 세분화

농업경영체의 판매방식은 크게 세 가지다. 하나는 다른 조직에 판매를 대행시키는 것이다. 산지에서 위탁하여 수수료를 지급하거나 매취판매하는 경우도 이러한 범주에 포함시키는 것으로 한다. 마케팅 전문조직의 이

용도 전적으로 하나의 조직만 이용하든지 아니면 복수의 조직을 동시에 이용하는 경우가 있을 수 있다. 두 번째는 대행조직을 이용하지 않고 직접 시장에 자기의 이름으로 출하하는 경우이다. 세 번째는 대행판매와 자기판매를 병행하는 것이다.

어느 마케팅 조직의 집하마케팅 대상 농업경영체는 주로 네 가지 경우이다. 현재 경쟁조직을 전적으로 이용하거나, 자사조직과 경쟁조직에 양다리를 걸치며 출하하거나, 자사조직과 자기판매를 병행하거나, 자기판매만 하는 경영체이다. 그러므로 집하마케팅의 방향은 경쟁조직 이용을 자사조직 이용으로 돌리도록 하거나, 자기판매와 자사 마케팅 조직 이용을 병행하는 경우와 자기판매만 실행하는 경우를 모두 자사 마케팅 조직을 전적으로 이용하도록 하는 것이다.

그런데 자사 마케팅 조직을 전적으로 이용하지 않는 출하고객은 왜 그러한 것인가? 마케팅 이론에 따르면 자사 마케팅 조직은 그러한 판매방식들을 선택하는 출하고객의 「필요적 욕구」를 충족시켜주지 못하기 때문이다. 비교하여 말하면 현재 자사마케팅 조직을 이용하는 출하고객에게는 「필요적 욕구」를 충족시켜주고 있기 때문에 다른 판매방식을 선택하지 않는다고 보는 것이다. 만약에 농업경영체의 「필요적 욕구」를 잘 알고 그것을 서브할 수 있다면 자사 마케팅 조직의 출하고객이 될 수 있다. 출하고객의 욕구는 고객마다 서로 다르겠지만 아래와 같은 사항들이 될 것이다.

- 높은 가격을 받고 싶다.
- 품질을 높이는 기술지도를 받았으면 한다.
- 농업경영 관리를 위한 회계기장 지도, 작목선정 계획 지도가 필요하다.
- 가격 등락이 심한 것보다 일정한 가격을 꾸준히 받았으면 좋겠다.
- 농번기에 노동자 수배가 어려운데 잘 소개 받았으면 좋겠다.

- 수확하고 선별하는데 힘이 많이 드는데 대행할 곳이 있었으면 좋
  겠다.
- 어느 시장에 판매하면 유리한지 알고 싶다.
- 영농자재 구입가격이 높아 부담스러운데 저가로 구입했으면 한다.
- 수확물을 보관·저장할 곳이 마땅치 않다.
- 높은 가격도 좋지만 가급적 생산한 물량들을 다 처리했으면 좋
  겠다.
- 나의 생산작목에 대한 시장 정보, 소비 동향에 대하여 정보를 받았
  으면 좋겠다.

위와 같은 욕구들은 농업경영체가 놓여있는 영농상황에 근거한다. 그러므로 영농상태, 영농에 대한 태도, 출하행위를 세분하여 살펴보면 출하고객을 욕구집단별로 유형화하는데 아이디어를 얻을 수 있다. 세분화는 지역적 세분화, 영농통계적 세분화, 영농의향적 세분화, 출하행위적 세분화로 구분하여 설명한다.

① 지역적 세분화 : 출하고객들이 거주하는 지역 또는 농장 위치에 따라 세분한다. 가장 기본적인 세분화다. 동일한 시군내라면 마을명, 리 또는 들녘 단위로 세분하여 지역적 공통점을 찾는다. 어느 지역 출하고객이 자사 조직을 잘 이용하지 않고 경쟁조직을 이용한다든다 아니면 자기 판매 위주로 구성되어 있는지 확인한다. 작목 중심으로 조직화를 이루는 것이므로 지역적 세분화가 중요하지 않을지 모르지만 반원간의 의사소통이 동일한 지역 안에서 쉽기 때문에 지역기준은 유용하다. 작목반 규모가 큰 경우 반장 아래에 마을별 또는 리별로 조장을 두는 경우도 있다. 조원 그룹이 하나의 지역 세분화의 예가 된다.

② 영농통계적 세분화 : 출하고객집단을 영농형태에 따라 구분한다.

- 판매규모 : 연간 천만원 이하, 1천만~5천만원, 5천만~1억원, 1억원 이상

- 생산규모 : 농업경영체의 재배면적, 시설하우스의 동수, 과수 그루수를 기준하여 대, 중, 소 등으로 한다. 원물 전체생산량을 산출하고 여기에 상품화율을 곱하여 경영체별로 출하가능량이 계산된다.
- 생산기술 발달정도 : 상품화 비율을 기준으로 범위를 정하여 우수경영체, 보통경영체, 미흡경영체 등 3등급으로 나눈다.
- 생산분업화 정도 : 생산과정의 아웃소싱 정도가 어느 정도 인지에 따라 분업화 없음과 있음으로 나눈다. 아웃소싱 정도는 육묘 - 정식 - 재배관리 - 수확관리 - 보관 중 범위를 파악한다.
- 농업경영체의 특징 : 가족농/기업농, 전업농/겸업농, 고령농가/젊은 농가, 경영후계자 존재/부존재

③ 영농의향적 세분화 : 농업경영에 대한 현재와 미래에 대한 태도로 구분한다.

- 의욕적 수익 추구형 : 농업경영체의 성장을 지향하며 현재 작목의 생산량을 계속 증가시킬 의향이 있으며 향후 대체 작목 개발에도 관심이 높다. 판매후 성과 평가에도 민감하며 영농개선과 시장전략을 위하여 노력한다.
- 생활만족형 : 현재 영농규모를 줄이면 줄였지 활동을 확대시킬 의향이 없다. 수취가격을 높이려고 실질적으로 노력하기보다는 편안한 영농활동에 우선적인 가치를 부여하는 경향이 있다. 관행적 출하에 의존하며 차별적 마케팅 전략을 위하여 노력하지 않는 농업경영자를 말한다.

④ 출하행위적 세분화 : 수확후 판매 또는 마케팅 조직의 활동에 대해 갖고 있는 인식, 태도, 활용, 반응에 따라 구분한다.

- 출하고객 편익 : 마케팅 조직을 이용하는 이점에 따라 분류한다. 수취가격이 높아서, 물량처리가 잘 되어, 생산지도를 잘 받아서, 선별노동을 할 필요가 없어서, 지원혜택이 많아서, 소속감을 느끼게

되어

- 출하고객 상태 : 당사 마케팅 조직 비이용자, 전이용자, 처음 이용
  자, 계속 이용자
- 출하물량 상태 : 전물량 출하, 일부 출하
- 출하이용 기간 : 전출하기간, 일부 기간만 이용
- 출하고객 이용상태 : 당사조직에 전혀 관심 없음, 당사조직에 관심
  만 있음, 출하하려는 의사 있음, 출하하고 싶어함
- 출하고객 충성도 수준 : 핵심충성(전적으로 동일한 마케팅 조직만
  이용), 이동적 충성(하나의 마케팅 조직 이용하다가 다른 조직 또는
  자기판매 이용), 전환적 고객(충성 마케팅 조직 없음)
- 출하고객의 자사 마케팅 조직에 대한 태도 : 긍정적 고객, 무관심
  고객, 부정적 고객

3.3 표적 출하고객 선정

3.3.1 선정기준

● 출하고객 매력도 : 마케팅 조직 입장에서 출하고객은 매력적이어야
  한다. 사업 활성화에 기여할 수 있는 출하고객이 매력적이라고 할 것
  이다. 몇 가지 예를 들어 보면 ①기본적인 것은 위탁하려는 물량 규
  모가 커야 한다. 출하고객은 전출하기간에 걸쳐서 상품화 물량 전체
  를 위탁할 정도의 세분화 집단이어야 한다. 그렇게 되어야 물량 크기
  가 예측되어 출하가능량 측정이 가능하다. 거래처에 대한 교섭에서
  이 부분에 대한 확신을 제공하여야 납품제안이 쉬워진다. ②마케팅
  조직의 출하관련지도에 협조적이어야 한다. 지도 내용들이 다양한 시
  장전략차원에서 필요하면 출하고객은 따라주어야 한다. 평소 마케팅
  조직의 고객에 대한 신뢰도 문제이기는 하지만 출하자와 구매자의

중간조정자 처지에 있는 마케팅 조직의 유연한 행동을 뒷받침해주기 위하여 필요하다. 그리고 장기적 발전 차원에서 마케팅 조직과 동반자적 의식을 갖는 고객이 매력적이라고 할 것이다. ③품질이 우수한 상품을 출하할 수 있는 고객이어야 한다. 마케팅 조직이 고가격을 받아내줄 수 있다는 역량을 전제로 하지만 시장에서 해당 출하조직의 성가(聲價)를 위하여 좋은 상품을 취급한다는 이미지를 주어야 한다.

• **마케팅 조직 목적과 부합** : 아무리 매력적인 출하고객이더라도 마케팅 조직 목적과 부합하지 못하다면 표적고객이 될 수 없다. 목적은 예를 들면 ①조직 사명감 달성과 관계가 있다. 이런 의미에서 농협은 상인이 가져온 출하상품이 매력적이더라도 받아서는 안되는 것이다. 또한 농협의 설립 목적상 농협은 농가의 재배면적이 일정 규모 이하라고 하여 수탁을 거부할 수 없다. 민간유통업체의 경우는 이러한 제한이 가능하다. 또 다른 목적은 ②마케팅 조직은 경영체이므로 수익 실현에 기여하는 고객이어야 한다.

• **마케팅 조직 역량에 부합** : 출하고객들은 저마다 필요충족 욕구가 있다. 마케팅 조직에 출하를 한다는 것은 해당 조직이 고객의 욕구를 충족시켜 줄 것이라는 기대가 있기 때문이다. 예를 들어 출하고객이 자신이 판매하는 것보다 마케팅 조직이 판매하는 경우에 수취가를 적게 받는다면 출하를 위탁할 이유가 없다. 이 경우에 마케팅 조직은 높은 가격을 받을 수 있도록 또는 제반 마케팅 관련 비용을 절감시켜 순수취가를 높일 수 있도록 하여야 한다. 이것은 마케팅 조직의 역량 문제이다. 마케팅 조직을 이용하지 않는 많은 농업경영체는 조직의 마케팅 능력을 의심하는 경우가 많다. 한두 번 이용하다가 자신의 출하 성과와 비교하여 만족스럽지 못하면 이용을 그만둔다. 그래서 아무리 매력적이고 조직의 목적에 부합하는 출하고객이라고 하더라도 조직의 역량이 필요욕구를 해결하여 줄 수 없다면 표적고객이

될 수 없다. 농협의 경우 협동조합 정신만 가지고, 조합원이니까 이용을 의무적으로 하여야 한다는 논리만 가지고는 이제는 잘 통하지 않는다. 이처럼 마케팅 조직의 역량을 예를 들면 ①고수익 시장 개척의 가능성 ②출하고객에 대한 생산기술지도가 가능한지의 여부이다. 가능하려면 생산지도 전담 요원을 확보하든가 기술센터 요원을 활용할 수 있는 네트워크 역량을 갖추어야 한다. ③ 대단위 물량 납품처리가 가능한 것도 핵심역량이다. 출하고객들 중에는 생산물량의 걱정 없는 처리를 바라는 고객들도 있기 때문이다. ④ 마케팅 조직 내부의 운영의 효율성도 중요하다.

3.3.2 표적 출하고객의 변화

표적 출하고객은 산지 마케팅 조직에 대하여 소극적이거나 경계하는 태도를 갖는 경우가 있다. 이전부터 해오던 판매방식에서 태도를 바꾸어 마케팅 조직에 출하하거나 또는 기존 출하조직을 새로운 조직으로 대체할 때는 동기가 작용한다. 새로운 동기는 두 가지 방향일 것이다. 하나는 출하고객이 변하여 비협조적 태도가 협조적으로 되었든가 다른 하나는 마케팅 조직이 달라져 출하고객에게 달라진 모습으로 인식되는 경우이다. 전자는 집하 촉진활동을 통하여 이루어지는 것이므로 논외로 하고 여기서는 마케팅 조직이 달라져서 출하고객의 범위가 변하는 경우를 논하고자 한다.

해당 마케팅 조직의 출하고객으로 할 수 있는 범위의 넓고 좁음에 가장 영향을 끼치는 요소는 마케팅 조직 역량의 변화이다. 역량은 경쟁 마케팅 조직보다 뛰어나게 고객의 필요욕구 충족을 가능하게 하는 조직자원과 능력의 조합이다. 구성요소로서 제일 중요한 것이 사람이며 이들이 조직구조에서 상호작용을 거쳐 궁극적 과업을 달성할 수 있도록 기술을 펼쳐 보는 것이다. 구체적으로 역량은 아래와 같이 네 측면에서 나타낼 수 있다.

- 사람 : 마케팅 조직요원의 능력, 진취적 활동, 조직 충성도
- 과업 : 판매관리 능력에 따른 시장 개척, 거래처 관리, 마케팅전략 구사
- 기술 : 출하고객에 대한 농업기술 및 경영지도 가능성, 유통및 영농 자재 지원 여력
- 구조 : 마케팅 조직원간 상호협력, 커뮤니케이션 활성화, 리더십과 팔로워십(followership)의 조화

이러한 역량의 변화는 긍정적 방향으로는 커지겠지만 부정적 방향으로는 이전보다 약화되거나 정체 상태에 빠질 것이다. 다음 그림 3-9는 이러한 마케팅 조직의 역량이 변함에 따라 표적고객의 범위가 달라지고 있음을 보여준다.

그림 3-9 마케팅 조직 역량과 표적고객 범위 변화

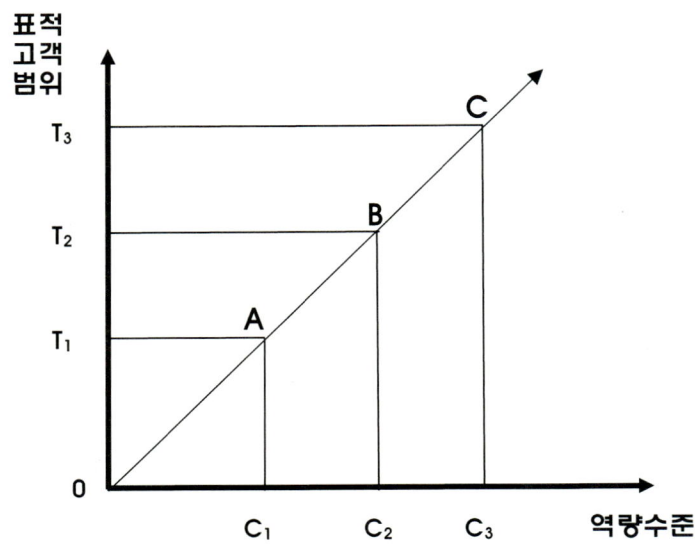

역량 수준에서 역량의 고저는 $C_3>C_2>C_1$이 되어 편의상 역량이 높다 (C_3), 보통이다(C_2), 낮다(C_1)라고 할 수 있다. 한편 어느 산지에서 마케팅 조직이 수용 가능한 표적고객의 범위도 $T_3>T_2>T_1$이 되어 편의상 표적고객이 많다(T_3), 보통이다(T_2), 적다(T_1)라고 할 수 있다. 표적 고객이 많을수록 해당 마케팅 조직이 수용할 수 있는 범위가 크다는 것이다. 즉 마케팅 조직의 역량 수준이 높을수록 출하고객의 기대를 수용하는 가능성도 그만큼 커지게 되어 산지 고객 점유율도 역량수준에 따라 달라진다. 점유율의 크기는 $\square OC_3T_3C > \square OC_2T_2B > \square OC_1T_1A$로 나타낼 수 있다.

그림 3-9의 시사점은 이렇다. 매력적인 출하고객을 유치하고 광범위한 집하촉진을 위해서는 마케팅 조직이 자체 역량을 키워야 한다는 것이다. 역량 요소는 사람의 문제, 과업달성 능력, 기술의 보유, 조직운영의 합리성으로 세분화된다. 따라서 이들 각 요소를 강화하기 위한 노력이 필요하다. 그리고 경쟁조직간의 차별적 요소도 역량의 차별화와 다르지 않다.

3.4 마케팅 조직 포지셔닝 결정

지난날부터 내려온 집하마케팅의 포지셔닝에 이러한 것이 있다. "생산은 농민, 판매는 농협" "협동으로 생산하여 공동으로 판매하자" 이 문구는 협동조합 운동초기부터 마케팅 조직의 훌륭한 포지셔닝으로 유효하였다. 그러나 이제는 이러한 포지셔닝이 통하지 않을 만큼 유통환경은 달라졌다. 생산농가 구조가 규모화와 영세화로 양극화 분해되는 가운데 대규모 농가는 자체적으로 판매역량을 키우며 법인조직을 만들어 생산과 마케팅의 자기완결적 구조를 만들고 있다. 또한 인터넷의 발달로 웹사이트에 자기 판매장을 설치하여 택배로 직거래를 하는 농업경영체가 점차 늘어나게 되어 판매대행조직을 불필요하게 만들고 있다. 대형마트의 소비시장 주도와 산지직거래 점유비의 증가는 과거 도매시장 위주 판매경로수의 단순성이 다양성으로 바뀌게 되었다. 이 말은 대형유통업체와 거래관계를 맺고 있는 산지유통법인들의 집하활동이 활발하여 농업경영체를 대상으로 한 집하경쟁이 치열해졌다는 것을 의미한다.

이제는 막연히 출하고객 정서에만 호소하는 포지셔닝은 통하지 않을 수 있다. 구체적이고 출하고객의 이익에 초점을 맞춘 포지셔닝이 필요하다. 포지셔닝은 표적 출하고객에 따라 다르며, 경쟁 마케팅 조직과도 차별적 요소를 만들어야 하므로 정말로 고민하여야 한다. 포지셔닝 수립은 아래와 같은 절차를 거친다.

① 현재의 자사 마케팅 조직의 포지셔닝을 조사한다. 구호로 내건 것이 있다고 하더라도 실제 출하고객들이 자사조직의 집하활동과 판매활동 과정을 어떻게 인식하고 있는지를 조사하여 파악한 것을 근거로 하여야 한다. "데이터를 갖기 전에 이론을 세우는 것은 중대한 실수다" 라는 격언을 상기하라.

② 경쟁 마케팅 조직의 포지셔닝도 함께 파악하여 자사 조직과 비교한다. 여기에 「자기판매」 경우의 포지셔닝 위상도 파악하여야 한다. 자기판매는 고객의 잠재의식 속에서 자신의 판매행태를 평가하는 것이므로 직접 물어보아야 한다.

③ 경쟁조직과 대비하여 강점과 약점을 확인한다. 포지셔닝 맵을 도출하면 쉽게 확인할 수 있다. 포지셔닝 맵의 작성은 차원을 결정하는 것이 중요하다. 고객이 추구하는 욕구를 대표적으로 나타내되 차원 간에 구분이 뚜렷하여야 한다.

④ 적절한 경쟁우위 포지셔닝을 선택한다. 선택한 포지셔닝은 아래의 조건을 충족시켜야 한다.

– 고객의 이익에 초점을 맞추되 강점을 부각하고 약점적 인식을 불식시켜야 한다.

– 경쟁조직보다 강력하고 우월한 점을 탐색한다. 반면에 불가피한 약점 부분은 출하고객과 커뮤니케이션 과정에서 설득시킬 수 있는

대안을 갖추어야 한다.

- 독특하고 모방 곤란하게 한다. 자사 조직만이 유일하게 할 수 있다 고 단언하는 요소를 강조한다.

위와 같이 새로운 조건들을 내세우다 보면 자사의 자원과 역량을 새롭 게 리엔지니어링하는 것이 필요하다. 이러한 마케팅 조직 역량 강화부문 은 별도의 장에서 논하기로 한다.

3.4.1 포지셔닝 결정 사례

필자는 어느 지역 마케팅 조직의 집하활동을 조사하였다. 출하고객들을 직접 인터뷰하여 해당 산지에서 여러 마케팅 조직에 대한 평가와 자기 판매에 대한 견해를 청취하였다. 출하고객들의 인식 속에 들어 있는 마케 팅 조직들의 모습을 아래와 같이 요약하여 나타냈다.

구분	강 점	약 점	평가요약
마케팅 조직 A	• 선별, 포장 용이(APC 운영) • 브랜딩, 얼굴 있는 상품 가능	• 직원의 노하우 부족 • 물량확보 안되고 거래처 규모 작다. • 수취가 좋지 않음 - 저가격에도 보전 없음	• 출하고객의 선별노동 절감과 브랜드 가능 하나 판매역량 부족
마케팅 조직 B	• 안정된 가격에 판로확보 용이 • 규모가 크며 시세 좋음 • 매일 출하하며 판매처리 일관성 있음	• 개인선별 포장의 불편함 • 마트나 슈퍼에 직거래 희망함	• 판매역량은 상대적으로 뛰어나지만 농가 선별의 불편함
상인 판매	• 밭떼기판매로 직접 가격흥정 • 배송, 판매의 편리함		• 편리하지만 정당한 부가가치 창출 불명확
자기 판매	• 원하는 가격 흥정 • 소비자와 직접 택배 출하	• 공판장 대기시간 길다 - 무선별 도매시장출하 • 인력부족으로 선별 어려움	• 자기책임하 수송, 선별 확인, 거래처 개척 불편함

위 마케팅 행태를 판매성과와 출하고객의 선별 편리성을 각각 차원으로 포지셔닝 맵 그래프를 그린다. 다음에 각각의 집하 행태를 위치시키면 그림 3-10과 같다.

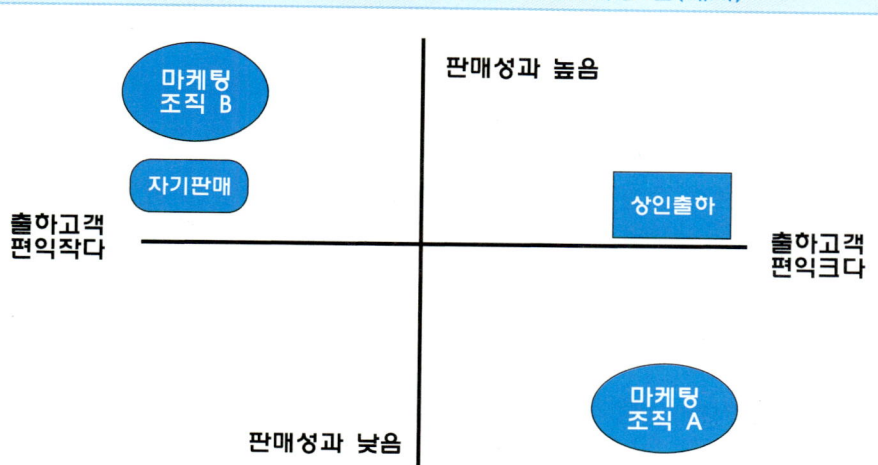

그림 3-10 산지 마케팅 조직 포지셔닝 맵(예시)

  마케팅 조직 A를 재포지셔닝 시키는 것이 과제라고 하자. 먼저 마케팅 조직 A의 포지셔닝 강점은 이렇다. APC를 보유하고 있어 출하를 위탁하는 고객에게는 자기가 선별할 필요가 없다. 17kg 컨테이너 박스에 상품을 담아 오면 선별장에서 무게와 당도별로 24단계로 선별을 해준다. 고령화가 진행되는 산지에서 다른 마케팅 조직이 갖고 있지 않은 강점이라고 할 만하다. 그리고 자체 브랜드를 갖고 있어 커뮤니케이션 활동을 잘하면 브랜드 프리미엄을 얻을 수 있다. 그러나 약점은 마케터들의 판매역량이 부족하다는 것이다. APC에서의 선별은 단순히 선별 그 자체에 의의가 있는 것이 아니라 마케팅 전략적으로 객관적으로 등급화된 상품의 균질성을 내세워 등급에 맞는 거래처를 개척하여 수취가 합계액을 최적화 시키자는데 있다. 판매역량 면에서는 마케팅 조직 B보다도 경쟁열위에 있으며 상인판매나 자기 판매보다도 잘 하고 있다고 평가하지 않는 것이 현실의 인식이다. 그런데 마케팅 조직 B의 약점은 선별노동을 농업경영체가 직접 하여야 한다는 것에 있다. 선별작업의 어려움을 감수하거나 자체 소형 선별기를 이용하는 경영체에게는 이 점에 불편을 느끼지 않을지 모른다. 그러나 APC 선별기를 보유하고 있지 못하기 때문에 약점에서도 언급하였듯이 도매시장외 직거래처 개발은 어렵다. 즉 잠재적으로 조직의 성장 가능성이 커 보이지 않는다. 다음으로 자기 판매 경영체 중에는 차별적인 개인의 인터넷 판매활동 역량을 가지고 있는 경우가 있으므로 아예 표적 출하고객이 아닌 것이다. 다만 공판장을 이용하는 경영체는 표적 출하고객이므로 선별의 신뢰성과 판매성과에 확신을 준다면 마케팅 조직 A를 이용하게 할 수 있다. 다음에는 상인출하 경우를 보자. 수확할 필요도 없이 밭떼기로 넘기므로 수확작업관리와 시장활동을 힘들어하는 시장세분화 변수에서 논한 「생활만족형」 경영체에 해당한다. 판매성과에 분석이 필요하다.

마케팅 조직 A에 적합한 새로운 포지셔닝은 그림 3-11에서와 같이 판매성과를 높이고 여전히 기존의 강점인 출하고객의 편익을 제공하는 영역으로 이동하는데 있다. 즉 포지셔닝 문구는 "편리하게 출하하고 수취가를 높여준다" 이다.

그림 3-11 마케팅 조직 A의 재포지셔닝

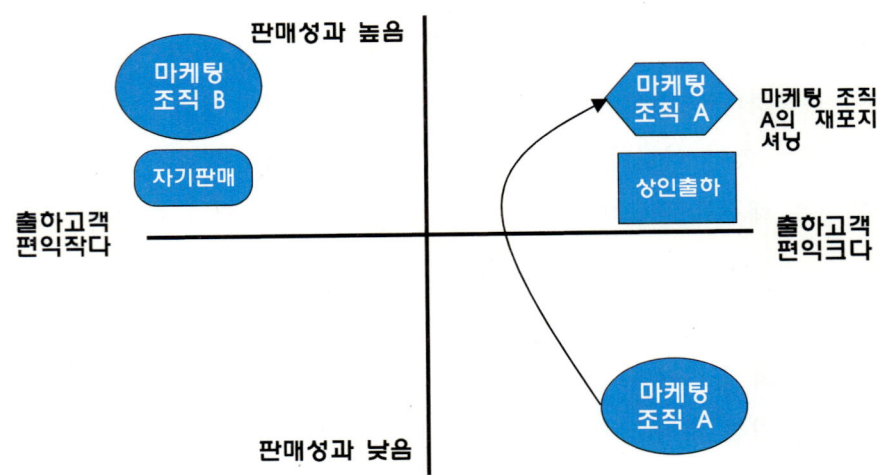

이와 같은 새로운 포지셔닝은 포지셔닝 전략상 두 측면에서 의의가 있다. 첫째, 경쟁조직과 다르다는 것이다. 마케팅 조직 B와는 자기판매 보다는 편리하며, 상인출하보다는 수취가를 높일 수 있다. 수취가 제고 는 브랜드와 비파괴 선별기를 무기로 제품전략을 새롭게 하면 마케팅 조직 B의 성과 이상을 거양할 수 있다. 이 점은 출하고객이 다른 조직 과 다르게 긍정적으로 평가하거나 경쟁조직에게서는 발견할 수 없다는 것은 확실하다. 둘째, 현재의 포지셔닝(위상)을 더 강하게 강조하며 높 였다. 그동안 취약했던 판매성과 부분을 일정 수준 이상으로 높였다. 적 어도 경쟁조직보다는 뒤떨어지지 않도록 되었다. 거기다가 경쟁조직들보다 우수한 점을 각각 대응시켜도 한 가지 이상이 나온다.

집하전략의 핵심 제안인 포지셔닝을 갖고 출하고객에게 '신뢰성 있는 출하제안' 을 한다. 출하고객에게 최초의 출하를 유인하는 것이라면 신뢰 성이 매우 중요하다. 계속적 출하인 경우도 지속가능한 출하제안이어야 하므로 신뢰성은 여전히 중요하다. 다양하게 세분화된 출하고객 별로 포 지셔닝은 다르다.

고객 세분화는 욕구가 서로 다른 것을 확인하고 규명하는 것이므로 거기에 맞게 포지셔닝이 설정되어야 한다. 그리고 광범위하게 고객을 유치하여야 한다. 지금까지 출하고객 세분화, 출하고객의 선정, 포지셔 닝의 결정 등은 집하전략을 개념화한 것이다. 다음 단계에서 개념화된 포지셔닝 전략을 갖고 집하를 실행에 옮기는 전략에 대하여 논하고자 한다.

4. 집하실행 전략

4.1 집하 가치제안

산지 마케팅 조직은 물량유치를 위하여 출하고객들에게 제안을 하여야 한다. 제안은 고객의 이익에 초점을 두어야 한다. 출하고객 입장에서 마케팅 조직의 제안에 가치가 있다고 느껴야 한다. 마케팅 조직의 과거의 성과 또는 앞으로 전망 등을 고려하여 판단이 내려질 것이므로 가치 있는 제안이 되어야 호의를 보인다. 그리고 제안하는 형식과 주된 내용을 어떻게 커뮤니케이션 할 것인지도 중요하다. 출하고객에게 논리적 제안도 필요하지만 때로는 감성을 자극하거나 해당산지가 놓여 있는 상황적 특수성을 이해시키는 경우도 있을 것이다. 다음 단계로 출하를 해당조직에 이행하도록 하는 증거로서 출하계획표를 제출 받고 해당 시기에 실제 이행이 이루어지도록 관리를 하는 것이다. 이러한 일련의 가치제안과 실행 프로세스를 아래 그림 3-12로 나타냈다. 각 과정별로 세부적인 설명을 하겠다.

그림 3-12 가치 제안 및 실행 프로세스

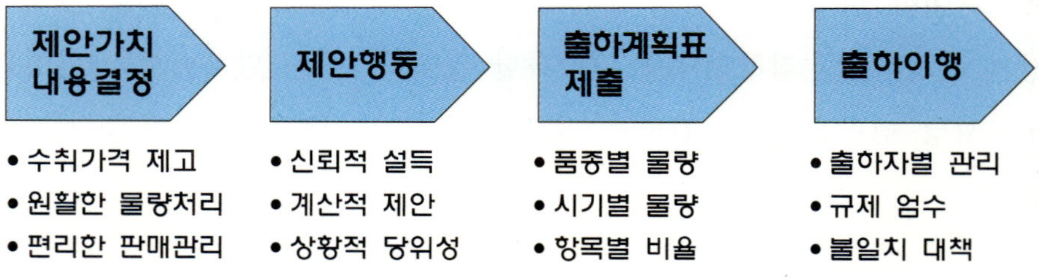

제안가치 내용결정	제안행동	출하계획표 제출	출하이행
• 수취가격 제고 • 원활한 물량처리 • 편리한 판매관리	• 신뢰적 설득 • 계산적 제안 • 상황적 당위성	• 품종별 물량 • 시기별 물량 • 항목별 비율	• 출하자별 관리 • 규제 엄수 • 불일치 대책

4.1.1 제안가치 내용 결정

• 수취가격 제고 : 여기서 수취가격은 순수취가격(시장 판매가 - 생산유통경비)을 높이는 것을 의미한다. 수취가격을 경쟁 조직보다 또는 자

기 판매보다 높게 제공할테니 당조직에 출하해 달라는 말이다. 예를 들어 유리한 수출 바이어와 사전 물량약정이 되어 있든가 또는 안정적인 직거래처를 발굴하였다면 이러한 제안은 쉬워진다. 농업경영체가 특별한 품질의 제품을 가지고 있거나 안정적인 물량 공급에 절대적으로 필요한 경우 필요한 제안이다. 이러한 조건을 마케팅 조직이 갖추고 있지 않은 경우에는 최선을 다하여 수취가를 높이도록 노력한다는 약속으로 제안하는 수밖에 없을 것이다. 예를 들어 규모의 경제에 의한 공동선별과 공동계산의 실시로 개별선별 때와는 다르게 전체적인 수취가가 올라간다는 공동판매의 유리점을 강조하는 경우가 대표적인 사례이다.

많은 농업경영체는 수취가가 어느 정도 안정적으로 약속이 된다면 출하한다고 말한다. 그렇지만 마케팅 조직은 구체적인 보장을 할 수 없는 가운데 기대감을 높여 물량을 유치하려 한다. 한편 수확기 이전 출하물량을 약정하는 경우에 적어도 일정가격 이하에서는 손실을 보전한다는 하한선은 얘기할 수 있을 것이다. 예를 들어 안성과수농협은 농협에 출하해 일정가격 이하로 떨어졌더라도 계약가격을 보장하여 주었다. 이럼으로써 과실계약 출하사업 이행률을 높였고 판매사업과 공동계산 활성화에 도움이 되었다. 마케팅 조직과 거래관계가 오래된 경우에는 그간의 신뢰가 쌓여 이러한 약속이 불필요할지 모르지만 초기 조직화에 힘쓰는 경우 농업경영체에게 신뢰감을 주기 위하여 필요하다. 특히 그간에 산지유통인이나 상인과의 거래방식에 익숙한 농업경영체에게는 리스크 회피 차원에서 더욱 그렇다. 어쨌든 마케팅 조직이 시장판매 역량을 잘 갖추고 있는 경우에 할 수 있는 제안이라고 할 것이다.

- **원활한 물량 처리** : 높은 수취가는 아니지만 마케팅 조직이 농업경영체가 생산한 물량을 안정적으로 판매하여 준다는 제안이다. 시장 사정을 알기가 어려우며 손수 거래상대방을 찾아 거래에 참여하는데

애로를 느끼는 출하고객에게 적합한 제안이다. 과잉생산 시기에 이러한 제안은 출하고객에게 매력적인 제안이다. 마케팅 조직이 원활한 물량처리를 위해서는 다음과 같은 조건을 갖추어야 한다.

첫째, 비상품의 처리를 위한 가공설비를 보유하거나 판매 네트워크를 구축해야 한다. 상품화율이 낮은 출하고객이나 불가피하게 발생하는 비상품 처리에 어려움을 느끼는 출하고객에게 필요로 하는 마케팅 조직의 역량이다.

둘째, 계약재배와 수탁판매의 결합으로 출하고객의 생산물량을 전적으로 처리한다. 물량계약은 박스나 무게로 하고 일정량을 계약 생산한다. 마케팅 조직은 매취하거나 수탁하여 수수료를 차감한 나머지 금액을 정산하여 준다. 계약이 잘 지켜지지 않는 경우가 있다. 수확시기에 시장 공급물량이 적어 가격이 폭등한 경우에 출하고객은 위약을 하면서 위약금을 물더라도 시장에 개별적으로 판매하는 경우이다. 이러한 사태를 방지하기 위하여는 평소 해당 농가에 기술 및 경영지도를 일상적으로 실시하여 구조적 유대관계를 형성해 놓아야 한다. 그리고 이러한 기회주의적 행동에 대하여는 과태료를 부과하거나 제명 조치하고 동료 출하고객 사이에서도 소외시켜야 한다.

셋째, 평소 거래처의 다변화를 구축해야 한다. 도매시장에서 많은 물량을 취급하는 중도매인과의 관계관리에 힘써야 한다. 평소 상호의존적인 관계에서 필요할 때 활용할 수 있어야 한다.

• 농업경영체의 편리한 판매관리 : 우선 수확, 선별 및 수송 과정에서 출하고객의 편리성을 도모하는 대책을 강구한다. 마케팅 조직이 수확 – 순회수집 – 선별을 도맡아 해준다면 출하고객은 관련 노동에 신경을 쓰지 않아도 된다. 농촌 고령화가 점점 가속화되는 경우 앞으로 강력한 출하물량 유인전략이 될 것이다. 특히 수박의 경우에 사례가 나타나고 있다. 예를 들면 오송농협은 성출하기 전에 선별사가 농장

을 방문해 수박을 체크하고 등급기준에 맞는 수박을 수확해 간다. 모든 수박은 수확 직후 벌크 박스에 담겨져 지게차로 트럭에 옮겨진다. 출하고객은 두 측면에서 생력화를 이룬다. 수확노동을 절감하고 선별과정에서 선별장에 수송하였던 불량상품을 되받아가지고 와서 처리해야할 필요가 없어지는 것이다. 지금까지 부부가 선별을 하던가 소규모 가내 선별기를 이용하던 경우는 고령화가 진행되면서 없어질 것이다. 마케팅 조직은 대규모 첨단 선별시설을 구비하는 것이 강력한 산지간 경쟁우위조건을 구비해놓는 것이 된다. 그리고 농장에서 전문 수확작업단, 전문선별단 등을 경영하는 노무 인력관리의 노하우를 터득해야 한다.

4.1.2 제안행동

마케팅 조직은 출하고객에게 공동판매의 필요성을 설명한다. 주로 교육, 간담회, 워크숍 등 모임을 갖고 출하고객들과 커뮤니케이션을 하게 된다. 제안의 내용을 어떠한 형식으로 설명하느냐도 중요하다. 여기서는 세 가지 제안행동 방식을 언급하기로 한다.

• 신뢰성을 느끼게 하는 설득 : 신뢰는 마케팅 조직이 출하고객을 위하여 최선의 이익을 가져다 주도록 활동할 것이라는 신념이다. 출하고객의 필요욕구를 충족시켜 줄 수 있는 역량을 명쾌하게 나타내는 데이터가 있다면 신뢰성 있는 설득력이 될 것이다. 그렇지 못한 경우에 감성에 호소하여 바람직한 인식을 갖게 하여 마침내 태도의 변화를 일으키도록 하는 것이다. 몇 가지 설득을 언급하면 이렇다.

첫째, 출하고객들의 이익을 위하여 최선을 다하겠다는 의지를 표명하는 것이다. 평소 열심히 노력하는 모습을 보여준 적이 있다면 신뢰를 할 것이다.

둘째, 어떻게 최선을 다할 것인지는 사업추진 계획을 구체적으로 작성하여 발표하고 비전을 보여주어야 한다. 교육을 바탕으로 한 조직화를 공고히 하여 계획이 현실화 될 수 있다는 것을 신뢰하도록 하여야 한다.

셋째, 생산기술을 농가에 기술지도하고 병충해나 작황에 대한 정보를 제공하여 당해 마케팅 조직이 출하고객에게 지속적인 관심을 갖고 있다는 생각을 갖게 하여야 한다.

넷째, 소비지의 바이어를 상대로 상품설명회를 실시하여 마케팅 조직의 노력하는 모습을 보여주어 믿음을 키워나가야 한다.

- 계산적 제안 : 구체적 증거를 갖고 출하고객이 마케팅 조직을 이용하도록 하는 제안이다. 기존의 다른 마케팅 조직이나 자기방식에 충실하였던 출하고객에게 적합한 제안방식이라고 할 것이다. 출하고객은 다른 출하 방식과 비교하며 참여 여부를 결정할 것이다.

첫째, 안정적인 가격을 제시할 수 있는 거래처를 발굴하여 거래처 확보 상황을 설명한다. 판로를 확보하였으므로 출하고객은 특별히 판매에 신경을 쓸 것이 없다는 점을 강조한다.

둘째, 과거 우수한 사업실적을 언급하여 자사 마케팅 조직의 역량이 뛰어남을 알린다. 수취가를 비교하여 분석한다든가 다음 작기 사업성장 방향을 제시하여 농업경영체로 하여금 판매성과에 기대치를 높여 참여율을 높인다.

셋째, 손실이 발생한 경우 자조금에서 보전이 가능하므로 자사 마케팅 조직이 리스크관리를 잘 하니 안심해도 좋다고 홍보한다. 예를 들어 대형 유통업체와 거래에서 할인행사시 판매가격 손실을 그 동안 사전 수익에서 적립한 기금으로 보전할 수 있다는 것이다.

- 상황적 당위성 강조 : 왜 조직화하지 않으면 안 되고, 왜 자사 마케팅 조직에 참여가 반드시 필요한지 논리적 당위성과 마케팅 환경으로부터 위협적인 상황을 알려 참여를 촉구한다.

첫째, 경쟁 산지로부터 당해 산지가 경쟁우위를 갖기 위하여 현재의 조직화 수준은 너무 미흡하므로 보다 강력한 조직화를 통하여 고품질 농산물 생산과 이를 상품화한 차별화 전략이 필요하다는 것이다.

둘째, 당해 제품의 수급 전망을 볼 때 당해 산지는 마케팅 전략에서 변화가 없으면 수취가의 대폭락을 가져올 것이므로 새로운 전략을 강구하는데 출하고객들의 새로운 협력이 필요하다고 위기감을 조성한다.

셋째, 지자체의 협력적 지원이 활발한데 그것을 활용하기 위하여는 더욱 규모화되고 조직화된 마케팅 조직체계를 갖추어야 유리하다는 것이다. 자사 마케팅 조직은 이러한 정부 지원을 출하고객에게 도움이 되도록 정책을 활용할 수 있음을 강조한다.

4.1.3 출하계획표 제출 받음

가치제안의 성과는 출하고객으로부터 자사 마케팅 조직에 출하하겠다는 의사표시 증거로 출하계획표를 접수하는 것으로 나타난다. 표 3-4는 출하물량 계획표를 예시하였다. 1차적으로 개별 출하고객으로부터 작성하여 작목반 또는 일정 생산단위 그룹으로 집계한다. 다음에 각 집계표를 취합하여 전체 출하물량을 확정 추정한다. 표의 각 항목을 설명하면 이렇다.

- **품종별 물량** : 전 출하기간에 걸쳐 품종별로 구분된다면 품종별로 물량을 나눈다. 물량단위는 박스 또는 무게, 개수 등 품목에 적합한 시장 거래단위 수량을 기입한다. 출하고객이 1차 선별하여 거의 상품화된 물량이라면 그대로 출하 가능량이 된다. 그러나 선별장에 일단 전량 입고하여 비상품 물량이 걸러진다면 상품화율이 별도로 감안되어야 한다.

- **시기별 물량** : 위 표에서 주간 단위로 하였다. 예를 들어 9월 3번째 및 4번째 주간에 반입한다는 시기가 예시되었다. 거래 환경도 요일별로 다르므로 수확작업도 주간단위로 파악하는 것이 시장동향에 맞추게 되어 적절하다고 본다.

표 3-4 출하물량 계획표(집계표) 예시

○○○ 출하고객

○○○ 그룹

○○ 작목반(공선회)

시기별		9월		10월				11월				계
품종	물량	3주	4주	1주	2주	3주	4주	1주	2주	3주	4주	
조생	물량(kg)											
	%											100
중생	물량(kg)											
	%											100
만생	물량(kg)											
	%											100
계	물량(kg)											
	%	100	100	100	100	100	100	100	100	100	100	100

- **항목별 비율** : 품종별·시기별로 전체에서 차지하는 비율을 표시한다, 특정 시기나 품종에 편중되는지 여부를 확인하기 위해서다. 거래처에 지속적이고 안정적인 물량공급을 위하여 파악되어야 할 부분이다. 그리고 바람직한 작부체계를 지도하거나 특별히 부족한 품종이나 출하시기에 출하고객을 유치할 필요성을 알려주는 데이터로도 활용할 수 있다.

4.1.4 출하이행

출하계획표를 제출했지만 그대로 물량이 이행되지 않는 경우가 있다. 따라서 철저한 관리가 필요하다. 출하고객이 고의로 의무를 이행하지 않든가 아니면 기상변화로 불가피하게 계획표대로 반입이 안되거나 풍작으로 계획표 이상으로 받아줄 것을 요구 받는 경우가 생기기 마련이다.

- **출하자별 관리** : 당초에 출하 고객별로 물량 약정을 맺었고 출하계획

표 상에도 출하 예정량을 기입하여 제출하였다. 작목반장을 활용하든지 마케팅 조직 또는 지도조직을 통하여 출하자별로 관리를 철저히 하여야 한다.

- **규제 엄수** : 규약에 따라 제재를 하여 공동판매 질서를 어지럽히지 않도록 하여야 한다. 예를 들어 상주 외서농협은 약정 출하물량을 3번 이상 이행하지 못하면 회원을 탈퇴시킨다. 회원은 탈퇴로 인하여 손해를 보는 것보다 장기간 농협을 이용하는 것이 이익이므로 탈퇴하는 경우는 드물다고 한다. 즉 탈퇴하지 못하는 사업 환경을 조성하는 것이 중요하다.

- **불일치 대책** : 표 3-5는 품위별·시기별 반입물량을 집계한 것을 수요처 물량과 비교하여 과부족 상황을 나타낸 것이다. 집하물량과 판매물량에 비대칭이 발생하여 '반입물량>수요물량' 이거나 '반입물량<수요물량' 인 경우 어떠한 방향으로 집하대책이 세워져야 하는가에 대한 논의이다.

표 3-5 반입물량 대 공급물량 비교 및 대책

시기별 품위별 구분	9-3				9-4				10-1				계			
	특	상	보	계	특	상	보	계	특	상	보	계	특	상	보	계
반입물량																
수요처 물량																
과부족																
과부족 대책																

우선 집하물량>판매물량인 경우 집하물량을 줄여서 판매물량에 맞추는 것이 아니라 판매를 확대하여 집하물량을 처리하여야 한다. 집하물량<판매물량인 경우에는 판매물량을 줄여서 집하물량에 맞추는 것이 아니라 집하물량을 늘려 판매물량에 맞춘다. 이를 위하여 신규 출하고객을 유치

한다. 지역을 초월하여 광범위한 출하고객 확보대책을 강구한다. 동일 품목 조직과 연합마케팅 전략 차원에서 물량의 상호 전송으로 거래처에 공동 대응한다. 장기적으로 생산 작부체계를 재구축하여 공급역량 확대를 도모한다. 다만 시기적으로 과부족이 발생하면 출하시기를 빠르게 하거나 늦추어 공급에 맞춘다.

4.2 집하가격 결정

마케팅 조직은 출하고객의 물량을 수탁하고 판매하여 준 대가로 판매성과에 대하여 수수료를 취득하거나 출하고객으로부터 매입하는 경우 판매가격을 예상하여 매취마진을 취득한다. 수수료와 예상 매취마진을 모두 「집하가격」이라고 하고 금액의 크기를 결정하는 일을 집하가격의 결정이라고 하자. 집하가격은 일반 기업의 제품과 서비스 공급가격과는 다른 농산물 마케팅 조직의 독특한 메커니즘이 작용한다. 집하가격이 마케팅 조직의 수익원인 점은 다를 바 없으나 판매성과에 절대적으로 영향을 받는다. 여기서는 집하가격의 농산물 마케팅에서의 특수성과 이로 인한 가격목표를 밝히고 가격결정 방식을 논한다.

4.2.1 집하가격의 특징

첫째, 집하가격의 성격은 판매성과에 종속된 가격이다. 가격은 매기는 자와 지불하는 자의 가치에 대한 합의점이다. 마케팅 조직이 가격을 정할 때 지불하는 가격이 높은지 또는 낮은지의 판단은 물량이 마케팅 조직의 관할에 놓여서 판매된 후 성과의 크기에 달려 있다. 판매성과 바꿔 말하면 출하고객 입장에서 지불한 가격을 제외한 순수취가가 높거나 낮다면 집하가격에 대한 체감도 높거나 낮다고 여긴다. 예를 들어 1,000원에 팔아 수탁수수료 50원을 출하고객으로부터 지불(5%)받는 것과 900원에 팔아주고 수수료 18원(2%)을 지불받는 것과 비교하면 어느 것이 높은 집하가격이라고 할 수 있겠는가. 명목적으로는 5% 수수료가 2% 수수료보다 높지만 출하고객은 그렇게 느끼지 않는다. 전술한 예에서 순수취가격은 5% 수수료를 부과한 경우가 950원인데 이것은 2% 수수료의 순수취가 882원보다 68원이 높다. 즉 집하가격 고저의 판단은 수취가에 달려 있으므로 독립된 가격이 아니다. 마케팅 조직의 판매역량이 뛰어나 수취가를 높일 자신이 있다면 수수료율을 높이고 그렇지 못하다면 수수료율을 낮추어야 한다. 실제로 마케팅 조직 중에는 5~7% 수수료임에도 출하고객이 불만이 없고 1~2% 수수료를 지불하면서도 높다고 생각하여 마케팅 조직에 불만을 갖는 경우가 있다. 5% 수수료와 같이 높은 수수료를 지불하여도 좋으니 순수취가를 더 높여주기 바라는 것이다.

둘째, 집하가격 결정은 어려운 의사결정이다. 매취가격 결정은 판매제품 원가 부문에 대한 결정이며 판매가격을 전제로 매취마진의 크기를 예상해야 하는 의사결정인 것이다. 그런데 앞으로 해당 제품의 시세가 얼마가 될지는 가장 어려운 마케팅 판단이다. 공급 측면에서 물량의 크기와 전반적 품위를 봐야 하고, 만일 수입가능 품목이라면 이것까지도 고려하여야 한다. 수요측면에서는 새로운 소비 트렌드와 중간 구매자의 구매 방침도 살펴야 한다. 또한 경쟁 공급자의 시장행동, 특히 일반 상인 등도 소홀히할 수 없다. 다양한 정보를 바탕으로 전략을 갖고 결정을 하지 않으면 어려운 상황에 직면할 수 있다. 이러한 판단 능력은 마케터의 역량에 달려 있다. 인력의 전문성이 뒷받침되어야 매취사업이 가능하다. 그런데 어떤 마케팅 조직은 관계 인력을 자주 교체하여 전문인력을 양성하지 못함으로써 문제가 되고 있다.

셋째, 집하가격은 출하고객의 협력적 행동에 영향을 받는다. 가격이 단순히 일반 기업의 제품 가격처럼 수익과 비용의 관계가 아닌 것이다. 마케팅 수수료는 아래와 같은 등식으로 성립한다.

- 출하고객 수수료 지불 조건 : $M+D \geq C-R$
- M : 출하고객 규모경제 집하에 따른 마케팅 활동 이익

    D : 규모의 경제에 따른 거래비용 절감 이익

    C : 출하고객 지불 수수료

    R : 마케팅 조직이 부담하는 거래 리스크

위 등식이 성립하여야 출하고객은 수수료를 지불하는 이유가 되는 것이다. 출하고객은 당해 마케팅 조직과 다른 출하방식을 비교하여 우항과 좌항의 차이를 크게 하면 할수록 불만이 없다. M과 D에서 출하고객의 적극적이고 광범위한 집하협력이 이루어질수록 이익이 커진다. 반대의 경우면 규모의 경제이익은 생기지 않아 출하고객이 수수료를 지불하여야 할 조건이 성립되지 않는다. 그런데 공동계산과 공동선별의 운영 수준이 규모의 경제이익 발생에 영향을 준다. 공선공계의 운영은 출하고객의 협력에 달려 있다. 공선공계가 활성화되는 조직의 수취가가 높다는 것은 이미 많은 사례에서 밝혀졌다. 아래와 같은 공선공계에 대한 불만사항으로는 위 식을 성립시킬 수 없다.

- 출하고객은 하나하나 통제받기 싫어하여 공선공계 참가에 회의적이다.
- 개별출하와 공동출하를 함께 하면서 평균가격을 비교해 선택적으로 참여한다.
- 가격 변동에 따라 출하시기를 어긴다.
- 내 물건은 내가 직접 팔아야 제값을 받는다고 생각한다.

결국 집하가격은 마케팅 조직과 출하고객간의 협력의 산물이므로 상호 원원하는 가운데 집하가격의 적정성이 성립한다. 마케팅 이론 도구에서 말한 출하고객과 마케팅 조직의 상호이익은 이러한 공동계산과 공동선별 운영과정을 거쳐 형성된다.

4.2.2 집하가격 목표

  마케팅 조직이 지속가능한 경영조직이 되기 위하여 유일한 수익원인 집하가격이 경영비용을 커버해야 한다. 물량 단위당 단가도 중요하지만 취급물량의 전체 크기에 따른 수익액의 크기가 더 중요하다. 높은 단가에 적은 취급물량보다는 낮은 단가에 많은 취급물량의 조합을 지향하여야 한다. 취급물량이 커질수록 시장에 대한 대응력이 높아지고 수취가격이 올라가는 가격체증 효과가 발휘된다. 그러면 낮은 단가를 더욱 높일 수 있어 수익은 커지는 선순환이 성립한다. 반대로 초기부터 집하단가가 높아 취급물량이 적으면 시장대응력이 낮아져 수취가를 높일 수도 없다. 그러면 출하고객은 떠나게 되고 취급물량은 더욱 줄어들게 되어 시장 대응력은 더욱 낮아지면서 수취가 역시 함께 낮아질 것이다. 이러한 경우가 집하마케팅의 악순환이다. 또한 취급물량을 많이 하면 유통설비의 가동률을 높이게 되어 고정비의 커버도 가능하다. 그러므로 집하가격 결정은 1차적으로 취급물량을 많게 하도록 결정하여야 한다.

  그런데 조직의 경영비를 커버하지 못할 정도의 낮은 가격을 책정하여 손실이 발생하는 문제에 대한 대응은 무엇인가. 방법은 가시적인 마케팅 활동의 성과를 거두어 이후에 집하가격을 올리도록 한다. 수취가가 올라가도록 만들어서 집하가격 상승에 대한 저항감을 없애는 것이 바람직하다.

  여기서 염두에 두어야 할 것은 집하가격 결정 믹스 전략이다. 마케팅 조직은 출하고객의 물량 유치나 계약재배 이행을 위하여 아래와 같은 지원을 한다.

  - 출하장려금을 kg당 또는 박스당 지원한다.
  - 정책사업(과실·채소 출하약정사업 등) 또는 기타 계약재배 이행을
    위한 저리선도금
  - 연말 출하물량에 대한 이용고 배당
  - 영농자재 구입비 보조, 유통자재 무상지원, 지자체 지원(선별비 지원)
  - 농자재 현물 지원. 예로 비료, 농약, 팽연왕겨(모 상토 구입비 절감)

이러한 지원들은 사실상 출하고객들이 지불하는 집하가격 부담을 완화시킨다. 마케팅 조직이 지불받는 집하가격과 금전적 또는 비금전적 지원액을 믹스하여 출하고객의 인식에 집하가격에 대한 저항감을 줄이면서 동시에 물량유치 확대에 인센티브가 되도록 하여야 한다. 예를 들면 2005년 충북 음성농협은 고추수매에서 연말에 600g당 200원정도 이용고 배당을 하기 때문에 실제로 가격 지지가 400~500원 높았다. 마케팅 조직은 수매가격을 둘러싸고 출하고객과 가격을 서로 높이거나 낮추려고 첨예한 샅바싸움을 벌인다. 상호 신뢰를 한다면 사후적으로 사업성과가 높아지면 출하고객에게 돌려준다고 약속을 하는 것이다. 그럼으로써 마케팅 조직의 원가부담을 덜고 최선을 다하여 성과거양에 매진할 수 있다.

한편 출하고객들의 당연 지출비용으로 아래와 같은 항목들이 있다. 이 비용은 집하가격이 판매가격에 대한 일정비율로 지불받는 것과 달리 정액제로 박스당 또는 개수, 무게당 지불받는다.

- APC 선별 이용료 : 기계사용료, 노무 작업비
- 운송비, 박스비 등 포장 자재비
- 물류비(하역비, 보관 저장비용)

위 비용은 출하고객에 대한 마케팅 조직의 서비스 제공 또는 설비 이용에 따라 부과한다. 집하가격은 판매인력의 활동비용으로 위 비용과는 성격이 근본적으로 다르다. 출하고객은 마케팅 조직을 이용하지 않더라도 당연히 지출되는 유통비용인 것이다. 수익자 부담원칙에 따라 당연히 지불하는 것이지만 체감적으로 이용하는 마케팅 조직으로부터 징수당하는 집하가격처럼 인식하는 경우도 있다. 위와 같은 비용들 때문에 집하가격이 부풀려지는데 이러한 인식이 되지 않도록 집하가격의 성격과 산정 근기를 분명히 하여야 한다. 물류합리화에 의하여 이러한 지출비용을 감소시키면 출하고객 수취가 상승과 동일한 효과를 발생시킨다.

이상 논의한 바와 같이 집하가격, 출하고객 지원금액, 출하고객 부담

유통비용의 세 가지 요소를 출하고객 유치와 마케팅 조직 수익원 확보 차원에서 전체적으로 믹스하여 관리하여야 한다.

4.2.3 집하가격결정 체계

● 수탁 수수료 : 마케팅 조직의 신뢰를 바탕으로 출하고객이 위탁할 때 지속적인 수탁사업 유지가 가능하다. 바람직한 수탁은 수탁에 따른 공동계산의 소요기간을 충분히 설명하고 이에 따른 제비용의 내용과 수수료율을 정하여 충분한 동의하에 수탁이 이루어져야 한다. 수탁사업 체계는 시장 가격변동이 그대로 수취가격에 반영되어 시세를 반영한다. 마케팅 조직 입장에서는 매취 사업처럼 매취자금이 소요되지 않는 점이 장점이다. 그리고 매취에 따른 마케팅 조직의 매매 과정에서 손실발생을 피할 수 있다. 품목 특성상 수시로 수확이 이루어지고 시장 수급에 따라 가격이 자주 변화하는 경우에 수탁사업 체계가 적당해 보인다. 그러나 수탁 사업도 매취사업에 의하여 보완되어야 할 부분이 있다. 예를 들어 거래처 공급물량이 당해 조직 안에서 집하하기가 부족한 경우 매취를 통하여 물량을 확보하여 거래처에 대응하여야 하는 것이다. 수수료율 결정시는 세가지 측면에서 검토하여야 한다. 첫째, 마케팅 조직 경영손익을 감안하여야 한다. 예상 취급물량 전체와 수수료율 두 변수를 적정하게 조정하여야 한다. 둘째, 경쟁조직 수수료율도 감안하여야 한다. 사실 경쟁조직 수수료율 그 자체는 중요한 것이 아닌데 출하고객의 체감적인 부분을 무시할 수는 없다. 실제로는 각종 부수적인 지원항목과 도매시장 수수료율 등 출하고객의 부담부분도 고려한 순수수료율을 비교하여야 한다. 셋째, 마케팅 조직의 정책적 고려이다. 예를 들어 농협연합사업단의 경우 연합사업협의회에서 결정한 수수료율을 따르기도 한다. 기타 선출직 조직의 장의 정치적 고려가 작용하는 것이 현실이기도 하다.

- 매취마진 : 매취는 마케팅 조직의 사전 물량확보 대책으로 유리하다. 계약재배시 사전에 가격을 예시한다면 출하고객의 가격에 대한 불만을 사전에 없앨 수 있으며 출하 후 바로 정산해준다. 가격 결정에 자신이 있는 마케팅 조직의 경우는 연중 고정가격으로 출하고객에 정산하여 준다. 동부여농협은 양송이 전체 생산물량에 대한 마케팅 통제가 가능하여 거래처에 안정된 물량과 가격으로 공급하기 때문에 고정 매취가격 결정이 가능하였다. 출하고객 - 마케팅 조직 - 거래처간의 일관된 가격 흐름이 유지되는 이상적인 집하가격 관리를 한다. 이것은 좀 예외적인 경우이고 매취사업은 다음과 같은 경우에 적용되는 것이 보통이다. 조합에서 일정한 수취가격을 지속적으로 농가에 정산할 경우에는 신뢰를 바탕으로 출하가 가능하나 그렇지 못한 경우에 수탁에 따른 가격전망이 불투명하여 원물출하를 기피하는 상황을 극복하기 위해 매취를 활용한다. 품목 특성상 연 1회 생산하여 보관 저장하에 출하물량 통제가 가능한 상태에서 공개 시장가격이 형성되지 않는 경우, 예를 들어 콩, 쌀, 밤 등은 매취사업에 적합하다. 또한 마케팅 조직과 출하고객 사이에 수탁사업에 대한 방식이나 사업운영에 대한 신뢰가 성숙되지 못한 경우 매취가 편리하다. 이 밖에도 거래처 대형마트에 대응하기 위한 물량 부족시 매취를 통하여 대응하는 것이 필요하다. 매취가 이루어지기 위해서는 '품질평가 가격설정 기준'을 정립하여야 한다. 매취 후 판매를 전제하므로 가격 예측을 잘하여야 하는데 매취 단계에서 일정 품위를 적정하게 구분하여 가격결정을 하여야 하는 점이다. 전문역량이 필요하다는 점은 기술한 바와 같다. 그리고 매취의 어려운 점은 마케팅 조직의 손실발생시 보전 방안이 강구되어야 한다. 매취를 하더라도 사전 거래처와 물량가격이 결정되는 경우 수탁거래와 차이가 없으므로 손실 예방 대책이 된다.

 이상과 같은 논의에서 마케팅 조직은 원물 확보를 어떠한 상황에서든 지 쉽게 하고 거래 리스크를 회피하여 손실을 발생시키지 않는 방법을 이상적으로 강구해야 함을 알 수 있다. 대안으로 평소 수익이 생길때 손실기금을 적립하는 방법이 있다. 또한 관계 주체들 간에 일정금액을 각출하여(행정의 지원을 받아도 좋고) 자조금을 조성하는 방법도 있다. 적립금이나 자조금은 예를 들어 할인행사로 인한 저가 판매 손실을 보전하는데 사용할 수 있겠다.

 여기서는 매취의 장점과 수탁의 장점을 결합하는 방법을 찾아보기로 하는데 절충형 집하가격체계 결정 방법이라고 하겠다.

- 절충형
  - 기준 예시가격제 : 수탁형 매취의 형태로 출하된 원물을 선별후 선별결과에 따라 기준 예시가를 기준으로 농가에 원물 출하익일에 정산한다. 문경농협과 포항 기계농협은 수탁형매취를 실시하여 충분한 물량을 확보한다. 이럼으로써 대형마트나 기타 대형 거래처에 안정적인 물량을 출하할 수 있는 대응력을 갖출 수 있었다. 그런데 만약 기준 예시가를 높게 하여 시장가격이 예시가를 밑돌게 되면 사후 정산을 위해 출하고객에게 차액반납을 요구하여야 한다. 출하고객은 반발할 것이므로 예시가 결정을 시장 상황에 맞게 잘 하여야 한다.
  - 최저가격 보장제 : 계약재배시나 1차 파종시기에 계약재배하고 수확전에 가격단가를 결정하는데 이때 최저가격을 서로 합의하는 것이다. 성진영농조합법인은 계약 농가의 수익 보장을 위하여 먼저 계약을 맺는데 농가들이 적자를 염려하지 않도록 원가를 보장하는 가격을 정한다. 신미네 유통사업단도 재배시기에 1차 계약하고 이후 가격을 재협상 방식으로 양파를 수매하고 있다. 가격을 다시 조정하는 시기에 양파 가격이 폭락할 경우 최저가격 보장 제도를 도

입해 농가의 경영수지를 보전해 준다. 또 반대로 양파가격이 폭등하면 농가와 협의를 통해 가격을 조정한다. 신미네는 지난날의 어려운 사례를 경험으로 "가격이 올라도 물건을 받을 수 있는 방법을 찾아야 하며 그러기 위해서는 생산자를 먼저 생각하며 함께 사업을 끌어가야 한다"고 생각한 것이다. 신미네는 농장에서 필요한 종자, 자재 등을 일체 공급받으며 규모화, 기계화를 준비할 수 있는 기반을 마련해 준다. 단순 계약관계가 아니라 농업경영 전반에 걸쳐 관계관리가 뒷받침되어 있는 것이 특징이다.

- 고객맞춤형 거래방식 : 출하고객이 수탁사업을 원하지 않으면 매취를 한다. 사전에 거래처와 공급물량과 가격이 정해져 있다면 가능하다. 출하고객이 원하는 방식대로 집하가격 결정체계를 운영한다. 가격 적용은 유연해야 하며 유연할 수 있는 사업조건을 마케팅 조직은 형성하여야 한다. 특별한 역량 있는 농업경영체를 유치하기 위하여도 유연한 거래 방식은 필요하다.

- 통합적 장기계약 : 출하고객과 마케팅 조직간의 계약 기간을 3~5년으로 장기화 한다. 이제까지는 보통 1년 단위 출하약정에 머물러 있었다. 그러다 보니 풍흉 상황에 따라 가격이 폭등과 폭락을 반복하여 계약 당사자간에 물량확보 측면과 안정적 수익 확보 측면에서 불안감을 안고 있었다. 이를 회피하고자 계약 내용을 이행하지 못하는 기회주의가 생기게 된 것이다. 이러한 문제를 해결하기 위하여 계약기간을 장기화 하면 가격의 높고 낮음이 모두 반영되어 서로가 어떠한 상황이 발생하더라도 감수하는 안정적 상호의존적 상태가 된다. 마케팅 조직과 출하고객이 상호 불확실성을 제거하여 각자의 경영을 중장기적으로 안정적으로 끌고 갈 수 있는 장점이 있다. 즉 통합적 관계관리 구조를 형성하는 것이다.

- 계획생산형 가격관리 : 생산계획을 관리하면서 물량을 통제하여 가

격도 관리하는 뛰어난 방식이다. 이는 농산물 마케팅에서 지향하고자 하는 숙원사항이기도 하다. 예를 들어 농업회사법인 농산무역(주)은 파프리카 농가들로 하여금 연간 생산계획을 수립하게 하여 재배 품종을 2~3개로 압축하고 작기별 파종시기를 정하는 한편 재배환경도 모두 동일하게 설정한다. 수확기가 다가오면 착과량을 조사하고 생산량을 예측해 연중 출하량을 안정적으로 조절하여 가격의 등락이 생기지 않도록 한다. 즉 물량통제로 집하가격이 일정하게 유지되도록 하는 것이다.

4.3 제안가치 전달 : 제안자 역할·활동과 통합화

출하고객들에게 제공하려는 가치를 제안하거나 가치 제안들을 좀더 신뢰할 수 있게 하는 보완적인 활동들을 행하는 관계주체들의 집하를 위한 노력을 「제안가치의 전달」 활동이라고 한다. 여기서는 마케팅 조직과 출하고객 간에 관계가 공고하게 구축되도록 노력하는 관계주체들의 역할 내용과 그러한 활동들이 전체적으로 시너지 효과를 낼 수 있도록 통합하는 대책에 대하여 다루고자 한다. 마케팅 조직의 「가치 전달」을 위한 사례를 유형화하고 시사점을 끌어내어 마케팅 플래너가 체계적으로 「가치 전달」 활동을 할 수 있도록 플래닝 개발에 도움이 되고자 한다.

4.3.1 관계주체별 활동 역할내용

• **마케팅 조직원** : 집하하여 시장에 판매하는 마케팅 조직의 역할이 가장 중요함은 두말할 필요가 없다. 마케팅 조직의 역할은 두 가지로 나눌 수 있는데 작목조직을 관리하여 직접 출하고객을 관리하는 역할과 간접적으로 협력조직에 작용하여 출하고객을 마케팅 조직이 지향하는 방향으로 이끄는 역할이 그것이다. 후자는 관계주체의 통합대책 부문에서 다루기로 한다.

　　마케팅 조직원 중에서 CEO의 역할이 가장 중요하다. 농협의 조합장, 민간 유통업체의 대표 등이 마케팅에 대한 가치관과 실천 행동이 꿋꿋한 조직의 좌표를 결정한다. 예를 들면 구천동농협의 어느 조합장은 "선별 기준을 공정하고 엄격하게 적용하기 위해 포도도 많이 던져봤고 선별하는 아줌마들과 싸움도 했다. 10명 중 3명만 확보한다는 마음으로 접근했다"고 말했다. 3명의 출하고객만 확신을 가지고 뛰어든다면 나머지 고객도 쫓아온다는 것이다. 간담회를 통해 조합원들과 부딪치면서 대화의 물꼬를 텄고 수시로 작목반장, 조합원들과 소주잔을 기울이며 하나씩 실타래를 풀어나갔다. "유통사업은 조합장이 앞장서서 해야 한다"고 강조했다. 또 하나의 예를 들면 풍기농협의 어느 조합장은 공동선별 기준에 대하여 항의하는 조합원에 대하여 "조합에서 정해놓은 기준을 한번 흩뜨려 놓으면 복원하기가 어려울 뿐만 아니라 풍기사과를 다 망치는 결과를 초래한다"고 말하여 조합장이 방패막이 역할을 하며 불합리한 불만 사항을 물리쳤다. 그리고 성주 초전농협 조합장은 우선 전속출하 작목반 조직을 꾸리는 일부터 시작하여 조합장 명의로 안내문을 보내고 작목반 회원 신청을 받았다.

　　확실히 일반직원들보다도 CEO 발언의 영향력이 크다고 하겠다. 이렇게 CEO가 열정을 갖고 출하고객을 상대하면 스태프들도 따라갈 수밖에 없고 힘이 실리게 된다.

　　일반직원들은 일단 출하고객들에게 열심히 일하는 모습으로 비쳐져야 한다. 예를 들면 평택 안중농협 경제사업장 직원들은 집하장 일에 매진하며, 출퇴근 시간도 따로 없이, 심지어 성출하기에는 휴일도 없이 출하체계를 확립하는 노력을 하였다. 수박을 출하하는 4개의 수박작목반 임원진들을 하나하나 찾아다니며 설득하였다. 이 덕분에 조합원들은 "농협 직원들이 있기에 다행이다"라는 말을 입에 달고 살며 농가 스스로 취급 수수료를 자발적으로 내고 있다고 한다. 또 예를 들면 담양 봉산농협은 공동계산과 공동선별에 대한 출하고객의 공감대 형성을 위한 물밑작업으로 저녁마다 조합장과 조합임직원이 마을을 돌며 '정신교육'을 실시했으며 수시로 농가, 공선사업단, 조합장 등이 모여 토론을 펼쳤다. 그 결과 꼭 하겠다는 농가만 모였으며, 농가는 각서제출과 함께 가입비로 80만원씩 투자하여 선별장을 회원들의 회비로 리모델링하기에까지 이르렀다.

위 사례들로부터 알 수 있는 마케팅 조직원의 활동방향에 대한 시사점은 이렇다. 첫째, 출하고객의 신규 집하는 선택적으로 선도적 조직기반 구축이 중요하다. 모두를 다 끌고갈 수는 없다는 점이다. 소수로부터 시작하여 성공사례를 만들어 이를 보고 다른 출하고객이 따라오도록 만든다는 것이다. 둘째, 조직화에 방해되는 요인을 제거하기 위해서는 설득적 노력도 필요하지만 큰 것을 위하여 작은 것을 희생시킬 수 있는 과감한 결단이 필요하다. 적정한 선에서 가망 없는 출하고객은 버린다. 셋째, 조직이 구축되었더라도 정상적으로 운영되기 위한 노력이 지속적으로 필요하다. 작목반원 스스로 자율 통제에 의하여 운영되기까지는 꾸준히 관리하여야 한다.

- **작목반(회)장** : 작목반장은 마케팅 조직의 「제안가치의 전달활동」에 가장 중요한 외부인사다. 기대심리가 높은 반원들을 조직화하는 구심점이다. 반원의 의견을 수렴하여 대변인 역할을 하여 수취가 문제 등을 가지고 마케팅 조직에 의견을 개진한다. 한편 마케팅 조직의 작목반에 대한 운영방침을 실행하는 기능을 맡는다. 그리고 작목반원간의 분쟁은 작목반 회장이 중간 허리가 되어 조율하기도 한다. 조직화는 작목반장의 활동으로부터 시작한다. 예를 들면 오송농협은 초창기에 오송지역의 주요 작목반 회장과 출하 의견을 조율하여 회원농가 확보에 한 몫을 했다. 김제 백구농협의 경우는 우선 작목반장을 소집해 그들을 설득하여 소규모로 시작하였다. '책임지고 믿을 만한 농가 3명씩 데려오기'로부터 시작하여 작목반장을 중심으로 30명 농가를

규합하여 공동선별 첫해 사업을 시작하였다. 동농협 책임자는 "농가를 다독거리고 사업에 대한 지속적인 이해와 신뢰를 얻어내는데 작목반장들의 힘이 컸다"며 "서로 '그만 두자'는 마지막 선을 넘어가지 않은 것도 작목반장에 대한 신뢰가 있었기 때문"이라고 말했다. 청양 정산농협의 경우는 작목반장이 조금도 손해보는 장사를 하지 않으려는 60명의 작목반원들을 일일이 설득하고 욕을 얻어먹더라도 과감히 일을 추진해 나가는 '카리스마'를 발휘하였다. 이처럼 작목반장에게 필요한 두 가지 캐릭터는 「신뢰감」과 「카리스마」이다. 이러한 역량이 잘 발휘되도록 하기 위하여 마케팅 조직은 다음과 같은 노력을 하여야 한다.

첫째, 작목반장은 반원들이 선출하도록 하여야 한다. 불가피하게 초창기에 마케팅 조직이 지정하기도 하지만 자율적 분위기에서 이루어져야 한다. 신뢰감을 얻는 기본이라고 할 것이다.

둘째, 작목반장을 보좌하는 총무와 마케팅 조직 직원이 꼼꼼히 챙겨주고 지원해야 한다. 작목반장이 일을 벌이면 이를 뒤에서 수습하는 총무가 있어야 하고 옆에서 지원하는 직원이 도와주어야 한다. 그래야 반원들을 장악하는 카리스마가 실행력을 갖는 것이다.

셋째, 작목반장을 동기부여하는 환경을 조성하여야 한다. 작목반장을 마케팅 조직의 의사결정기구에 참여시켜야 한다. 조직 사업에 주체의식을 심어주기 위함이다. 그리고 물심양면에서 지원을 하여야 한다. 시장 판촉비에 해당하는 투자를 해야 한다. 만약 작목반장이 소외감을 느끼게 되면 「가치제안」은 실패로 끝난다. 작목반장은 자기 농사일도 바쁜데 무슨 도움이 된다고 소외감 느끼면서 마케팅 조직이 할 일을 하겠는가?

- **작목반원** : 작목반원은 가치제안의 대상이지만 작목반원간의 상호작용에 의하여 어느 반원은 제안의 전달자 역할을 할 수 있다. 반대로 제안의 수용을 방해하는 역할을 할 수도 있다. 예를 들면 평택 안중

농협의 작목반은 출하 반원들을 자체적으로 선발해 농협에 명단을 제출하였다. 북제주 함덕농협은 작목반원이 늘면서 이웃 농가가 농약을 잘못 치거나 건조를 제대로 못하면 농협에 신고를 하여 품질관리가 허술한 농가를 마케팅 조직이 지도해 달라고 한다. 이는 모든 농가가 품질관리에 함께 나서야 성공할 수 있다는 공동체의식이 자리잡았기 때문에 벌어지는 풍경이다. 또한 관계자는 농협상무보다 작목반 스스로 더 깐깐하게 선별작업을 감시할 정도로 원칙을 지키고 있다고 자랑한다. 김천 어모농협은 초기에 사업의 성공을 위해서 참여 의지가 있는 우수 농가만을 선별해 1~2개 포도 작목반을 사업에 참여시켰다. 즉 정예반원을 중심으로 사업을 이끌고 가는 것이다. 마케팅 조직은 작목반원간의 분위기 조성에 관심을 가져야 한다. 반원들이 자발적으로 참여적 분위기를 형성하거나 순기능적인 방향으로 작목반이 운영되도록 하는 것 이상으로 바람직한 것은 없다.

- 영농회장 : 마케팅 조직은 마을단위 행정업무를 수행하는 영농회장도 가치제안의 전달자로 활용할 수 있다. 예를 들면 영농회장회의시에 산지유통센터에 대한 사업설명을 통해 농가들의 관심을 촉구하도록 한다. 마케팅 조직요원 당사자보다 제3자가 하는 이야기가 더욱 설득력을 가질 수 있다. 아울러 출향인에 대한 정보를 교환하여 지역의 농산물 판매를 도울 수 있는 계기와 여건마련에 역할을 할 수 있다.

- 지자체 : 지자체는 지역농업 육성을 위한 정책을 개발하고 생산자 단체와 농가들을 지원하고 있다. 직접적으로 「가치제안 활동」을 하는 것은 아니지만 마케팅 조직을 지원하여 사업을 잘 추진할 수 있도록 여건을 조성하는데 도움을 주는 기능을 기대하는 것이다. 그러면 출하고객이 마케팅 조직의 사업수행 역량을 높이 평가하여 신뢰성 있는 조직으로 여기게 된다. 일반적으로 지자체는 물류비 등 보조금 지원, 박스디자인 제작 및 박스비 일부 보조 등을 지원함으로써 간접적

으로 순수취가를 높여준다. 「가치제안 활동」과 관련하여 마케팅 조직은 두 가지 측면에서 지자체를 활용하여야 한다. 첫째, 마케팅 조직의 판매관리비 부담을 덜 수 있도록 지원을 유도하여야 한다. 그러기 위해서는 지역농업 육성을 위하여 마케팅 조직의 위상을 높이고 그러한 모습을 홍보하며 설득력 있게 정책사업 발굴에 반영이 되도록 하여야 한다. 둘째, 지자체의 농가지원보조금 등 창구를 마케팅 조직으로 하여야 한다. 농가로 하여금 마케팅 조직에 참여해야 수혜가 가능하도록 하여 집하촉진에 활용하는 것이다.

- 농업기술센터 : 농업기술센터는 농가에 생산기술지도를 할 수 있는 역량을 가지고 있다. 생산기술지도는 마케팅 조직이 출하고객을 유치하고 관계를 지속적으로 유지할 수 있게 하는 서비스 요소이다. 그러나 마케팅 조직이 이러한 서비스가 가능한 인력을 보유하고 있지 못하는 경우에는 약점이 된다. 기술지도 역량의 보유 여부가 마케팅 조직의 역량을 차별화시키는 요소가 된다고 할 수 있다. 마케팅 조직은 농업기술센터를 활용하여 자신의 약점을 보완하여야 산지 마케팅 조직간 경쟁력 있는 「가치제안 활동」을 펼칠 수 있게 된다. 계획생산 판매단계에까지 이르는 고도화된 마케팅 조직이어야 시장에 대한 전략성과를 높일 수 있다. 여기에 대학이나 기타 연구단체가 제휴하여 지역농업 클러스터를 결성하여 새로운 상품을 개발하고 출하고객을 마케팅 조직과 함께 묶어버리는 사례도 있다. 참고로 「농산업 클러스터」란 일정 지역에 특화된 농산물의 생산·유통·가공 등과 관련된 농업경영체와 농산업체, 대학 및 연구소, 행정기관단체 등이 산학연관 네트워크를 형성하고 경쟁과 협력을 통하여 지역농업 혁신의 상승효과를 이루어가는 집합체를 말한다.<김정호외 2004>.

- 외부지도교육 인사 : 관내 지역외 전문가를 활용하여 해당 마케팅 조직의 「가치제안 활동」을 지원 받는 것이다. 외부지도 인사로는 상위

단체 관계자, 대학교수, 컨설턴트, 우수선진지역 관계자, 연구단체 연구원, 기타 전문가 등이 있다. 이들로 하여금 공동판매의 필요성을 강조하여 마케팅 조직에 참여를 촉구하게 한다. 마케팅 조직의 당사자 이야기보다 외부 제 3자의 말을 더욱 신뢰하는 경우에 효과적이다. 예를 들어 봉산농협은 수시로 농가 교육이 이뤄지고 있으며 지역의 기술센터나 학교와 교류해 새로운 기술수용에도 적극적으로 나서고 있다.

- 컨설턴트의 역할 특성 : 「컨설턴트」도 외부 전문가라는 점에서 지도교육 인사와 동일하나 「가치제안 활동」의 방법상에서 다른 점이 있다. 컨설턴트는 해당 지역을 진단하여 이슈를 도출하고 발전 방안을 제시하는 임무를 수행한다. 따라서 다른 인사는 일반적인 얘기를 하지만 컨설턴트는 현상의 분석에 기초하여 해당 산지에 적합하게 강한 설득력을 갖는 내용을 전달할 수 있다. 필자도 어느 산지의 컨설팅을 수행하는 과정에서 공선회 총회에 참석하여 클라이언트 마케팅 조직에 참여의 당위성을 '맞춤형 가치제안활동' 차원에서 접근하여 강의한 적이 있다. 다른 사례를 들면 봉화연합사업단의 연합마케팅 컨설팅 실시가 있다. 봉화사업단은 연합마케팅 사업이라는 깃발은 빼어 들었지만 초기의 어려움 극복을 위해 전문가의 조언을 활용하고자 컨설팅 계약을 체결하고 사업을 시작했다. 컨설팅 목표의 첫째가 감자부문의 공동선별 및 공동계산제 구축을 위해 "유통의식 교육을 통한 유통마인드를 제고"하는 것이었다.

• 거래처 구매자 : 예를 들면 대형마트의 바이어를 초청하여 교육을 하는 것이다. 이들은 구매고객 입장에서 말하는 것이므로 산지는 귀담아 들어야만 한다. 이들이 자신들의 구매방침과 함께 시장동향에 대한 정보를 제공하고 다른 산지의 운영사례를 알려줄 것이다. 그러한

과정에서 해당산지와 비교하여 자기산지의 나아갈 방향도 생각하게
되면서 공동판매의 적극적 참여의 필요성이 도출된다. 자연스럽게 바
이어를 통한 「가치제안 활동」이 이루어진다고 할 것이다.

4.3.2 역할 통합과 관리

그림 3-13은 제안가치의 전달활동을 전개하는 주체들이 마케팅 조직
뿐만이 아니라 다양하게 존재함을 보여준다. 영농회장, 농업기술센터, 외
부전문가, 컨설턴트, 바이어 등은 각각 독특한 역할의 속성을 갖고 있으
면서 마케팅 조직의 집하촉진을 지원하고 있다. 이들의 기능은 전술한 내
용들의 키워드를 정리한 것이다. 즉 영농회장은 홍보, 농업기술센터는 기
술지도, 외부전문가는 공판참여운동, 컨설턴트는 당면 문제해결, 바이어
는 시장정보 제공이다. 모두 마케팅 조직의 직접적인 가치제안을 뒷받침
하고 강화하는 내용들이다.

그림 3-13 통합적 제안가치 전달 체계도

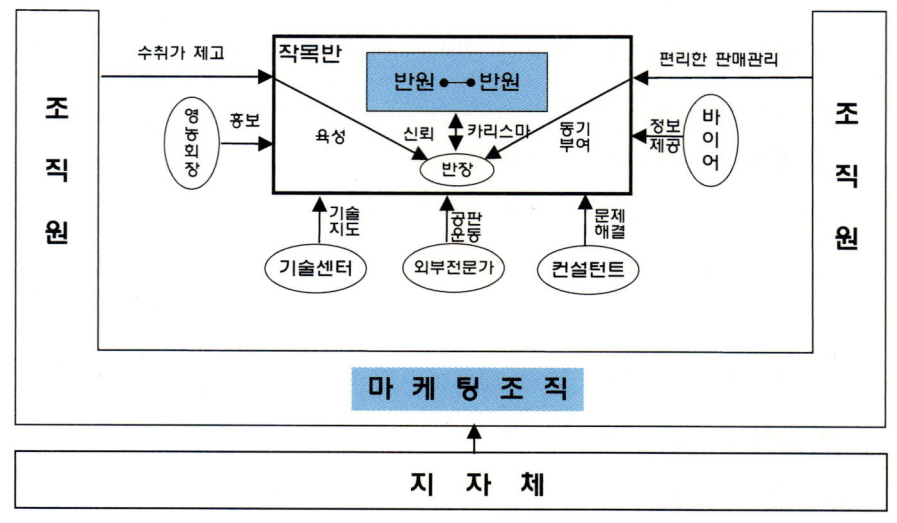

마케팅 조직은 지원주체들의 관계관리를 중요하게 생각하여 활용하여야 한다. 독특한 기능들을 통합하여 가치전달의 통합적 시너지 효과가 창출될 수 있도록 하여야 한다. 이미 마케팅 조직 자체 역량만으로는 소기의 목적을 달성하는데 한계가 있음을 알았을 것이다. 자신의 약점을 보완하고 강점을 더욱 강하게 만들 수 있도록 지역 또는 업계 네트워크를 잘 관리하여야 한다. 다시 한 번 강조하건대 산지경쟁은 네트워크간의 경쟁이라고 할 수 있다. 실천적으로 가칭 「산지조직강화 협의회」를 구성하여 정기적으로 운영한다면 하나의 시스템으로 작동되는 것이다.

4.4 집하촉진

집하촉진은 마케팅 이론의 촉진활동과 유사하게 출하고객에게 자사 마케팅 조직의 가치제안 내용을 잘 알려서 출하고객으로 하여금 마케팅 조직에 참여하고 싶은 욕구가 생겨 출하이행으로 연결되도록 하는 활동이다. 마케팅 조직에게는 물량을 유치하고 계속적인 이용을 도모하는 커뮤니케이션 과정이라고 할 수 있다. 마케팅 조직은 집하촉진의 수단으로 교육 등을 통하여 출하고객의 태도를 변화시키려 하고 영농자재, 자금 등 물적 지원을 하기도 하며 출하조직의 질서유지를 위하여 규율에 의한 통제를 활용한다. 이러한 수단들을 믹스하여 출하고객을 규합하는 효과를 극대화시키는 것이 과제이다.

여기서는 「교육」, 「물적지원」, 「규율」의 세 가지 수단에 대하여 논하고자 한다. 이들 수단의 내용, 현장에서 활용사례, 기대효과, 효과적인 활용방향을 다루어 체계화 하겠다.

4.4.1 교육

교육은 마케팅 조직이 직간접적으로 주관하는 것으로 세 가지 목표를 갖는다. 첫째, 출하고객의 태도를 긍정적으로 변화시켜 마케팅 조직에 대한 신뢰감을 갖도록 한다. 둘째, 농업경영과 마케팅 관련 활동에 대한 지식을 습득하여 사업의 이해를 높인다. 셋째, 새로운 기술경험을 제공하여 자신이 지금까지 잘 해왔다고 느꼈던 관행적 농법에 대한 자만심을 해소한다. 이와 같은 목표를 갖는 다양한 교육적 수단 등을 모두 교육이란 방식으로 다루고 이를 실행함에 있어 고려해야 할 요소들도 함께 검토한다. 영동농협의 관계자는 "농협이 유통사업을 하는데 있어 무엇보다 중요한 것은 조합원들과 조합직원들의 의식을 바꾸는 것"이라며 "인식을 바꾸고 할 수 있다는 열정이 뭉치면 그리 어렵기만 한 사업은 아니다"며 교육의 중요성을 강조하였다. 농가들도 처음에는 반신반의하며 공동계산과 공동선별에 참여하기를 꺼려하다가 장차 농가에게 돌아갈 혜택과 궁극적인 소득증대로 이어지는 체계 등을 「교육을 통하여」 이해함으로써 작게나마 시작하였다는 것이 현장 사례이다.

- **개별 설득** : 예를 들면 마케팅 조직이 초기 출하 유치를 위하여 작목반 임원진들을 하나하나 찾아다니며 설득하는 것이다. 지금까지 해본 적이 없던 방식인 경우 충분한 이해를 위하여 개별적인 대화가 필요하다. 햇사레과일 조합공동사업 법인도 초기 연합사업을 시작할 때 우선 농가들을 일일이 찾아다니며 햇사레로 연합할 경우 예상되는 장점과 소득증대 효과 등 사업 청사진을 제시하고 소득보장도 약속하며 설득해 나갔다. 또한 사업이 진행되는 과정에서도 상품 등급 결정을 둘러싸고 농가와 마케팅 조직간에 첨예한 대립이 생기는 경우가 있었다. 오송농협은 품목별 작목반 회장들이 도맡아 설득하여 제대로 하는 농가를 방문해 상품을 비교해주거나 등급이 안 나오는 원인을 설명하여 이해시키고 설득하였다.

여기서 두 가지 점에 주목하고자 한다. 설득의 주체는 마케팅 조직원 이외의 협력자를 활용하는 것도 설득에 더욱 효과적일 수 있다는 점이다. 다른 하나는 일정가격을 보장한다든지 손실이 날 경우 어느 정도까지는 보전한다는 약속을 해야 하는지의 여부이다. 예를 들어 '공동선별 출하한 결과가 도매시장 가격보다 떨어지면 보상한다' 라는 조건을 내걸고 물량을 유치하는 경우를 말한다. 면밀한 전략에 뒷받침되어 있는 약속은 매력 있는 제안이 될 것이다.

그러나 개별 설득에도 한계가 있다. 접촉하는 사람의 범위가 적으며 당해 마케팅 조직에 대하여 과거의 불신이 있는 경우에 설득하는 노력에 비하여 뚜렷한 성과가 나타나지 않을 수 있다. 그래서 다른 교육수단을 보완적으로 활용하여야 한다.

- **견학 및 체험** : 마케팅 조직이 출하고객을 현장으로 안내하여 자신과 비교하거나 새로운 동향을 파악할 기회를 주는 것이다. 그럼으로써 스스로 부족한 점을 느끼고 의문을 가졌던 부분에 대하여 이해를 돕는 효과가 있다. 「개별 설득」을 보완할 수 있는 교육수단이라고 하겠다. 예를 들면 다음과 같은 사례가 있다.
  - 매주 1회 이상 농민들에게 대형유통업체의 매장 견학을 주선하여 소비지시장의 농산물유통 변화를 직접 체험하도록 하였다. 예상 외로 매장을 돌아본 농민들을 스스로 변화하기 시작했다.
  - 구천동농협은 유통업체의 홍보전이나 시식행사가 있을 때마다 직원들과 조합원들이 동행한다. 유통에 대한 현장 감각을 익힐 수 있고, 농민들은 품질에 대한 마인드를 자연스럽게 체득한다. "직원들의 자세도 변하지만 무엇보다 조합원들의 불만이 쏙 들어간다"고 말한다. 현장견학을 다녀올 때마다 달라진 것을 확연하게 느낄 수 있다고 한다.
  - 공동계산을 성공적으로 추진하는 산지를 찾아다녔다.
  - 하동 횡천농협은 농가들이 상품화한 농산물이 유통현장에서 어떤 대접을 받고 다른 농산물과 무엇이 다른가 등등 유통현장에서 보고, 듣고, 배우도록 하였다. 이러한 산경험이 상품성을 높이는데 일

익을 담당하였다고 한다.

- 무주구천동농협은 2004년 홈플러스 전국매장에서 열린 사과 홍보 행사에 두쌍의 부부를 참여시켜 판촉활동을 벌였다. 작목반장은 "소비지 현장을 몸소 체험함으로써 농업인들이 생산하는 사과의 품질 수준과 소비자들이 어떤 사과를 원하는지 알 수 있었던 좋은 기회였다"고 한다.

- 장호원농협은 민원에 대한 해결책으로 '현장견학' 을 택했다. 복숭 아를 출하하는 트럭 보조석에 불만을 제기한 농가를 태우고 공판 장으로 보낸 뒤 전국 각지에서 출하되는 수많은 복숭아와 자신이 생산한 복숭아를 비교하도록 자리를 마련한 것이다. 장호원농협은 '현장견학' 에 상당한 덕을 봤다. 농가의 민원을 잠재웠을 뿐만 아니라 견학을 다녀온 농가들이 실제 소비시장의 현실을 주변 농 가에게 말해주는 대변인이 되면서 농협과 조합원간의 의심을 지워 줬다.

- 동부여농협은 회원농가를 대상으로 1대 2 방식의 12시간 교육을 진행했다. 주로 금요일 저녁 5시부터 토요일 새벽 5시까지 진행한 유통교육에는 농협직원과 계약농가 대표 2명이 버섯을 운송하는 탑차에 타고 가락시장이나 양재동 하나로마트, 수원 물류센터 등으 로 이동하며 현장을 살폈다. 교육을 받은 농가는 상품성에 대한 인 식과 유통, 출하처에 대한 인식이 바뀌기 시작했으며 이후 농협이 원하는 상품을 만들어야 하는 이유를 알게 되었다.

- 농산무역(주) 농가들은 일본 유통현장에서 자신들 상품은 제각각으 로 현지 바이어들에게 제값을 못 받고 외면받는 반면 유럽제품은 파레타이징으로 항만에서 소비지까지 상품성이 유지되면서 시장에 파고드는 것을 목격하고 충격을 받았다. 이후 농산무역으로 물량의 결집과 공동선별과 공동계산이 자연스럽게 이뤄졌다고 한다.

견학 및 체험은 사전 준비를 철저히 하여 주마간산(走馬看山) 식이 되지 않도록 하고 토론회도 가미하는 것이 좋다. 나아가서 일회성 현장견학으로 그치지 않고 정기적으로 내실 있게 운영한다. 다만 비용이 많이 소요된다는 점이 있으나 마케팅 투자로 생각하여야 한다.

- **집합강의** : 소수가 아닌 다수의 농가에게 다양한 내용을 교육할 수 있는 장점이 있다. 작목반별·품목별 또는 전체를 대상으로 소기의 교육 목표를 달성할 수 있다. 외부강사를 초청하는 경우에는 마케팅 조직의 특별한 준비가 필요 없어 비용과 시간 측면에서도 경제적이므로 가장 일반적인 교육수단이다. 주로 아래와 같은 내용들을 교육한다.
  - 소비자가 신뢰하는 고품질 안전 농산물 생산 방안
  - 유통환경의 변화와 산지의 대응
  - 공동선별 및 공동계산의 필요성과 공동선별반 운영 협약서 준수
  - 연합마케팅 사업 활성화 방안
  - 친환경농산물 재배 및 유통 현황
  - 수확후 관리기술과 저장, 상품 포장
  - 산지 조직화 강화 대책
  - 자조금 제도의 이해와 활용방안

집합강의가 잘 되기 위하여 강의 기술과 전문성이 높은 강사의 선정, 교육 내용의 적합성, 피교육자의 교육 참여에 대한 동기부여를 제공하여야 한다. 교육의 성과는 교육횟수와 비례한다고 생각한다. 교육으로 유통에 대하여 세뇌시킨다는 생각으로 아낌없는 투자를 하여야 한다. 교육을 정례화하여 학습하는 생산조직을 지향하도록 한다. 교육 내용은 초보적 내용부터 고급 내용에 이르기까지 체계화시키되 전문교육기관과 제휴를 맺어 지속적인 프로그램을 운영하는 것이 바람직하다.

- **사업설명회** : 마케팅 조직이 자기사업을 시작할 때나 진행중인 사업

의 활성화를 위하여 개최하는 교육이다. 사업설명회의 교육 주체는 외부강사가 아닌 마케팅 조직이라는 점, 교육내용도 마케팅 일반이론이 아닌 현재 실행사업이라는 점에서 위 집합강의와 다르다. 예를 들면 2003년 나주 산포농협은 풋고추, 피망, 애호박에 대하여 친환경 및 기능성 농산물을 생산하고자 기존의 작목반을 배제하고 새로운 작목회를 구성하여 추진하기 위하여 아래와 같은 사업설명회를 개최하였다. 전 조합원을 대상으로 하되 의지를 갖고 참여를 희망하는 농가로부터 신청서(서약서 포함)를 받는 것이 설명회의 목표이다. 산포농협은 신청을 하였더라도 사업시작 전에 탈회할 수 있도록 안내하고 재교육을 실시하여 최종 확정하였다.

- 1차 : 16개 작목반 및 총무를 대상으로 사업설명 및 교육
- 2차 : 작목반별 작목반원을 대상으로 사업설명회(작목반별 3회)
- 3차 : 작목반 요청시 수시로 현장방문 사업설명회 및 교육
- 사업신청 조기확정을 위해 작목반장 회의

산지 조직화를 위하여 사업설명회는 매우 중요하다. 형식화하지 않고 실질적으로 조직이 운용되기 위하여 어려운 과정을 거쳐야 한다. 경우에 따라서는 사업추진 과정에서 발생하는 많은 어려움을 자기희생과 양보, 이해와 협조로 극복해야 하는 것이다. 따라서 사업계획과 정예회원의 구성을 위하여 치밀한 사전 준비가 필요하다.

• 기술 강습회 : 작목 재배관리, 제품관리, 수확후 관리 등 수확전후의 기술적인 부분에 대하여 전문가나 선도농가를 강사로 하는 교육이다. 농가들의 기술수준 차이가 크다는 것이 현실이다. 그럼에도 불구하고 대부분의 농가가 '자신만의 노하우'를 내세우며 다른 농가의 비법에 대해서는 무관심한 것도 사실이다. 기술 강습회 교육은 생산자 조직 기술의 상향평준화를 위하여 농가에 꼭 필요하고, 현실에 맞는 교육이라고 할 것이다. 한마디로 상품화율을 품질 상향적으로 높여보자는 것이다.

예를 들면 김제원협은 결구상추라는 생소한 작목을 도입할 당시 재배 노하우 부족으로 인한 조합원들의 우려를 해소하기 위하여 강습회를 개최하였다. 결구상추 작목반은 매달 한차례씩 정기모임에 전국에서 명성 있는 전문가를 초빙해 특강을 받았다. 교육 후에도 작목반원끼리 토론회와 사례발표 등을 통해 결구상추에 대한 노하우를 축적하는 과정을 거쳐 지금은 고품질을 자랑하는 결구상추를 생산하게 되었다. 오송농협은 회원농가가 모두 참여하는 방식으로 교육을 실시하고 있다. 기술을 가르치는 강사도 이를 배우는 사람도 모두 회원농가이며 최상품을 출하하는 회원의 기술비법을 서로 주고 받는 교육이다.

기술 강습회가 성공하기 위하여는 외부강사와 내부강사를 잘 선정하는 것이 중요하다. 어떤 작목반은 외부 사람의 말은 듣는데 내부사람의 말은 잘 안듣는 경우도 있다. 농사라면 자신이 최고라는 자부심이 강한 회원농가의 마인드가 가장 큰 걸림돌이기도 하다. 마케팅 조직은 기술 교육을 실시해도 이를 받아들이려는 의지가 결핍된 농가에 동기를 부여하는 것이 필요하다. 예를 들어 교육의 성과로 소비자가 원하는 차별화된 제품을 만들어 새로운 납품처의 개척이 가능하고 농가 수취가 증대로 이어진다는 비전을 제시하는 것이다.

- **외부교육 알선** : 산지 마케팅 조직이 자체 교육프로그램을 주관하기가 어려운 경우 외부 교육을 발굴하여 작목반원들을 교육에 참가시키는 것을 말한다. 예를 들어 연수원으로 작목반의 임원진을 보내 유통활성화 교육에 참여시키는 것이다. 마케팅 조직은 다양한 외부교육 프로그램의 정보를 가지고 활용해야 한다. 농가의 부족한 역량을 교육수요로 보고 이를 충족시킬 수 있는 기회를 끊임없이 만들어야 한다.

- **강좌개설 운영** : 마케팅 조직이 정기적인 교육프로그램을 운영하는 것이다. 집합강의가 이벤트성으로 실시하는 점과 다르다. 교육테마에

따라 제주감귤농협은 이런 점에서 앞서가는 마케팅 조직이다. 제주감
귤농협은 2006년부터 「브랜드 감귤 지도전문대학」을 운영하였다. 제
주감협과 농촌진흥청, 난지농업연구소가 공동 설립하여 최신 감귤재
배기술을 농가에 교육하고 변화하는 유통환경 등 마케팅을 지도하며
감귤 전문가를 양성하였다. 감귤재배 농가들을 대상으로 하는 이 대
학은 2008년 현재까지 120여 명이 수료했다. 또한 수료생 중에서
일정 수준의 테스트를 통과하면 전문지도사 자격증을 수여하고 이
농가를 중심으로 인근 농가들도 고품질 감귤을 생산 출하하도록 하
고 있다. 백구농협도 2003년 7~9월 3시간씩 10주간 「농민대학 프로
그램」을 운영하였다. 지원한 20농가가 10만원씩 부담하고 참여했다.
교육의 성과는 곧바로 생산성 향상으로 나타났다. 방울토마토의 경우
수확시기가 3개월에서 6개월로 두배 늘어났고 상품성도 향상됐다.

일시적이고 이벤트성 교육이 아닌 정기교육 프로그램은 피교육자로 하
여금 장기 교육기간 동안 교육내용을 지속적으로 인식하게 만든다. 그만
큼 강력한 교육 수단이라고 할 수 있다. 마케팅 조직은 이러한 교육 프로
그램을 운영할 줄 알아야 한다. 「학습하는 조직」이 되어야 경쟁력에서 우
위를 차지할 수 있다. 그런데 장기교육 강좌이므로 비용이 만만치 않게
소요되어 참여자에 부담지울 것인지의 여부가 검토 대상이 된다. 교육은
혜택을 부여하는 것이며 참여자의 열의를 더욱 촉구하는 의미에서 교육
비를 받아야 한다.

• 토론회 : 커뮤니케이션의 쌍방향을 특징으로 하는 교육수단이다. 당
면한 문제를 해결하거나 사업추진 과정에서 관계자간에 인식을 같이
하기 위하여 서로 대화를 할 수 있는 공식적 기회를 만드는 것이다.
다른 교육 수단들과는 교육 진행자의 주입식 전달이 아닌 상호대화
라는 점에서 다르다고 하겠다. 토론회는 사업평가회 내지 정기총회,
실무위원회 등의 형식으로 회의형식을 띤다. 또한 공선조직이 그룹별

로 나누어 상호토론회를 정기적으로 운영하는 것도 있다. 작목조직이 얼마나 활성화되는지 여부는 조직원간에 의사소통이 얼마나 빈번하게 이루어지는지에 달려 있다고 하겠다. 활발한 토론회는 작목조직의 결속력을 공고히 하며 반원들도 소속감을 느끼게 된다. 아울러 조직의 자율성도 함께 성숙되어 간다.

마케팅 조직은 토론회 운영에 많은 관심을 가져야 한다. 관찰자의 역할도 하면서 반원간에 토론적 분위기를 조장하고 마케팅 조직원도 반원들과 충분한 교감의 장을 토론회를 통하여 만들어 가야 한다.

지금까지 논의한 교육수단을 정리하면 그림 3-14 교육수단 믹스와 변화 지향과 같다. 수단은 다양하게 활용하여야 하며 교육 효과를 가져와 출하고객에게 변화를 일으켜야 한다. 그리하여 피교육자로 하여금 「공동판매하려는 의지와 역량」을 갖추게 하여 마케팅 조직과 통합을 이루도록 하여야 한다.

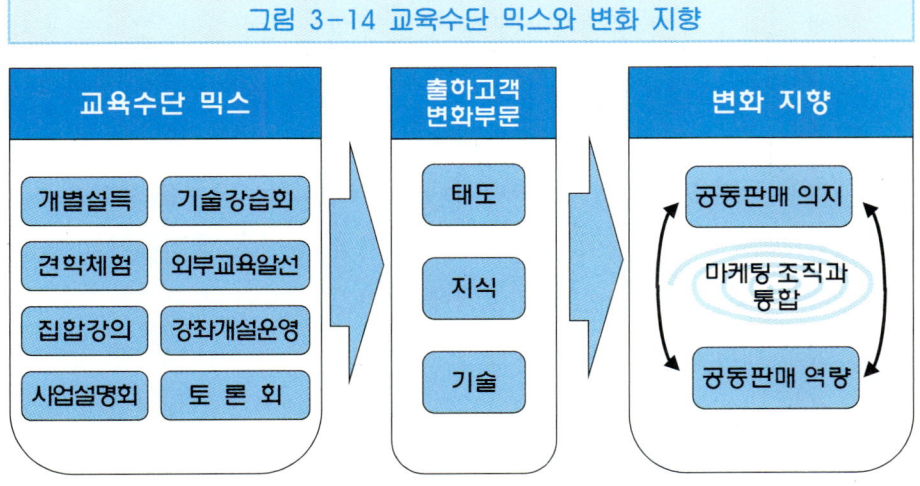

그림 3-14 교육수단 믹스와 변화 지향

4.4.2 물적지원

- 선도금 등 자금지원 : 마케팅 조직은 자사 조직에 출하를 유치하기 위한 약속의 하나로 사전에 선도금을 지원한다. 또한 가격하락시 농가수취가격을 보장하는 '수급안정사업'을 활용하여 출하인센티브로 한다. 이들의 재원은 정부정책 사업기금이거나 마케팅 조직 자체 운영자금이 된다. 이러한 자금은 마케팅 조직에 출하하기로 약정한 고객에게 지원하는 것이며, 출하고객은 약정한 물량을 출하할 의무를 부담한다. 자금지원과 실질적인 출하이행이 잘 연계되도록 관리가 이루어지면 효과적인 물량유치 수단이 될 수 있다.

- 포전 선별비용 등 지원 : 출하고객의 수확작업 비용을 덜어주기 위하여 포전에서 수확하고 선별하는 비용을 지원하는 경우도 있다. 예를 들면 부여 연합사업단은 지자체를 활용하여 포장에서 표본조사에 응할 경우 톤당 1만5천원을 지원한다. 별도로 확보된 선별사가 수확시기에 출하할 수박 중에서 상품성 있는 수박을 선별한다. 그러면 농가는 선별된 수박만 출하하면 된다. 이럼으로써 등외품까지 출하하여 비상품으로 처리된 것을 다시 가지고 갈 필요가 없어진다. 이 밖에도 마케팅 조직은 출하장려금이나 품질관리를 위한 '고품질 생산장려금 지원제도' 등을 만들어 고품질 생산의욕을 높이고 출하유치를 촉진한다. 이러란 지원들은 출하고객에게 가장 필요한 부분에서 마케팅 조직의 배려를 보여주는 것이므로 효과적인 인센티브라고 할 것이다. 문제는 마케팅 조직의 자금조달 능력인데 자기자금을 포함하여 지자체와 긴밀한 관계협력을 이루어 활용하는 것이 좋다. 그러기 위해서는 마케팅 조직의 주도면밀한 사업실행프로그램이 나와야 지자체 지원의 근거가 된다. 프로그램을 얼마나 설득력 있게 잘 만들어 정책으로 채택될 수 있게 하는지는 마케팅 조직의 역량에 달려 있다.

• 기금조성 지원 : 마케팅 조직이 기금이나 자조금을 조성하는데 지원하는 것이다. 예를 들어 지난날 부여연합사업단은 품질관리를 위하여 조성된 8천만원을 운용한 적이 있다. 4천만원은 부여군, 2천만원은 연합사업단, 2천만원은 회원농가가 갹출하였다. 마케팅 조직도 일정 자금을 출연하여 출하고객을 위한 사업자금으로 활용되도록 하는 것이다. 이 밖에도 출하고객 자체 조성한 작목반기금에 일정액을 보조할 수도 있다. 자금은 소비지 시장개척, 교육연수, 판매가격의 손실보전을 위한 용도로 집행할 수 있다. 특히 마케팅 조직은 자체 적립기금을 충분히 조성하여 대형마트의 할인행사 참여시 발생하는 손실부분을 메우거나 매취사업 추진의 동력으로 활용할 수 있어야 한다. 그래야 거래처의 대응에 유연성이 발휘되고 출하고객의 일정한 수취가격을 유지시켜 주어 출하물량의 안정적인 확보에 도움이 되는 것이다.

• 영농자재 및 구입보조지원 : 출하고객이 생산과정에서 사용하는 영농자재를 마케팅 조직이 무상으로 지원하거나 구입비를 보조하여 지원하는 것이다. 또한 특별한 품질관리에 필요한 자재를 자체개발하거나 알선하여 조달 공급하는 것도 포함한다. 마케팅 조직은 출하고객에게 단순히 영농자재 구입비 절감효과를 제공하려는 것 뿐만이 아니라 제품차별화를 위하여 마케팅 조직과 출하고객이 강력하게 통합되는 형태를 의도하는 경우도 있다. 다음과 같은 지원사례를 나열한다.

－ 공동육모비와 친환경자재비를 출하고객의 환원사업 차원에서 과수농가에 보조한다.

－ 직목반원은 마케팅 조직이 관리하는 공동육묘장에서 공급한 육묘를 사용하여야 한다.

－ 수륜농협은 자체 개발한 한방영양제(당귀, 계피, 마늘, 막걸리 배합)를 공급하여 생산되는 품목에 한하여 "한방" 브랜드를 사용토

록 하였다.

- 오창농협은 친환경자재를 무상 지원하거나 미생물제제의 50%를 보조하였고 영양제를 무료로 살포지원 확대하였다.
- 신미네유통사업단은 계약체결 농가에 종자 및 자재를 일괄 공급한다. 특히 종자는 하나로 통일된 품종만 사용한다.
- 밀양 무안농협은 토양검정센터를 운영하고 지력증진 차원에서 부산물 발효퇴비를 공급한다.
- 울산 농소농협은 벼 도정시 부산물인 애물단지 왕겨를 고온고압 가공으로 조직을 부드럽게 하여 팽연왕겨를 만들었다. 팽연왕겨와 흙을 섞어 만든 상토를 일반 상토의 10분의 1가격으로 농가에 공급하여 농가 경영비 절감에 도움이 되었을 뿐만 아니라 고품질 쌀 생산에도 도움이 되었다.
- 위미농협은 친환경농산물 재배를 위하여 골분·어분·숯가루를 이용 개발한 비료를 농가에 지원하였다.

위와 같은 지원활동은 친환경농업 분야에서 많이 나타나며 농가지원 - 제품개발 - 브랜드 관리와 연계되어 마케팅 조직간 경쟁력에 차별적 우위요소로 나타날 것이다.

- 유통자재 지원 : 포장박스, 소포장 용기, 기타 포장 부자재에 소요되는 비용은 출하고객의 부담이므로 판매후 수취가에서 차감요소가 된다. 예를 들면 홍천 내촌농협은 작목반에 설치된 선별기의 바구니를 지원하였으며 구천동농협은 박스 보조비로 1억5천만원을 지원하였다. 마케팅 조직이 이러한 부담을 덜어줄 수 있는 방법으로는 아래와 같은 것을 생각해 볼 수 있다.
- 자기 자금으로 보조한다.
- 대단위 공동구매를 통하여 할인구매를 하여 염가 공급한다.
- 저 코스트 포장 방식 또는 용기 등을 개발 사용한다.

– 지자체 물류비 지원을 활용하여 마케팅 조직을 창구로 하여 지원한다. 그리고 자재배달 공급이 마케팅 조직과 연계하여 출하고객에 공급이 되어야 촉진효과로 인식될 수 있을 것이다. 즉 출하고객은 마케팅 조직으로부터 지원받았으므로 거기에 출하해야 한다는 인식을 갖게 하여야 한다는 뜻이다.

- **물류편익 제공** : 수확할 제품을 정하고 수확작업을 하고 선별장에 운반하는 과정에서 마케팅 조직이 출하고객의 노력을 덜어주는 편익을 제공하는 것을 말한다. 마케팅 조직이 수확자율검사원 지정, 선별작업단의 운영, 포전에서 선별장까지 순회수집 운반을 대행하는 것이다. 예를 들면 아래와 같은 사례가 있다. 농가 고령화가 진행되면서 마케팅 조직의 이러한 역할은 점점 중요해진다.

– 대관령원예농협은 당근전문작업팀을 운영하여 포장에서 수확 및 선별작업에 투입한다. 매년 운영하므로 작업 전문성이 뛰어나고 농가는 수확의 번거로움을 피할 수 있다. 수확작업시 농가는 개입할 수 없어 균일하고 공정하게 선별할 수 있다.

– 청양 정산농협은 멜론 수집시 하우스 1동에서 생산된 전체 물량을 적재할 수 있도록 운송트럭의 크기를 감안하여 「수확용 목재상자」를 자체 제작하여 출하고객의 수확물 상하차에 편익을 준다.

– 성진영농법인은 수확전문인력을 운용한다. 원물의 품질을 잘 보전해 최상의 상태로 소비자에게 전달하기 위하여 작업팀에서 수확을 직접 담당한다. 엽채류 특성상 수확후 바로 유통을 하지 않으면 바로 폐기하여야 하기 때문에 수확을 전문적으로 하는 체계를 구축하였다.

– 수박을 취급하는 마케팅 조직들 중에는 「수확자율검사원」을 지정하여 수박 수확작업단을 운영한다. 선별사가 농장을 방문하여 수박을 체크하고 등급기준에 맞는 수박만 수확해간다. 수확 직후 벌크박스

에 담아 지게차로 옮겨 선별장으로 수송한다. 출하고객에게 절감되는 비용은 이렇다.

- 수박 상하차 노동비용
- 선별장 입고를 위한 차량운행 관련비용
- 선별후 등외수박을 다시 갖고 돌아가야 하는 번거로움

4.4.3 규율

마케팅 조직은 신규로 출하고객을 유치하는 것도 중요하지만 공동사업을 진행하는 과정에서 반원간에 조직질서를 제대로 통제하는 것도 매우 중요하다. 조직질서는 「규율」에 의하여 이루어지는 것이다. 「규율」은 반원으로 하여금 "위반하면 나한테 불이익이 돌아온다. 그래서 준수해야 한다" 는 의식을 심어주어야 한다. 따라서 엄격하고 공정해야 하며 확실하게 주지되어야 하므로 명문화시키는 것이 일반적이다. 어떤 마케팅 조직은 아래와 같은 공선회 규율을 운영한다.

① 공동선별은 농협이 선별함을 원칙으로 한다.
② 품질관리사의 등급판정에 이의를 제기하지 않는다.
③ 등급판정이 끝난 농산물은 절대 손대지 않는다.
④ 출하한 물건의 선별, 판매처, 판매가격에 대해 묻지 않는다.
⑤ 공동선별의 시작과 종료는 작목반과 협의하여 결정한다.
⑥ 공동선별외 선별은 개별선별로 보고 선별장을 이용해서는 안된다.
⑦ 정산(공동계산)은 10일 단위로 한다.
⑧ 본 사업에 제공되는 기물은 공동관리하고 개인별 배정 기물 분실의 경우 개인 변상을 원칙으로 한다.
⑨ 본 사업의 기준을 이행하지 않거나 사업을 방해하였을 경우 제명조치할 수 있으며 재가입은 불가하되 참여자 전원 찬성의 경우는 예외로 한다.

문제는 실효성의 확보인데 우수한 마케팅 조직일수록 철저히 지켜나간다. 예를 들어 청양 정산농협은 작목반 규정에 '개인유통 금지' 규정을 두고 사례가 적발되면 무조건 작목반을 탈퇴시켰다. 이를 위해 작목반장과 반원들은 1주일에 한번 가락시장에 '암행'을 나간다. 상주 외서농협은 출하시기별 출하약정 물량만 출하(±10% 범위인정)하고 미출하물량에 대해서는 과태료를 징수(500원/15kg)한다. 약정출하물량 미이행이 3번 이상 발생되면 탈퇴대상이 된다. 그리고 공동선과용 박스의 외부유출을 금지하여 개별 농가가 사용하지 못하도록 하고 품질관리사가 엄격히 관리한다. 안성과수농협은 공선회원 요건으로 최소 입고 수량 1,000상자 이상, 잎맞춤 브랜드의 경우 ERP 교육 및 잎맞춤 교육 이수자, 생산량의 30% 이상 출하약정을 한 자로 제한한다. 한편 출하약정을 이행하지 못하는 경우의 제재 사항으로는 약정량보다 30%까지 적을 경우에 주의 경고하고 70%까지 적을 경우 1년간 출하금지시킨다.

제4장 「판매」마케팅 플래닝

'「판매」마케팅'이라고 하여 '판매'와 '마케팅'이라는 유사개념 용어를 중첩되게 사용하여 적절치 못하게 개념을 다루고 있는 것으로 보일지 모르겠다. 본서의 의도는 그렇지 않다. '판매'마케팅은 앞장에서 다룬 '집하'마케팅에 대응하여 개념구분을 분명히 한 것이다. 본서는 일관되게 산지 주체, 즉 농업인과 역할대행 조직 관점에서 기업의 '마케팅 이론'을 도구로 활용하여 논리를 전개한다. 농업경영학적 시각에서 생산주체인 농업인이 생산물을 시장에 처분하는 상호작용은 '판매'이다. 이 '판매'는 기업마케팅 이론 교과서에서 말하는 "판매와 마케팅개념은 다르다"는 그 '판매'가 아니다. 그리고 산지 마케팅 조직이 시장에서 농산물을 처분하는 행위 역시 '공동판매'의 "판매"이다. 이 '판매'도 마케팅 이론에서 개념 비교하는 '판매'가 아니다. 또한 본서의 '판매'는 농협의 '판매사업'의 '판매'이다. 요컨대 「판매 마케팅」개념 전개는 농업경제학적 관점에서 산지주체들이 '판매'를 하는데 기업의 '마케팅' 이론을 끌어들여 창조적으로 논리를 구성하려는 시도인 것이다.

이번 장이 전개되는 전체 모습은 그림 4-1 구매고객 「판매」마케팅 체계도로제시되었다. 앞장에서 논술한 마케팅 프레임 워크와 같다. 다만 마케팅 대상이 '출하행위'에서 '물건'으로, 상대하는 사람이 '출하고객'에서 '구매고객'으로 바뀌었다. 그리고 마케팅 공간이 생산지에서 시장으로 달라졌다. 농산물의 유통경제적 특성과 구매고객이 조직구매자라는 특성이 상호교차하는 가운데 조직체의 「판매」마케팅 논리가 독특하게 전개된다.

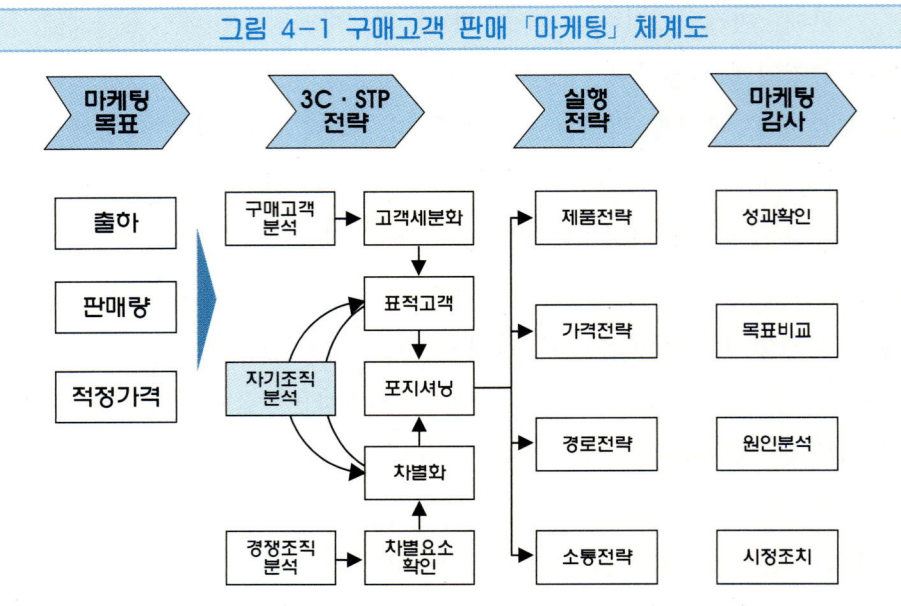

그림 4-1 구매고객 판매 「마케팅」 체계도

1. 「판매」마케팅 목표

「판매」마케팅 목표는 산지 마케팅 조직이 구매고객과 파트너십 관계를 통하여 원활한 물량처리와 적정한 수취가를 획득하는 것이다. 키워드를 중심으로 상세히 설명한다.

우선 구매고객은 누구인가, 누가 자사로부터 제품과 서비스를 구매하는가, 누구를 고객으로 하고 싶은가. 산지 마케팅 조직의 고객은 일반적으로 중간 구매자인 유통업체, 도매법인, 중도매인, 식재업체 등이 있다. 최종소비자로는 학교급식, 집단급식, 인터넷 구매소비자 등이 있다. 이들 중에는 현재 거래 중이거나 과거에 거래하였지만 현재는 거래하지 않는 고객으로 나뉜다. 그리고 전혀 접근한 적이 없었던 잠재고객이 있다. 고객을 분류한다는 것은 세그멘테이션의 문제이지만 표면적으로 드러나는 것은 업태별 고객이다. 농산물 특성이 계절적이며 공급조직의 규모가 영

세하여 고객은 출하기간마다 바뀔 가능성이 크며 출하기간 중에도 구매
자와 공급자수가 서로 다수이다 보니 거래 상대방은 교체된다. 농산물 거
래는 일반적으로 많은 공급자와 많은 구매자가 서로의 유리한 조건에 따
라 기회주의적으로 상대방을 바꿔가며 거래하는 것이 일반적이다. 산지
마케팅 조직은 산지에서 수송차를 보낼 때 자기조직 제품을 누가 사갈지
모르며 시장의 중도매인도 도매시장에 상장되는 농산물 중에서 고정 출
하자로부터 구입하는 것은 아니다. 유통업체와 직거래라고 하더라도 수시
로 공급자가 교체되기 일쑤다. 그렇지만 대개의 경우는 자기조직과 거래
하는 고객그룹은 큰 변함이 없을 것이다. 인터넷 구매고객 역시 재구매나
반복구매가 이루어지면 일정한 고객그룹으로 존재한다.

　고객을 생각하면 몇 가지 과제가 떠오른다. 관리고객의 범위가 넓은 것
이 좋은가? 극소수가 좋은가? 가격만 잘 받는 고객만 찾아다니는 것이
좋은가? 웹에서 B2B 또는 B2C 거래환경 구축이 필요한가? 이러한 거래
판단 기준은 산지 마케팅 조직이 취급하는 품목전체의 규모, 출하기간,
취급품목수, 품위수준, 산지입지, 시장과의 거리 등에 따라 다르다.

　기업마케팅에서는 기업과 고객과의 관계설정은 평생고객을 지향한다.
「판매」 마케팅에서도 다르지 않다. 고객을 확보하고 지속적 관계를 유지
하여야 한다. 본서에서는 이러한 관계를 '파트너십(결연)관계'라고 하였
다. 파트너십(결연)관계는 산지 마케팅 조직과 구매업체 사이에서 출하기
간 동안 지속적인 관계가 형성되고, 출하가 종료되더라도 다시 시작되는
출하시기에 구매업체와 거래가 이루어지는 관계를 말한다. 파트너십관계
는 구매자와 공급자간에 신뢰를 바탕으로 이익을 만들어가려고 노력하는
관계를 중요시한다.

　파트너십 관계에 의한 거래는 공급자와 구입자 모두에게 거래의 성립
까지 투입되는 거래 코스트를 절감시켜 준다. 절감되는 코스트는 이렇다.
파트너십 관계가 아니라면 매번 상대방을 발견해야 하는 탐색 코스트, 거

래가 지속적으로 유지됨에 따라 개개의 거래에 존재하는 불안정 또는 상대방 불신에 대한 위험 코스트, 상대 파트너에 대한 의존성이 커짐에 따라 상대방을 변경하는 것이 불리하여 거래처 변경에 따른 대체코스트 이다.

산지 마케팅 조직이 구매고객과 파트너십 관계를 추구하는 이유는 거 래비용 절감보다도 더욱 큰 목적이 있다. 원활한 물량처리와 적정한 수취 가 취득이 용이하다는 점이다. 산지 마케팅 조직에게 원활한 물량 처리는 매우 중요하다. 농산물은 살아있으며 저장이 곤란한 품목도 많다. 제 때 에 처분하지 않으면 상품가치가 없어져 폐기시켜야 할 상황에까지 이를 수 있다. 그리고 생육상태에 있는 농산물이 계속 출하 대기상태에 있어 시장에서 물량을 제대로 소화하는 것도 가격을 잘 받는 것 못지않게 중 요하다. 생산을 마음대로 제어할 수 없는 농산물 특성상 어쩔 수 없는 일 이다. 설령 보관이 가능하더라도 관리비용이 수반되고 부패 손상의 감모 가 발생되어 재고관리에 어려움이 따른다. 재고관리가 잘 이루어졌더라도 단경기를 지나 새로운 출하기 제품과 출하시기가 겹치면 홍수출하가 불 가피하여 가격이 폭락하는 사태를 가져올 수도 있어 마케터에게는 적절 한 재고관리 대책이 중요한 이슈가 된다. 시기적으로 물량처리를 적절히 하는 것이 하나의 마케팅 목표가 된다고 하겠다. 파트너십 관계는 일정 기간 예측가능한 지속적 관계이기에 물량의 시기별 배분, 시황에 적합한 상호입장의 수용이 가능하다.

다음은 적정한 수취가 취득의 양호한 여건에 대하여 언급한다. 적정한 가격이란 품위와 시세에 맞는 가격을 말한다. 판매가격은 시장 공급물량 의 크기와 제품 품위에 따라 결정된다. 기본적으로 높은 가격을 받으려면 공급량이 수요량보다 넘치지 말아야 하고 품질이 좋아야 한다. 해당 품위 수준에 못미치는 가격을 받거나 출하처를 잘못 선택하여 공급량이 과다 한 시장에 출하하여 약세가격을 감수하는 경우는 적정한 가격이라고 할 수 없다. 자사 제품의 품위 수준이 있는데도 불구하고 고품위 경쟁산지의 판매가격보다 더 높은 가격을 받으려고 하는 것은 잘못된 것이다. 적정가격 이상을 기대하는 요행을 바라는 것과 같다. 또한 적정한 가격에는 출하고객의 농업경영비와 마케팅 조직의 운영비를 커버하는 수준의 가격이라고도 할 수 있다. 전자는 커버하나 후자를 커버하지 못하면 마케팅 조직은 도산하여 출하고객에게 계속적 서비스를 제공하지 못한다. 그 반대의 경우에는 마케팅 조직이 출하고객을 착취하는 것이다. 요컨대 적정한 가격에는 두 가지 조건, 즉 시장시세를 따라가며 산지 유통주체들의 경영비를 커버해야 한다. 파트너십 관계는 상호 신뢰를 바탕으로 하는 것이므로 적정한 가격으로 거래가 이루어질 가능성이 높다. 결국 「판매」 마케팅이 지향하는 목표는 그림 4-2와 같이 출하고객과 마케팅 조직에게 공통의 이익이 되도록 하는 것이다. 한편 공통의 이익추구는 「판매」 마케팅이 「집하」 마케팅의 성과를 실현한 것이 된다. 그럼으로써 출하고객과 마케팅 조직은 상호 의존한다.

그림 4-2 「판매」 마케팅 지향 목표

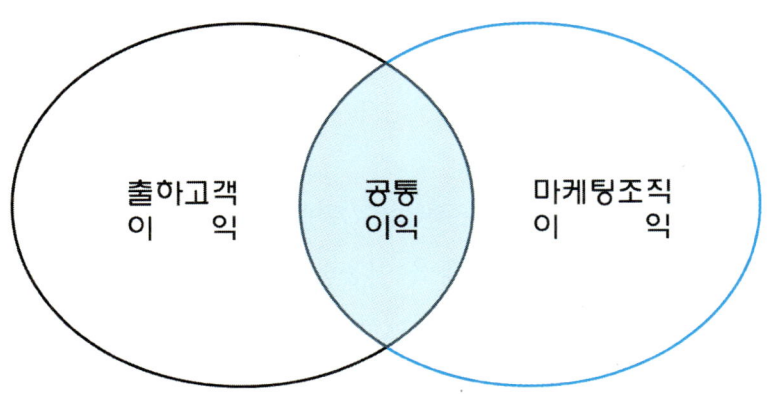

요컨대 「판매」 마케팅 목표가 달성되기 위한 조건은 이렇다. 우선 구매고객을 적정하게 잘 선택하여야 한다. 다음에 그 고객과 파트너십 관계를 형성하여야 한다. 그리고 원활하게 물량처리가 이루어지는 가운데 단위 물량의 판매가격이 적정가격을 받는 것이다. 이러한 조건들을 구체화시키는 것이 마케팅 전략이다. 전략은 개념화와 실행부분으로 나뉘는데 STP 전략이 개념화 부분이고 4P 전략이 실행부분이다.

2. 「마케팅」 전략 개념화-STP 전략

산지에서 농산물을 판매하는 실행전략을 수립하기 전에 전략을 개념화하여야 한다. 개념화 역시 앞서 논의한 세분화(Segmentation), 표적화(Targeting), 포지셔닝(위치화 : positioning)을 명확히 하는 것으로 STP 전략이다. 구매자 집단을 욕구와 구매행위 특성, 거래 방식 등에 따라 분류하는 것이 세분화(Segmentation)이며, 그러한 집단 중에서 자사에게 적합하다고 여기는 대상들을 지향하는 것이 고객표적화(Targeting)이며, 표적 고객에게 자사의 제품과 서비스를 잘 인식하도록 이미지를 형성하는 것이 포지셔닝(위치화 : positioning)이다. STP 분석을 통하여 전략을 개념화함으로써 이후 전략 실행이 효율적으로 된다.

2.1 구매고객 세분화

지난날 농산물 유통에서는 유통경로 개발이 거래처 개발이었다. 누가 사갈지 모르는 상태에서 도매시장을 이용하였다. 직거래 방식이라고 하더라도 구매규모와 마케팅 조직의 판매역량에 따라 마케팅 조직은 중요한 위치에 있거나 아니면 보잘것 없는 여러 납품처의 하나일 뿐이었다. 그러나 세상은 고객을 알고 판매를 해야 하는 시대로 바뀌었다. 산지의 한정된 판매시기와 물량, 품질 수준의 한계, 즉 자기사정으로 어떤 거래파트너는 적합하기도 하고 부적합하기도 하다. 농산물 마케팅은 상대성이 매우 크다고 할 것이다. 따라서 고객의 속성을 잘 파악해야 자사와 적합한 거래상대를 찾을 수 있으며 나아가서 현재는 어렵더라도 앞으로 마케팅 조직이 지향해야 할 잠재적 파트너가 구체화되는 것이다.

구매고객을 세분화하는 목적은 이렇다. 첫째, 거래파트너가 될 구매집단을 다양한 기준으로 세분화하여 파트너 탐색에 대한 안목을 높인다. 둘째, 세분화를 통한 구매집단의 특성을 파악하여 맞춤형 대응전략을 효과적으로 전개할 수 있다. 셋째, 거래처 획득과 유지를 위한 자원과 역량 투입의 효과와 성과달성 가능성을 높인다.

- 업태구분 세분화 : 가장 일반적인 세분화로서 구매자 집단을 업종별로 세분화하는 것이다.
  - 점포 소매점 : 대형마트(중앙구매, 개별구매), 중소형마트(체인점, 비체인점), 동네농산물 판매 전문점, 직판장
  - 무점포 소매점 : 홈쇼핑, 중개몰, 인터넷 자점 판매사이트
  - 식자재점 : 케이터링(catering), 개별급식상품, 집단급식상품, 가공식품제조사
  * 케이터링(catering) : 장소에 제한을 받지 않고 이동하여 특정 단체에 급식을 제공하는 업종
  - 무점포 도매상 : 대상인, 중상인, 소상인
  - 대중 다량 소비처 : 식당(한·중·일), 대학급식, 병원급식, 종교기관(교회, 절). 이용소비 고객이 수시로 바뀐다.
  - 특정 대중 다량 소비처 : 사내식당, 학교, 민간법인(요양원, 복지시설), 공익법인(적십자), 정부(군경, 관공서). 이용 소비고객이 고정되어 있다.
- 구매효익 세분화 : 구매집단의 구매효익을 기준으로 세분화하는 것이다.

- 경영개선 : 유통업체와 같은 재판매목적의 구매고객은 매출증대, 총수입증대, 단위 마진 등을 높이려 한다.
- 명예 : 구매하는 절차 과정상 규칙을 준수하는 것을 중요시 한다. 예를 들면 공공기관에서 구매 결정권자가 구매과정에서 비합리적인 이득 취득보다는 투명하게 다소 고가더라도 공공성 있는 구매센터로서 입찰 등을 통하여 규칙도 준수하며 떳떳하게 구매하려는 것을 말한다.
- 저가만족 : 제품 구매 1순위가 싼 가격으로 무조건 싼 제품을 찾는다. 위탁식자재업체의 경우는 철저한 원가관리 차원에서 이러한 구매행태를 보이는 경향도 있다.
- 소비평가 : 구매자가 구입제품에 대한 소비자 만족여부에 대한 평가를 염두에 두고 구매하는 것을 말한다.
- 구색 갖추기 : 구매제품 품질이나 서비스에 크게 비중을 두지 않는다.
- 향응 편익 : 본질적인 제품의 품질보다는 공급자와 구매자의 사람 관계에서 서비스를 중요시한다.
● 행동특성 세분화 : 고객의 구매행동시 기준에 따라 세분한다.
- 가격형 고객 : 행동 특성은 품위 등급보다는 싼 상품을 추구한다. 대단위 포장 등으로 구매원가를 최대한 줄이려 한다. 마케팅 조직은 계약재배 및 수매, 가공과정에서 저품위의 선별 - 취합 - 포장 - 수송 등 일련의 업무흐름에서 비용을 최소화하는 요인을 찾아 대응하려 한다.
- 품질형 고객 : 제품 품위에 관심이 높다. 동종 업태간 판매 경쟁력 강화를 위하여 차별화를 지향한다. 가격은 중고가 이상을 추구한다. 산지 마케팅 조직은 브랜드를 구축하고 품질의 우수성을 강조한다.(예: GAP 인증 활용). 예를 들어 가치 제안시는 "맛이 좋고

경쟁사와 다르다"는 차별성 있는 제품의 공급 능력을 내세운다. 식품기호 변화(건강, 안전, 다양, 편리)에 따른 맞춤형 상품 제안이 필요하다.

- **중간형 고객** : 제품의 구색이나 구매제품을 중간재로 사용하기도 한다. 상품지식이 많지 않으며 입찰에 부쳐 상품을 구매하기도 한다. 품위보다는 저가격에 비중을 두는 편이다. 대응 전략은 저품위 또는 저가격 상품을 상황에 따라 상대적 강점요소로 가치 제안한다.

- **서비스형 고객** : 구매관련 부수적 요구가 많은 고객이다. 외상, 향응성 접대 기대, 돌발적 배송, 이벤트 활동 등을 요구한다. 요구 사항 중에는 합리적인 것뿐만 아니라 비합리적인 요구사항도 있을 수 있다. 합리적 요구에는 유연성과 적시성으로 대응한다. 비합리적 요구에 대하여는 윤리경영과 비용유발 크기를 감안하여 대응한다. 예를 들면 바이어로서 우월적 지위 향유 분위기에는 호응을 하되 지나친 경우는 방치한다.

● **구매목적 세분화** : 구매고객이 산지 마케팅 조직으로부터 구매하는 목적은 크게 두 방향으로 구분할 수 있다. 하나는 구매한 후 재판매를 통하여 이익을 얻기 위하여 구매하는 것이다. 소매 유통업체가 대표적인 경우가 된다. 이들은 재판매 경쟁에서 우위를 누리기 위하여 '값싸게' 그리고 경쟁자와 비교하여 '차별성 있게' 구매하려 한다. 그러므로 산지는 '잘 팔려 이익이 되도록' 자사 공급대응 태세를 갖추어야 한다. 다른 하나는 「자기소비」를 위하여 구매하는 것이다. 일반 집단 급식, 학교급식, 종교기관(교회, 절)이 여기에 해당하는데 이들에게는 소비자 평가와 구매절차, 제품자체 특성을 중요시한다.

● **경로구분 세분화** : 농산물 유통의 경로는 도매시장을 거치는 경로와 도매시장을 거치지 않는 직거래로 대별된다. 후자의 직거래는 다시

넓은 의미(광의)의 직거래와 좁은 의미(협의)의 직거래로 나눈다. 좁은 의미의 직거래는 생산자가 최종소비자에게 직접 판매하는 것을 말한다.

- 도매시장 경로 : 언제라도 특별히 물량의 제약 없이 판매하여 처리가 가능하다. 경매를 위주로 거래방식으로 하기 때문에 판매전에 구매고객들과 거래조건과 관련하여 정해지는 것은 아니다.
- 광의의 직거래 : 도매시장의 경매가 아닌 상담을 통하여 거래조건이 결정되는 거래방식이다.
- 협의의 직거래 : 여기서는 마케팅 조직도 생산자의 판매를 대행하는 역할을 하는 것이므로 마케팅 조직이 최종소비자에게 판매하는 것을 포함하기로 한다. 대표적인 예가 마케팅 조직이 TV 홈쇼핑 경로를 이용하거나 인터넷 사이트를 구축하여 소비자에게 판매하는 것이다.
- 지리적 기준 세분화 : 시장이 소재한 지역을 기준으로 세분화한다. 지리적 특성은 매우 중요하다. 인구 크기에 따른 시장물량의 차이, 해당지역에 소재한 시장의 개수, 거주 집단의 구매성향에 따른 품위 또는 소비성향의 특이성, 상권의 역사성 등이 지역마다 다르다. 이 밖에도 산지 마케팅 조직에게는 운송거리의 차이에 따라 물류비와 신선도 유지 대책이 다르므로 마케팅 전략에서 출하지역에 대한 고려가 필요하다. 다음과 같이 세 지역으로 세분한다.
  - 수도권 시장/광역시 시장/지방시장

2.2 표적 구매고객 선정

세분화한 구매고객 집단 중에서 자사 마케팅 조직이 잘 서브할 수 있는 대상을 선정하는 과정이 구매고객 표적화(Targetting)이다. 농산물 공급자는 수확시기와 영세한 공급물량과 품위의 제약으로 거래관계도 계절적인 것이 일반적이다. 구매고객은 연중 공급받고 싶지만 공급자는 제품의 생육적 조건이나 기타 사정으로 구매고객 니즈에 대응하기가 쉽지 않다. 공급자의 모든 조건을 「마케팅 조직 역량」이라고 한다면 역량의 크기가 구매고객 표적집단의 범위를 결정한다. 예를 들면 중품위 수준의 제품으로 백화점을 타깃으로 마케팅 활동을 할 수는 없는 것이다. 한편 마케팅 조직의 입장에서 구매자 집단의 조건도 따져봐야 한다. 타깃 구매고객은 마케팅 조직에게 매력적이어야 한다. 동일한 거래처라면 비교하여 유리한 비즈니스 조건을 구비한 구매고객이 매력적이라고 할 것이다. 따라서 구매고객의 매력도와 마케팅 조직의 역량이 서로 교차하는 부분이 표적 구매고객 선정범위라고 할 것이다. 이하에서는 마케팅 조직의 역량 조건과 구매고객의 매력도 조건의 내용을 살펴본다.

2.2.1 구매고객 매력도

첫째, 마케팅 조직과 거래행태와 관련된 매력도이다. 약정주문량의 발주를 준수하여 갑자기 발주 중지를 하지 않는다. 제품 검수관리에 일관성이 있다. 지불가격이 낮지 않으며 대금지불을 철저히 하며 미지급금 기간이 길지 않다. 할인행사 손실 방치, 부당 반품, 부당 감액, 판촉비용 및 판매장려금 강요, 상품 수령 거부, 판촉사원 파견 강요 등과 같은 불공정 거래행위를 하지 않는다.

둘째, 거래처 관리에 관한 매력도이다. 수시로 납품처를 바꾸지 않는다. 산지와 공동으로 새로운 상품을 기획하는 공동프로그램 운영의 협력 의지를 갖고 있다. 산지 마케팅 조직간 경쟁을 부추겨 가격을 깎아내리는 행동을 하지 않는다.

셋째, 바이어에 관한 매력도이다. 산지 사정을 잘 이해하고 커뮤니케이션을 잘 하여 사업협력이 잘 된다. 사람이 신뢰성이 있어 상대하기 불편하지 않다. 윤리경영을 실천한다.

넷째, 구매고객 성장전망에 관한 매력도이다. 재무상태가 양호하며 경쟁업체 대비 판매역량이 뛰어나 향후 발주 규모가 확대될 것 같다. 또한 회사방침이 취급점포를 늘리는 등 공격적인 성장전략을 채택하고 있다. 제품공급의 한 시즌이 끝나더라도 이후 다시 자사와 거래관계를 맺을 가능성이 기대된다.

2.2.2 마케팅 조직 역량

마케팅 조직의 역량을 판단할 수 있는 기준은 마이클 포터(Michael Porter)의 「가치사슬 모형」을 활용하여 설명할 수 있다. 그림 4-3은 농산물 마케팅 조직의 가치활동을 예시하였다. 여기서 '가치'는 마케팅 조직이 구매자에게 제품과 서비스를 제공하는 마케팅 활동을 통하여 대가로 취득하는 금액이다. 마케팅 조직의 활동은 경쟁조직과 비교하여 비용을 낮추거나 차별화로 고가로 판매하여 수익을 얻어야 경쟁우위를 갖는 것이다. 마케팅 조직활동을 9개의 범주로 구분하였다.

그림 4-3 산지 마케팅 조직 가치활동 예시

보조활동				
기획·회계체계 - 비전/전략, 손익, 출자, 자금				
인적 요소 - CEO, 종업원(정규, 계약, 일용, 엔지니어), 급여				
의사결정 - 이사회, CEO, 농민단체				
집하관리 - 작목반 조직화(규모화, 결속력), 교육 지도, 지역단체 협력				

본원적 활동				
출하계획관리	**APC 운영**	**가차제안활동**	**상물관리**	**서비스활동**
-공동계산 실행 -생산 출하조정 -마케팅 경로 관리 -협력네트워크 관리	-원물반입 검수 -상품화 작업 -시설가동 -시설성과 -부대지원 설비	-차별화 기획 -제안제출 상담 -경쟁우위 확보 -수주 획득	-공급 계약조건 이행 -정시정량 추적 -법인 입금정산 -수수료 관리	-이벤트 대응 -불만 처리 -긴급요구 대응

수익

우선 보조활동은 구매집단과 상호작용하는 활동이 일어나도록 해주는 본원적 활동의 하부구조로 되어 있다. 조직의 기획회계체계, 사람요소, 의사결정, 집하관리가 전체 사슬을 지원하는 활동이다. 그리고 본원적 활동은 직접가치를 창출하는 활동으로서, 시장과의 관계에서 「출하계획관리」, 외부 물류투입에 의한 「APC 운영」, 거래처 개척활동인 「가치제안 활동」, 수주획득 후의 계약 이행과정인 「상류와 물류관리활동」, 구매고객과 커뮤니케이션 과정으로서 「서비스 활동」의 5가지이다.

이러한 활동들은 연계시스템으로 되어 상호의존적인 사슬과 같다. 하나의 활동이 다른 활동의 효율성에 영향을 주는 것이다. 예를 들어 「APC 운영」의 상품화시설이 현대화되어 당도 체크에 의한 제품선별이 잘 이루어진다면 「가치제안 활동」에서 차별화 제안에 강점으로 작용한다.

또 예를 들면 「출하계획관리」에서 공동계산 체계가 잘 정립되어 공급물량의 규모화가 이루어지면 「APC 운영」 활동에서 시설 가동률을 높여 고정비 절감을 가져올 수 있게 된다. 그리고 보조활동에서 사람의 문제는 본원적 활동 전체에 영향을 미친다. 즉, 마케팅 조직의 종업원이 공동계산의 정착을 위하여 작목반원에게 동기부여하며, 상품개발에 관여하고 거래처 개척을 위하여 적극적인 활동을 펼치며, 공급물량의 조달과 배송이 적시에 이루어지도록 추적하며, 바이어의 불만에 대하여 신속히 대응조치를 내리는데 관여한다. 요컨대 본원적 활동과 지원활동이 서로 협조적으로 수행되어야 「가치사슬」이 수익실현을 향하여 연계가 자연스럽게 이루어질 수 있다. 가치사슬의 가치창출이 잘 이루어질수록 수익화살표는 더욱 날카롭게 치고나가는 모습이 될 것이다. 각 활동의 우수성과 각 활동 간의 적절한 연계관리가 경쟁우위요소를 결정하며 이러한 조건을 만드는 것이 역량강화이다.

이제는 9가지 활동이 강점으로 또는 약점으로 작용하는 경우의 실제 사례를 표 4-1과 같이 나타냈다.

표 4-1 마케팅 조직 역량 판단 사례

가치 활동	약점 작용	강점 작용
기획 회계 체계	• 출범 초기에 자금 부족으로 법인의 정상적 경영이 어려움 • 적정 자금을 운영치 못하여 사업 위축, 가동률 저하, 손실 확대의 악순환 초래	• 법인 내부에 채권관리팀, 자체감사 운용 • 연합조직의 참여조합이 적극 출자하고 차입보증 이행하여 자금 풍부
인적 요소	• 제반 근무여건이 불리하여 우수 직원의 영입이 어려움 • 자체 채용직원의 경우 대부분 사업 경험이 없고 이들에 대한 관리도 허술	• 조합 파견 직원에 대해서는 관내 조합 최고 수준의 급여를 보장 • APC 운영 조합은 핵심 인력을 배치할 것에 합의
의사 결정	• CEO가 조합들과 의사소통하고 이해 관계를 조정, 사업 추진역량이 없음 • CEO가 사업적 판단에 의해 경영을 주도할 권한이 제한	• 대표이사 취임 이전에 마케팅 활성화를 위한 다양한 경력을 소유 • 조합공동법인에서 대표이사에게는 인사권을 제외한 법인 운영에 대한 거의 모든 권한을 부여
집하 관리	• 조합이 법인에 취급물량 이전에 소홀함 • 작목반 결속력 미흡으로 개별판매 위주	• 조합의 모든 복숭아 출하물량은 법인 앞으로 수·발주권 일원화 • 과실계약출하사업 물량 법인과 과수 농협간 배정으로 출하물량 안정화
출하계획관리	• 공동계산의 미정착으로 마케팅 전략 수립곤란 • 조생종 물량 부족으로 대형마트와 계약 체결 어려움	• 출하전 농장 사전 검사로 수확계획 수립 세움 • 취급품위의 다양성으로 판매경로별 전략 전개
APC 운영	• 가동률 저하로 비용부담 가중 • 시설의 노후화로 탄력적인 소포장 신제품 개발이 안됨	• 다품목 작업 호환성으로 가동률 양호 • 초현대식 설비 도입으로 작업효율이 높아 경쟁산지와 차별화됨
가치 제안 활동	• 시장의 요구를 법인 가치 활동 전반에 반영하는 데에 소홀 • 법인의 마케팅 역량이 미흡하여 조합 물량을 충분히 취급하지 못함	• 지역 내 생산되는 다양한 물량 취급을 위해 타 지역 물량도 취급 • 주요 거래처와 유대를 강화하기 위해 거래처 관계자를 매년 초청 행사
상물 관리	• 낮은 수수료로 손익 악화되고 사업축소	• 5% 수수료 수취로 자립경영 달성
서비스 활동	• 행사요구 대응 미흡하여 거래지속 안됨	• 100% 리콜 처리 • 거래처 돌발적 요구에 신속 대응함

버섯의 품위를 높였습니다.(숲속나라)

- 기름진 황토땅과 풍부한 일조량의 재배최적지에서 생산되어 예냉처리와 엄격한 품질관리로 모양과 크기가 균일합니다.(창원단감)
- 해풍을 먹고 자란 보물섬 남해마늘(농협남해군연합사업단)
- 강원도내 우수농산물 구입창구 단일화로 품목과 물량공급의 안정으로 편의성을 제공하여 귀사와 전략적 파트너가 되겠습니다.(강원농협 연합사업단)
- 자연농법으로 재배하여 밥이 차지며 구수한 전국 최우수 브랜드 쌀입니다.(한눈에 반한 쌀)
- 친환경 무농약쌀로서 최신 식미측정기에 의한 밥맛을 검증하였고 오존수로 살균처리 과정을 거친 완전미입니다.(김포금쌀)
- 비무장지대 깨끗한 물로 재배하였고 찰기와 씹히는 맛이 좋으며 밥을 지은 후에도 노화가 아주 적습니다.(철원오대완전미)
- 간척지에서 친환경자재와 비료를 사용하여 품질이 균질하고 가을 햅쌀 밥맛이 유지됩니다.(뜸부기와 함께 자란 쌀)
- 친환경 생산토지인 점질토에서 생산하였으며 우렁이 농법을 사용하였습니다.(드림생미)
- 점질 황토흙에서 재배되었고 심한 일교차로 밥맛이 좋고 소비자단체 선정 우수브랜드쌀입니다.(생거진천쌀)
- 밥맛이 담백하고 찰기가 좋고 고소한 향이 나며 식어도 밥맛이 오래 지속됩니다.(왕건이 탐낸 쌀 골드)

2.3.2 포지셔닝 전략수립 포인트

위 포지셔닝 사례를 평가한다면 마케팅 조직에 따라 포지셔닝 조건을 갖춘 것과 그렇지 못한 것이 있어 다양하다. 전략개념화 작업으로서 포지셔닝은 마케팅 실행전략 전개의 직전단계로 매우 중요하다. 포지셔닝 전략을 제대로 수립해야 표적고객에 대한 접근 컨셉이 분명해지는 것이다. 이하에서는 매력적인 포지셔닝 전략수립을 위한 절차를 설명한다.

첫째, 검토기준 요소에 대하여 자사조직 포지셔닝 수준의 높고 낮음을 파악한다. 높은 부분은 경쟁조직에 비하여 강점이고 낮은 부분은 약점이라고 할 수 있다. 파악요소는 아래와 같이 제품과 서비스, 마케팅 조직 요원, 조직 이미지 측면에서 살펴본다.

- 제품측면 : 가격 수준, 해당품위물량 공급 충분성, 선별의 균질성, 품위등급, 제품 차별화 정도, 상품화 설비의 현대화 정도
- 서비스 측면 : 고객 불만·요구에 대한 탄력적 대처
- 마케팅 조직 요원 : 요원의 숙련 경험도, 전문종사자수
- 마케팅 조직 이미지 : 시장의 산지에 대한 평가

그림 4-4 포지셔닝 캔버스 예시는 포지셔닝의 검토기준 요소별로 수준을 표시하였다.

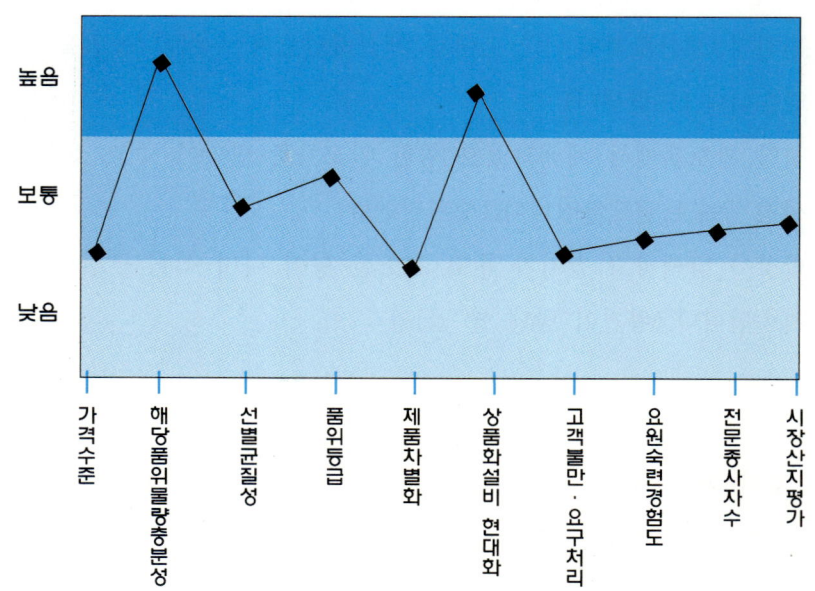

그림 4-4 포지셔닝 캔버스 예시

예를 들면 산지물량 확보와 선별시설의 현대화 정도는 높은 수준이지만 종사요원들과 관련한 사람의 문제는 보통수준이다. 앞으로 강력한 포지셔닝을 위하여는 인적요소 부문에 투자와 관심이 모아져야 함을 알 수 있다. 좀더 치밀한 분석을 위해서는 경쟁조직과 자사를 동일한 캔버스에 수준을 표시하여 비교하는 것이다. 상대적 강점과 약점을 노출시키면 포지셔닝 전략수립방향이 선명하게 떠오른다.

둘째, 현재의 포지셔닝 위상을 더 강하게 강조하며 높일 수 있는 방향을 탐색하고 긍정적으로 변화시키도록 한다. 예를 들면 상품화 시설은 현대적 시설로서 경쟁조직보다 우수하여 강점이지만 사람의 경험과 숙련도가 낮다면 약점이므로 대책으로 외부 유통업체 근무경력이 있는 전문인력을 채용하여 보강하는 식이 될 것이다.

셋째, 적절한 경쟁우위 포지셔닝을 선택하되 포지셔닝 문구는 아래의 조건을 충족시킨다.

① 고객의 이익에 초점을 맞추어 구매 욕구를 자극한다. 전술한 포지셔닝 사례에서 "첫눈에 반한 딸기"는 씻어도 무르지 않아 신선하고 손쉽게 안심하고 먹을 수 있다고 하였다. 이러한 포지셔닝은 다른 포지셔닝에서 흔히 나타나는 단순히 자기산지 특성만 내세운 것과 다르다. 고객관점에서 고객을 만족시키고 구매를 자극하는 잘 만들어진 포지셔닝이라고 할 것이다. 마케팅 조직들이 산지특성 위주로 포지셔닝을 강조하는 경우가 있는데 포지셔닝은 산지를 홍보하는 슬로건이 아니다. '최선을 다한다' '우수하다'는 말도 고객의 이익에 대한 지향점이 부족하다. 그러한 말들이 고객이익과 무슨 상관이 있는지 연계가 부족하다.

② 강점을 부각시켜 경쟁사보다 우월한 점을 최대한 적극적으로 알리고 기억시킨다. 전술한 사례에서 철원오대미의 포지셔닝이 여기에 해당한다. 비무장지대(DMZ)는 50년 넘게 자연생태계가 그대로 보

존된 다른 경쟁산지에서는 찾아볼 수 없는 청정지역이다. "비무장
지대 깨끗한 물로 재배하였고 찰기와 씹히는 맛이 좋으며 밥을 지
은 후에도 노화가 아주 적습니다" 라는 말에서 깨끗한 물이 강조되
며 먹다 남은 밥까지 맛이 있다는 강점이 기억하기 쉽다.

③ 독특하게 자사 마케팅 조직만이 가능한 점을 강조한다. 햇사레과일
조합 공동사업 법인의 포지셔닝이 여기에 해당한다. "풍부한 물량
으로 바이어를 만족시키고 고객감동의 제품만을 만들어 함께
win-win 할 것을 약속하겠습니다"에서 강조한 점에 주목할 필요
가 있다. 우선 많은 물량을 취급한다는 점이다. 동법인은 연합마케
팅을 통하여 우리나라 복숭아 물량을 가장 많이 취급하는 조직이다.
그리고 바이어를 만족시킨다고 하여 중간구매자에게 호감을 준다.
유일무이하게 잘하는 점을 바이어를 대상으로 포지셔닝한 점이 독
특하며 다른 조직이 쉽게 모방할 수가 없을 것이다.

넷째, 선택한 포지셔닝을 획득하도록 마케팅 믹스를 통하여 커뮤니케이
션한다. 일관되게 통합적으로 하위 전술들이 획득한 포지셔닝을 유지하고
강하게 만든다.

3. 제품전략

사람이 섭취하는 에너지의 원천인 식품 중 농산물보다 중요한 것은 없
다. 복합가치재라고 정의한 농산물의 가치 중 최우선적 특징은 생명재라
고 할 것이다. 생명재가 진가를 발휘하던 시기는 공급보다 수요가 많던
시절로서 생산만 하면 팔렸다. 그러나 이제는 수요보다 공급이 많은 풍요
의 시대가 되어 팔릴 수 있도록 노력하지 않으면 안된다. 그 노력을 제품
전략이라고 하는 것이다. 살아있는 제품인 농산물은 일반 공산품과 다른
독특한 고려요소들을 제품전략에서 필요로 하고 있다.

그림 4-5는 제품전략을 구성하는 고려요소 6가지를 다차원 그래프 형식으로 표시하였다. 즉, 넘쳐나는 대체재 환경에서 제품의 속성이 경쟁 마케팅 조직의 제품보다 특징 있는 차별점(제품속성의 차별화)을 가지고 있거나 포장 형태나 용기를 달리하여 시각적 관심을 불러일으켜야 한다(포장디자인 차별화). 이렇게 차별화된 내용과 형식이 일관성 있는 모습으로(공급제품 균질화) 구매고객이 필요한 물량까지는 일정기간 꾸준히 제공할 수 있어야 한다(공급제품의 안정성). 그리고 유통설비는 제품전략을 효율적으로 구사할 수 있도록 기술적 지원을 하여야 한다(유통설비의 제품전략적 활용도). 한편 마케팅 조직이 취급하는 다양한 제품믹스는 재무적 차원에서 검토를 받아 최적화된 믹스 체계를 지향하여야 한다(제품믹스 최적화).

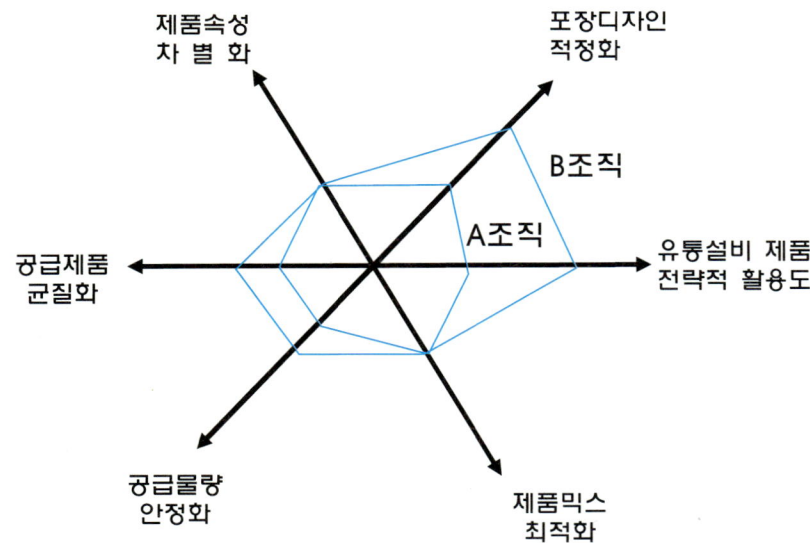

그림 4-5 제품전략구성의 다차원 그래프

예를 들어 어느 마케팅 조직이 그림 4-5의 안테나 모양의 전략수준을 보여준다고 하자. 두 가지 조건, 즉 정육각형에 가까운 모양을 갖추면서 도형의 크기가 클수록 제품전략은 잘 되어가는 것이다. 그러한 의미에서

A 조직보다는 B 조직의 제품전략차원이 좀더 우수하다고 하겠다. 이하에서 6가지 제품전략 구성요소들을 상세히 설명한다.

3.1 제품속성 차별화

농산물은 소비자 식생활에서 무엇인가? 어떤 소비자는 특별한 의미를 부여하지 않고 습관적으로 소비한다. 또 다른 소비자는 소득수준, 라이프스타일, 관심사, 연령 등에 따라 다양하게 농산물을 생각하면서 소비한다. 적어도 대다수의 소비자는 잠재의식 속에서라도 농산물 소비에 관심을 갖고 있다. 이러한 소비의식 모두를 「농산물 소비 기호」라고 하자. 마케터가 자사 제품의 컨셉이 「농산물 소비 기호」의 어떤 부분을 경쟁자보다 가치있게 우월적으로 충족시켜 줄 수 있다고 내세울 수 있는 부분이 있다면 그것이 「차별화」이다. 차별화되어 있다고 주장할 수 있는 부분이 없는 제품은 「일반」 농산물이다. 어떤 품목의 농산물이 세상의 모든 농산물에 대하여 차별화되어 있다고까지 할 필요는 없다. 표적고객에 대하여 표적고객이 차별적으로 인식하도록 하면 되는 것이다.

이하에서는 「농산물 소비 기호」에 부합하는 속성을 가진 제품은 무엇인지 살펴본다. 소비자는 새로운 것, 안전한 것, 건강에 특별히 좋다고 하는 것, 편리하게 먹을 수 있는 것, 비싸더라도 명품인 것, 특별히 싼 것을 찾고 있다. 그리고 마케팅 조직은 자사제품의 컨셉이 그러하도록 하기 위해서는 어떻게 해야 하는지 대책을 전략으로 논하겠다. 일반 농산물과 차별화된 상품은 잘 팔리는 반면에 차별화되지 않은 농산물은 팔기 어려운 공급 과잉 시대를 맞이한 지금, 마케팅 전쟁의 승패는 여기서부터 시작되는 것이다.

3.1.1 신제품 개발

「농산물 소비 기호」의 트렌드가 변화하는 가운데 소비자는 이제까지

상품화되지 않았던 새로운 제품에도 관심을 높이고 있다. 맛이나 모양, 소비방식의 변화, 새로운 이름의 농산물을 추구하는 소비기호의 다양성에 부합하는 것이 신제품이다. 예를 들면 다음과 같다.

- (주)팜슨은 맛과 품질을 높이면서 색다른 품종을 시장에 내놓고 있다. 송이 그대로 포장한 송이토마토(아모로스), 속살이 빨간 레드멜론, 흑수박, 노란 토마토이다.

- 딸기도 「설향」이나 「금향」이 구품종인 「육보」, 「장희」를 대체시키고 최근에는 「선홍」이 나오고 있다.

- 국내산 열대과일인 애플망고, 블루베리, 구아바가 매장에서 팔리고 있다. 이미 블루베리는 국산 판매량이 수입산을 능가하고 있다.

- 산사과도 지리산, 전북장수 장안산, 주왕산 일대에서 재배되고 있다. 온난화 현상 때문에 산에서 재배가 가능해졌는데 일교차가 커당도가 높고 과육이 단단한 것이 특징이다.

- 뉴질랜드는 키위를 '쉽게 벗겨지는 과일'로 개발 중이라고 한다. 키위가 앞으로 바나나처럼 껍질을 쉽게 손으로 벗기거나 사과처럼 껍질째 먹을 수 있는 과일로 바뀔 모양이다. 키위 품종개량 작업은 뉴질랜드 정부산하 연구소와 제스프리 등이 컨소시엄을 구성해 추진하고 있다고 한다.

- 수분기 있는 농산물을 증발과 건조방식으로 한 천연 스낵상품으로 수입업체를 통하여 판매되고 있다. 비나밋(www.vinamitkorea.co.kr)은 98%의 원료와 2% 유채씨유 만으로 만든 어떠한 첨가물도 넣지 않고 맛과 영양을 유지한 건강 스낵이라고 하며 사과, 파인애플, 바나나, 잭프룻, 파파야 등 과일스낵과 호박, 고구마, 토란 등 채소스낵을 수입하여 내놓고 있다. 국산도 일부 산지에서 영세하게 상품화되어 판매하고 있다. 앞으로 이 부분에 대한 수요가 활발할 것으로 전망된다. 말리는 것 외에 얼리고(아이스홍시, 아이스 딸

기), 절이고(장아찌류), 찌고, 씻고, 자르고, 발효시키는 것도 신제
품 개발 방식이다.

- 농산물을 비식품으로 둔갑시켜 상품화하는 것도 신제품 개발이다.
  병포도, 병배, 기르는 딸기화분이 그것이다. 식품을 비식품으로 즉,
  보는 것, 만지는 것, 장식으로, 입는 것, 기르는 것으로 다양한 변
  신을 추구하는 것이다.

- 또 하나 강력한 차별화 제품은 희소하며 가치가 높아 시장에서 거
  의 유일무이하게 한정되어 생산되는 것이다. 예를 들면 현대백화점
  에서만 판매되었던 「살색미인」이라는 재래 토종란이 있다. 이 달걀
  은 재래 토종닭이 낳은 방사유정란으로 개당 700원에 판매되었다.

마케팅 조직은 신제품 개발에 다음과 같은 7단계 과정을 거친다.

① 아이디어 창출 : 소비자의 「농산물 소비 기호」를 충족시키고 자사의
   전략목표를 달성하는 제품 아이디어를 찾아낸다. 아이디어는 유통업
   체와 제휴하여 개발할 수도 있다. 생산조직과 유통업체가 협력하여
   유통업체의 상품별, 시기별 기획 · 브랜드상품 개발에 산지가 대응하
   는 것이다.

② 아이디어 분석 : 아이디어가 시장성, 고객의 욕구와 관련 있는지를
   분석한다.

③ 제품 컨셉 테스트 : 아이디어가 수용될 수 있는지 판단하기 위하여
   시장을 점검한다.

④ 사업분석 : 손익 측면에서 아이디어를 점검한다.

⑤ 제품개발 : 아이디어를 제품으로 만든다.

⑥ 마켓 테스트 : 초기 사업평가를 확인하기 위하여 필요한 시장 테스
   트를 한다.

⑦ 상업화 : 제품 출시를 위하여 마케팅 조직의 기술적 · 경제적 자원을
   투입한다.

3.1.2 안전성 친환경 제품

유통업체를 비롯한 구매고객의 안전한 친환경농산물에 대한 시각은 이렇다. '농산물은 곧 식품이다' '안전하지 않은 식품은 식품이 아니다' 라고 한다. 따라서 안전하지 않은 농산물은 식품이 아니라고 하겠다. 구매고객은 농산물을 유해물질로부터의 안전성을 매우 중요한 구매 포인트로 꼽는다. 건강과 웰빙을 추구하고 식품불신의 해소에 대한 소비자의 요구가 갈수록 커지고 있기 때문에 중간구매자인 구매고객도 소비자 욕구에 부응할 수밖에 없다. 유통업체는 친환경농산물 전문코너를 계속 확대하는 가운데 농산물 매입에서 위생과 안전성을 가장 중요하게 고려한다. 특히 친환경농산물의 소비량이 신장세를 보이고 있어 농산물우수관리(GPA)인증 농산물과 친환경 유기농산물 매입에 주력한다. 그리고 유통업체는 소비자에게 안전성에 대한 믿음을 갖도록 커뮤니케이션하여야 하는 부담을 갖는다.

이러한 구매고객의 동향은 산지 마케팅 조직에게 기회와 위협의 양면을 시사한다. 기회 측면에서는 공급하는 제품의 안전성에 믿음을 주는 「안전 시스템」을 구축하여 커뮤니케이션 할 수 있다면 경쟁우위조건을 갖추게 된다. 위협 측면으로는 「안전 시스템」을 구축하고 운영하는데 따른 관리비와 원가부담이 순수취가를 낮게 하는 부담이다. 산지 마케팅 조직은 신뢰할 수 있는 시스템을 구축하고 노력과 비용의 부담을 최소화시키는 관계자 협력을 원활하게 이끌어내야 한다.

마케팅 조직이 관리영역으로 하는 안전시스템은 생산과 선별, 커뮤니케이션 과정에서 살펴볼 수 있다. 시스템화하는 이유는 친환경농산물과 식품의 안전성에 대한 소비지 신뢰성을 얻기 위하여 유통업체의 산지매입의 투명성을 높여 안심을 제공하려는 것이다.

① 생산과정 안전시스템 : 기본적으로 화학비료와 농약 사용을 줄이거

나 사용하지 않는 것이다. 사용하더라도 농약잔류검사 기준을 설정하고 생산조직원간에 엄격한 규율로 통제가 되도록 하는 것이다. 생산 기간 중 농약·비료일지 등 생산이력 내용을 빠짐없이 기록하고 생산자 실명제를 도입한다. 매년 비료 농약사용 절감 목표를 설정하고 구체적으로 이행하는 것이 중요하다. 전남 영암 군서·월출산농협 RPC는 생산단지별로 생산관리 대장을 비치하고 이를 전산시스템화해 생산이력제를 도입했다. 전북 김제 공덕농협은 왕겨숯공장을 세우고 목초액농법과 우렁이농법을 도입하여 친환경 제품 공급체계를 갖추었다. 경기·충북 햇사례연합은 과실종합생산시스템(IFP : integrated fruit production)을 도입하여 활용하고 있다. 이것은 생태적 안정성 및 경제성 있는 과실 생산을 목표로 과수원의 환경을 동·식물의 서식지로 보전하는 것을 말한다. 지금까지 과수원 토양은 생산성만을 치중한 나머지 양분이 과다 축적되어 각종 생리장해를 발생시키게 되었다. IPF 시스템은 과수원에서 이루어지는 모든 직업과 주변환경을 환경친환적으로 관리함으로써 고품질 과실을 지속적으로 생산하는 방법이다.

② 선별과정 안전시스템 : 산지유통센터 등 출하작업장의 위생상태를 청결하게 유지하며 작업장의 환경 기준도 마련한다. 친환경농산물도 철저한 선별, 깔끔한 포장을 통하여 경쟁력을 갖는다. 벌레가 좀 먹고 덜 깨끗하고 작업상태가 깔끔하지 않아도 된다는 것은 이제는 통하지 않는다. 대표적인 예로 식품위해요소중점관리기준(HACCP·해썹)을 갖추는 것이다. 한가지 예를 들면 오염구역과 클린구역은 작업동선에서 교차하지 않도록 하는 것이다. 경북 영주 풍기농협은 선별장에 탈의실과 화장실을 갖췄고 세척기·선별기·건조기·포장기 등을 들여놓은 작업장은 식당 수준의 위생상태를 유지하고 있다. 작업 인력은 건강검진에 합격해야 하며 작업 시 가운과 모자를 착

용함은 물론 작업장 안에는 외부사람이 들어갈 수 없도록 철저히 통제한다.

③ 고객 커뮤니케이션과정 안전시스템 : 구매고객에게 "생산과정과 선별과정에서 안전하게 제품을 생산·선별·유통하였기 때문에 안심해도 좋다"는 믿음을 갖게 하는 실행 대책이 여기에 해당한다. 산지 마케팅 조직은 유통업체와 협의하여 어떻게 하면 소비자 고객에 '안전·안심'을 팔 수 있을까 고민하여야 한다. 소비자들이 매장에서 직접 안전시스템을 확인할 수 있도록 하는 것이 가장 좋다.

첫째, 제품에 농산물 이력번호 스티커를 부착한다. 소비자가 상품의 이력번호를 컴퓨터에 입력하면 농산물 기본정보와 재배 방법, 생산자, 토양 등 상세한 정보를 확인할 수 있게 해준다.

둘째, 친환경농산물 판매 전문 코너를 갖춘다. 별도의 친환경 브랜드도 개발하여 소비자 고객에 친환경농산물은 특별히 관리하고 있음을 알려주는 것이다. 전문 코너에서 판매되는 제품의 생산자 이력사항은 투명하게 공개되어야 한다.

셋째, 유통업체가 자체 잔류농약 검사시스템을 운영하고 있다는 사실이 공지되어야 한다. 어느 유통업체는 현재 농약이 많이 검출되는 농산물을 중심으로 일반채소의 경우 매일, 친환경채소는 일주일 단위로 자체 검사를 실시하고 있다.

넷째, 친환경농산물 생산자와 전처리·포장 등을 담당할 친환경농산물 전문 중간물류센터 구축도 필요하다. 친환경농산물의 생산 - 선별 - 소분 - 배송 등 관리의 전문성을 위한 거점으로써 활용할 가치가 있다.

3.1.3 기능성제품

약식동원(藥食同源)이라는 말이 있다. 질병의 치료를 위한 약과 일상적으로 섭취하는 음식물의 근원은 같다는 뜻이다. 예로부터 음식으로 고치지 못할 병은 없으며 체질에 맞게 음식을 잘 섭취하면 건강을 도모할 수 있다고 하였다. 매일 먹는 음식으로 병을 고칠 수 있다는 주장까지 나온다.(최재삼)

각종 질병을 염려하고 건강하게 살고 싶은 현대인에게 관심을 끌게 하는 차별화전략이 기능성 제품을 개발하여 공급하는 것이다. 기능성은 사람의 질병을 약화시키거나 바람직한 신체기능을 강화시키는 성분을 말한다. 대표적으로 셀레늄이라는 것이 있다. 셀레늄 농산물은 항산화와 항암효과가 있는 미네랄을 함유한 기능성 농산물을 말하는데 쌀·과일·원예 등에 일반적으로 적용할 수 있다. 또한 베타카로틴이란 성분도 있다. 이것은 항산화물질로 나쁜 산소의 활동을 막아 노화나 각종 질병을 억제하고 몸에 흡수되면 비타민A로 바뀐다. 이러한 성분들이 일반 농산물보다 특별히 강화되도록 제품을 개발하는 것이다.

기능성 제품이 개발되는 과정은 이렇다. 첫째, 재배과정에서 특별한 기능성 성분을 강화하는 것이다. 경북 풍기농협은 「칼슘사과」를 공급하였다. 겨울철에 칼슘성분이 든 토양개량제를 살포하고 생육기간 중 이온화된 칼슘제제를 5~6회 엽면시비해 생산하는 재배방식이다. 사과의 칼슘 함량도 일반 사과에 비해 최대 3배나 높아 과육이 단단하고 아삭아삭한 맛이 뛰어나다는 평가이다. 또 저장성이 좋고 당도도 일반 사과보다 높아 가격도 일반 사과에 비해 10% 이상 높다. 충남 당진군 고대면 당진포 2리 당나루물꽃 승마마을 작목반은 항암쌀을 재배하였다. 항암쌀은 차가버섯 원액을 볍씨 담그기부터 벼베기까지 5차례 시용해 생산하는 쌀로, 일반 쌀보다 몇 배 많은 활성 베타글루칸과 항산화물질이 함유돼 있다. 차가버섯은 암·당뇨병 치료에 효과가 있는 것으로 알려져 있다. 둘째, 선별 또는 가공과정에서 특별한 기능성 성분을 제품에 첨가한다. 영덕농협은 「키토플」이라는 브랜드 사과 선별과정에서 오존수로 세척하여 키토산으로 코팅한 껍질째 먹는 웰빙사과를 개발하였다. 키토플 사과는 일반 사과보다 신선도가 오래가며 노폐해진 세포를 활성화하여 노화를 억제하고 면역력을 강화해주며 질병을 예방해준다는 키토산 성분을 섭취할 수 있다는 특징이 있다. 또 다른 예는 농촌진흥청 감귤시험장이 2009년 감귤에서 기능성 성분인 플라보노이드를 추출하고 정제하는 기술을 개발해 이 성분을 쌀에 코팅한 '감귤쌀' 을 개발했다고 한다. 플라보노이드 성분은 고지혈증 억제, 혈류개선, 비만억제 효과가 있는 것으로 알려졌다. 셋째, 농법으로서 기능성 농작물 재배수단으로 활용하는 경우이다. 식물의 면역성을 증가시키고 생장을 촉진시키는 키토산을 이용한 기능성 작물도 인기를 얻고 있다. 태안 원북농협은 친환경 쌀 생산을 위하여 저농도 비료와 미량요소, 규산, 석회 등에 친환경비료도 사용한다. 종자 침종 때 키토산 액제를 사용하고 6~9월까지 생육단계별로 6차례 살포하는 키토산 농법도 도입한다.

위와 같은 제품 개발을 위하여 산지 마케팅 조직은 자기산지의 제품에 대하여 기능성 측면에서 차별화 요소를 발굴하여야 한다. 직접적으로 이학적으로 분석하고 실험 연구를 하라는 말이 아니다. 농촌진흥청과 같은 국가 기관이 연구한 성과물을 활용하고 필요하면 연구의뢰를 할 수 있겠다. 해당 품목 산지는 연구 동향을 알아야 한다. 차별화에 대한 열정을 갖고 기왕에 나온 연구 성과를 찾아보고 무한하게 잠재되어 있는 자기산지 농산물의 차별화 요소에 대하여도 주목하여야 한다.

그런데 현실은 기능성 제품에 대하여 불신이 깔려 있는 것이 문제이다. 질병의 예방과 치료에 효과가 있다거나 의약품의 효능을 증가시킨다고 허위·과대광고하는 건강보조 제품이 범람하여 기능성 농산물에까지 나쁜 영향을 주고 있다. 또한 농산물 기능성 효과에 대한 소비자의 오해도 작용한다. 구매 소비자의 지나친 기대 때문에 눈에 띄는 효과가 없는 경우에 기능성 농산물도 외면당한다. 기능성 농산물 효과를 홍보하지만 어디까지나 식품이지 약품이 아니라는 점을 인식할 필요가 있다.

소비자의 기능성 농산물에 대한 올바른 이해와 신뢰를 얻기 위하여 다음과 같은 활동이 필요하다. 첫째, 전문적 공공기관의 인체적용시험 검증 결과를 증거로 사용한다. 인체적용시험이란 식품의 기능성분이 실질적으로 인체 내에서 어떤 효과를 나타내는지를 임상실험을 통해 과학적으로 검증한 작업이다. 둘째, 어떠한 과정으로 기능성이 되었는지를 홍보한다. 재배과정이나 가공 선별과정을 자세히 설명함으로써 신뢰감을 높인다. 셋째, 인체에 유익하다는 문헌이나 권위 있는 기관의 평가 등 출처를 명시한다.

3.1.4 편리성 제품

여기서 말하는 편리성은 소비자가 농산물을 구입하여 섭취하고 처리하기까지 흐름에서 번거로운 과정을 거치지 않도록 제품의 물리적 속성을 변화시키는 것을 말한다. 현재 시장에서는 신선편의 농산물로 60여종의 원료가 사용되고 있으며 양파·양배추·양상추·감자가 전체의 절반을 차지하고 있다고 한다. 여성 경제활동의 증가, 여가 활용시간의 선호, 소가족화 경향으로 음식물 조리에 따른 가사노동 시간을 줄이고 소량으로 구매하려 한다. 일반적으로 소비자는 그림 4-6과 같은 소비흐름을 거친다. 편리성 제품 개발 포인트는 소비흐름을 쪼개어 각 단계에서 착안할 수 있다.

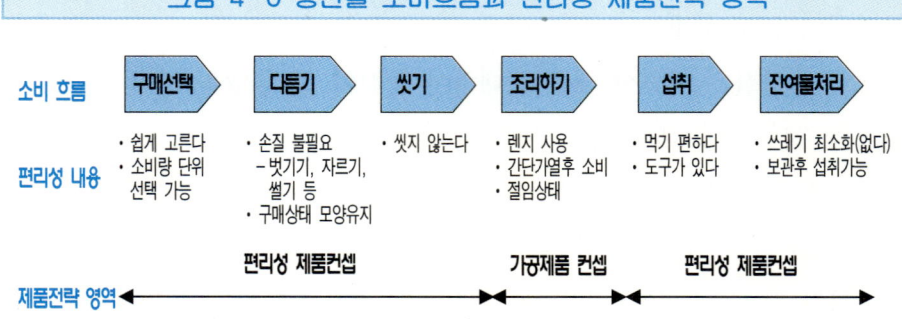

그림 4-6 농산물 소비흐름과 편리성 제품전략 영역

위 그림 4-6의 각 단계에서 「편리성 내용」이 해당품목이 지향해야 할 편리성 컨셉이다.

- 구매선택 단계 : 매장에서 카트를 끌고 이동하면서 농산물을 고를

때 손에 쉽게 잡히도록 하는 것이다. 그리고 구매자의 소비량에 알맞게 쉽게 양을 선택할 수 있어야 한다. 그래서 대·중·소포장으로 포장 형태를 다양화하는데 특히 소포장은 품목의 특성에 따라 다양화시켜 구매자의 선택의 범위를 넓혀야 한다.

- 다듬기 단계 : 소비자가 구입하여 조리하기 전에 껍질을 벗기고, 자르고, 썰거나 하는 손질을 불필요하게 하는 것이다. 또한 구입상태의 모양 그대로 섭취할 수 있게 하는 것도 이단계에서 편리성을 지향하는 제품전략이다.
- 세척 단계 : 소비자가 조리하거나 섭취하기 전에 물에 씻는 번거로움을 덜어주도록 세척하여 공급하는 것이다. 세척 당근과 같이 흙을 털어내고 비닐 포장하여 유통과정에서도 청결을 유지한다.
- 섭취 단계 : 먹기 좋게 제품을 만들거나 간단한 도구도 함께 제품에 비치한다. 예를 들어 껍질을 벗긴 과일의 과육 부분만 용기에 넣거나 제스프리 키위처럼 키위를 파먹는 스푼도 함께 비치하는 것이다.
- 잔여물 처리 단계 : 섭취 후에 쓰레기가 생기지 않도록 하는 것이다. 소비자는 생활쓰레기 처리에 불편함을 느끼고 있기 때문에 제품전략이 이에 부응하도록 한다.

마케터는 해당 품목 제품을 위와 같은 소비 흐름의 어떤 부분에서 소비자 고객의 편리성에 부응하도록 할 것인지 고민하여야 한다. 유통업체도 소비자 주부고객의 사회생활 확대로 채소매출이 감소하자 편리성을 증대시킨 상품개발에 주력한다. 산지 마케팅 조직은 원물 공급에만 그치지 말고 유통업체와 제휴를 통하여 편리성 제품을 기획하고 개발하여 부가가치를 높여야 한다.

3.1.5 고급제품

고급화는 소비자 식품기호에서 품질에 최우선의 가치를 두고 가격은 문제 삼지 않는 고급 소비층에 소구하는 제품 특성을 말한다. 고품질 제품으로 명품이라는 표현을 쓰기도 한다. 고급제품의 대표적인 선물용 제품은 일반적인 제품보다 두 배 이상의 가격대를 형성하기도 한다. 고급화 제품은 브랜드 전략을 추구하여 일반제품과의 차별화를 시도하여 부가가치를 몇 배나 높은 수취가를 지향한다. 뿐만 아니라 고급화 제품 전략은 산지조직의 품질관리의 이정표이기도 하여 지도 방향을 용이하게 하고 구매고객에게 우수한 산지라는 이미지로 인식케 한다. 고급제품은 다음과 같은 속성을 가진다.

첫째, 당도가 높고 식미감이 좋다. 객관적인 기준에 의한 엄격한 선별 과정을 거쳐 높은 당도 제품으로만 구성한다. 예를 들어 담양농협의 「대숲맑은 멜론」은 당도가 13~15도로 높은 편이며 그물망이 뚜렷하고 아삭아삭 씹히는 맛도 일품이라고 알려졌다. 햇사례의 황도 미백도는 부드러운 육질과 은은한 연황백색으로 크고 물이 많으며 당도가 높다.

둘째, 크기가 크다. 예를 들면 2009년 추석에 (주)농협유통이 내놓은 「왕(王)배 선물세트」는 대과(낱개 기준 800 g 이상)만을 엄선하여 10kg 한 상자에 12개 이내로 구성하였다.

상주원예농협의 「양반집 상주곶감 명품」은 곶감 한 개당 무게가 최소 60 g 이상으로 일반 곶감보다 두배 이상 크다. 곶감 한개당 무게와 개수를 표기한 곶감은 명품곶감이 처음이다.

셋째, 제품 고유의 형태가 뛰어나다. 몇 가지 예를 들면 다음과 같다.

- 가지 : 가지의 윤기가 진하고 탄력이 있으며 달콤한 맛이 강함
- 호박 : 인큐베이터 재배로 육질이 단단하고 식미감이 좋고 저장성이 김
- 포도 : 흑자색으로 색택이 선명하고 낱알간의 밀착도가 심하지 않으며 포도알 크기가 고름
- 참외 : 참외를 잘랐을 때 속이 꽉 차고 당도가 높으며 물이 안차 있음

- 대파 : 연백부의 길이가 길고 굵으며 파잎의 색깔이 농록색으로 부
  드러우며 탄력이 있음
- 깐마늘 : 저장성이 뛰어나며 점박이 마늘이 없어 품질이 균일함
- 감귤 : 당도가 12브릭스 이상으로 표피가 얇고 향이 우수함

넷째, 다른 산지 제품에는 없는 특이성이 있다. 마케팅 이론에서 제품의 수준이 소비자가 기대하는 것 이상이거나 아직 지각하지 못했던 부분을 상품화한 것에 해당한다. 예를 들면 청도반시를 가공한 말랭이와 반건시는 소비자에게 새로운 맛을 즐길 수 있게 한다. 또한 농산물 재배에 '금'을 이용하는 이색상품들이 개발되고 있다. 어느 유명 백화점에서 금성분이 함유된 사과와 쌀 상품이 일반 제품보다 3~4배, 프리미엄 제품보다는 2배 이상 고가로 판매된다. 금은 건강과 부귀, 최고와 최상을 의미한다. 금 과일과 금 쌀은 맛이 뛰어날 뿐만 아니라 고급스러운 느낌을 주어 선물용으로 적합하다. 고랭지딸기가 일본에 고급 케이크 재료로 수출되었다. 고랭지 딸기는 맛과 향이 좋고 과육이 붉고 단단한 특성이 있다는 것이다.

다섯째, 제품에 공감하는 스토리 또는 신뢰가 있다. 상주원예농협의 명품곶감은 대한민국 1%를 겨냥한 곶감으로 광고한다. 「한눈에 반한 쌀」은 7년 연속 소비자가 선정한 우수 브랜드로 정평이 나있다. 일본의 사례로 「기적의 사과」는 기무라 아키노리(木村秋則)라는 농민이 농약도 비료도 쓰지 않고 오직 정성만으로 최고의 사과를 만들어낸 감동 스토리를 담고 있다.

이제부터 논의 사항은 고급제품을 만드는 대책에 대해서이다. 균일화한 고급제품을 공급하는 전략을 정립한 다음에 철저한 계획생산과 수확후 상품화 관리가 일관성 있게 체계적으로 이루어지지 않으면 안된다. 다음 그림 4-7은 고급제품 개발을 위한 관리시스템의 프로세스를 보여주고 있다.

그림 4-7 고급제품개발 일괄관리시스템

전략개념화		생 산 관 리			상 품 화 관 리			
컨셉정립	고객타깃팅	종자통일	정 식	재배품질관리	수확작업	수 집	선 별	포 장

그림 4-7 고급제품개발 일괄관리시스템

먼저 자기 산지가 지향하는 고급제품 전략을 정립해야 한다. 전략을 통하여 완성된 제품의 모습이 그려지고 생산조직은 생산과정에서 이를 어떻게 구현할 것인지 지침이 나와야 한다. 또한 수확후 상품화 과정에서도 관련 기준이 만들어져야 한다. 이하에서 전략개념화 - 생산관리 - 상품화관리 체계를 세부적으로 설명한다.

① 전략개념화 : 마케팅의 기본은 고객의 니즈와 원츠에 맞추어 제품을 만드는 것이다. 농산물이라고 하여 예외가 아니다. 관행적인 농산물 판매는 생산한 다음에 수확하여 시장에 거래처를 찾아다니는 것이었다. 그러한 낡은 유통방식 가지고는 고급제품 전략이 성공할 수 없다. 제일 먼저 할 일이 고급제품이 지향하는 컨셉을 명확히 하는 것이다. 전술한 바와 같이 자기산지의 고급제품이 고객에게 소구하고 싶은 속성이 무엇인지를 확실히 해야 한다. 다음에 목표고객의 범위를 정해야 한다. 예를 들면 백화점을 타깃 고객으로 할 수 있다. 백화점은 할인점과 차별화되는 고급화 전략에 중점을 두므로 직거래도 가능할 것이다. 고급품을 위주로 취급하는 도매시장의 중도매인이나 밴더도 타깃이 된다. 사전에 고객조사가 필수적이다. 추석이나 설날을 마케팅 시기로 하였다면 타깃 고객의 범위는 훨씬 넓어진다. 예를 들면 합천 율곡농협이 판로를 확정한 다음에 재배를 시작한 사례가 있다. 2008년 4월 지역 내에서 계약재배한 야콘 전량을 이마트에 공급키로 하고 10만여㎡(3만 303평) 부지에 야콘 재배를 시작한 것이다. 새로운 품목을 정식도 하기 전에 판매 완료

하는 경우는 찾아보기 힘든 사례로 평가받고 있다.

② 생산관리 : 참여농가에 대한 집중적인 교육과 규격화된 영농, 엄격한 품질관리가 이루어져야 한다. 고품질로 생산조직원을 한단계 끌어올리는 핵심기술이 전농가에 보급되어야 한다.

- 종자통일 : 계약재배를 통한 통제관리를 전제로 품종을 통일시켜야 한다. 나아가서 우량 종순이나 모종을 공급한다. 믿을 수 있는 지역의 육묘업체를 선정하여 공급받거나 정부 보급종자는 지자체나 관련 기관과 협력이 이루어져 종자량 확보에 차질이 생기지 않도록 한다.

- 정식단계 : 정식전에 토양관리가 이루어져야 한다. 만약에 친환경 고급제품을 추구한다면 비옥한 토양에서 키토산·목초액·쌀겨 등을 이용해 친환경농법의 적용이 가능한 토양조건이 이루어져야 한다. 어느 산지조직은 미생물 배양기를 갖추고 회원들에게 실비만 받고 공급하기도 한다.

- 재배품질관리 : 고급제품 생산을 위한 「생산표준지침」이 정해져야 한다. 예를 들면 과실 크기·당도·착색도·농약잔류 허용기준 설정 등 엄격한 품질기준을 설정해 관리되어야 한다. 이를 어기면 고급제품 계약재배에서 배제시켜야 한다. 병해충 관리와 하우스 온도관리, 품질 균질화와 고급화를 위한 알솎기 등 재배관리 지침이 통일적으로 적용되어야 한다. 실제 실행한 내용들이 관리대장에 기록되어 나중에 생산이력사항으로 활용되도록 하여 구매고객의 신뢰성을 높여야 한다. 그리고 재배 시기적으로 필수적인 실시사항이나 기상상황의 변동에 따른 긴급조치사항이 반원에게 신속히 전파되는 연락체계가 구축되어야 한다. 예를 들면 휴대전화 문자메시지로 관련사항을 전송하는 방법은 국내의 우수한 산지에서 활용되고 있다.

③ 상품화 관리 : 고객의 눈앞에 나타나는 제품모습을 가꾸는 단계이다. 결혼식장에서 예쁘게 단장하는 신부에 비유된다. 「생산표준지침」과 더불어 「상품화관리지침」이 만들어져 수확작업 - 입고 - 선별 - 포장의 각 단계에서 적용되어야 한다.

- 수확작업 : 두 가지 관점에서 유의하여야 한다. 시기적으로 유통기한을 감안하여 최적의 제품을 수확하여야 하고 시기별로 홍수출하를 피하는 물량분산 차원에서 수확작업이 이루어져야 한다. 어느 수박연합사업단은 출하 10일 전부터 매일 작목반장과 함께 수박밭을 돌며 품질 상태를 점검하고, 출하 당일 연합사업단이 운영하는 작업반이 밭에서 1차 선별을 통과한 수박만 수확하여 APC에서 재선별한다.

- 집하 : 평소 재배관리지침이 잘 준수되었다면 문제가 없겠지만 출하농가가 1차 가선별을 하여 선별장에 출하하는 것이 요망된다. 고급제품에 적합하지 않게 육안으로도 색택기준에 미달하거나 결점이 있는 것은 반입되지 말아야 한다. 예를 들어 '한눈에 반한 쌀' 브랜드는 수매시에 벼가 DNA 검사를 통해 순도가 100% 나오지 않으면 매입하지 않는다.

- 선별 : 선별은 객관성, 일관성, 컨셉적합성의 세가지 조건을 충족하여야 한다. 객관성은 당초의 「상품화관리지침」에 따르되 선별에 출하자의 간섭은 배제되어야 한다. 출하자가 선별하였더라도 2차적으로 전문검사요원이 확인하는 절차를 거쳐야 한다. 일관성은 선별과정이 기계화되거나 디지털화되어 일정하게 동일한 기준으로 선별이 되어 제3자가 신뢰할 수 있어야 한다. 컨셉적합성은 고급제품 컨셉에 맞게끔 높은 선별기준을 충족하여야 한다. 예를 들어 당도가 11도 이상 나가는 수박의 경우라도 그 이상의 당도가 있다면 등급을 더욱 세분화하여 경쟁산지보다 훨씬 고급화 상품임을 내세

운다. 고급제품간 경쟁력 강화 차원에서 필요한 기준이다.

- 포장 : 고급제품의 화룡점정단계가 포장이다. 포장은 고급제품다운 「품격」이 있어야 한다. 선물용 컨셉이라면 두말할 나위가 없다. 고급포장은 포장 소재와 포장방식이 함께 고려되어야 한다. 원통모양의 종이상자를 사용한 소포장 쌀, 알루미늄 캡슐 쌀 포장지, 고급 등나무로 포장해 품격을 높인 새송이, 명품곶감을 담는 포장재 겉면을 황금색 고급 천으로 마감한 포장재가 있다. 문제는 포장비용인데 고급제품에 들어가는 높은 비용을 커버할 만큼 확실한 가치를 창출하여야 한다. 어설프게 포장만 화려해서는 안된다.

3.2 포장디자인 적정화

매장에서 진열되는 농산물 판매는 포장 디자인으로부터 영향을 많이 받는다. 소가족화 경향으로 포장단위는 점점 작아지고 있으며 포장형태도 다양하고 고급스러워지는 느낌이다. 동일한 상품이더라도 포장디자인을 어떻게 하느냐에 따라 잘 팔릴 수도 있고 그렇지 않을 수도 있다. 포장은 이제 단순히 제품을 담는 용기가 아니다.

마케터는 포장 디자인에 대하여 명확한 컨셉을 가져야 한다. 마케터는 수확한 농산물이 잘 팔릴 수 있도록 마무리하는 포장 디자인 역량을 갖추어야 한다. 마케팅을 잘한다는 것은 포장디자인을 잘한다는 것을 포함한다. 그림 4-8은 적정한 포장디자인을 위하여 전체적으로 고려해야 할 요소들을 망라하였다.

① 포장의 목표 : 포장 디자인 전략은 목표가 먼저 설정되어야 한다. 자기조직 제품의 수준과 제품의 특성, 마케팅 전략 등을 상위 개념으로 하고 하위 개념으로 포장디자인 전략이 존재하는 것이다.

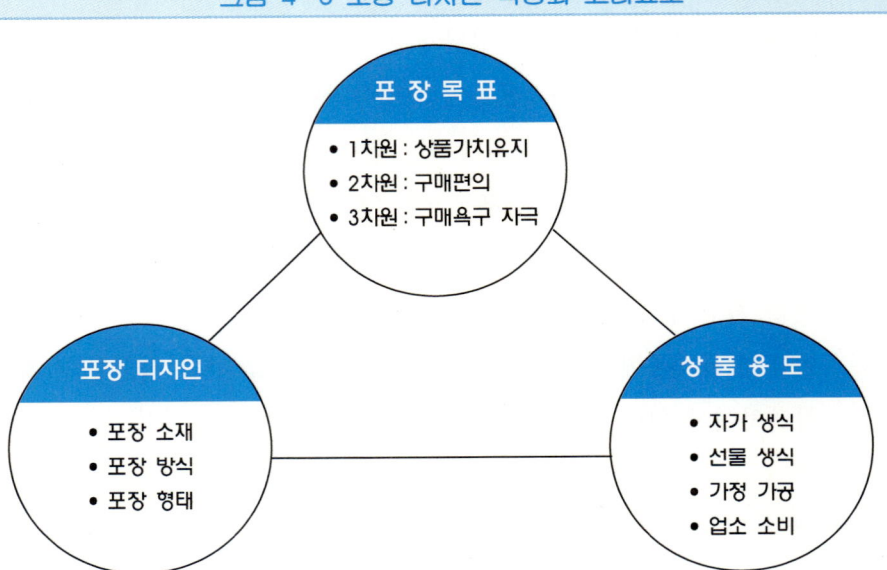

그림 4-8 포장 디자인 적정화 고려요소

- 상품가치 유지 : 기본적으로 포장은 제품을 보호하는 기능을 한다. 그런데 농산물은 살아 있어 숨을 쉬며 손상되기 쉽기 때문에 공산품보다도 상품가치를 유지하는 포장디자인에 더욱 관심을 가져야 한다. 사례를 들면 충남천안배원예농협은 수출용 배상자를 수입국의 요구로 밀봉한 상자를 사용했지만 공기가 통하지 않아 배의 상품성이 떨어지는 문제가 발생하였다. 이를 해결하고자 유럽의 과일상자를 벤치마킹해 통풍형 개량상자로 바꾸어 상품성이 오래 유지되도록 하는데 성공하였다.

- 구매편의 : 상품 특성에 따라 구매자가 쉽게 구입하고 소비하는 것을 중점적인 포장디자인 목표로 할 수 있다. 농산물 판매량 중 약 70% 정도가 소포장품으로 팔린다. 세분하면 할수록 소비자는 편리하지만 물류의 효율과 포장비용의 소요 측면도 함께 고려되어야 한다. 합천농협연합사업단의 손잡이가 달린 수박케이스, 김포농협

의 손잡이가 달린 쌀포대가 여기에 해당한다. 또한 소비자의 품질 확인 편의성을 높이기 위해 품질확인이 가능하도록 해야 한다. 이 것은 자기상품 품질에 대한 자신감의 표출이기도 하다.

- 구매욕구 자극 : 경쟁산지의 포장디자인보다도 매력적으로 구매를 자극하는 차별성을 지향할 수도 있다. 예를 들면 충북 영동농협은 망, 난좌, 비닐 등 다양한 포장방법을 도입했다. 10kg에 3만3천원 에 출하되는 자두를 2kg난좌 소포장을 하여 1만1천원에 출하하여 kg당 2,200원의 수취가(40% 상승)를 추가하였다. 포장만 개선하 여도 상품신선도와 가치를 높일 수 있었던 것이다. 다만 높은 차원 의 포장목표를 추구할수록 포장비용은 올라가게 된다.

② 포장 디자인 : 무수히 많은 포장소재를 가지고 포장방식을 달리하면 서 포장형태를 구성한다. 운송효율과 중간구매자가 산지에서 구매 한 그대로 매대에 진열하여 판매 가능하도록 디자인을 개발한다.

- 포장소재 : 스티로폼 난좌를 PP(피피·폴리프로필렌)로, 일반 플라 스틱을 투명플라스틱으로, 플라스틱 캡을 비닐 캡으로 골판지 상자 를 스티로폼으로 바꾸는 것 등이다. 유통의 문제를 깊이 이해하고 개선하기 위한 생각만 있다면 소재는 얼마든지 창의적으로 이용할 수 있다. 예를 들면 서천 판교농협은 2005년 표고버섯을 관행적인 20kg 플라스틱 유통용기에서 소포장 200g과 250g 투명플라스틱 (PP)으로 바꾸었더니 소비자 반응이 좋았다고 한다.

- 포장방식 : 관행적인 방식에서 탈피하여 포장방식을 새롭게 하는 것이다. 예를 들어 (주)농협유통은 배송과정에서 사과가 손상되는 것을 막기 위하여 트레이를 개선하였다. 기존에 사용하던 난좌의 홈을 깊이 파서 사과의 3분 2를 감쌀 수 있도록 하였다. 그리고 홈의 측면에 돌기부를 만들었다. 이럼으로써 이동중 충격을 완화하 는 완충작용과 사과의 고정성을 높였다. 부여 석성농협은 시기별,

출하처에 따라 포장을 골판지상자와 봉지포장, 진공포장 등으로 달리한다. 어느 천도복숭아 공급자는 조생종 출하시는 4.5kg 소포장으로 하고 성출하기에는 4.5kg포장의 경매가 감소하여 15kg 포장으로 출하하였다.

- 포장형태 : 포장의 목적을 재인식하거나 새로운 차별화를 위하여 포장형태를 달리한다. 예를 들면 경북 김천 어모농협은 포도를 한송이씩 포장 출하하는 형태로 '한송이 포도'를 전국 최초로 개발하였다. 상자 디자인을 구상하여 포장기는 일본에서 수입했다. 강원 화천농협은 애호박에 캡 대신 특수비닐을 씌웠다. 종전의 캡은 과육이 커지면서 벌어지는 단점이 있지만 특수비닐은 그런 일이 거의 없기 때문에 상품화율도 20% 이상 향상되었다. 또 다른 사례는 박스에 달래를 가득 채워 출하했던 기존 방식을 탈피하여 세척달래로 100g묶음으로 소포장 출하한 경우가 있다. 합천농협연합사업단은 하트모양 용기에 담긴 크리스마스 딸기 포장지의 변형으로 시장에서 관심을 일으켰다.

③ 포장상품 용도 : 포장디자인은 상품 용도에 맞도록 하여야 한다. 최종구매자가 가정소비를 위해서 구입한다면 자기소비 목적인지 선물용으로 구입하는지에 따라 포장디자인을 보는 시각이 다를 것이다. 가정소비 중에서도 구입한 그대로 먹는 것인지 아니면 절이거나 주스로 갈아서 사용하느냐에 따라 상품품위와 포장디자인이 달라진다. 또한 구매처 성격이 업소이거나 대량소비처인 식재업체라면 당연히 포장방식이 다르다. 이처럼 타깃팅 고객의 소비행위를 염두에 두고 포장디자인을 검토하여야 한다. 특정한 구매환경에 따른 상품특성을 고려해 포장해야 한다. 예를 들면 고가판매용 소포장 상품과 저가판매용 중형포장은 상품개발 시점이 다르므로 포장디자인도 다르다. 예를 들어 영동농협은 포도 택배전용 포장재를 개발하

였다. 상자 양옆에 파인 홈에 포도를 고정시켜 포장재의 바닥이나 뚜껑에 포도가 닿지 않도록 하는 방식으로 고안돼 고객들에게 포도를 손상시키지 않고 안전하게 전달될 수 있도록 고안된 것이다. 또 다른 사례는 옥수수를 쪄서 판매하는 업자에 대해서는 시장에서 껍질을 벗겨서 판매하고, 소매점 업자에게는 포대에 담긴 상태로 판매한다.

3.3 공급물량 안정화

아무리 고품질 제품을 갖고 경쟁력이 있다고 하더라도 그것이 지속적이고 안정적으로 공급할 수 있는 규모가 되지 않는다면 매력적인 산지가 아니다. 구매고객은 필요한 제품의 스펙과 물량을 약정한 출하기간 동안 차질 없이 공급받고 싶어 하는데 산지가 이를 충족시키지 못하면 거래처로서 자격이 없다. 마케팅 조직이 공급물량의 안정화가 이루어져야 하는 이유는 다음과 같은 구매고객들의 구매전략적 필요성이 있기 때문이다.

첫째, 소비지 유통을 주도하는 대형마트의 과점화·집중화 경향으로 구매 단위물량이 늘어남에 따라 업체들은 산지의 대형 출하조직을 거래 파트너로 선호한다. 대형 산지 마케팅 조직과 파트너십이 형성되어야 소비자들이 원하는 친환경농산물을 비롯해 다양한 등급과 형태의 농산물을 구입할 수 있다. 예를 들면 사과의 경우 이마트·롯데마트·홈플러스 3사가 취급하는 양이 연간 600억원에 달하는데, 이 물량을 감당할 수 없는 규모의 산지조직은 공급자가 될 수 없다는 것이다. 규모화 정도가 클수록 유통업체는 선호한다.

둘째, 품질이 규격화된 고품질 농산물, 생산이력 관리상품, 지역명품, 친환경 상품을 4대 주력 구매상품으로 개발하고 있다. 여기에 대응하기 위하여 산지 마케팅 조직은 대형화하여 상품의 품위 구색을 갖추면서 지속적 공급규모를 확보하여야 하는 것이다.

셋째, 유통업체의 산지 대응전략의 다양성에 주목하여야 한다. 유통업체는 상품의 매매에 한정하지 않고 더욱 밀착된 관계관리 모습으로 발전하고 있다. 계약생산, 산지유통센터와의 전략적 제휴, 직거래 농장 운영이 이미 진행되고 있는 관계관리 형태다. 특히 친환경농산물은 소비자들에 대한 신뢰가 가장 중요하기 때문에 유통업체가 직접 신뢰받을 수 있는 조건을 산지 개발을 통하여 만들고자 한다.

넷째, 도매시장 구매고객은 가격등락에 개의치 않고 일정한 물량을 꾸준히 확보하려는 경향이 있다. 어느 산지가 매일 출하하고 구매자에게 안정적으로 물량을 공급한다면 고정적인 구매자가 될 가능성이 높으며 신뢰관계로 맺어지게 된다.

다음은 사례를 통하여 공급물량의 안정화를 이루지 못하는 경우 유통업체와 관계발전이 이루어지지 못하는 것을 설명하고자 한다. 그림 4-9는 A 복숭아 산지 마케팅 조직에 참여하는 농가의 출하일자별 공급가능량을 그래프로 보여준다.

그림 4-9 2006년도 A 마케팅 조직의 복숭아 집하현황

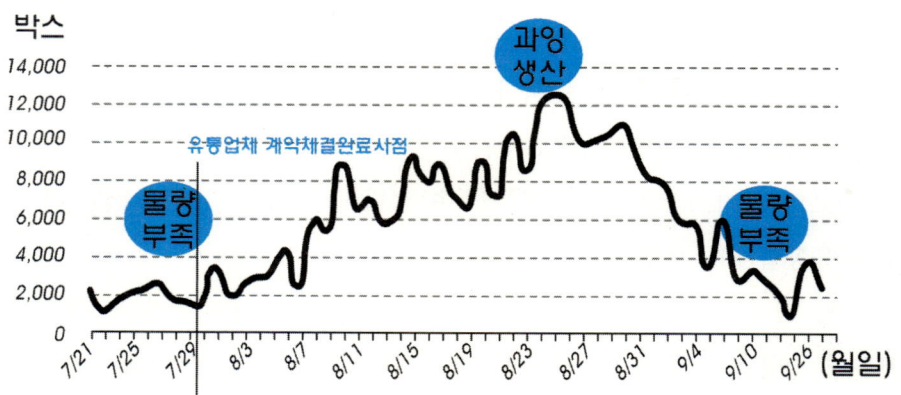

횡축은 7월 21일부터 출하가 시작되어 9월 말까지 70일간의 기간을 보여준다. 8월 초순까지는 조생종, 이후에 중생종, 9월 들어서 만생종이 생산 출하됨을 알 수 있다. 종축은 공급가능 물량이 박스단위로 표시되어 있다. 위 그림은 다음과 같은 점을 시사한다.

① 조생종과 만생종 물량이 너무 부족하여 작부체계에 문제가 있다.

② 이 마케팅 조직은 유통업체와 직거래 계약체결이 불가능하고 도매 시장으로 공급가능 물량을 출하할 수밖에 없다. 왜냐하면 7월 하순 유통업체와 계약체결 시점에서 일정물량을 출하기간동안 공급할 수 없기 때문이다.

③ 사업에 참여하는 농가가 과소하여 집하촉진을 위한 노력이 강력하 게 시행되어야 한다. 실제로 복숭아농가의 공판 참여율은 25%에 지나지 않으며 출하농가도 시세 비교를 통한 이중출하로 마케팅 조 직을 신뢰하지 못하고 있었다.

따라서 공급물량의 지속적인 안정화를 이루기 위해서는 산지 조직의 육성을 통하여 관내 농가의 공판참여를 촉진하여야 한다. 그리고 작부체 계의 갱신을 통하여 조생종과 만생종을 늘려야 한다. 아울러 관내 경쟁 출하조직과의 연합마케팅 전개로 물량을 통합하여 유통업체와 거래하는 창구를 단일화시켜야 한다.

3.4 제품 균질화

균질화는 구매자 관점에서 제품 상태, 즉 크기, 무게, 맛, 신선도, 개수, 외관 등이 기대한 바대로 최초구매와 재구매시에도 일정해야 하는 것을 의미한다. 기본적으로 농산물 제품은 공산품처럼 균질화되어 있지 않아 균질하게 만들어야 한다. 균질화 노력은 우선 생산과정에서 품종의 통일, 방제 및 시비관리 등의 공동시행, 기타 재배관리 기술의 표준화를 통하여 이루어진다. 다음 단계는 수확 이후 선별을 통하여 출하 단위별로 균질화가 이루어지는 것이다. 세부적인 균질화 요소는 아래와 같은데 품목에 따라 다양하며 유통기술의 발달과 소비자 기호의 변화에 따라 새로운 요소들이 등장한다.

- 1차 균질화 요소 : 무게, 크기(길이, 굵기, 대표지름)
- 2차 균질화 요소 : 외관품질-형태(둥근정도, 특성부위 굵기, 굽음, 기타형상계수), 색택, 표면상태(광택, 상처, 병충해)

  내부품질-성분(당도, 떫음, 산도 등), 숙도(경도, 내부색, 발생가스) 내부구조(공동, 과육과 껍질 공간, 바람들음, 내부부패)

공급제품에 균질성이 확보되어야 하는 이유는 다음과 같다.

첫째, 구매고객의 신뢰를 얻기 위함이다. 속박이·중량미달, 당도표시 허위 등 포장재의 표시와 내용물이 일치하지 않거나 상품간의 품위가 고르지 못하다면 구매자들에게 나쁜 인상을 남겨 재구매하지 않는다. 한 번 나빠진 인식을 회복하기 위해서는 훨씬 많은 노력을 필요하게 만든다. 외서농협 배의 특징은 소비자들이 언제 어느때 구매하더라도 같은 품질의 배를 살 수 있기 때문에 선호도가 높을 정도로 균질화되어 있다.

둘째, 가격차별화가 실현된다. 기준을 정하고 이에 따라 선별하면 동일하다고 생각했던 상품이 부류별로 구별되어 서로 다른 가격으로 분류할 수 있어 전체적으로 수취가 총액을 크게 한다.

셋째, 물류의 효율이 증대된다. 동일한 품질의 상품에 물류의 집중화가 가능하다. 따라서 출하물량의 규모화로 선별의 기계화, 대량수송의 용이성으로 선별·수송비용이 절감된다.

넷째, 생산 농가간 품질경쟁을 촉진한다. 균질한 정도를 분류하는 과정에서 생산농가 사이에 품위별 격차가 드러나게 된다. 생산농가는 품위에 따라 수취가를 달리하게 되어 생산농가 사이에 품질경쟁을 상향적으로 촉진시킨다.

균질화 대책은 생산과 선별의 모든 단계에서 시행되어야 한다. 아울러 신선도 유지 대책이 뒷받침되어야 한다.

① **생산단계** : 품종통일, 제품 생산 매뉴얼의 설정과 준수, 재배기술의 공유 등 생산관리의 강화가 필요하다. 전북 김제 공덕농협은 품종 혼입을 막기 위해 품종은 '신동진' '일미' '봉황' 벼 등 3가지로 통일하였다. 품종별 저장을 위한 보관시설도 갖추었다. 나주연합회는 「배와 멜론의 고품질생산 매뉴얼」을 자체 제작하여 재배경력이 짧은 농가도 따라하기만 하면 회원간 균질한 제품생산이 가능하도록 하였다. 충북 청원 오송농협의 애호박 작목반원은 농산물을 규격화하는 재배기술을 공유하였다. 애호박을 270g 내외로 맞춤생산하듯 고르게 생산하여 굽은 애호박과 같이 상품성이 떨어지는 것은 아예 찾아볼 수 없다. 생육기에 인큐베이터 역할을 하는 4겹의 특수비닐을 씌워 키우기 때문에 애호박의 크기와 모양이 가지런하다. 상품화율이 무려 90~95%에 이르렀다.

② **선별단계** : 공동선별·공동계산의 이행을 강력하게 시행하는 체계가 구축되는 것이 중요하다. 선별 및 등급판정에 대한 규약을 명확히 하여 철저한 선별과 공평한 등급판정이 시행되어야 한다. 우수 조직은 전문품질관리사와 선별작업원을 모두 외부인으로 고용해 출하주의 관여를 금지한다. 경기 평택 안중농협은 날씨에 따라 품질이 불규칙한 노지수박의 한계를 극복하기 위해 품질관리사를 고용하여 선별을 철저히 하였다. 이렇게 출하된 수박은 크기가 고르고 품질도 균일해 유통업체들의 신뢰를 얻고 있다. 「석성 생생 양송이」 브랜드의 선별은 전문선별사가 엄격한 기준에 따라 꼼꼼하게 선별한 것이다.

③ **신선도 유지대책** : 모든 농산물의 균질화 대책의 기본은 생육상태 당시와 마찬가지의 신선도를 유지하는 것이다. 농장수확시점부터 구매자 지정장소에 입고하기까지의 전 과정에서 신선도를 떨어뜨리

지 않는 노력이 있어야 한다. 담양농협은 쉽게 물러지는 딸기의 특성 때문에 입고시간을 별도로 지정하여 운영하는데 1차 입고는 오전 11시, 2차 입고는 오후 6시로 정하였다. 수확후 관리기술 중 예냉을 활용한 사례도 있다. 표고버섯을 예냉하면 상온에서 2~3일이면 발생하는 포자가 7일로 길어져 1개월이 지나도 부패하지 않아 품질유지 효과가 크다. 석성농협 양송이버섯도 예냉 후 출하하거나 스티로폼 상자에 담아 저장하기 때문에 신선도가 오래 유지된다. 충북 청원 오창농협은 빙점냉각쌀을 개발하였다. 사일로에 저장된 벼를 겨울철 기온이 가장 낮은 시기에 자연상태의 외부 찬공기를 송풍기로 강제로 불어넣어 초저온상태로 냉각시킨 뒤 그대로 밀봉하여 미질을 유지하는 것이다. 「빙점냉각쌀」은 미질이 떨어지는 5월부터 햅쌀 출하 전인 9월까지 4~5개월 동안 한정 출하한다. 제주감귤농협은 선과방식을 물세척과 열풍건조에서 진공흡입식 집진기와 자연송풍건조 방식으로 개선하였는데 진공흡입방식이 품질 보존과 감귤의 보존기간을 늘리는데 효과적이라는 것이다.

한편 물류단계에서도 신선도 유지를 위한 사례도 있다. 한라봉발전연구회 영농조합법인은 꿀허벅 한라봉(당도 13도 이상, 산함량 1% 미만)을 가락시장에 출하하는데 선도유지를 위해 100% 항공운송을 실시한다.

3.5 제품믹스 최적화

제품믹스는 마케팅 조직이 취급하는 품목 전체를 스펙별로 구성한 표이다. 제품믹스는 넓이, 길이, 깊이 및 일관성으로 설명된다. 개별 품목의 수평 차원이 제품계열이다. 「넓이」는 마케팅 조직이 취급하는 제품계열의 종류를 말한다. 강원농협 연합사업단은 23제품계열이며 포천시농협 연합사업단은 5제품계열이다. 「길이」는 제품믹스에 포함된 총 제품단위수를 말한다. 예를 들어 품목A의 포장단위수가 5가지이고 유기농 제품과 기능성 제품이 각각 2종류가 있다면 제품 「길이」는 9가 된다. 평균제품길이는 총길이를 계열수로 나눈 것이다. 「깊이」는 각 품목의 수직차원을 말하는데 계열내 각 제품이 얼마나 다양하게 제공되어 있는지를 의미한다. 「일관성」은 여러 가지 제품계열이 공급되는 유통경로의 다변화 정도와 연관되어 있다. 동일 계열의 제품이 도매시장과 대형마트 등 다양한 경로로 판매된다면 일관성이 낮다고 하겠다.

제품믹스 최적화는 마케팅 조직의 역량을 감안하거나 사업계획에 따라 제품의 폭(넓이)을 넓히거나 좁히거나, 제품의 깊이를 깊게 하거나 얕게 하거나 등을 다양한 관점에서 유익하게 관리하는 것이다. 깊게 한다면 어떠한 방향으로 어떻게 할 것인지를 고민하는 것도 포함한다. 즉 신규품목의 취급이나 기존품목의 포기, 소포장 단위의 확대나 축소, 차별화 제품의 개발이나 집하를 통한 유치 등을 결정하는 것이다. 이와 같은 전략결정은 다음과 같은 관점에서 살펴본다.

- 재무적 관점 : 제품 계열별로 판매액과 매출이익 또는 수입수수료를 파악하여 전체 총판매액과 총수익에서 계열별 기여도를 규명한다. 또한 제품계열별로 직접비용도 산정하여 제품계열별 마진을 산출하여 계열별 평가를 한다.

- 경쟁산지 제품 비교관점 : 경쟁사와 비교하여 새로운 품목을 추가할지 아니면 기존 품목을 줄일지, 아니면 경쟁사에는 없는 계열 요소를 개발하여 전략적으로 어떻게 활용할지를 결정할 수 있다. 그림 4-10은 켐벨 포도를 취급하는 4개의 마케팅 조직을 제품믹스별로 비교하였다. 그림에 따르면 경기 P조직은 Y조직에 비하여 제품의 깊이가 얕다. 즉 구매고객의 다양한 제품 공급에 대응력이 취약하다. 따라서 P 조직은 포장디자인을 다양화시키고 차별적 요소를 개발하는 것이 제품전략 방향임을 알 수 있다.

그림 4-10 켐벨 포도 마케팅 조직간 제품믹스 비교			
경기 P조직	**전북 C조직**	**경기 Y조직**	**경남 M조직**

	경기 P조직	전북 C조직	경기 Y조직	경남 M조직
포장디자인	• 5kg박스	• 5kg박스 • 2kg	• 5kg박스 • 4kg • 2kg • 송이포장	• 10kg박스 • 5kg
친환경		GAP	GAP	
기타 차별성			생산이력제	

- 고객니즈 관점 : 자기조직의 제품믹스를 구매고객의 관점에서 살펴보아 시장기회를 상실하지 않도록 하는 것이다. 고객이 계열 내에 품목의 추가를 요구하거나 새로운 표적시장에 진출하기로 하였다면 제품계열을 반드시 검토해야 한다. 한편 새로운 구매행태와 맞지 않는 계열내 제품은 제거해야 한다. 위 그림에서 경남 M조직의 10kg 박스가 여기에 해당한다.
- 전략적 상황관점 : 계열내 특정 품목을 마케팅전략적 관점에서 검토하는 것이다. 대형마트의 신규진출을 위하여 저가상품을 기획하든지 명절에 자기산지 브랜드 가치를 높이기 위하여 특별 명품 계열을 추가할 수도 있다.

제품믹스 최적화 전략은 제품의 깊이는 높은 방향으로 깊게 하며, 광범위한 조직역량의 발휘를 위하여 제품계열의 폭은 넓게하고 다양한 고객층에 대응하기 위하여 제품의 길이는 길게 하는 것이다. 다음은 제품믹스 전략을 설계할 때 고려해야 할 점들이다.

첫째, 고객의 고품질 안전한 농산물에 대한 욕구에 부응하기 위하여 공급 제품계열의 품위등급 상향화를 이룩하여야 한다. (주)팜슨은 기술연구소를 설립하여 팜슨이 주로 취급하는 과채류의 최고 상품성 유지를 위한 저장 유통환경에 대한 연구를 진행한다. 농산물 선과 및 세척기술 개발, 수확 후 저장관리 시스템구축, 기능성 가공식품 기술개발 등을 주요 사업으로 추진하고 있다. 그리하여 이마트의 친환경 과채류 점유율을 80%까지 끌어올렸다고 한다.

둘째, 마케팅 조직은 산지 벤더로서 인식하고 제품계열의 폭을 넓혀야 한다. 전남 순천농협은 산지유통센터의 강점을 살려 다양한 상품과 규모화하여 유통업체가 주문만 하면 무슨 농산물이든 연중 공급이 가능한 능력을 갖추고 있다. 유통거점지로서 다른 지역 농산물을 구입, 상품화해 유통시키는 '벤더' 역할을 수행하는 것이다. 합천군농협 연합사업단은 고구마와 단호박을 묶어 5kg 패키지로 농산물 선물세트상품을 구성하여 제품계열의 다양화를 꾀했다.

셋째, 다양한 소비계층에 부응하도록 제품 길이는 길어야 한다. 구매행태의 양극화 경향으로 유통업체들은 최상품과 중·하품 판매전략을 동시에 추진하여 소비자들의 다양한 소비성향에 맞추려 한다. 최상품 판매를 통한 매장의 차별화 전략도 중요하지만 다양한 소비계층을 만족시키기 위하여 중·하품의 구색을 강화하는 것이다. 산지 조직은 하위등급 제품 공급체계를 갖추기 위하여 제품길이를 길게 하여야 한다. 명품·특등품 공급에만 몰두하기보다는 다양한 품종 및 가격대의 제품을 확보하여 유통업체가 소비기반을 넓혀가는 것에 대응하는 것도 필요하다. 또한 시장 판매에 부적당한 제품의 가공제품 처리가 중요한 이슈가 된다. 생산조직 반원간 기술수준은 상품화율 차이로 나타나는데 20~30%까지 차이나는 경우도 있다. 산지 조직은 자체 가공식품 개발 공정을 갖추든지 아니면 가공식품 업체와 연계하여 비상품 처리에 대한 확고한 전략을 강구해야 한다. 가공품 처리에 가장 앞선 조직은 합천농협 연합사업단이다. 생딸기를 얼려 그 속에 크림을 넣고 초콜릿으로 감싸 안은 초코크림 딸기, 생딸기를 얼려 여름에 먹을 수 있는 아이스 딸기가 대표적인 제품이다. 강원 대관령원예농협은 가공농산물을 잎채소류에서 뿌리채소류까지 확대하여 주문식 생산과 납품업체의 사업방향에 맞춰 제품을 개발하였다.

넷째, 제품믹스 전략사고는 쌀 브랜드 관리에도 유용하다. 쌀과 같이 단일품목이지만 브랜드 개수가 많은 것은 제품계열이 각 브랜드가 되고 제품의 깊이는 포장단위나 친환경 또는 일반 상품의 구분으로 나누어 볼 수 있다. 마케팅 조직의 실정에 맞게 전체 브랜드를 망라하면 된다. 쌀 브랜드의 난립을 통제하기 위해서는 제품계열의 브랜드별로 매출액과 매출이익, 촉진 비용을 산출하여 재무적 성과를 확인 규명한다. 수취가격이나 규모면에서 취약한 브랜드가 밝혀지고 조달에 문제가 있는 것인지 판매에 문제가 있는 것인지 원인도 나온다. 이를 근거로 브랜드 통폐합의 기준을 정립할 수 있는 것이다.

3.6 유통설비인프라의 제품전략적 활용

유통설비는 상품의 부가가치를 높인다. 예냉처리, 저온저장 등 일련의 과정을 거쳐 시장에 출하하는 것이 그렇게 하지 않는 경우보다는 오랫동안 「신선도유지」가 가능하여 농산물 고유의 특성을 변화시키지 않으면서 유통기간을 연장시킬 수 있기 때문이다. 또한 유통설비는 거래 주체간에 신뢰를 준다. 기계화 선별을 통하여 선별의 객관화·표준화·위생화가 이루어져 거래주체들 간에 신뢰가 형성된다. 불확실한 인간의 육감이 아닌 기계에 의한 선별로 신속하고 대량으로 위생적으로 품위를 가지런히 하고 적당한 취급단위로 조절가능하다. 예측 가능하게 선별된 상품을 구매자에게 제공함으로써 「신뢰」가 따라 붙는다. 음성농협 고춧가루 가공공장은 학교조리사와 영양사들에게 현대식 설비를 견학시킨 후 고객으로 만들어 버렸다. 학교와 연수원, 공기업 식당 등 단체급식 관계자가 시장터의 고추방앗간과는 비교할 수 없을 만큼 깨끗한 시설과 직원들의 청결노력을 보고 감동을 받았기 때문이다. 또한 유통설비는 제품차별화에도 기여한다. 경쟁산지보다 현대적인 유통설비를 활용하여 차별화되는 제품을 개발할 수 있다. 부산 명지농협은 2000년 농산물집하장에 에어탈피기를 설치해 출하형태를 산물출하에서 깐대파 방식으로 바꿨다. 이를 기반으로 반가공 형태의 소포장 질소진공 깐대파, 소포장단파, 묶음파, 식자재용 깐대파 및 피대파 등 다양한 상품을 개발했다.

이와 같은 유통설비의 유용성 때문에 유통업체들은 유통설비를 보유한 산지를 경쟁적으로 거래 파트너로 하려 한다. 유용한 거래 파트너가 선별, 예냉, 전처리, 소포장시설 능력 등을 보유하여 유통업체 매장내 선도관리를 편리하게 해준다. 그리고 후방작업 축소를 위해 산지단계에서 가공 처리된 세척, 소포장 상품을 찾는다. 저온저장 · 냉장유통 등 시설을 대형화 · 현대화해 이들 농산물을 안정적으로 공급할 수 있는 산지 조직이 이에 적합하다는 것이다.

요컨대 유통설비를 제품전략적으로 활용한다는 것은 설비의 유용성을 제고하여 구매고객에게 호감을 주는 것이다. 바꿔 말하면 유통설비를 앞에서 언급한 제품전략구성의 다차원, 즉 제품차별화, 제품균질화, 공급물량의 안정화, 포장디자인 적정화, 제품믹스 최적화를 위하여 통합적으로 기능 발휘가 잘 되도록 하는 것이다. 유통설비의 활성화는 세 측면에서 논의할 수 있겠다.

첫째, 가동률을 높이기 위한 대책을 강구해야 한다. 농산물 생산의 계절성과 집하규모의 영세성으로 인한 물량부족으로 보관창고, 선별기, 물류작업 설비 등의 가동률이 저조하여 손익분기점을 밑도는 경우가 많다. 집하규모 확대를 위해서는 조직화를 바탕으로 한 계약생산의 이행체계 구축으로 확실한 작업물량을 확보해야 한다. 수확대행 등 원물조달에 필요한 노무작업의 지원이 여기에 뒷받침된다면 더욱 좋다. 물량 집하 범위도 읍면 단위의 협소성에서 벗어나 더욱 광역화된 영역으로 확대해야 한다. 또한 작업품목의 다양화가 이루어져야 한다. 그림 4-11은 여기에 적합한 사례다.

그림 4-11 상주 외서농협 APC 가동현황

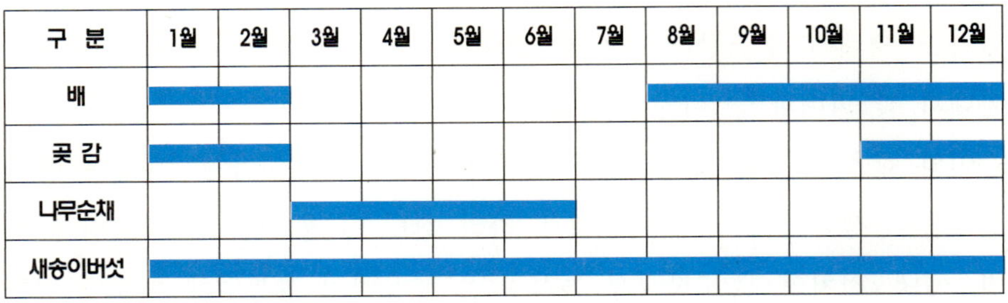

구 분	1월	2월	3월	4월	5월	6월	7월	8월	9월	10월	11월	12월
배	■	■						■	■	■	■	■
곶 감	■	■									■	■
나무순채			■	■	■	■						
새송이버섯	■	■	■	■	■	■	■	■	■	■	■	■

배 작업의 공백기에 틈새작목을 개발하였다. 부가적 이익은 노무인력들을 연중 운영하다 보니 우수한 작업인력 확보가 쉬워진다는 점이다.

둘째, 수확후 관리기술의 적용을 고도화 하여야 한다. 수확후 관리는 수확방법, 예냉, 예건 및 예조, 저온저장, 선별 등 제2의 생산이라고 불린다. 비파괴선과기, 첨단도정 설비 등 현대화된 고감도 자동화 기계의 활용과 품목에 적합한 다양한 수확후 관리기술을 활용한다.

셋째, 유통설비 시설제원의 통합적·효율적 운영이 이루어져야 한다. 선별기, 저온저장고, 예냉시설, 팰릿 운용 설비, 지게차, 수배송 차량운용, 기타 상·하역 설비, 설비관리 전문인력의 효율적 운영 등이 조화를 이루어야 한다. 나아가서 유통설비가 지역 농산물 물류거점으로 활용되도록 생산·유통 통합의 정보시스템이 구축되어야 한다.

3.7 소결-제품전략 믹스

지금까지 논의한 제품전략 차원이 다양하지만 어느 한 가지 조건만 충족되고 다른 조건이 충족되지 않으면 제품 전략적 시너지는 발휘될 수 없다. 서두에 언급한 제품전략의 6가지 다차원 조건이 모두 충족되어야 한다는 말이다. 예를 들어 어느 산지가 제품 차별성도 있고 선별도 균질하게 잘하고 있으나 지속적이고 안정적으로 공급할 물량이 부족하다면 제품전략적 역량을 갖고 있다고 할 수 없다. 따라서 산지 마케팅 조직은 다양한 전략조건을 구비할 수 있도록 조직역량을 키워나가야 한다.

그림 4-12는 이제까지 논술한 전략 6차원에서 핵심적인 3가지 차원을 3차원 그래프 축으로 각각 표시하였다. 나머지 전략차원, 즉 포장디자인 적정화, 제품믹스 최적화, 유통설비의 제품전략적 활용 차원은 핵심차원에 대하여 선행적 차원이거나 전략관리적 차원이라고 할 것이다. 그림의 제품전략 믹스 입체도는 마케팅 조직이 취급하는 각 제품별로 전략수준을 공간에 위치시킨 것이다. 예를 들어 그림 왼쪽의 개별제품수준은 차별화 수준과 공급제품 균질성은 높지만 공급물량의 안정성은 아주 취약한 것을 의미한다.

그림 4-12 제품전략 믹스 입체도

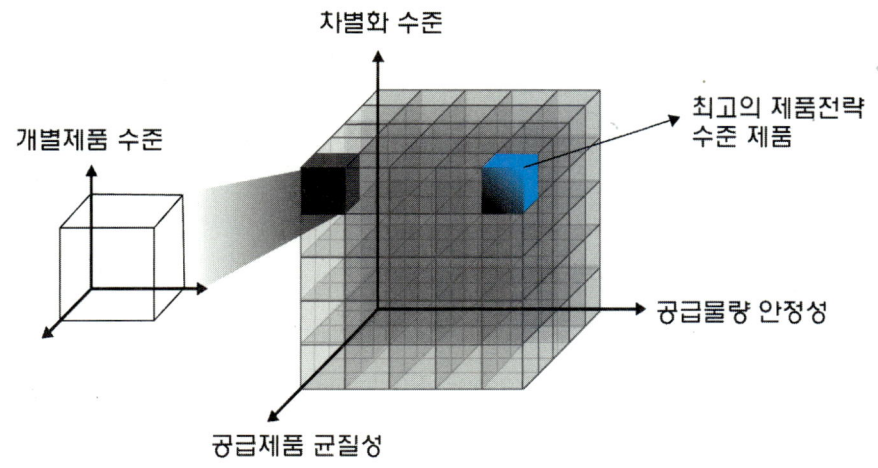

반면에 3차원의 정면 모서리 부분은 가장 이상적으로 3차원 전략차원이 모두 최선의 상태에 있음을 의미한다. 다른 한편으로는 입체도 전체를 종합하여 하나로 보아 마케팅 조직의 전략믹스 현상을 의미할 수 있다.

산지 마케팅 조직은 자신의 전략수준이 정육면체 공간 어디엔가 위치할 것이다. 3가지 핵심 요소들의 다양한 경우의 수를 나열하여 어느 요소가 강하고 약한지 파악하여 약점을 강화시키는 노력이 제품전략의 입체적 관리방식이다. 산지 마케터는 과학적이고 분석적인 전략가이어야 한다.

4. 가격전략

우선 농산물 시장가격이 변화하는 특징을 언급하고자 한다. 농산물 시장가격 역시 수요와 공급의 균형점에서 결정된다. 공급 측면에서는 생물이기에 마음대로 공급량을 조절할 수 없다. 즉 수요량이 늘어났다고 하여 즉시 공급량을 늘릴 수 없으며, 공급량이 많아져도 수요가 이를 흡수하는 데 한계가 있다. 그 공급량은 기상, 생육조건에 영향을 받아 변화가 심하다. 따라서 수요 요인보다 공급요인 때문에 농산물 가격은 불안정하고 변동성이 크다. 가격 변동은 4가지 형태로 구분한다. 첫째는 추세변동인데 농산물 가격이 일정기간에 걸쳐 상승하거나 하락하는 기울기를 보여주는 현상이다. 주기변동도 있다. 일정 기간을 간격으로 반복을 거듭하는 경우이다. 무·배추가 한해 가격이 좋으면 이듬해 재배면적이 증가하여 가격이 폭락하는 현상이 반복되는 것이 그 예이다. 계절변동은 수확기에는 가격이 떨어지고 단경기에는 가격이 오르는 현상을 말한다. 쌀이 대표적인 품목인데 이러한 가격 차이를 계절진폭이라고 한다. 끝으로 불규칙한 변동인데 갑작스런 기상변화 등으로 등락이 발생하는 규칙 없는 현상을 말한다.

농산물 가격전략도 판매할 제품의 가격을 매기는 일이다. 어떻게 가격을 매길 것인가? 도매시장에 출하하는 경우는 경매를 통하여 결정되지만 유통업체와 직거래하는 경우는 산지가 가격결정에 참여해야 한다. 이 경우도 도매시장 가격을 기준으로 시세에 연동하는 경우가 일반적이다. 그러면서 구매고객의 의견과 자기산지의 의견이 서로 반영되어 교섭을 통하여 가격이 결정된다. 교섭과정에서 시세보다 높게 형성되면 이익을 보고 시세보다 낮게 형성되면 손해를 보지만 공급자와 구매자간의 이해관계의 조정이므로 시세가 적절히 반영된다고 보아야 한다.

농산물 가격은 다른 3가지 전략의 활동결과 측면이 크다. 즉 제품전략, 경로전략, 촉진전략 등의 활동결과로 가격을 잘 받기도 하고 못 받기도 한다. 공산품이 공급자가 제품을 생산하고 가격을 매기고 이어서 유통과 촉진전략을 구사하여 구매고객에게 제품가치를 전달하는 것과는 다르다. 농산물은 일반적으로 공급자가 주도적으로 가격을 정하기가 어렵다. 시장에서 매겨진 가격을 받아들이기 때문에 가격을 "잘 받았다" 또는 "못 받았다"고 말한다. 산지 마케팅 조직은 공급한 제품 가격의 높고 낮음에 따라 성과를 평가받는다. 출하고객의 수취가는 시장판매가격과 직결되어 있고 이에 따라 고객은 떠나거나 남는다. 산지 마케팅 조직이 경영체로서 존립근거가 취득가격의 평가에 달려 있다고 하겠다. 가격을 둘러싸고 출하고객들의 발언이 시끄럽다. 산지 마케터를 가장 괴롭히는 부분이 가격문제이다.

4.1 가격전략 목표 인식

마케팅 조직의 가격전략 목표는 출하 농산물의 전체 수취가격의 극대화이다. 하루하루의 가격을 높게 받는 것도 중요하지만 이에 너무 현혹되어서는 안된다는 것이다. 최고 가격이 얼마냐가 중요한 것이 아니라 전체 수취가가 얼마냐가 더 중요하다. 구체적인 목표는 공급제품 판매가격에서 유통마진 또는 유통경비를 공제한 수취가를 안정적으로 극대화시키는 것이다. 매취를 하여 판매한 것이든지 수탁을 받아 판매한 것이든지 마케팅 조직이 수취한 순수취가를 목표대상으로 한다. 단순히 시장판매가가 아니고 마케팅 조직의 관리 하에 놓이고부터 구매고객에게 인도하기까지의 제반 비용을 공제한 순수취가이다. 이것은 거래 방식에 따라 유통경비가 다를 수 있으므로 경로의 효율도 함께 고려한 것이다. 즉 아래 수식이 가격전략의 목표이다.

마케팅 조직 총수취가액 = (판매가격−유통마진)×판매수량

그런데 농산물을 언제 출하하느냐? 품위별로 얼마의 물량을 출하하느냐? 어디로 출하하느냐? 등에 따라 판매가격이 달라지고 유통비용도 달라져 수취가격이 달라진다고 하겠다. 물론 계약기간 동안 가격과 물량을 고정시킨다면야 판매가격은 일정하다. 그렇지만 이러한 계약 역시 사전에 위 세 가지 고려사항에 대한 검토를 거친 후 결정된 것이다. 따라서 위 가격전략 목표식이 극대화가 이루어졌다면 그 이면에는 판매시기선택, 품위별 물량선택, 판매경로선택 등의 복합적 의사결정이 최적을 이룩하였을 것이다. 이제 마케터는 목표의식을 분해하여 분석적으로 이해할 수 있게 되었다. 아래와 같은 세 측면에서 가격전략 성과를 분석한다면 가격전략에 대한 개념을 충분하고 구체적으로 인식할 수 있을 것이다.

① 시기별 총수취가액(Σt_n)=(판매가격t_n−유통마진)×판매수량

② 품위별 총수취가액(Σp_n)=(판매가격p_n−유통마진)×판매수량

③ 경로별 총수취가액(Σc_n)=(판매가격c_n−유통마진)×판매수량

① **시기별 총수취가액 최적화** : 마케터는 작물의 당도, 작물의 상태, 시장 수급물량에 따라 출하시기를 선택한다. 일정 출하기간 동안 오름세 시기가 있는 반면 내림세 시기도 있다. 가능하다면 앞의 경우에 출하물량을 늘리고 뒤의 경우에 물량을 줄여 공급하였다면 또

는 홍수출하시기를 예상하여 예냉으로 돌려버리고 출하량을 극소화시켰다면 최적의 시기선택이라고 할 수 있다. 그 반대로 출하시기를 선택하였다면 최악의 시기 선택이다. 위 식은 시기를 t(time)로 하여 여러 시기에서 각각의 수취가액 전체를 총합한 것이다. 총합한 금액을 최적화시키는 것이 출하시기 선택 측면에서 본 가격전략 목표라고 하겠다. 그런데 단기적 이익극대화라는 목표도 유효할 수 있다. 장단기적으로 최적화를 추구하지만 장기적 성과를 희생시키면서 현재의 수취가액 극대화를 위한 의사결정을 목표로 할 수도 있다.

② **품위별 총수취가액 최적화** : 제값 받고 판매한다는 말이 있다. 이 말을 자기산지 제품에 대한 위치를 제대로 파악하고 그에 맞는 전략으로 가격을 정하여 거래처에 판매한다는 말로 이해하고 싶다. 자기 제품에 대한 품위별 거래처를 고려하지 않고 시장가격이 얼마이니까 막연히 시세를 받는다는 생각은 품위별 최적화 전략이 아니다. 위 식은 제품품위를 p(product)로 하여 각 품위별 수취가를 거래처별로 총합한 것이다. 마케터는 품위별 거래처를 대응하여 분석한다면 어느 정도 최적화를 이루었는지 여부를 평가할 수 있을 것이다. 그림 4-13은 두 마케팅 조직을 비교한 품위별 거래처 최적화 전략을 예시하였다. A조직이 B조직보다 품위별 거래처를 최적화하여 총수취가를 더욱 크게 하였을 것이다.

마케팅 조직 A는 제품 피라미드 최상위의 브랜드 계층화로 고가격전략을 사용하고 있다. 고가격 전략은 제품의 이미지를 좋게 하여 등급전체의 가격을 높일 수 있다.

한편 마케팅 조직 B에서 도매시장이라고 하더라도 예를 들면 특품과 상품은 주로 가락시장으로 출하하고 보통 품질의 제품은 지방도매시장이나 유사시장으로 출하하여 모든 등급에서 최고가격을 받을 수 있도록 하는 것이다.

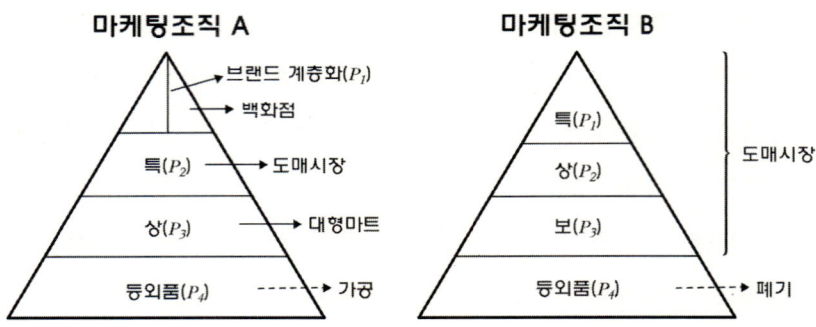

그림 4-13 품위별 거래처 최적화 전략 (예시)

③ **경로별 총수취가액 최적화** : 공판의 원칙 중에서 다원판매의 원칙에 해당한다. 출하처를 다양화 하면서 유리한 거래조건을 비교하여 각 거래처별로 물량의 배분을 적정하게 하여 총체적 수취가격의 극대화를 도모한다. 높은 가격 경로에는 물량을 늘리고 낮은 가격 경로에는 물량을 줄인다. 또한 특정 거래처에 물량이 과다하게 집중되면 상대방에 대한 의존도가 높아지므로 교섭력이 약해지는 위험을 피할 수 있다. 위 식에서 공급채널을 c(channel)로 하여 각 경로별로 수취가를 총합한 것이다. 그런데 특정시장의 시장점유율 극대화를 전략목표로 하여 가격에 관계없이 수취가 극대화를 희생하여 저가격정책을 실시할 수도 있다. 저가격으로 자사의 시장성장을 단시간에 이룩하고 경쟁자의 진입을 무력화시키는 장점이 있다.

4.2 가격정보 관리

도매시장의 가격정보를 철저히 이해하고 관리해야 한다. 마케터는 현재의 시장가격 결과를 보고 공급측면과 수요측면 각각의 요인에 의하여 무엇이 가격을 오르고 내리게 하였는지 알아야 한다. 이것은 가격교섭에 임

하여 가격주도권을 갖고 수취가 극대화를 실현하기 위한 기본적인 조건
이다. 구매자와 공급자간 거래단가 결정에는 다양한 시세가 검토된다. 도
매시장 시세, 산지시세, 경쟁조직 거래시세 등이 교섭시 참고가 되는 시
세이다. 전반적으로 도매시장시세와 산지시세를 중심으로 거래가격이 결
정된다. 거래가 성립되어 시세 변동이 발생하였을 경우 이를 가격에 반영
하는 시기도 발주당일 시세를 변경하거나 일정기간을 두고 반영한다. 대
개 한번 결정된 가격을 유지하는 기간으로는 유통업체 특성과 품목별로
상이하나, 일주일 단위로 유지하는 경우가 많다는 것이다.

  도매시세가 가격결정에 하나의 기준이 된다는 사실이 중요하다. 따라서
산지 마케터는 기본적으로 도매시세 가격흐름을 꿰뚫고 있어야 한다. 도
매시세를 추적하고 전망을 할 수 있도록 역량을 갖추어야 한다. 가격과
관련한 다양한 정보를 기반으로 가격을 분석할 줄 알아야 한다. 이를 가
격정보 관리라고 하자. 지금부터 시세를 분석하는 과정을 논한다.5)

  ① 우선 현재의 가격 상황을 파악한다. 인터넷, 전화 등 각종 정보 매
    체나 시장방문을 통하여 현재의 가격동향을 정확히 읽어야 한다. 서
    울 가락동 농수산물도매시장 가격이 대표적인 가격이나 이 밖에도
    다른 시장의 가격동향도 파악하여 비교한다. 가격 이외에 반입동향
    도 함께 파악되어야 한다. 왜냐하면 가격의 결정은 시장의 반입물량
    에 따라 좌우되기 때문이다.

  ② 주간단위로 전주의 가격과 비교하는데 가격에 변동이 있다면 그 원
    인을 알아야 한다. 단순히 물량이 늘었기 때문에 가격이 내렸고 아
    니면 반입물량이 줄었기 때문에 가격이 올랐다는 식의 분석은 의미
    가 없다. 물량이 늘었다면 왜 늘었는지, 어느 산지에서 늘었는지,
    다른 시장도 전반적으로 늘었는지 원인을 파악해야 한다. 시장전체
    로는 큰 변화가 없는데 시장간에 반입물량의 불균형으로 특정 시장

---

5) 한기인, 『농산물 마케팅 전략론』, (2004) 참고

에만 공급물량의 변화가 생기건 아닌지 규명해야 한다. 반입물량이 증가하는 경우에 특별한 기상변화와 절기에 변화가 없다면 다음과 같은 요인을 예로 들 수 있다.

- 새로운 산지에서 수확기에 접어들어 초출하가 시작되었다.
- 그 동안의 저장물량이 시장에 많이 출하되기 시작하였다.
- 생육상황이 좋아져 출하물량이 많아졌다.
- 지난주에 가격이 좋아 산지에서 출하시기를 앞당겨 물량이 많아졌다.

한편 물량이 줄어드는 경우는 위 경우와 반대의 상황이 된다. 그런데 반입물량이 줄었는데 가격에 변화가 없거나 오히려 가격이 내리거나, 반입물량이 늘었는데도 불구하고 가격이 오르는 경우는 어떻게 설명될 수 있을까. 전반적인 상품의 품위에 변화가 있는 것 외에는 수요측 사정에서 요인을 찾아야 할 것 같다. 예를 들면 가격이 내리는 경우는 경기가 좋지 않아 수요가 너무 얼어 붙어 매기가 없다든가, 소비자들의 시장출입에 지장을 초래하는 사회적 행사 즉, 연휴 행락, 소비지 기상의 악화로 쇼핑의 자제 등이 생기는 경우라고 할 것이다. 가격이 오르는 경우는 가수요의 발생으로 보이는데 중도매인 등이 앞으로도 더 오를 것이라고 전망하여 물량을 미리 확보하거나 기상의 변화로 소비자들의 수요가 늘어난 경우(갑작스레 추워져 찌개용 버섯, 애호박 소비 증가)일 수 있다. 이 밖에도 여러 가지 요인이 있으므로 산지에서는 개개의 상황을 설명할 수 있는 사정을 알아야 한다.

③ 앞으로 가격이 오르거나 내릴 전망을 스스로 하여야 한다. 앞서 언급한 상승요인과 하락요인이 다음 주에도 계속될 것인가. 아니면 새로운 요인이 나타날 것인가. 이러한 판단을 마케터가 단독으로 하기 어려운 경우도 있을 것이다. 관측정보와 시장 경매사나 중도매인의 의견을 구하여 종합적으로 판단한다. 한편, 위와 같은 요인 외에 단기적인 기상의 변화를 알지 않으면 안된다. 기상은 산지와

소비지 기상 모두 중요하다. 다른 사정이 일정하다면 가격과 기상과의 관계는 다음과 같은 표 4-2로 나타낼 수 있다.

표 4-2 기상변화와 수급동향 예시

산지 기상	소비지 기상	출하량	소비량	주문량	가격
양호	불순	증가	감소	감소	하락
불순	양호	감소	증가	증가	상승

위 표에서 한 가지만 예를 들면 주산지에 비가 온다는 예보가 있으면 산지는 비오기 전에 최대한 수확하여 출하할 것이다. 시장에서도 비가 온다면 구매고객은 수송, 보관문제로 당일판매량만 확보할 것이므로 경매량은 줄어들어 하락세를 면치 못할 것이다.

④ 전망에 맞추어 출하전략을 세운다. 오를 경우와 내릴 경우 각각에 대하여 출하전략을 달리 하여야 할 것이다. 당연한 얘기지만 오름세 분위기에서는 공급 물량을 늘려가고 그러한 상태가 지속되도록 하는 것이 가격전략이다. 시세가 좋지 않을 때는 약세에 대한 대책으로 출하량을 줄이고 상품품질 관리를 더욱 철저히 하여 저품위의 출하는 자제하여야 한다.

이상과 같이 앞의 시황분석 세 가지 단계는 네 번째 단계인 출하전략의 의사결정을 위하여 필요한 정보이다. 가격정보 관리를 잘 하면 출하시기와 물량의 조절을 최적으로 배분하는 출하전략을 전개할 수 있다.

정보관리에 힘쓰는 산지 마케팅 조직의 사례로 비금도 섬초를 판매하는 농협을 들 수 있다. 이 농협에서는 수도권에 주재원을 상주시켜 시장별 시세 및 반입 물량을 고려하여 비금지역에서 출하되는 시금치의 출하처 및 출하량을 조절하는 것이다. 또한 주재원은 정기적으로 시장의 반응을 산지에 제공하여 시장의 수요를 고려한 상품화를 추진하도록 한다.

4.3 가격전략 방법

4.3.1 목표가격 전략

산지 마케팅 조직의 기능은 출하고객의 집하 제품을 중간구매자 고객에게 판매하는 것이다. 판매가격 결과는 출하고객의 농업소득이다. 동시에 마케팅 조직의 도산여부를 묻게 만든다. 두 주체가 가격관련 의사결정에 모두 영향을 미치기 마련이다. 따라서 목표가격은 출하고객 측면에서 정해지고 마케팅 조직 생존 측면에서 정해진다. 먼저 출하고객 측면에서 목표가격이 결정되는 경우를 살펴보자.

- 출하고객에게 최저보장가격을 제시한 경우이다. 마케팅 조직이 집하 유치를 위하여 수확전에 농가의 수익을 보장하여 농가들이 적자를 염려하지 않도록 원가를 보장하는 가격을 말한다. 이 경우 마케팅 조직은 판매가격을 농가에 대한 보장약정 가격 이상을 목표로 하여 설정하여야 한다.

- 수탁형 매취형태에서 예시가격제를 적용하여 원물을 선별후 선별결과에 따라 선지급하는 경우이다. 판매가격이 기준예시가격 이하로 내려가면 안되므로 예시가격 이상이 목표가격이 된다. 이것 역시 마케팅 조직이 안정적인 물량을 집하하는 방법이다.

다음은 마케팅 조직 생존 측면에서 목표가격을 산정하는 것이다. 얼마의 가격을 받으면 조직경영비용도 커버하고, 경쟁 산지 마케팅 조직보다 우수하다고 인정받을 것이라는 가격수준이 있을 것이다. 그 가격수준을 목표가격으로 보고 효과적인 마케팅활동을 전개하는 경우이다.

- 마케팅 조직이 매취하여 집하한 경우 경영수익 확보 관점에서 매취가격에 마케팅 조직의 마진을 플러스하여 목표가격을 정한다. 조직 마진은 조직경영과 관련된 모든 고정비와 변동비를 포함하여 이를

출하제품 단위당 금액으로 환산한다. 당연하지만 제품단위당 조직마진은 판매수량이 많으면 많을수록 작아진다. 규모화의 비용절감 효과라고 하겠다.

- 산지집하 경쟁에서 우위확보를 위하여 출하고객이 만족하는 수준의 판매가격을 목표로 한다. 앞의 장에서 언급한 바와 같이 출하고객은 수취가격의 크기를 출하조직 선택의 기준으로 삼는다. 지역내 경쟁 조직의 수취가격 수준을 파악하여 자기조직이 그 가격보다 높아야 한다. 그래야 출하고객은 자기조직을 떠나지 않을 것이다. 이때 비교 가격은 표면적인 시장판매가격이 아니라 농가 순수취가격이다.

이제부터는 목표가격 획득방법에 대하여 다룬다. 목표가격은 심한 가격 등락이 없는 상태에서 마케팅 조직이 의도한 대로 일정수준의 가격을 유지하는 것이라고 볼 수 있다. 당연한 말이지만 마케팅 조직이 가격결정에 주도권을 발휘하면 된다. 그러나 가격결정에는 상대가 있는 것이므로 주도권을 발휘할 수 있는 조건을 성숙시켜 나가면서 구매고객과 관계적 측면에서 목표가격을 고려할 수밖에 없다.

① 적정 출하처 선택 : 품위 수준에 맞는 출하처를 선택한다. 구매고객에도 취급상품의 품위 수준이 있다. 고급품 취급 구매자에게 고급품을 제공하고 고가로 구매해 달라고 해야 한다. 예를 들면 어느 출하자는 특품과 특상품은 주로 도매시장에서 신세계백화점 및 강남지역 아파트 단지내 슈퍼마켓에 납품하는 중도매인과 정가·수의매매를 통해 거래한다. 나머지는 경매·입찰방법을 통해 결정되도록 한다.

② 공급물량 유지 : 기본적으로 농산물 가격은 물량의 함수이다. 따라서 산지는 자기제품이 해당 거래시장에 넘쳐나지 않도록 해야 한다. 영농법인 브랜드 「꿀허벅 한라봉」은 도매시장 발주물량만을 출하하여 적정가격을 유지한다. 충남 부여 석성농협은 연중 일정한

값을 받기 위하여 계획생산, 계약재배로 공급물량을 일정하게 유지하였다. 사전에 유통업체와의 계약을 토대로 품종을 통일하고 평준화된 영농기술을 적용해 고품질 농산물의 품위를 유지하였다.

③ 구매고객과 밀착관계 유지 : 구매자와 가격 교섭할 때마다 첨예하게 가격을 흥정하여 조금이라도 손해를 보지 않으려고 한다면 서로가 단골고객이 될 수 없다. 거래관리보다 관계관리가 더 중요하다는 것이 현대 마케팅의 기본적 컨셉이다. 어느 출하자는 시장에서의 인지도 및 신뢰도 확보를 위해 가격 등락폭이 큰 시기에도 한 특정법인하고만 거래한다.

④ 도매시장 정가 수의매매 적극 활용 : 목표가격 결정에는 마케팅 조직의 관여를 높이는 거래방식도 중요하다. 가격결정을 경매에 맡기는 것보다는 상대거래 성격의 교섭을 활용하는 것이 의도한 목표가격의 실현을 더욱 가능케 할 것이다. 경매의 문제점은 가격의 등락폭이 심하여 가격형성이 안정적이지 못하다는 것이다. 마케팅 조직 입장에서는 가격이 얼마 나올지 모르는 불확실성과 저가격에 대한 불안감을 갖게 되어 목표가격 실현이 어려울 수 있다.

정가수의매매는 두 가지 방식이 있다. 하나는 지시가격의 행사인데 출하자(단체)가 도매시장법인에 출하할 때 희망가격을 제시하는 것이다. 여기서는 목표가격을 제시하는 것이라고 할 수 있다. 이를 실행할 수 있는 마케팅 조직의 조건은 지속적 출하물량 공급체계를 갖추고, 해당 품목에 대한 원가계산을 잘 알고, 해당품목의 거래동향, 작황, 직거래 경로의 가격 동향 등 출하에 참고할 정보를 충분히 활용하여야 한다. 다른 하나는 도매시장법인에 매수를 요청하는 것이다. 이는 산지의 교섭력이 우월한 경우 가능한 방법이다. 어느 방법이든지 산지의 교섭역량이 뒷받침되어야 한다.

4.3.2 원가가산 전략

농산물도 공산품에 존재하는 원가 개념을 가져야 한다. 작목 재배에 소요되는 비용을 종합한 생산원가, 유통흐름에서 발생하는 유통원가, 시장 거래과정의 가격조정 원가를 산출한 후 가격전략에 활용해야 한다. 가격 전략에서 공급자가 제시하는 가격의 하한이 원가이다. 원가에 대한 확실한 정보를 갖고 있으며 가격결정 작업을 단순화 할 수 있다. 구매자와 판매자에게 모두 공정한 방법이다. 대형마트 바이어도 원가를 갖고 가격교섭을 하는 것이 합리적이라고 한다. 마케터가 네고(negotiation)가격을 제시하는데 근거로 원가자료를 보여준다면 확실히 설득력 있어 보인다. 또한 출하고객에 대하여도 수취가를 둘러싸고 벌이는 논란을 원가개념으로 명쾌히 설명할 수 있다. 그리고 생산·유통관련 비용 절감 대책 수립에 원가 개념은 반드시 필요하다. 비용절감은 공급자·구매자 모두에게 이익을 창출할 수 있는 공통적 과제라고 하겠다.

그림 4-14는 출하시장별로 구분한 출하제품의 원가를 구성하는 요소들을 나타냈다. 이 그림을 통하여 원가가산 전략을 실행하는 경우에 고려하여야 할 원가내용들을 알 수 있다. 또한 그림은 시장의 명목판매가격이 결정되고 마케팅 조직의 대금수수 과정을 거쳐 출하고객에게 대금이 정산되는 내역을 보여준다. 그림의 구성요소들의 개념을 상세히 설명한다.

① **출하제품 단위당 원가 환산** : 선별 후 출하제품의 단위당 제품원가를 확정해야 한다. 예를 들어 10kg 박스 단위, 10개 단위 원가를 산정하는 것이다. 여기에는 아래와 같이 직접생산비, 간접생산비, 출하비용, 조직마진이 포함된다.

　- 직접생산비 = 종묘비 + 비료비 + 농약비 + 영농광열비 + 기타 재료비 + 농구비 + 영농시설비 + 수리(水利)비 + 노동비 + 위탁영농비 + 기타 비용

그림 4-14 도매시장 출하 판매가격 원가구성 예시

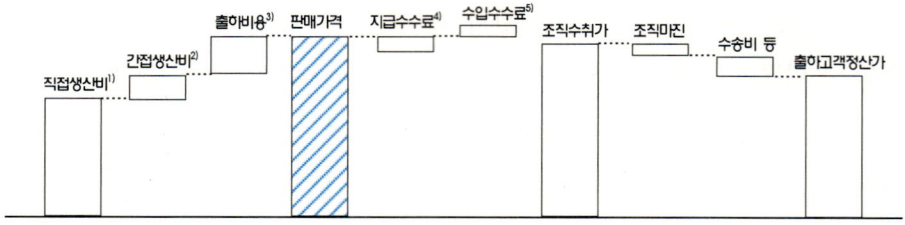

그림 4-15 유통업체 출하 판매가격 원가구성 예시

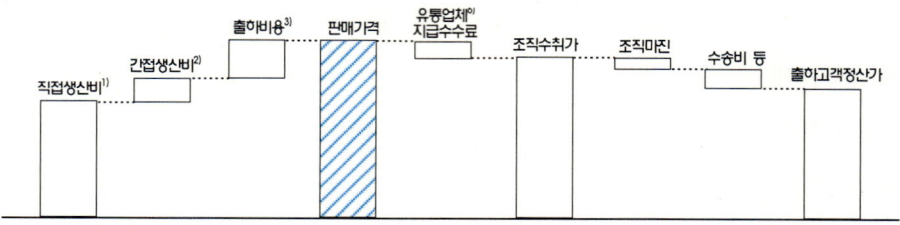

1) 직접생산비 = 종묘비 + 농약비 + 영농광열비 + 기타재료비 + 농구비
   + 영농시설비 + 수리(水利)비 + 노동비 + 위탁영농비 + 기타 비용
2) 간접생산비 = 토지용역비 + 자본용역비
3) 출하비용 = 선별비 + 포장비 + 운송비   5) 수입수수료 = 출하장려금, 가격보전금, 법인정책 수수료
4) 지급수수료 = 도매시장 경매 수수료 등   6) 유통업체 지급수수료 = 물류비, 판매장려금, 판매촉진비, 안전성 검사비

 - 간접생산비 = 토지용역비(지대) + 자본용역비(자본이자)
 - 출하비용 = 선별비 + 포장비 + 운송비
 - 조직마진 = 마케팅 조직이 수취하는 마케팅 수수료 또는 매취마진

직접생산비는 특정 농산물에 비용을 직접 부과할 수 있는 비용이다. 간접생산비는 특정 농산물에 직접 부과할 수는 없지만 간접적 우회적 방법으로 산출한다. 대개 이러한 생산원가는 지역 농업기술센터에서 해당품목별로 데이터를 가지고 있기 때문에 그것을 활용한다. 그러나 출하비는 상품화 작업과정과 수송과정에서 발생하는 것이므로 마케팅 조직이 계산하여야 한다. 출하비는 출하농가의 부담이다. 시장판매가격에서 차감하여 정산하는 것이 일반적이다. 조직마진은 출하고객이 마케팅 조직에 지불하

여야 할 비용이므로 원가에 산입하여야 한다. 다만 위 그림에서 조직마진을 판매가격 확정단계 이후에 표시하였는데 이것은 마진의 크기가 판매가격에 대하여 일정비율로 환산되기 때문에 수취가 유형 구분을 위하여 편의상 표시한 것이다. 출하고객 입장에서 손익분기점은 직간접생산비와 그림에서 출하고객 정산가와 일치하여야 한다.

② 도매시장 순판매가격 개념 : 도매시장에 출하하여 판매한 다음에 마케팅 조직과 출하고객이 수취할 금액의 계산을 위하여 이해할 필요가 있다. 그리고 도매시장 출하에 대한 마케팅 성과의 실질적인 평가기준이 된다.

- 순판매가격 = 판매가격－지급수수료＋수입수수료
- 지급수수료 = 도매시장 경매 수수료 등
- 수입수수료 = 출하장려금, 가격보전금, 법인정책 수수료

설명이 필요한 부분은 수입수수료이다. 출하장려금은 규정에서 정한 지급률의 상한은 없고, 도매시장법인(공판장)이 출하유치를 위하여 출하실적에 따라 출하자에게 지급하되 지급률을 차등 적용하고 있다. 가격보전금은 경락가격이 시장평균판매가격에 미달하거나, 판매 예정가격을 출하자에게 제시하고 출하를 유치하였으나 실제 판매가격이 제시가격보다 낮았을 경우 그 차액 범위내에서 출하자에게 가격을 보전해주는 것을 말한다. 이 밖에도 법인이 출하자 관리차원에서 가격을 보전함이 타당하다고 인정하는 경우에 지급한다. 정책수수료는 법인이 출하고객에 대한 마케팅 정책적 차원에서 임의로 책정하여 특별한 수수료를 지급할 수 있다.

③ 유통업체 지급수수료 : 대형유통업체와 거래하는 경우 경매 수수료 등은 없지만 직거래과정에서 공급 마케팅 조직이 지급하는 특별한 비용항목들이 존재한다. 유통업체로부터 수취하는 명목적 판매가격에서 차감하는 지급수수료 등을 감안한 유통업체 순판매가격을 환산할 수 있어야 원가 대비 성과가 정확히 나오게 된다.

- 유통업체 순판매가격 = 명목판매가격－유통업체 지급수수료
- 유통업체 지급수수료 = 물류비, 판매장려금, 판매촉진비, 안전성 검사비

물류비는 대형유통업체의 물류센터를 이용할 경우 지급하는 수수료를 말한다. 물류센터로부터 해당 점포까지의 운송을 대신 해준다는 명목으로 산지가 부담한다. 판매장려금은 대형유통업체가 납품업체 상품의 판매활성화에 기여하거나, 대량구매에 따른 납품업체의 원가절감 부분에 기여한 대가로 수수하는 금액이다. 그러나 상당수의 대형유통업체에서는 실질적인 기여가 아닌 관례적으로 납품가의 일정비율을 수취하고 있다. 판매촉진비의 경우 대형유통업체가 납품업체 상품의 판촉활동을 수행하면서 소요된 비용(판촉사원 인건비, 홍보비 등)의 일정부분에 대해 요구하는 비용이다. 다른 비용은 계약시에 결정되나 판매촉진비의 경우는 수시로 협의하여 결정하는 비중이 높다. 대부분 사전협의 없이, 산지조직이 모르는 상황에서 판촉비용을 사용했다고 통보하여 산지에 비용을 전가하는 사례도 있다.

위 비용들은 납품가액의 8~9%에 해당하는 금액으로 산지에게는 대단히 부담스러운 금액이 아닐 수 없다. 판매가격에 위 금액을 반영시켜 주는 경우도 있지만 공급자로서 교섭력 열위에 있는 경우 추가로 부담을 감수하는 부분이 크다.

④ 조직수취가 및 농가정산가 : 도매시장에 출하한 경우와 유통업체에 출하한 경우가 다르다. 두 경로의 순판매가격 비교를 통하여 경로 선택시에 감안하여야 할 원가가산 내용이 다르다는 것을 알 수 있다.
- 마케팅 조직 수취가(도매시장)＝순판매가격(P_A)
- 마케팅 조직 수취가(유통업체)＝순판매가격(P_B)
- 출하고객 정산가$(P\alpha)$＝순판매가격(P_A)－조직마진－출하비용

　　– 출하고객 정산가(P_β)＝순판매가격(P_B)－조직마진－출하비용

　P_A와 P_B가 다른 이유는 도매시장 지급(수입)수수료와 유통업체 지급 수수료가 다르기 때문이다. 도매시장 지급수수료는 법정사항이지만 수입 수수료는 그렇지 않다. 유통업체에 지급하는 수수료도 항상 발생하는 것은 아니다. 따라서 획일적으로 어느 쪽이 크거나 작다고 말할 수 없다. 여기서 말하고 싶은 것은 가격 교섭시에 개별 거래상황에서 감안하여야 할 원가부분이 다르게 고려되어야 한다는 것이다. 유통업체와 가격교섭을 하는 경우 원가는 직간접생산비, 출하비, 조직마진, 유통업체지급수수료 등이 된다.

　한편 출하고객 정산가는 공동계산 형태를 띤다면 $P\alpha$와 P_β가 다를 바 없다. 개별적 거래로 취급하거나 출하경로에 따라 조직마진을 다르게 한다면 $P\alpha$와 P_β는 다른 가격이 된다. 이러한 경우는 원가가산 구성도 달라진다고 하겠다.

　다음은 원가절감 대책에 대하여 논한다. 공급제품의 원가를 낮춘다면 두 측면에서 마케팅 조직에 유리하다. 하나는 출하고객의 순수취가가 증대한다. 위 그림에서 출하비용의 제품단위당 수송비를 줄였다면 출하고객의 정산가가 그만큼 커져 소득이 증가한다. 그러면 출하고객은 마케팅 조직의 활동을 긍정적으로 평가하여 계속 고객으로 남을 것이다. 또 하나의 유리점은 판매경쟁력이 높아진다. 동일품질의 제품을 더욱 싼 값에 공급한다는 것은 구매자에게 매력적이다. 저가 제품을 만들 수 있는 마케팅 조직이 거래처를 확보할 가능성이 더욱 크다. 특히 유통업체는 불황기에 대중적인 저가제품 공급을 늘리므로 산지제품에 대해서 상품의 다양화를 꾀하려고 한다.

　원가절감 부문을 세 측면에서 살펴본다. 여기서 말하는 원가는 시간과 돈이다. 즉 종자 구입부터 시작하여 거래처가 지정하는 장소에 제품을 전달하기까지의 전 공정에서 시간과 돈, 인간노동을 줄인다는 의미이다. 비

용으로 환산 가능한 것과 쉽게 환산할 수는 없지만 비용이 틀림없는 것을 포함한다. 첫째, 마케팅 조직이 생산지도력을 발휘하여 생산조직관리를 생산원가절감 차원에서 진행한다. 두 번째는 유통비용을 절감하는 선별작업의 효율화, 포장자재절약, 수송비할인 등 유통원가절감이 있다. 끝으로 시장거래와 관련하여 지급하여야 할 수수료는 줄이고 수취하는 수혜장려금 등은 크게 하는 거래원가 절감이 있다.

- 생산원가 절감 : 아래와 같은 원가절감 방향이 바람직하다. 중요한 것은 원가를 절감하려는 의지를 갖고 현재의 원가를 파악하여 각 생산비별로 얼마를 줄이겠다는 절감목표를 설정하고 실행하는 일이다. 다음과 같이 절감 방향을 언급한다.
  - 투하 영농자재의 절대적 물량을 줄인다.
  - 영농자재 구입을 공동으로 하여 할인혜택을 확대한다.
  - 특히 고유가 시대 시설원예 작목반은 영농광열비 절감을 위한 다양한 노력이 필요하다. 즉 난방비 부담을 줄이는 작형의 선택, 시설구조 개선, 자연에너지나 대체에너지 활용이 그것이다.
  - 농작업의 분업화, 전문화, 공동수행, 고용노동의 효율적 수배 및 관리체계를 갖춘다.
  - 공동육묘사업의 활성화로 농업경영비절감, 인력부족 해소를 도모한다.

- 유통원가 절감 : 마케팅 조직의 관리사항이다. 출하고객과 구매고객과의 관계에서도 공통적 관심사항으로 원가절감을 주도해야 한다. 제품이 선별장에 반입되어 수확후 관리, 상품화 공정을 거쳐 거래처에 수송하는 원가들이 통제대상이다. 선별작업비, 포장비, 보관비, 하역비, 운송비, 감모청소비, 물류정보 관리비 등이다. 마케터는 각 비용의 현재 상태를 파악하고 절감목표 수준을 설정하고 실행하여야 한다. 각 비목별 절감방향을 일부 예로 들어본다.

- 선별작업비 절감 : 선별장 공간활용, 작업동선의 번잡성 제거, 숙련 작업원의 운용, 일일 조업도 향상, 에너지 효율기계도입, 고장수리 기간 장기화 방지

- 포장비 절감 : 포장자재 사용과 제품 차별화 수준을 비용발생 관점에서 균형을 생각한다. 포장 부자재의 사용도 동일한 효과를 가져온다면 저렴한 자재를 사용한다. 예를 들어 부산 명지농협은 대파 골판지상자를 플라스틱박스로 대체해 연간 1억여원의 물류비 절감을 이뤘다. 특히 플라스틱박스의 사용으로 팰릿 출하가 가능하게 돼 인건비 절감과 골판지상자 파손으로 인하 상품훼손 문제도 해결하였다.

- 보관비 절감 : 온도·습도 조절 비용, 다단계 적재의 효율, 반입반출의 빈도, 보관기간, 제품 감모 부패·훼손관리, 창고별 물량 배치 등을 원가절감 관점에서 점검한다.

- 하역비 절감 : 농가 순회수집 동선의 효율화, 비상품 반입의 억제로 상하차 작업량의 최소화, 하역 기계화율 제고, 여러 물류관리 인력의 아웃소싱 등을 점검한다. 예를 들면 경기·충북 햇사레연합은 5kg 포장재를 4.5kg으로 변경하였다. 팰릿 사용시 6박스 적재를 8박스 적재로 바꿔 유통효율을 높였다.

- 운송비 절감 : 단위 수송물량의 대량화, 거래처 수송루트의 효율화, 선진화된 냉장냉동 차량을 활용하여 신선도 감소억제, 공차율 최소화와 적재율의 향상, 차량의 임대·지입·자가 운영을 저비용 관점에서 종합평가한다. 예를 들면 제주 서귀포 효돈농협은 8피트짜리 컨테이너(일명 깡통)에 벌크 또는 팰릿에 실어 감귤을 운송하는 방식에서 탈피해 팰릿만으로 운송하는 시스템으로 바꿨다. 팰릿으로 서울 양재동 (주)농협유통에 출하한 결과 10kg 상자당 운송비가 50원 절감됐다. 특히 작업시간을 크게 줄여 신선도 유지에도

효과를 보았다.

- 감모·청소비 절감 : 보관관리 과정에서 발생하는 수분손실·흠집·부패·갈변의 감모, 절단·세척·반가공·도정 과정에서 발생하는 부산물과 쓰레기 처리 비용을 줄이도록 한다.

- 사무 관리비 절감 : 출하제품 할당, 거래처와 수발주 처리의 신속, 대금정산 처리의 정확성과 신속성 유지, 생산데이터의 분석 관리 등에서 시간을 절약하고 사무요원의 생산성을 높인다.

● 거래원가 절감 : 도매시장에 지급하는 경매수수료를 낮추고 수입수수료를 높여 순지급수수료를 낮추는 거래방식을 활용한다. 그리고 유통업체 지급수수료는 교섭력을 발휘하여 지불을 회피하거나 최소화시킨다.

- 경매수수료 절감 : 정가·수의매매를 전자거래방식으로 할 경우 상·물분리거래가 허용된다. 도매법인(공판장) 입장에서 하역비가 절감되고 시장사용료도 인하된다. 출하주도 경매거래 수수료보다 2%정도 낮출 수 있다. 도매시장을 거치지 않아도 되기 때문에 신속한 거래로 시간이 절약되어 신선도 유지에도 유리하다.

- 법인지급수수료 확대 : 마케팅 조직은 출하법인과 특별한 관계관리를 맺고 법인에게 중요한 출하자로서 위상을 세운다. 이럼으로써 법인이 지급하는 출하장려금, 가격보전금, 임의의 법인정책 수수료를 잘 활용할 수 있게 된다.

- 유통업체 지급수수료 절감 : 일부 업계의 관행적 부분으로 산지가 감수해야겠지만 마케팅 조직이 유통업체에 대하여 교섭력 낮기 때문에 일방적으로 부담하는 부분이 크다. 판매가격에 동수수료를 반영시켜 가격네고를 한다면야 문제가 없지만 사전에 비용을 모두 예측할 수 있는 것은 아니다. 납품계약을 맺을 때 비용부담에는 사전협의를 필수적 절차로 언급한다. 그리고 일방적인 산지부담이 아

닌 공동부담 형태로 모양을 만들어 산지부담을 최소화시킨다. 손익 측면에서 산지부담이 지나치다면 부담을 거절할 수밖에 없다.

4.3.3 연합가격 전략

실제 사례에서 어느 유통업체는 쌀을 온라인 입찰한다고 평소 거래하던 몇 개 산지 마케팅 조직에 공고하였다. 소정의 시간까지 판매량과 판매금액을 자사에 통보하라는 것이다. 그러면 산지조직들은 서로 탐색을 하면서 공급금액을 적어낸다. 산지조직은 경쟁산지를 의식할 수밖에 없어 입찰가격 인하 경쟁을 하게 된다. 즉 계통 농협 마케팅 조직간에 제살 깎아먹기 경쟁을 하고 있는 것이다. 유통업체는 산지와 가격교섭 할 때 다른 산지가 얼마를 준다는데 이 산지의 제시가격이 높다는 식의 산지간 가격인하 경쟁을 조장한다. 제안 받은 산지는 경쟁산지보다 낮은 가격을 제시하여 구매자는 만족스러운 가격으로 구매할 것이다. 거래가 성사되더라도 산지는 출혈적인 납품가를 감수할 가능성이 높다.

위와 같은 유통업체의 구매가격 전략에 산지는 어떻게 대응할 것인가? 산지는 연합가격 전략으로 대항력을 키워야 한다. 연합가격 전략은 다음과 같이 정의하기로 한다.

"구매고객의 산지 납품가격 인하경쟁 조장에 대항하기 위하여 산지 마케팅 조직들이 가격교섭창구를 설치하여 결정한 공통납품가격"

세 가지 조건이 연합가격 정의에 들어 있다. 첫째, 구매고객이 산지 조직에 대하여 가격인하를 부추기는 구체적 행위가 존재한다. 이로 인하여 산지조직의 피해가 우려되어 대응책이 필요하다. 둘째, 산지조직간 과당경쟁을 시정하기 위한 가격교섭 창구가 설치되어 구매고객과 가격상담을 한다. 셋째, 산지의 각 조직으로부터 가격결정을 위임 받았으므로 기구가 결정한 가격이 납품가격이 된다. 즉 공통납품가격이 연합가격이라고 하겠다.

연합가격 전략을 실행하기 위한 절차를 언급하면 이렇다. ①산지조직은 구매고객이 가격인하를 부추기는 대상조직의 전체를 파악한다. ②대상 산지 조직은 여러 조직을 대표하여 가격교섭을 실행하는 창구로서 가격교섭기구를 구성한다. ③가격교섭기구가 구매고객과 상담하여 납품가격을 정한다. ④가격교섭기구는 참여조직에게 동일한 가격으로 물량을 할당한다. 물량 배분을 둘러싸고 참여조직간 합의가 필요하다. ⑤참여조직은 구매고객에 제품을 공급한다.

이러한 실행절차가 순조롭게 진행되기 위해서는 해결해야 할 과제가 많겠지만 연합가격전략의 개념수준에서 이해하기로 한다. 연합마케팅에 대하여는 다른 부분에서 상술하겠다.

4.3.4 경매가격 관리전략

경매거래는 대량 및 소량물량 처리, 출하시기 및 출하량의 결정을 출하자가 임의로 할 수 있는 장점이 있다. 거래정보가 투명하고 다양한 판매선을 활용할 수 있어 영세한 출하자들이 쉽게 활용할 수 있는 거래방식이다. 다만 가격등락이 심하여 안정적 수취가를 획득하기에 어려움이 있다. 가격전략으로서 경매제는 출하자가 통제하기 어려운 측면이 있지만 아래와 같은 전략들을 활용할 여지가 있기 때문에 가장 중점적으로 관리해야할 부분이라고 하겠다.

- 기준가 고가 전략 : 산지 마케팅 조직이 유통업체와 가격교섭을 할 때 도매시장가격이 하나의 기준이 됨은 앞서 말한 바와 같다. 그렇다면 도매시장 시세가 높게 형성되면 교섭가격은 고가를 형성할 것이다. 여기서 말하는 「기준가 고가전략」은 산지 조직이 도매시장의 경락가가 고가로 형성되도록 관리하는 전략을 의미한다. 마케팅 조직이

도매시장과 유통업체 모두를 거래처로 하고 있는 경우에 유효하게 사용할 수 있는 전략이라고 하겠다.

일반적으로 도매시장은 비규격품이나 상대적 저급품의 판매가 용이하다. 산지는 고품질은 대형마트에 출하하고 그 아래등급은 도매시장에 출하하는 경우가 있다. 이러한 출하방식은 '기준가 고가 전략'이 아닌 '기준가 저가 전략'이라고 하겠다. 특정 규격품과 브랜드 상품에 대하여 평가가 낮기 때문에 이와 같은 출하방식이 유용한 경우도 있을 것이다. 산지 마케팅 조직은 도매시장에서 형성되는 도매가격 수준이 낮게 형성되고 있어 이를 기준으로 납품가격을 설정할 경우 산지에서 손해를 본다는 의견들이 나오는 것이 현실이다.

기준가 고가 전략을 구사하는 마케팅 조직으로 제주감귤농협의 사례가 있다. 제주감협은 가격관리 때문에 도매시장을 통한 소비지 유통을 기본으로 하고 있다. 대형마트 등이 도매시장 가격을 참고로 출하가격을 조절하고 있는 점을 감안해 우선적으로 도매시장 가격을 높이는 전략으로 최고급 브랜드 감귤을 도매시장에 출하한다. 도매시장에서 높은 가격에 거래되어야 백화점과 대형할인마트 등에서도 가격을 보장받을 수 있기 때문이다. 실제 고가의 불로초 브랜드 감귤이 도매시장을 통해 소비지에 유통되면서 가격상한선도 높아지고 대중 브랜드의 가격도 덩달아 올라갔다고 한다.

또한 어느 영농법인은 당도 12도 이상의 고당도 상품은 가락시장(60%)과 대형마트(40%)에 일정비율을 출하한다. 이러한 출하방식 역시 대형마트에 대해 유리한 가격교섭을 마련하기 위해 가락시장에 최고의 상품만을 출하하여 높은 가격을 형성시키고 대형마트와의 가격결정에 도매시장의 가격을 기준으로 활용하는 전략이다.

- **적정가격 수취전략** : 「적정가격 수취전략」은 시장물량이 수급에 어느 정도 균형을 이루고 품질수준이 반영되어 심리적으로 만족을 줄 수

있는 가격을 추구하는 전략이다. 산지 마케팅 조직이 도매시장을 이용하는 이유 중의 하나는 가격결정이 공정하며 적정하다는 것이다. 마케터 입장에서 가락시장 도매가격 등 기준 가격이 시세를 제대로 반영하며 적절하다는 것을 출하고객에 해명할 수 있는 근거가 된다. 시장 반입물량이 수요를 대폭 초과하여 내림세가 심할 때는 거래의 공정성이 있다고 하더라도 폭락한 가격을 적정하다고 하지는 않을 것이다. 따라서 시장의 수급 조건을 감안하여 경매제를 활용하는 전략이라고 하겠다.

- 수급활용 고가취득전략 : 경매의 단점은 매일매일의 가격이 쉽게 변동하여 수취가격이 불안정하다는 점이다. 시장 반입물량이 과다하면 가격은 폭락하고, 산지 공급물량이 현저하게 부족하면 가격은 폭등하는 것이다. 산지 마케팅 조직이 높은 가격 수취를 목적으로 하는 경우에는 물량이 부족할 때 경매에 적극 참여하여 물량을 최대로 증가시키는 것이다. 이러한 상황에서 경매제 이용 유리점이 극대화 된다. 이것을 수급상황을 활용한 고가취득 전략이라고 할 수 있겠다. 시장에 물량이 쏟아질 때는 물류비조차도 건지지 못할 정도이므로 공급량을 최대한 줄여야 한다. 저장하거나 가공품 원료로 처리할 수 있으면 처리하는 것도 방법이다.

4.4 구매고객 가격조정과 산지 마케팅 조직 대응문제

대표적 구매고객인 대형마트는 산지조직과 거래에서 아래와 같은 가격조정을 요구하는 일이 많다고 알려졌다. 우월적 구매력 행사가 발휘되는 양상이라고 하겠다. 이러한 사안에 대하여 산지 마케팅 조직이 지속적 파트너십 관계를 손상시키지 않으면서 리스크를 최소화시키는 대책을 강구해야만 하는 과제에 직면하는 것이다.

- **할인행사** : 가격 하락폭이 원가 이하로 크다는 점이 가장 큰 문제점으로 지적되고 있다. 그리고 수량과 가격을 일방적으로 결정하기도 한다. 심지어 평소에는 소규모 물량발주를 하다가 행사 때만 대규모 물량을 발주하여 산지에 큰 손해를 끼치고 있다는 점이 많이 지적되고 있다. 부가적으로 판촉비용을 강요하고 판촉요원의 파견을 요구한다. 대부분의 대형유통업체에서는 할인행사에 따른 납품업체의 손해를 추가적인 물량 배정으로 만회할 기회를 주고 있으나 일반 밴더와는 달리 연중 물량 공급능력을 갖추지 못한 산지 조직들에게는 손해를 만회할 수 있는 기회를 갖지 못한다.

- **부당감액** : 제품에 하자가 발생했다는 이유로 감액을 당하는 경우다. 납품후 대금 정산시기에 납품 상품에 하자가 있다는 이유를 들어 대금 정산시 감액하고 입금한다. 대부분 하자품의 샘플만 보내오고 나머지 물량은 자체 폐기처분하여 전반적인 내용을 잘 파악하지 못한다.

- **저가 공급 강요** : 너무 낮은 가격에 공급을 강요당하고 있다는 문제이다. 대형마트가 대규모 물량처리의 우월성을 내세워 가격을 후려치기 하는 경우도 있다는 것이다. 그렇다고 대형마트의 요구를 거부하고 도매시장으로 출하한다면 홍수출하로 가격의 폭락을 감수할 수밖에 없기 때문에 받아들여야하는 불리한 상황에 있다는 것이다. 그래서 도매시장의 경쟁력을 살려 유통채널간의 경쟁력을 높여야 한다는 필요성이 논의된다.

- **부당반품** : 계약후 시세 변동이 발생할 경우, 특히 시세가 하락한 경우에는 납품된 물량에 대해 수령을 거부하고 반품 조치하는 경우가 있다는 것이다. 산지조직은 반품된 상품의 생산비 뿐만 아니라 처음 포장된 상품을 해체하는데 추가적인 인건비가 소요된다. 상품의 신선도 하락과 운송비가 소요되어 입는 손해가 크다.

지금과 같은 구매자 중심의 시장에서 산지조직이 구매고객 요구에 대항력을 행사하는 것이 어렵기는 하지만 주도권을 확보하기 위한 노력을 아끼지 말아야 한다. 전술한 바와 같이 가격은 마케팅 전략활동의 결과물이라고 하였다. 그러므로 선행적인 요소들이 잘 갖추어지면 대항력을 발휘할 수 있는 조건이 된다. 예를 들면 음성 감곡농협은 과거엔 유통업체들이 일방적으로 가격과 물량 결정권을 행사했지만, 공동선별로 품질이 균일화되고 「햇사레」로 물량이 규모화된 다음부터 업체와 가격협상이 가능할 정도로 주도적인 역할을 하게 되었다고 한다. 또 예를 들면 경북 성주 수륜농협이 공급하는 한방농산물은 농협유통과 홈플러스, 이마트, 롯데백화점 등 국내 굴지의 대형유통업체에 전량 납품한다. 가격과 유통업체 수수료까지 수륜농협이 결정한다. 이러한 주도가 가능한 것은 한방농산물에 대한 엄격한 품질관리를 통한 규격화와 차별화가 이루어졌기 때문이다. 동 작목반에는 아무나 참여할 수 없고 쌈 채소류는 전량 무농약이나 유기, 과채류와 과일은 최소 저농약 이상 품질인증을 받아야 한다는 것이다. 쌈 채소류는 2~3년을 주기로 품목을 바꿔가며 농사짓는 품목지정제도 지켜야 한다.

두 사례의 시사점은 가격결정을 주도할 수 있는 조건이 공동선별, 품질관리, 규모화, 차별화, 마케팅 조직의 강력한 생산지도력으로 요약된다. 이제까지 본서에서 논의되었던 많은 전략요소들에 해당하는 조건들이다. 실제로 전략요소 조건들을 구현할 수 있는 역량 있는 조직이어야 대항력 발휘가 가능하다.

5. 경로전략

농산물 유통의 특성은 수확부터 소비자에게 가치전달 과정이 복잡하며 여러 유통주체의 손을 거친다는 점이다. 그러한 과정에서 농산물에서도 전술한 마케팅 경로의 8가지 기능흐름이 작용한다. 경로 주체의 관계기능들이 모두 시스템적으로 작용하여 서로 밀접하게 영향을 주고 받는다. 마케팅 이론에서 언급한 바와 같이 이러한 시스템에서 유통 흐름상의 코스트 절약과 구성원간의 접점에서 리스크를 최소화하는 것이 「유통시스템 가치」라고 하였다.

그런데 농산물 「판매」 마케팅 관점에서는 경로전략은 더 높은 차원의 전략적 함의를 갖고 있다. 적정한 수취가와 원활한 물량처리 목표 달성을 위한 일상의 거래가 경로전략과 직접적이며 중요하게 관계를 맺고 있다. 사실 도매시장이 거의 유력한 유통경로의 가장 큰 파이프이던 시절에는 경로선택 자체가 물류이며 유통이며 마케팅이었던 것이다. 지금과 같이 다양한 직거래 경로가 펼쳐져 있는 상황에서 과거와는 다르게 특정 경로의 비중이 약화되었지만 여전히 경로를 선택한다는 그 자체가 핵심적인 「판매」 마케팅의 전략이다. 마케터는 매일매일 고민하지 않을 수 없다. 어느 경로(구매고객)에 출하할 것인가. 선택한 출하경로에 언제 어떠한 품위를 얼마의 물량으로 출하할 것인가를 결정하여야 한다. 마케팅 목표의 달성을 의식하며 다른 4P 전략도 믹스하여 고려해야 한다.

농산물 경로는 공산품 경로와는 다른 특성이 다음과 같이 존재하는데 여기서 경로전략 과제가 도출된다.

첫째, 출하경로의 접점이 비연속적이다. 농산물은 생산이 계절성을 띠고 있어 출하기간 동안만 산지 마케팅 조직과 구매주체가 경로에서 접하게 된다. 일반 공산품이 연중 관계를 맺는 것과는 다르다. 두 당사자는 모두 출하시즌이 되어야 시장에서 만나 거래를 시작한다. 특별한 관계가 형성되지 않는 한 재구매 또는 재공급한다는 보장이 없다. 그래서 거래환경을 연속적 접점관계로 만들어 가야 하는 것이 산지 마케팅 조직의 경로전략 과제가 된다.

둘째, 경로주체들의 관계가 고정적이지 못하다. 출하기간 동안 거래과정에서 출하조직이나 구매조직 모두 상대방 선택이 자유롭기 때문에 수시로 바뀔 수 있다. 계약의 구속성이 약하며 일회성 거래관계에 가까운 경우가 많다. 거래 상대방 선택에 비용이 많이 든다고 할 것이다. 산지조직이 유통업체에게 출하하는 경우와 도매시장에 출하하는 경우가 정도의 차이는 있겠지만 공산품에서와 같이 대리점이나 소매상과의 관계처럼 고정적이지 못하다. 산지 마케팅 조직의 경로전략 과제는 안정적인 출하처로서 관계환경을 조성하는 것이 경로전략 과제가 된다.

셋째, 경로주체간 유통력이 불균등하다. 출하주체의 수가 구매주체의 수보다 워낙 많고 공급과잉 기조가 일반적이다. 공급자간 경쟁이 심하여 공급주체는 소수의 구매자에게 판매의존도가 높다. 따라서 거래 교섭력이 구매고객보다 약하여 산지 마케팅 조직은 자사에게 불공정한 거래상황도 감수하는 경우가 생기게 되므로 경로간 갈등이 발생한다. 산지는 유통력을 강화시켜야 한다. 이를 위하여 규모화를 이룩하고 거래 시스템 등을 정비하여 윈 - 윈 관계를 형성하고 갈등의 해결을 원만하게 하는 것이 경로전략의 과제라고 하겠다.

이와 같은 경로전략과 관련한 예비적 고찰을 통하여 경로전략의 목표가 선명히 드러난다. 경로전략은 적정한 출하처를 선택하는 것으로부터 시작한다. 이미 시장세분화 전략에서 논한 바와 같이 다양한 출하처가 산지 마케팅 조직에 널려 있다. 이어서 출하처와 일상의 거래상황에서 마케팅 목표와 결부된 성과를 실현할 수 있도록 상호작용을 원만하게 해나가는 것이다. 이러한 활동들은 가급적 안정적이고 연속적으로 예측가능하게 이루어져야 하므로 '관리'가 필요하다. 현장에서는 산지 마케팅 조직 입장에서 보면 관리를 하는 것이 아니라 오히려 '관리되어지는' 경우가 많을 것이다. 그러나 경로전략의 주체는 산지 마케팅 조직이므로 가급적 주도적으로 관리를 해 나가는 방법론을 찾도록 한다. 경로의 주체들은 접점에서 서로 주도권을 행사하려고 할 것이다. 그러다 보면 이해관계가 부덮혀 마찰이 생기고 갈등으로 커져 '갈등해소'가 경로전략의 목표가 된다.

이제 우리의 논의 포인트를 압축할 때가 왔다. 적정한 경로선택, 파트너십 지향 경로관리, 원만한 경로갈등 대응의 세 가지 테마가 산지 마케팅 조직이 직면하는 경로전략의 목표라고 할 것이다.

5.1 경로(출하처) 선택

본서에서 사용하는 용어에 대한 개념정리가 필요하다. '출하경로'는 특정한 산지 마케팅 조직이 주체가 되어 어떤 구매주체에게 재화와 서비스를 제공하는 연결 흐름을 말한다. 특정한 공급주체와 구매주체를 전제로 하였다는 점에서 '생산자'와 '소비자' 관계에서 재화와 서비스의 흐름을 말하는 일반적인 개념의 '유통경로'와 구분된다. 그리고 '경로'와 '출하처', '거래처'를 구분한다. '경로'는 재화와 용역을 제공하고 제공받는 공급자(생산자)와 수요자(소비자)의 두 주체를 연결한 흐름이다. '출하처'는 수요자(소비자)를 '물류' 측면에서 본 것이고 '거래처'는 상류 측면에서 본 것이다.

이제부터는 출하선택 대상 경로에 대하여 논한다.

유통경로의 특성별로 어떠한 고객들이 있는지 망라하여 경로선택 대상으로 한다. 경로는 크게 세 유형으로 나눈다. 도매시장 경로, 직거래 시장경로, 온라인 시장경로로 한다. 예를 들면 실제로 호박을 생산하는 어떤 출하농가는 전체 물량을 3등분하여 도매시장, 인터넷 판매, 직거래 방식의 3가지 형태로 출하하여 판매경로별 발생할 수 있는 다양한 리스크를 분산시킨다. 큰 단호박(아지헤이 품종)은 주로 도매시장을 이용하여 출하하고 있으며 미니 단호박(보우짱 품종)은 우체국을 이용한 인터넷 판매와 지역의 군부대 및 택배 서비스를 이용하여 직거래로 출하한다는 것이다. 이하에서 대표적인 세경로에 대하여 자세히 살펴본다.

5.1.1 도매시장 경로

고객은 도매법인과 중도매인이다. 도매법인은 집하기능을 하므로 직접 구매자는 아니지만 동일한 품위의 상품이더라도 도매법인의 선택에 따라 수취가격이 달라질 수 있다. 따라서 마케팅 조직은 출하하는 도매법인의 특성을 잘 파악하여 경로전략 목적에 부합하는 출하법인을 선택하는 것이 유리하다. 한편 중도매인은 구매자이므로 경매에 참여하여 상품평가와 가격결정 기능을 한다. 바람직한 도매시장 고객관리를 위해서라면 마케팅 조직은 중도매인 특성을 파악하여 지속적인 관계관리를 하여야 한다.

- 유리한 도매법인 조건 : 다음과 같은 조건을 구비한 법인을 출하처로 하는 것이 좋다.

① **다수의 중도매인 참여 법인** : 중도매인의 수가 많을수록 출하고객 입장에서 구매경쟁이 심하여 출하 조직에 유리한다.

② **역량 있는 중도매인 보유** : 영세한 규모의 중도매인 위주로 활동하는 법인보다는 대형 거래처를 다수 보유한 중도매인이 많은지의 여부이다. 특히 유통업체 등의 할인행사에 대응할 수 있는 중도매인이 많아야 한다.

③ **자금력 보유** : 자금력이 있는 법인일수록 출하초기 안정된 출하유치를 위한 가격보전, 출하 선급금 등의 지원 능력을 갖고 있다.

④ **CEO의 전문성** : 법인의 집하능력과 산지 마케팅 조직에 대한 관리가 원활해진다.

⑤ **도매시장내 입지** : 도매시장내 판매장의 위치와 여건의 입지에 대한 것이다. 좋은 입지법인이란 상하차가 편리하고 통로 또는 가장자리에 위치하는 법인을 말한다.

⑥ **유능한 경매사 보유 법인** : 유능한 경매사의 역할이 산지에게도 중요하여 법인선택의 중요한 기준이 된다. 유능한 경매사는 아래 조

건을 갖춘 자를 말한다.

- 당일의 시세흐름과 변동을 잘 안다.
- 중도매인에게 강압적이지 않고 융화하면서 리드할 수 있다.
- 시기별, 품목별, 지역별 출하자 정보를 많이 갖고 있으며 출하자에게 그날그날의 가격정보를 제공한다.
- 산지 출장을 많이 간다.
- 소비자가 원하는 상품을 알고, 이를 중도매인과 산지에 제안하고, 필요한 상품을 출하 유치한다.
- 체력이 강한 경매사 - 야간 업무, 장시간 출하자와 중도매인 대응 가능

- 중도매인 유형화 특성 : 중도매인은 다양한 기준으로 분류할 수 있다. 이러한 기준을 잘 파악하여야 자사 마케팅 조직의 포지셔닝과 맞는 거래처 선택이 가능하다. 경매라고 하더라도 출하법인의 어느 중도매인의 유형과 잘 어울릴 수 있는지 탐색하여 출하 개시전에 이미 제품설명회를 거쳐야 한다. 예를 들면 경남 함안의 어느 수박 출하농가는 도매시장을 자주 방문하여 시장정보를 수집하고 고정 구매 중도매인과 접촉하여 의견을 수렴하여 생산기술 및 마케팅 전략에 반영한다. 고품질 수박을 취급하는 중도매인을 타깃으로 설정하여 특품 위주의 일정한 물량을 지속적으로 공급한다는 것이다. 중도매인과 자주 만나다 보니 재고량, 시장동향을 파악하여 출하시기 및 출하물량을 결정하기가 용이하다는 것이다.

① 분산거래처 : 중도매인은 분산거래처가 요구하는 제품의 품위와 독특성이 있으므로 구매 조달행위도 이에 맞추려고 한다. 납품의 신속성, 수량의 안정성, 가격에 대한 민감성도 거래처에 따라 상이하다.
- 백화점/중소형 마트/대형마트/식재업체/요식업소/친환경전문점

② 상품 취급 양태 : 취급하는 상품의 양태에 따라서 거래에 참여하는

빈도와 적극성, 특정한 산지와 연계가 다르다.

- 다품목 소량/다품목 다량/소품목 소량/소품목 다량

③ 상품종류 : 중도매인이 취급하는 상품의 종류나 특성에 따른 기준 이다.

- 친환경여부/과일, 채소, 과일+채소/품위(고·중·저)

④ 분산영업행태 : 중도매인이 구매 상품의 처분영업 행태에 따라 세분 한다. 영업행태는 구매물량의 규칙성 여부를 결정하며 거상(巨商) 중도매인과 소상(小商) 중도매인 구분 기준이된다.(거상은 박리다 매) 또한 시황에 따라 저장할 것까지도 고려하여 구매할 것인지를 결정하는 기준이 되기도 한다.

- 영업장 현장 판매 위주/도매판매 전문/영업장판매 +도매판매

⑤ 상품조정 : 중도매인이 구매한 상품에 변형을 가하여 분산하는지에 따른 세분화다. 중도매인에 따라서 산지와 협력사업 또는 도매시장 내 겸영사업과 연계가 가능하다.

- 원물이전 : 구매한 그대로 분산처에 넘긴다.

- 소포장 : 구매한 상품을 다시 수량이나 무게 기준으로 소포장하여 판매한다.

- 단순가공 : 세척, 절단, 박피, 다듬기 등 단순히 외형을 변형하여 판매한다.

⑥ 수익취득방식 : 중도매인의 거래처와 수익취득 계약관계 내용이 다 르면 구매행위 행태도 다르다. 예를 들어 '수수료성' 수익은 취득 가에 덜 민감할 것이다.

- 마진결정 임의성 : '취득가+마진'으로 취득가 다소가 마진에 영 향을 준다.

- 마진결정 정형성 : 구매 품위와 물량규모에 따라 중도매인 수익이 달라진다(수수료성 수익). '취득가+박스당 알파', '취득가+박

스×알파 %'

* 박스 외에도 부피, 무게, 개수, 차량 다양한 기준이 있을 수 있다.

5.1.2 직거래 출하경로

산지 마케팅 조직이 도매시장을 경유하지 않는 출하처로서 업태별로 유형화한 것이다. 출하처와 상담을 거쳐 거래가 성립되므로 도매시장거래와 같이 투명하지 못한 폐쇄적인 시장이다. 일정기간 계약에 의하여 출하가 이루어져 수급에 안정성은 있다.

- 점포 소매점 : 공간적 입지를 차지하는 유통업체를 말한다.
  - 대형마트는 중앙단위 구매 위주이며 지역 농산물 구매가 필요한 경우에 점포별 구매도 있다.
  - 중소형마트는 체인점형태로 운영되기도 하지만 비체인점도 많다.
  - 동네 농산물 판매 전문점, 기타 상설·비상설 직판장이 있다.
- 무점포 소매점 : 최종소비자를 대상으로 유선통신을 통한 판매장, TV 홈쇼핑, 인터넷을 통한 온라인 쇼핑몰이 해당한다.
- 식자재점 : 산지 마케팅 조직 입장에서는 식재료 원물을 구매하는 고객이 된다.
  - 외식산업 케이터링(catering)[6], 개별급식상품, 집단급식상품, 가공식품제조사
- 무점포 도매상 : 산지수집상이나 상회라고도 알려진 구매고객이다.
  - 대상인, 중상인, 소상인/산지유통인, 도시상회/수출업체
- 대중다량 소비처 : 대중적 소비자에 제공할 목적으로 산지로부터 대량 구매하는 고객이다.
  - 일반 요식업소(한식·중식·일식), 대학급식, 병원급식, 종교기관(교회, 절)

---

6) 케이터링(catering) : 장소에 제한을 받지 않고 이동하여 특정 단체에 급식제공 업종

- 특정대중 다량 소비처 : 어느 정도 식재료 소비자가 특정되어진 급식
의 구매고객이다. 대중 다량소비처의 구매고객과 다른 점은 산지로부
터 구매자가 소비자의 품질평가에 좀더 관심이 많다는 점이다. 상대
적으로 제품 가격보다 품질도 고려한다는 점이다.
  - 사내식당, 학교급식, 민간법인(요양원, 복지시설), 공익법인(적십
자), 정부(군경, 관공서)

5.1.3 온라인 출하경로

인터넷 쇼핑시장이 계속 성장 추세에 있고 보편적인 마케팅 경로로서
위치를 차지하고 있기 때문에 농산물 마케팅 부문에서도 특별한 관심을
가져야 한다는 점은 앞장에서 논한 바와 같다. 산지 마케팅 조직이 인터넷
「판매」 마케팅을 전개함에 있어서 고려할 사항은 크게 두 측면이다. 하나
는 인터넷 경로 선택의 문제이며 다른 하나는 4P 전략을 어떻게 전개할
것인지에 대한 문제이다.

① 인터넷 경로 믹스 : 마케팅 조직의 대상경로 선택에는 오픈 마켓 참
여, 자체 판매사이트 운영, 기존 독립쇼핑몰 입점 등 3가지이다. 이
들 중의 어느 하나이거나 복수의 경로믹스가 될 것이다. 이러한 경
로들의 강점과 약점을 살핌으로써 산지 마케팅 조직의 인터넷 경로
선택에 도움이 되고자 한다.

- 오픈마켓의 C2C 중개몰 참여 : 오픈마켓은 웹사이트에서 판매자와
구매자가 제품을 직거래할 수 있도록 구축된 공간과 시스템으로 '마
켓 플레이스' 로도 불린다. G마켓, 옥션, 이베이와 같은 오픈마켓 개
설자는 거래 장소를 제공하고 거래시 발생하는 수수료를 취득한다.
산지 마케팅 조직 입장에서 강점은 방문고객의 수가 많아 고객 접근
성이 매우 뛰어나다는 점이다. 단골고객 유치가 가능하다. 고객은 다
양한 쇼핑품목 중에서 자사 제품을 원스톱쇼핑 차원에서 구매가 쉽게

이루어질 수도 있겠다. 또한 자체 사이트를 경영하는 것보다 관리비용이 절감된다. 단점으로는 유사업체와 가격비교가 쉬워 경쟁이 치열한 점이다. 가격경쟁에 따라가기 위하여 고품질 제품이 저품질 저가이미지로 비쳐질 수 있다. 소비자의 사용후기 댓글에 대한 경계심이 크다. 만약 자사조직에 불리한 댓글이 올라오면 치명적인 결과를 가져올 수도 있다. 아래 그림 4-16은 농협쌀 믿음지기의 오픈마켓 판매사례를 보여준다.

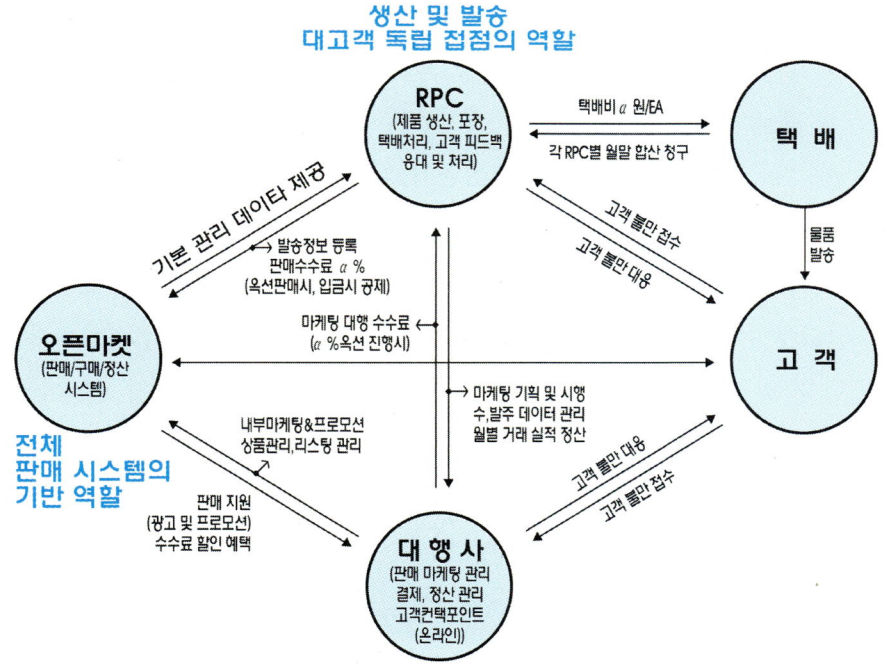

그림 4-16 농협쌀 믿음지기 오픈 마켓 거래 사례

- 자체 판매사이트 운영 : 산지 마케팅 조직이 B2C 차원에서 쇼핑몰을 개설하여 운영하는 것이다. 강점으로는 산지상황을 체험으로 활용함으로써 충분히 감성적 콘텐츠 내용을 구성하여 해당 산지의 특성을 소개할 수 있다. 고품질 제품 및 서비스로 상대적 높은 신뢰도를 제공할 수 있으며 확장이 용이하다. 향후 마케팅 조직이 대규모화와 광

역화가 이루어지면 B2B로도 발전할 수 있다. 단점으로는 웹 사이트 경영에 대한 전문적 관리역량이 전제되어야 한다. 인터넷 판매제품 전략 구성을 위하여 필요한 출하농가의 특별한 조직화와 관리가 필요하다. 상대적으로 제품 다양성이 부족하거나 제품 공급의 계절성이 심한 경우에는 유명무실한 사이트로 될 수도 있다. 약점을 보완하기 위하여 C2C 중개몰과 병행하는 것도 고려할 수 있다.

• 기존 독립쇼핑몰 입점 : 농식품 전문쇼핑몰이나 종합쇼핑몰에 제품을 올려 판매한다. 예를 들어 그림 4-17의 거래 예시도에서와 같이 NH쇼핑을 이용하는 것이다. 산지 마케팅 조직과 NH쇼핑이 제품 협의를 거쳐 상품을 등록하여 사이트에 올려놓는다. 강점은 특별히 사이트 관리비용이 들지 않는다. 사이트에 올릴 제품 및 배송 위주의 관리에 치중한다. 약점은 B2C 쇼핑몰이 난립하여 자사제품의 차별성이 부각되기 어려운 점이다. 또한 쇼핑몰이 C2C와 같은 저가 시장과 자체 판매사이트의 고급제품과 중간에서 포지셔닝이 불확실할 수 있다.

② 인터넷 4P 전략 : 농산물을 인터넷으로 「판매」 하는 경우의 웹상에서 전략을 말한다. 소비자가 농산물을 인터넷에서 구매하는 가장 큰 이유는

그림 4-17 NH 쇼핑 거래 체계도 예시

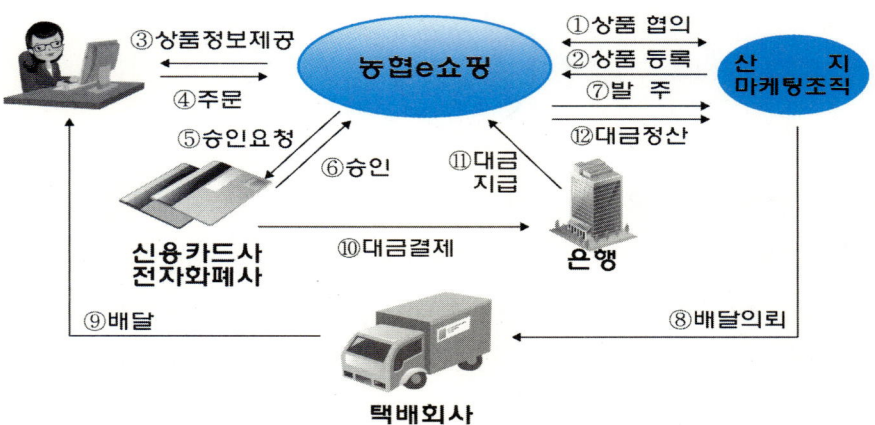

생산농가와 직접 거래함으로써 '신뢰성' 을 갖게 된다는 것이다. 그리고 품질도 우수할 것으로 믿는다는 점이다. 품질면에서 일반 마트보다 우수하다고 믿는다는 것이 실증분석 결과이다. 다른 유통경로보다 "가격이 저렴하여 구매한다" 고 하는 이유는 상대적으로 적다. 인터넷 마케터는 농산물 4P 전략에서 이러한 구매이유를 최상위 전략적 컨셉으로 인식해야 한다.

- 컨텐트웨어(제품) 전략 : 제품정보에 대한 상세한 설명이 매우 중요하다. 품질이 뛰어나거나 특색 있는 차별화 요소가 있다면 설명이 구체적이고 정확해야 한다. 특별 아이디어 제품이라면 어떤 면에서 제품 아이디어를 개발하였는지, 친환경 · 품질인증 · 지역특산이라고 한다면 어떤한 점에서 그러한지 충분한 설명이 뒷받침되어야 한다. 고유 브랜드로 판매상품을 부각시켜야 한다. 포장 안에도 제품설명, 상표캐릭터, 스티커, 홈페이지 안내가 되어야 한다. 그리고 체험 측면에서 생산이력제나 농장운영, 영농일지 등을 공개하여 신뢰성을 높인다. 서비스 측면에서는 후불제 시행도 검토할 수 있고, 리콜 및 환불보장, 물품 배송시 핸드폰으로 문자 메시지를 보내는 것도 갖추어야 한다. 아울러 생산자에 대한 정보를 정확성 있고 구체화시켜야 한다. 한편 이러한 요소들은 정보부족, 부정확, 불신에 따른 고객의 불만족 요인을 발생시키지 않게 한다.

- 가격전략 : 마케팅 이론에서도 언급한 바와 같이 구매고객이 가격에 민감하게 반응하지 않도록 한다. 재구매시 할인혜택으로 마일리지를 부여하고 이벤트 참가시에는 할인을 해주며 사은품을 증정한다. 상품 구매시 감사 메일을 보내며 연하장이나 기념일 카드를 발송한다. 그리고 수확량이나 시기별로 가격을 상이하게 하여 구매욕구를 자극한다.

- 채널전략 : 채널전략은 웹디자인을 잘하여 커뮤니티를 활성화 시키는 환경을 만든다. 방문 고객의 네트워크를 구축하여 입소문을 유통시키는 것이다. 홈페이지를 지속적으로 업그레이드 하여 신뢰성 있게 만

든다. 고객은 게시판을 통하여 제품 및 농가에 대한 평가와 사이트의 신뢰성을 평가한다. 평가한 후 구매의사를 결정하는 경우가 많다. 따라서 게시판을 활용하고 고객의 목소리를 귀담아 들어야 한다. 소비자가 처음 들어 왔을 때 소비자를 유인할 수 있는 전략적 제품 및 핵심 키워드를 통해 관심을 유지시켜야 한다. 보편적 검색어가 아닌 핵심 컨셉의 검색어를 사용한다. 많이 방문하는 페이지를 순서대로 분석하여 방문자의 관심 흐름이 반영된 웹 디자인이 이루어져야 한다.

• 커뮤니케이션 전략 : 농산물 산지의 독특성을 부각시켜야 한다. 채널 상 온라인 이벤트 홍보를 활성화 한다. 수확물 채취, 홈페이지 슬로건 공모, 농장 체험수기 공모, 우수 고객 초청 이벤트를 실시한다. 검색엔진에 홈페이지를 등록시키고 스폰서 링크 광고를 실시한다. 지역 관공서 및 주요사이트에 홈페이지를 링크시킨다. 오버츄어 광고를 실시하며 핵심컨셉을 일관성 있게 프로모션한다.

5.2 출하처 판매관리

선택한 경로에서 본격적으로 판매를 하는데 어떻게 하면 경로전략 측면에서 「판매」 마케팅 목표를 달성할 수 있도록 거래관리를 할 것인가에 대한 논의를 시작한다. 농산물은 살아 있는 제품이기 때문에 산지 마케팅 조직이 제품 거래를 완벽하게 통제할 수는 없다. 그렇더라도 마케팅 조직은 고객과 접점에서 리스크를 회피하고 고객요구에 원만하게 대응하기 위하여 통제력을 발휘하여야 한다. 리스크는 출하제품가격이 낮아지며 물량처리가 곤란해지는 경우이다. 그리고 구매고객의 산지에 대한 신뢰성 제고를 위하여 필요한 거래상황 변화에 산지가 탄력적으로 맞춰주는 것이다.

5.2.1 출하시기 분산

산지 마케팅 조직은 출하물량이 특정한 시기에 몰리지 않도록 가능한 한 일정하게 나누어 출하해야 한다. 두 측면에서 분산출하전략은 유용하다. 하나는 농산물의 시장반입물량의 공급 과잉에 따른 가격 폭락을 방지하기 위해서이다. 다른 하나는 특정시기에 산지가 공급량 조절에 실패하여 구매고객이 확보할 물량이 부족한 사태가 발생하는 경우 산지에 대한 신뢰성 저하를 막기 위해서다. 어떤 출하자는 가격에 상관없이 주 3회 꾸준히 출하하여 구매자에게 안정적으로 물량을 공급한다는 인식을 심어주어 신뢰를 얻음으로써 단골고객을 만든 경우도 있다. 고객에게 약속된 기일에 약속된 물량을 공급하는 것이다. 구매고객으로 하여금 납품계획 수립을 용이하도록 하여 구매고객의 영업행위를 지원한다는 점에서 출하의 안정화는 중요하다. 출하시기가 분산되기 위하여는 산지조직환경이 제대로 정비되어야 한다.

첫째, 마케팅 조직은 출하반원과 생산계획 스케줄을 확정한다. 연간 생산계획을 세워 생산량을 예측한다. 품종을 일정하게 분산시켜 집중출하가 되지 않도록 한다. 계획생산을 통해 일시에 출하량이 몰리거나 공급물량이 터무니없이 부족하지 않도록 한다. 예를 들어 포도를 출하하는 팔음산작목회는 매년 연초에 400여 농가가 전체 생산계획에 따른 출하계획을 수립하고 실행한다. 부여 석성농협의 경우 조합원들이 참여해 만든 생산계획표에 따라 계획생산해서 출하한 양송이버섯은 도매시장보다 10~20% 비싼 값에 팔린다고 한다.

둘째, 초출하 전에 수확상태를 보거나 재배조정으로 시기별 출하량 계획을 세운다. 청양 정산농협의 칠갑산 장평 멜론작목반은 반원들에게 원하는 출하시기를 적어내게 하고 홍수출하가 되지 않도록 일정을 조절했다. 수확 단지 또는 하우스 동별로 수확 노동력을 분산시키는 계획까지

만드는 것도 필요하다. 과일 같이 일회 수확하는 경우는 수확한 후에 마케팅 조직이 시기별로 출하물량을 출하고객에게 강제 배정한다. 구매고객이 원하는 수량을 발주하는 경우에 어떤 경우라도 제때 맞춰 출하할 수 있는 강점이 생기는 것이다.

셋째, 연중출하체계가 가능하도록 한다. 성주 수륜농협의 한방농산물은 작목반과 농가별로 품목을 지정하고, 파종 일자와 재배면적을 조정하기 때문에 연중생산이 가능하다는 것이다. 이를 바탕으로 수확에서 공동선별과 포장, 예냉 및 저온저장, 냉장탑차를 이용한 유통까지 콜드체인시스템을 통한 연중 납품체계를 구축했다.

넷째, 공급량 부족에 대한 대책을 강구한다. 동일 품목 산지와 연합하는 경우도 방법이다. 마케팅 조직간의 연합으로 자기조직 물량확보가 원활치 못한 경우 제휴조직의 물량을 끌어들인다. 동부여농협과 경주연합사업단의 양송이버섯 연합사업이 그 사례이다. 특히 작목반원이 개별 행동으로 출하를 이행하지 않는 경우가 생기는 경우에는 제명조치하는 등 관리를 소홀히 하지 말아야 한다.

5.2.2 출하처 다변화

가격과 물량처리 위험을 분산시키기 위하여 출하처를 다변화 시킨다. 출하처를 다변화하면 더 좋은 조건을 찾아 출하처에 더 많은 판매가 가능하다. 구매고객 상대방에 대한 교섭력 발휘를 위해서도 필요하다. 만약 출하처가 극히 한정되어 있어 특정 출하고객에게 얽매일 수밖에 없다면 상대방에 대한 판매의존도가 높아 유리한 거래조건을 만들어가기 어려울 수 있다. 전남 순천농협은 지역농산물을 초·중·고, 유치원 등 70여개에 학교급식으로, 배·밤·단감·양곡·매실세트 등 특산물은 홈쇼핑으로, 깐밤·김치 등은 수출 경로로 다변화 하였다. 부여 석성농협은 도매시장과 대형유통업체의 출하 비율을 적정하게 유지한다. 직거래와 일반 유통업체에 물량이 몰리지 않도록 하여 양쪽에 출하하는 출하고객의 이익을 극대화시키려 한다. 출하처를 다변화하여 출하하는 기준은 다음과 같다.

첫째, 시장특성별 또는 구매고객 특성에 맞춰 출하처를 다변화한다. 예를 들어 가락시장에는 특품을 출하하고 수도권 시장에는 상품과 중품을 출하한다. 도매법인이라고 하더라도 중도매인 특성을 파악하여 특정 중도매인이 거래에 참여하는 법인에 출하하는 것이다. 예를 들어 고품질 수박을 취급하는 중도매인을 타깃으로 설정하여 특품 위주의 일정한 물량을 지속적으로 공급한다. 도매시장법인별 주거래 중도매인이 취급하는 등급이 다르다는 점에 착안한다. 중도매인과 자주 교류를 하면 그들에 대한 업태별, 연령별, 분산처 특성을 파악할 수 있다. 이처럼 구체적이고 치밀한 시장별 구매특성을 파악한 후에 출하처를 선택하면 제값을 받게된다.

둘째, 제품 특성별 기준으로 하여 출하처를 나눈다. 제품의 등급과 특성을 파악한 뒤 거기에 맞는 시장에 출하한다. 자신의 상품에 대해 가장 높게 평가하는 시장이 어디인지를 찾아 꾸준히 출하하는 것이 중요하다. 예를 들어 해남녹색유통은 자체 브랜드 기준을 통과한 겨울배추만을 도매시장으로 출하하고, 브랜드 기준규격에 미치지 못하는 배추는 대형마트·김치공장으로 출하하는 등 품질수준을 고려하여 판로를 구분한다. 고품질 배추시장의 규모를 고려하여 공급량 조절을 통해 적정가격을 실현하려는 의도이다. 또 예를 들면 부여 석성농협은 도매시장과 유통업체를 구분하여 판매한다. 양송이버섯을 비롯해 수박·딸기 등의 농산물을 시기별로 출하처를 달리해 상품성에 따른 수취값을 차별화한다. 이것 역시 품목에 따라 가장 적정한 값을 받을 수 있는 출하처를 선택하기 위함이다. 부산 명지농협도 맞춤식 상품개발을 하여 판로를 다양화시킨다. 1등급은 농협유통센터와 대형유통업체에, 2등급은 식자재업체에, 3등급은 식품가공업체 등에 구분 판매한다. 거래처별 특성을 고려하여 다듬기 작업을 달리하여 출하하는 경우도 있다. 가락시장에는 타산지보다 배추 겉잎을

2~3장 더 제거(망의 치수가 2단계 감소)하여 소비지에서의 쓰레기 발생을 최소화할 수 있기 때문에 도매시장 종사자가 선호한다는 것이다. 지방 도매시장에는 겉잎을 남겨 당일 판매하지 못할 경우 저장이 용이(다음날 판매할 경우 겉잎을 한 장씩 더 제거하여 싱싱하도록)하도록 출하한다.

셋째, 시세상황별로 출하처를 다양화한다. 시장 수급물량과 가격흐름을 파악하여 높은 가격 시장에 출하량을 늘리고 낮은 가격시장에 출하량을 줄이는 전략을 말한다. 예를 들어 경기 평택 안중농협은 수박 등 일정기간에 출하시기가 몰려 있는 작목의 출하처를 다양화하기 위해서 대형마트와 도매시장 시황을 매일 체크하는 마케팅 정보관리에 힘쓴다. 그렇다고 하루하루의 가격이 중요하기는 하지만 너무 현혹되면 안된다. 최고 가격이 얼마냐가 중요한 것이 아니라 출하 농산물의 전체 수취액이 얼마냐가 더 중요하다.

한편, 특정 출하처에 집중적으로 출하하여 고정적 유대관계를 견고히 하는 전략도 유용성이 있다. 어떤 양파 출하조직은 특정 도매시장의 특정 도매시장법인에 집중 출하하여 양파취급액 전국 1위인 도매시장법인의 취급량의 10% 정도의 점유율을 확보한다. 출하기간 약 10개월간 일일 평균 20톤 정도를 지속적으로 출하하여 시장에 대하여 영향력을 발휘하였다. 또한 월향 유기농 참외작목반은 최상품만을 특정시장에 집중 출하하여 좋은 이미지 관리로 수취가를 관리한다. 동작목반은 자체규약으로 서울시내 도매시장에만 출하한다는 내부방침을 정하고 서울지역 이외로의 출하를 금지시킨 것이다.

생각건대 출하처의 단일 고정화와 다양화는 마케팅 조직의 취급물량 규모의 정도, 제품 차별성, 마케터의 역량, 구매고객의 취급규모 등에 따라 적절히 활용할 문제라고 본다. 다만 산지 마케팅 조직은 출하처에 대한 전략적 자유도를 약화시키지 않도록 위상을 견지하는 것이 중요하다.

5.2.3 출하처 대응 탄력성 제고

구매고객은 산지 마케팅 조직이 요구상황에 대하여 탄력성 있게 잘 대응하여 주기를 바란다. 산지의 탄력성이란 산지가 신속하고, 책임감 있으며, 순발력 있게, 역량발휘를 하는 것을 말한다. 예를 들면 필요시에는 산지가 추가로 물량을 확보하여 조달 공급함으로써 경쟁사 대비 경쟁우위를 갖추고 판매 기회 로스가 발생하지 않기를 바란다. 가격결정에도 탄력적으로 대응하기를 기대한다.

예를 들면 김해 한림농협은 어느 대형마트에서 할인행사나 특판전이 열릴 때면 적자를 감수하고라도 판매사업을 통해 확보한 수수료를 가지고 물량을 공급하고 원하는 규격대로 맞춰 납품한다. 관내에서 생산이 안되는 시기에는 진주·합천 등지의 농협으로부터 매취해 연중공급이 가능토록 했다. 꾸준히 유통업체와 신뢰를 쌓아 전속 출하처로서 위치를 다지게 되었다는 것이다. 구매고객이 상품의 규격과 포장방식을 정해 발주하면 주문에 맞춰 상품을 공급하는 '산지 맞춤형 상품개발' 방식을 취하는 상품개발역량을 발휘하고 있다. 또한 경기 이천 장호원농협은 구매고객의 긴급발주에도 대응을 잘하는 것으로 알려졌다. 유통매장에서 매출량은 주말 이틀치 판매량이 주중 5일간의 판매물량과 같을 정도로 주말 매출이 집중되어 '긴급발주'가 일어난다. 그렇더라도 장호원농협의 복숭아는 사전에 물량을 비축하여 출하조절을 하였기 때문에 맞춰주었다. 이럼으로써 유통업체와 파트너 관계에서 신뢰도를 높이는 경쟁력이 됐다. 고객의 시각에서 사업을 운영하여 햇사레 복숭아 브랜드에 대한 소비자의 인지도를 굳히는데 도움이 되었다. 북제주 함덕농협은 다른 지역에 비해 운송이 불리한데도 항공편으로 끊임없이 공급하고 아무리 급한 발주에도 제시간에 공급하여 함덕농협의 깐마늘에 대해서는 믿음을 심어 주었다.

사례에서 보는 바와 같은 경쟁력 있는 마케팅 조직이 되기 위해서는 고객 지향적 마케팅 마인드를 확고히 하여야 한다. 그리고 집하가 규모화된 상태에서 재고관리가 가능하여야 한다. APC 또는 RPC가 단순히 상품화 기능이 아니고 물류센터로서 유통업체·외식업체 및 식품제조기업 등의 거래처에 연중 제품을 공급할 수 있는 재고의 통합관리 기능을 수행할 수 있어야 한다.

5.3 출하처 평가

거래하는 구매고객은 과연 산지 마케팅 조직의 「판매」 마케팅 목표 달성에 기여를 하는가? 기여를 한다면 얼마나 기여를 하고 있나? 고객으로 유지하기 위하여 투자비용의 부담정도는 어떠한가? 고객은 다양하다. 어떤 고객은 핵심고객으로서 자사조직의 생존에 없어서는 안된다. 어떤 고객은 기여도는 그리 크지 않지만 계속 관계를 맺는 것이 유리하다고 판단할 수도 있다. 아무리 고객이라고 하더라도 마케팅 조직 경영에 도움이 안되거나, 도움이 되더라도 비용 부담적 요소가 더욱 크다면 고객으로 계속 관계를 맺어야 할지를 고민해야 한다. 이러한 여러 가지 의문에 대한 답변이 출하처에 대한 평가문제이다. 고객을 개발하고 유지하거나 제거하는 의사결정의 기준이 곧 평가문제이다. 산지 마케팅 조직은 마케팅 감사 차원에서 일정한 기준을 가지고 출하처 경로를 평가하여야 한다. 평가를 통하여 각 거래처의 자사 조직에 대한 기여도 정도를 확인한다. 그리하여 자사에게 유리하거나 불리한 부분이 있다면 계속 강화하거나 시정해야 한다. 궁극적으로는 거래처로서 가치를 판단하여 가치가 있다면 유대를 강화시킨다. 가치가 없다면 더 이상의 관계를 진전시키지 말고 청산하는 것이 낫다.

아래와 같은 요소들이 평가기준이다. 이를 계량화하여 분석한다. 각 기준들은 산지조직의 거래처 모두에게 적용한다. 요소별로 가중치를 정하여 순위를 매긴다. 가중치는 산지조직의 경로전략목표에 따라 달리 할 수 있겠다.

① **발주 이행** : 산지조직의 거래처에 대하여 당초의 약속대로 발주했는
지의 이행여부를 평가하는 것이다. 발주 물량, 발주시기, 발주횟수
등을 세부사항으로 살펴본다. 1회의 물량은 지나치게 적은 물량이
라서 단위 공급물량당 물류비가 과다하지는 아니한지 또는 평소 물
량 이상으로 과다하여 물량공급에 지장을 주는지 여부이다. 대형마
트의 할인행사 시에 이러한 현상이 나타나는데 상습적으로 자사조
직이 그러한 상대의 산지 조직인지를 규명할 필요가 있다. 또한 발
주 시기가 불규칙하여 예측이 어렵고 재고물량 관리를 어렵게 하지
는 않는지 등이다. 발주횟수가 절대적으로 적어 거래고객으로서 의
미가 약하지는 아니한지 등을 평가한다.

② **구매량** : 구매고객의 자사 마케팅 조직에 대한 구매량 규모가 어느
정도 차지하는지를 평가하는 것이다. 수량별·금액별로 각각 파악한
다. 만약 어떤 구매고객이 구매량의 제1위가 자사조직이고 자사조
직도 판매량의 제1위를 그 고객에게 공급한다면 핵심고객이라고 할
것이다. 여러 구매처를 구매량 점유율로 나타낸다. 어느 고객이 수
량비율에 대비하여 금액비율이 높지 않다면 저품위 제품이거나 다
른 고객에 비하여 저가로 판매하고 있는지도 모른다. 구매량은 거래
처 평가에 매우 중요하다. 평가 가중치가 높아야 할 것이다. 구매고
객의 구매량 추세 변화 파악에도 관심을 가져야 한다. 자사 조직으
로부터 주문량이 늘어나고 있는지 아니면 줄어들고 있는지 여부이
다. 총량으로는 점유율이 클지 몰라도 하향추세를 보인다면 그 고객
은 자사조직과 거래를 축소하려는 움직임을 보이고 있는 것이다. 반
대로 계속 구매물량을 증가시키고 있다면 자사조직이 중요한 고객
으로 부각되고 있다고 볼 수 있다. 그러면 자연스럽게 상대고객에
대한 고객관리 방향이 나온다고 할 것이다.

③ 대금지불관리 : 결제기일을 준수하는 정도와 매출채권 회전일수를 계산하여 평가한다. 거래처별로 외상매출 장부가 있으므로 계수파악은 어렵지 않다. 결제기일을 어김없이 지킨다면 신용있는 거래처라고 할 것이다. 매출채권회전일수는 거래처가 외상대금을 며칠만에 결제하는지를 계산하는 것이다. 예를 들어 어느 마트에 대한 연간 매출액이 120백만 원이고 외상매출 평잔이 6,000천원이라면 회전율은 120백만원÷6,000천원=20회이다. 회전일수는 365÷20≒18일이다. 즉 그 마트는 산지조직의 대금을 보통 18일 만에 결제한다. 당연하지만 회전일수가 짧을수록 대금지불이 철저한 고객이며 산지조직의 현금흐름은 그만큼 좋아진다.

④ 수익성 : 거래처가 산지조직의 수익에 기여하는 정도를 평가한다. 수익은 절대금액의 크기와 수익률의 두 가지 데이터를 사용한다. 수탁과 매취가 섞여 있는 경우 매취마진 부분을 수익률로 환산하여 수탁수수료와 통일한다. 사실 수탁수수료는 출하고객으로부터 수취하는 것이어서 이것을 구매고객의 평가에 사용하는 것이 부적절할지 모르겠다. 하지만 수탁수수료의 실현이 구매고객에게 판매가 완료됨으로써 발생하는 것이므로 거래처 평가로 사용하여도 무방하리라고 본다. 거래처별로 수익성의 가중치 점수를 비교하여 관리수준을 달리할 수밖에 없다. 수익성에 비례하여 촉진비용도 배분하는 것이 이치에 맞다. 현재 수익성은 낮지만 비용투자가 크다면 장래 산지조직의 수익개선에 긍정적인 전망이 보이는 이유가 있어야 한다. 극단적으로 소요비용 대비 수익기여도가 별로 없다면 경로거래처로서 제거하는 것이 바람직하다.

⑤ 통제성 : 출하기간 동안 산지조직과 경로거래처는 거래조건의 결정부터 시작하여 수발주 진행, 거래사정의 변경에 따른 거래조건의 수정 등 당사자 간에 수시로 새로운 상황이 발생한다. 이런 때는

상대방을 자기 의도대로 관철시키고자 하는 욕구가 작용할 것이다. 이것을 통제성이라고 하고 산지조직 입장에서 경로거래처가 잘 움직여주는 정도를 평가하고자 한다. 만약에 경로거래처가 우월적인 구매력 행사가 강하여 산지조직은 끌려다니는 입장이고 자신의 발언력이 별로 소용이 없다면 통제성이 약하다고 하겠다. 반대로 경로거래처가 산지의 희망사항들을 잘 이해하고 쌍방적인 이해관계가 형성된다면 어느 정도 통제성은 있다고 볼 것이다. 산지 마케터는 거래처 중에서 상대하기가 쉬운 상대와 그렇지 못한 상대가 있다는 것을 평소 느꼈을 것이다. 통제성은 정성적으로 '강, 중, 약' 정도로 하고 각각의 가중치를 부가한다.

⑥ 공동마케팅 협력성 : 경로 거래처의 고객은 산지조직에게도 고객이다. 따라서 산지조직과 거래처는 공동의 고객을 바라보며 협력을 하는 관계라고 하여도 무리가 없다. 공동마케팅 협력성은 이러한 시각에서 산지조직과 경로거래처가 협력하여 적극적으로 공동의 고객에 마케팅하는 것을 말한다. 예를 들면 품종선택·안전성 관리 등의 생산기획, 선별기준·포장형태 등의 상품기획, 지역특산물전, 시식행사, 도우미 지원 등의 판촉기획 등을 함께 하는 것을 말한다.

⑦ 투자비용 : 평가대상 경로거래처를 획득하고 유지하며 확장시키는데 투하된 제반비용을 말한다. 다른 평가기준들은 플러스 요소이지만 '투자비용' 평가기준은 마이너스 요소이다.

이상 논의한 여러 평가기준을 하나의 표로 나타낸 것이 표 4-3의 「거래처 경로 평가표」이다.

표 4-3 거래처 경로 평가표 예시

평가기준	가중치 (상대적 가치)	경로 대안의 평점(1-10점)		
		대형마트 A	대형마트 B	도매법인 C
목표 및 성과				
① 발주이행	0.1	4	6	6
② 구매량	0.2	5	8	9
③ 대금지불관리	0.2	9	3	10
④ 수익성	0.2	4	5	6
⑤ 통제성	0.1	2	3	7
⑥ 공동마케팅협력성	0.1	8	7	3
제약조건				
⑦ 투자비용	0.1	3	3	8
합계	1.00	5.3	5.1	7.4

* 1= 매우 나쁨, 10= 매우 좋음

5.4 출하처 경로 관리-파트너십 관계 형성

산지 농산물 마케팅 조직은 최종소비자가 아닌 중간구매자인 유통업체, 식재업체, 도매법인, 중도매인 등 바이어를 대상으로 마케팅 활동을 벌인다. 이들과는 일회성 거래가 아닌 계속적이고 안정적인 거래이기를 상호 기대한다. 설령 일반 소비자에게 인터넷 경로를 거쳐 판매를 한다고 하여도 일정한 관계를 형성하며 재구매가 지속적으로 이루어지도록 해야 하는 것이다. 농산물 특성상 수확기간 동안에는 저장이 어렵기 때문에 반드시 판매를 해야 하며 저장이 가능하더라도 제철 상품이 나오기 전에 판매를 완료해야 한다. 그러기 위해서는 구매고객과 서로 신뢰하는 가운데 계속적인 관계형성이 중요하게 된다. 농산물은 구입자는 연중 구매하지만 산지 판매자는 해당 시즌에만 나타나 바이어와 관계를 맺으므로 관계 당사자가 바뀌는 것이 일반적인 현상이다.

출하처 경로를 잘 관리하여 산지조직과 바람직한 관계를 맺는 것을 파트너십(결연)이라고 하겠다. 인위적인 노력이 필요한 부분이기에 치밀한 관리가 필요하다. 파트너십(결연)은 산지 마케팅 조직과 구매업체 사이에서 신뢰를 바탕으로 이익을 만들어가면서 출하기간 동안 지속적인 관계가 형성되고, 시즌이 바뀌더라도 다시 구매업체와 거래관계가 이루어지는 관계를 말한다. 농산물 거래현상에서는 파트너십 관계에 이르지 못하는 경우가 일반적이다. 공급자와 구매자의 관계는 단계적 과정을 겪는다고 보고 유형화할 수 있다. 그림 4-18은 제조업체와 유통업체와의 관계 매트릭스를 보여준다.

그림 4-18 제조업체와 유통업체의 관계 매트릭스

제 조 업 체	강함	브랜드 불도저	③ 줄다리기	④ 전략적 파트너십
	약함	기회주의적 관계	① 진열공간 입찰자	② 구색보충자
		약 함	강함/적대적	강함/우호적

유 통 업 체

출처 : Nirumalya Kumar, 『Marketing as Strategy』, HBSP, p121 변형

  이 그림에서 제조업체를 산지 마케팅 조직으로 바꿔 유통업체와 산지 마케팅 조직과의 관계유형을 설명하는데 활용할 수 있다고 본다. 농산물 유통과 관계되는 유형에 한정하여 설명한다.

① 진열공간입찰자 관계 : 자사의 상품을 판매하기 위해 유통업체에 일정금액을 지불하고 진열공간을 확보하여 자사제품을 판매하는 제조업체이다. 유통업체의 힘이 강화됨에 따라 힘이 약한 제조업체들은 진열공간 확보를 위하여 입찰자로 전락한다. 지금의 농산물 유통 거래환경에서도 유사한 상황이 벌어지고 있다. 예를 들면 대형마트는 쌀 구매를 입찰에 부친다. 산지의 몇몇 마케팅 조직에 입찰 일시와 구매량을 안내하고 컴퓨터에 판매가를 제시하도록 한다. 산지는 특히 농협간 서로 경쟁적으로 저가를 제시하여 제살 깎아 먹으

면서 참가한다. 「진열공간 입찰자」관계는 산지의 교섭력이 미약하여 지속적 관계를 유지하기보다는 그때그때 상황에서 공급자간 경쟁을 유도하여 최저가격으로 사입한다.

② 상품구색 보충자 관계 : 본래의미는 찾는 고객이 적거나 많지 않은 상품을 유통업체가 구색을 맞추기 위하여 소량 납품받는 것을 말한다. 위 그림에서와 같이 유통업체 힘이 강력하고 제조업체의 힘이 약할 때 제조업체는 구색을 맞춰주는 업체로 전락한다. 농산물 거래 환경에서도 유통업체는 어느 산지의 특정 품위상품만 구매해 간다. 그러면 산지는 다른 품위상품을 처리할 곳을 찾지 못해 자사 브랜드 이미지를 훼손하면서 도매시장에 처분하는 것이다. 산지는 할인행사 요구도 수용하고, 유통업체는 PB 상품 조달처로 활용하기도 한다. 그렇지만 여전히 유통업체에 대한 의존도가 높고 거래 조건에 끌려다녀 언제라도 다른 공급자로 대체될 수 있다.

③ 줄다리기 관계 : P&G와 월마트의 초기 관계에서와 같이 제조업체와 유통업체의 힘이 서로 강력하여 상대방을 자기의 거래기준에 따르도록 강요하는 관계이다. P&G는 소비자 판매데이터를 분석하여 거래관계를 지배하려 하였고 월마트는 최저가격, 추가서비스, 우선 판매 방식 등을 요청하였다. 그들은 양사 대표자의 카누 여행에서 전략적 제휴를 위한 담판이 있기까지 힘겨루기가 계속되었던 것이다. 농산물 거래에서도 브랜드가 육성되어 있거나 산지점유율이 높아 마케팅 조직이 통제 가능한 경우 줄다리기 관계와 유사한 사례가 있다.

④ 전략적 파트너십 관계 : P&G와 월마트는 줄다리기 관계에서 파트너십 관계로 전환하였다. 공동의 비전을 만들어 두 회사가 서로 판매를 증가시키고 비용을 줄일 수 있는 방법을 개발하였다. 양사는 신뢰를 바탕으로 주문 - 판매 - 재고관리 - 대금수수 프로세스에 일대

혁신을 가져와 상호 의존하면서 win-win 하는 관계를 구축하였다. 오늘날 P&G는 월마트의 가장 큰 고객사가 되었으며 P&G도 전세계 매출의 상당부분을 월마트를 통해 올릴 수 있었다. 제조업체와 유통업체가 상호신뢰를 구축하고 밀접하게 협력하면 상호이익이 되고 최종소비자에게 더 큰 가치를 제공할 수 있다는 실제를 보여준 것이다.

농산물 유통거래도 전략적 파트너십 관계를 지향해야 한다. 정보공유를 통한 커뮤니케이션의 활성화로 물류비용 절감과 소비자 이익을 도모하는 공동의 가치를 창출할 수 있는 비전을 공유하는 방향으로 나가야 한다. 그런데 산지 마케팅 조직은 「전략적 파트너십」 관계의 당사자가 되기 위하여는 스스로 역량을 갖추어야 한다. 현재의 일반적 관계는 「진열공간 입찰자 관계」이거나 「구색보충관계」이다. 현재의 마케팅 조직은 '약하고', '적대적'인 대형유통업체와 대응하고 있다. 이러한 상황에서는 두 가지 조건이 성취되어야 「전략적 파트너십」 관계로 이동이 가능하다. 첫째 조건은 '약한' 마케팅 조직이 '강한' 마케팅 조직으로 되는 것이다. 둘째 조건은 유통업체가 '적대적' 마음에서 '우호적' 마음으로 전환하는 것이다. 전자는 마케팅 조직 자신의 문제이고 후자는 상대방의 문제이다.

전략적 파트너십 관계가 이루어지기 위하여는 산지조직이 '강한' 조직이 되는 것이 선결사항이다. 그래야 상대방이 호의적으로 변하기 위한 여건이 조성되는 것이다. 산지조직의 역량강화 전략은 집하 측면에서는 기술한 바와 같고 판매 측면에서는 전략의 개념화와 실행전략을 효과적으로 행하는 것이다. 나아가서 산지조직간 연합조직화도 필요할 수 있다. 한편 유통업체의 마케팅 조직에 대한 '적대적' 마음을 '호의적'으로 바꾸기 위해서는 상호신뢰를 구축하고 밀접하게 협력했을 때만이 최종소비자에게 더 큰 가치가 제공될 수 있다는 인식을 하는 것이다. 눈앞의 우월적 '힘의 행사'가 아닌 '신뢰의 행사'를 실행하는 것이다. 신뢰는 공정함을 바탕으로 상호의존성을 만들어 당사자를 한데 묶는 관계몰입을 표시하는 것이다. 일방적이 아닌 양방향 커뮤니케이션이 활발하고 계약도 비공식적으로 장기간 이루어지는 것이다. 갈등이 발생하는 경우에도 계약조항이나 법적 시스템으로 해결하는 것이 아니라 상호이해와 중재 또는 조정절차를 거친다.

전략적 파트너십 관계가 구축되면 당사자는 효율적 소비자 대응(ECR : efficient consumer response)이 용이해진다. ECR은 소비자에게 보다 나은 가치를 제공하기 위하여 식품산업의 공급업체와 유통업체가 밀접하게 협력하는 것을 말한다. 파트너십 집단이 적대적 당사자집단들은 만들어내지 못하는 "고객가치"를 만들었다면 경쟁우위를 위한 강력한 요소가 되는 것이다. 이러한 단계까지 진전이 이루어진다면 파트너십 관계는 더욱 공고해진다.

5.5 경로갈등 대응

5.5.1 도매시장과 갈등

• 경락시세의 기대미흡 : 출하주들은 자기가 생산한 농산물이 최고라고 생각하여 최고의 가격을 기대하지만 현실은 기대했던 가격을 받지 못한다. 특히 과잉생산이나 성출하 시기에는 물량처리가 원하는 시기에 잘 안되고 낮은 가격이 형성되어 법인과의 갈등은 더욱 커진다. 법인의 손실가격을 보전하는 기능이 있기는 하지만 법인은 최대한 수급동향에 대한 정보를 산지에 제공하여 홍수출하를 피하도록 해야 한다. 그렇다고 하더라도 수급에서 공급과잉을 시장이 조정하는데 한계가 있으므로 산지자체가 생산조정을 해 나가지 않으면 안된다고 본다.

- **경락후 가격조정** : 결정된 농산물 가격을 정정하고자 할 때는 출하주의 사전 동의를 얻어야 함에도 출하주 동의 없이 임의로 판매가격을 조정한다는 의혹을 둘러싸고 발생하는 마찰이 있다. 예를 들면 도매시장 거래 관행으로 '재'라는 것이 있어 배추와 무의 경우 출하품에 대해 품질 저하나 감모를 인정하여 가격을 상품 경락값보다 낮게 책정하는 경우가 있다. 중도매인은 부패품이거나 속박이 혹은 규격을 속인 물건이 들어 있는데 이것은 산지에서 제대로 작업을 해오지 않은 결과이기 때문이라고 한다. 출하주 입장은 크기가 다른 정도에 불과하고 농산물 특성상 완벽한 선별은 어렵다는 것이다. 저온시설 등이 시장에 갖춰져 있지 않은데 이를 보완하지는 않고 산지에 비용을 전가한다고 한다. 그리고 한번 재를 적용한 것을 다시 가격을 조정하여 이중으로 피해가 생긴다는 주장이다.
- **상장예외 품목의 거래투명성 문제** : 갈등 양상은 두 가지다. 하나는 중도매인은 상장예외품목을 확대하려 하나 출하자들은 경매제를 유지하려 한다. 다른 하나는 거래결과에 대한 정보가 상장품목에 비하여 늦으며 판매가격이 투명하지 못하다는 것이다. 품목의 확대는 산지 출하선택권의 확대와 상인간의 경쟁 유발을 통한 높은 수취가 획득이라는 긍정성이 있다는 주장이다. 반면에 거래교섭력이 떨어지는 출하주는 중도매인에게 휘둘릴 수밖에 없으므로 농가 보호를 위해서 경매제를 유지해야 한다는 주장이다. 매스컴의 보도를 통하여 상장예외 품목의 거래가격을 속이고 실제거래대금보다 낮은 대금을 산지에 보내고 차액을 착복한 불법이 알려지기도 한다. 상장예외품목을 취급하는 중도매인들이 담합해 조작된 가격을 통보하더라도 출하주가 확인할 수 없는 점을 악용해 부당이익을 챙기는 불법은 시정되어야 한다.
- **도매법인의 출하주 서비스** : 출하주는 도매법인이 수익에 비하여 출

하주에 대한 서비스를 잘 하지 못한다고 생각하기도 한다. 예를 들면 법인이 제공하는 거래정보의 실효성이 떨어진다는 것이다. 현재 유통 정보가 주로 인터넷을 통하고 있으나 산지에는 고령농업인이 많은데 이들이 인터넷을 상시로 접속하는 것은 현실적으로 불가능하다. 그리고 제공하는 정보도 표준화되지 못해 각 경매사마다 달라 출하주의 이해와 출하의사 결정에 오해를 불러일으키는 경우가 있다는 것이다. 법인은 출하자들을 배려하는 차원에서 전화나 핸드폰 문자로 정보를 제공하는 등의 서비스를 향상시키는 것이 필요하다. 도매법인은 소비지 정보를 출하주에게 이해하기 쉽게 제공함으로써 산지의 마케팅 정보관리에 도움을 주고 나아가서 산지 조직화에도 기여하는 조정자 역할을 하여야 한다. 그럼으로써 정확한 정보를 활용하여 출하자로 하여금 물량통제와 거래 예측 가능성을 높게 해 준다.

- 경매 파행의 문제 : 중도매인의 담합은 저가 경매와 경매거부로 나타난다. 매스컴에서 발표된 사례에 따르면 저가경매는 사전모의를 통해 일정한 범위 내에서 낙찰받기로 하고 낙찰가와 낙찰 받을 순서를 정한다. 순서에 따라 낙찰 순번자는 최고 값을 써내고 다른 중도매인들은 낙찰 순번자보다 싼값에 응찰하는 수법을 쓴다. 경매거부는 예를 들면 중도매인들이 우월적 지위를 이용해 특정법인에서 불락처리된 뒤 다시 상장되는 물건에 대해서 응찰하지 않는 경우이다. 한편 출하주들은 일단 경락되어 판매까지 완료되었는데 경매에 불만을 품고 불낙 회송처리를 요구하는 경우가 있다. 이러한 상황에서는 출하주와 중도매인, 그리고 법인 사이에 첨예한 갈등이 발생하여 서로 상대편의 책임을 묻는다.

5.5.2 대형마트와 갈등

- 할인행사 등 판촉 관련 : 산지 조직은 낮은 가격에 납품함으로써 손

해가 발생하나 이후 손해를 만회할 수 있는 시기가 없어 그대로 감수한다. 어느 정도 행사참여는 불가피한 것으로 여기지만 과도한 횟수가 문제라고 생각한다. 더욱이 평소에는 소규모 물량발주를 하다가 행사 때만 대규모 물량을 발주하여 손해를 더욱 크게 하는 점이다.

- 부당 반품 : 반품되는 경우에 상품의 생산비, 포장상품의 해체인건비, 상품의 신선도 하락과 운송비 등에 많은 비용이 산지에 추가로 전가된다. 일부 포장의 문제점을 들어 전량을 반품 조치하는 사례도 있는 것으로 알려졌다. 식품가공업체와 거래하는 경우 원물 재고 정도에 따라 상이한 검수기준을 적용하여 부당하게 반품조치를 당하기도 한다.

- 부당 감액 : 제품에 하자가 발생했다는 대형유통업체의 통보에 따라 감액을 당하더라도 하자품의 샘플만 보내오고 나머지 물량은 자체 폐기처분하고 있어 전반적인 내용에 대해 파악이 안된다는 점이다.

- 판촉비용 및 판매장려금 강요 : 산지 마케팅 조직에게는 비용 증가의 요인이다. 비용 발생 시점도 수시로 생겨 사업의 예측성을 떨어뜨린다. 판촉비용 강요는 대부분 사전협의 없이, 심지어 산지 조직이 모르는 상황에서 판촉비용을 사용했다고 통보한다.

- 상품 수령 거부 : 계약시 정한 납품물량을 준수하지 않고 축소시키는 경우이다. 대형유통업체에서는 판매부진이나 재고과다를 이유로 정해진 물량을 발주하지 않는 것이다.

- 판촉사원 파견 강요 : 이벤트 행사를 하는 경우에 마케팅 조직에서 도우미를 파견하도록 요청한다.

한편 산지 마케팅 조직도 구매 유통업체 입장에서 다음과 같은 문제점을 지적 받고 있다.

- 책임감 문제 : 선도, 품질, 선별, 결품 등에 대한 책임감이 부족하고 안일하게 처리함

- 조직력 문제 : 상품개발과 생산성 향상을 통한 경쟁력 개선 노력이 미흡하고 대형유통업체의 마케팅 수준에 잘 맞추고 있지 못함
- 대응력 문제 : 업무처리·의사결정·상품공급의 순발력이 부족함
- 산지정보 제공문제 : 마케팅 조직의 산지에 대한 차별성, 특징 등에 대한 정보를 잘 제공하지 못하여 유통업체가 산지 개발에 장애가 되어 신뢰성을 떨어뜨리고 있음

5.5.3 산지 마케팅 조직 대응책

구매고객과 갈등에 대한 해결을 위해서는 관계 이해당사자와의 공동노력이 필요하지만 여기서는 산지 마케팅 조직 입장에서 논한다. 대형마트의 불공정 행위는 관행처럼 이루어지고 있다. 산지 마케팅 조직은 거래 중단의 위험 때문에 부당 행위에 대하여 자발적으로 동의하는 형태를 띠고 있다. 도매시장 역시 구매자들의 우월적 위치 때문에 영세 출하자들은 교섭력 발휘가 힘들다. 막강한 구매력을 가진 대형마트 바이어, 일부 전근대적 관행의 도매법인이나 산지 품목을 장악하여 독점력도 행사하는 중도매인의 의식개혁도 필요하다. 그러나 출하주체들은 자신의 약점을 보완하여 강한 조직으로 역량을 키워야 한다는 생각을 먼저 해야 한다. 역량강화는 전술한 집하전략으로 산지기반을 구축하고 판매전략을 실행할 수 있는 조건을 만들어 가는 것이다. 마케팅 조직이 우선 강해져야 불공정하게 직면하는 거래상황의 폐해를 극복할 수 있다. 산지는 스스로 약점을 만들지 말아야 한다. 철저하지 못한 선별 물건을 내놓거나 개별 영세 출하물량 가지고는 노회한 시장거래자들과 상대하기에는 어려운 점이 많다. 스스로를 보호를 필요로 하는 대상으로 여기지 말아야 한다. 제도적 장치들이 공정한 시장거래를 지향하지만 거기에는 한계가 있다. 출하주체들은 비즈니스 파워로 거래에 임해야 한다. 그러한 연후에 파트너십 관계가 형성된다.

[보론] 물류 효율화 대책−도매시장 전자거래 활용

2007년 개정농안법에서 전자거래를 하는 경우에 정가 수의매매를 도매시장을 거치지 않아도 되는 상물분리를 허용하였다. 전자거래는 전국의 농협공판장들이 시작하였으며 일반 법인도 대전중앙청과를 시작으로 가락시장 법인들이 참여하고 있으며 앞으로도 계속 확대될 전망이다. 이렇게 전자거래 참여가 늘고 있는 것은 변화된 유통환경 속에서 도매시장의 정체를 극복하여 활성화될 수 있는 거래 방식으로 유력하기 때문으로 풀이된다.

전자거래방식은 그림 4−19를 통하여 설명할 수 있겠다. 공판장 전자거래 체계도를 거래 플로우에 따라 예로 들어본다.

그림 4−19 공판장 전자거래 체계도(예시)

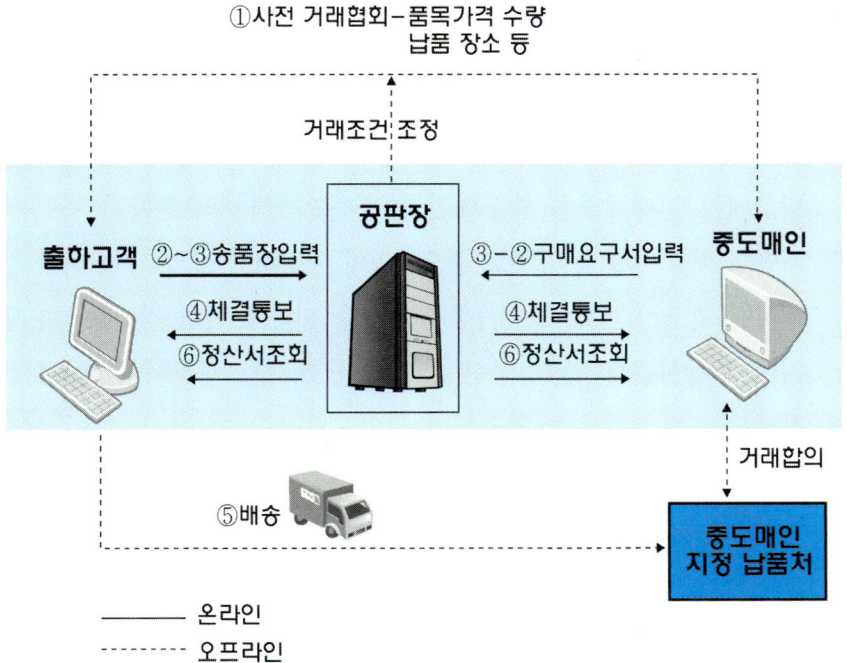

① 사전거래 협의 : 중도매인이 특정 품목이나 품위 상품을 조달하기 위하여 상물분리의 전자거래를 활용하고자 한다. 반복되어 거래가 이루어지거나 완전 규격화되어 통명거래가 가능하기 전까지는 통상적으로 산지에 가서 상품조건을 확인하는 절차를 거친다.

- 여기서 품목·품위·수량 등을 산지현장에서 살펴본다. 공판장 경매사도 동행하여 출하고객과 중도매인간의 교섭을 중재한다. 출하고객이 입력하기 전에 공판장에서 산지정보를 갖고 중도매인에게 소개하는 경우도 있다. 어쨌든 중도매인 - 경매사 - 출하고객은 긴밀한 협의가 이루어지는 예약 상대거래를 하는 것과 같다.

②-③ 송품장 입력과 구매요구서 입력 : 출하고객은 고유의 ID를 부여받아 전자거래를 이용할 자격을 갖게 된다. 송품장 입력부터 시작한다. 공판장에서 이를 확인하면 웹상에 띄우는 것이고 중도매인의 열람이 가능하게 된다. 중도매인 역시 고유의 ID를 부여받는다. 출하고객이 입력한 송품장을 보거나 아니면 먼저 구매요구서를 입력할 수 있다. 이 경우도 공판장에서 구매요구서를 확인하고 띄우면 산지 출하고객이 열람할 수 있다.

④ 체결통보 : 보통 배송 1주일전 쯤 상호합의가 이루어져 공판장은 웹상에서 거래체결을 중도매인과 출하고객에 통보한다.

⑤ 배송 : 배송 장소를 개별로 중도매인이 지정하고 그 지시에 따라 산지에서 직접 납품한다. 도매시장내 혼잡을 피하게 되어 작업효율이 좋아지며 분산시간의 단축, 분산 횟수의 감소, 콜드체인이 지속된다.

⑥ 정산서 조회 : 배송이 완료되거나 완료되기 전이라도 계약이 체결되었으면 정산서가 중도매인과 출하고객에게 통보되고 조회가 가능하게 된다. 대금 정산 과정은 경매와 동일한 과정으로 이루어진다. 공판장 수수료는 경매거래 수수료보다 저렴하다.

전자거래의 이점은 이렇다. 먼저 산지조직 관점에서 시장에 제품을 반입시킬 필요가 없으므로 경매대기 시간이 줄어든다. 시장에 납부하는 수수료도 전자거래가 낮다. 사전에 상대거래가 이루어지므로 수급에 안정을 가져와 산지 재고관리를 예측할 수 있다. 도매법인에게는 경매를 위한 하차·진열과정이 생략되기 때문에 시장사용료가 절감된다. 그리고 시설면적 부족으로 몸살을 앓는 도매시장의 애로를 해결할 수 있다. 또한 영업영역의 확대로 매출증대가 이루어진다. 비상장거래(장외거래)를 하는 중도매인을 전자거래 시스템으로 끌어들여 공판장 사업영역을 확대한 경우가 있다. 예를 들면 부산 반여공판장에서 포도 소포장 2kg, 4kg을 전자거래를 통하여 거래를 성사시켰다. 포도경매는 5kg 위주로 되어 있어 중도매인 거래처가 원하는 2kg, 4kg은 그 동안 도매시장을 통하여 공급하는 것이 불가능하였으나 중도매인과 출하고객과 협의로 전자거래가 이를 가능하게 하였던 것이다. 이 밖에도 친환경농산물, 특수품목 개발이 가능하다. 산지로 떠난 대형 유통업체들을 다시 가락시장으로 되돌릴 수 있는 계기가 될 수 있겠다. 다음은 구매고객 관점에서 살펴본다. 일정 품위의 규격화된 농산물을 도매시장을 거치지 않고 산지에서 직접 자사가 원하는 장소로 이동시킬 수 있기 때문에 신속한 거래, 제품 신선도 유지가 가능해진다. 거래시간에도 제약이 없기 때문에 대량수요처는 자사가 원하는 공급받고 싶은 시간에 물류를 맞출 수 있다.

전자거래는 유통경로의 8대기능 수행에서 발생하는 비용을 절대적으로 줄여주는 제도이다. 도매시장과 관계하는 유통주체들은 적극적으로 전자거래 제도를 이용하여 서로의 코스트를 줄여야 한다. 이를 위하여 도매법인은 대량 물량을 취급하는 장내 및 장외 거래 중도매인을 규합한다. 그리고 대형유통 납품 전문업자나 매매참가인을 유치한다. 산지조직도 전자거래 이용의 유리점을 인식하고 대량거래를 할 수 있도록 규모화를 실현하여 차량 수송효율을 높여야 한다.

6. 촉진(커뮤니케이션) 전략

촉진(promotion)은 고객에게 자사 제공물을 알려서 사고 싶은 욕구가 생기도록 만드는 가치의 전달활동이며 고객과 상호작용하는 커뮤니케이션이다. 산지 마케팅 조직의 고객과의 커뮤니케이션은 매우 중요하다. 「판매」마케팅의 목표 실현은 커뮤니케이션 활동을 통하여 구체화되기에 그렇다. 다양한 중간구매자들 개인과 밀착된 관계 활동이 붙임성 있으며 경쟁조직과 비교하여 차별적으로 이루어지지 않으면 안된다. 제품과 서비스의 공급여부는 조직역량과 마케터 영업력에 의하여 달려 있는데 그 역량의 발휘가 커뮤니케이션으로 나타난다. 또한 산지조직의 커뮤니케이션은 소비자를 대상으로도 한다는 점이 특징이다. 복합가치재로서 농산물의 독특함은 다양한 커뮤니케이션의 소재를 만들어낼 수 있고 아이디어의 발굴도 끝이 없어 보인다. 커뮤니케이션 수단도 일반 기업의 그것과는 유사한 점도 있으나 창의적인 생각을 많이 필요로 한다. 브랜드도 농산물 마케팅 부문의 커뮤니케이션 수단으로 중요하게 활용하여야 할 요소이다. 이러한 커뮤니케이션 활동은 많은 예산을 수반한다. 예산의 조달과 효과적 운용에도 아이디어와 실행력이 따라야 한다.

6.1 조직구매고객 커뮤니케이션

개인소비자가 아닌 소매유통업체·식재업체 바이어, 도매법인, 중도매인, 학교급식 등 업태별로 세분화하였던 조직들의 구매자를 상대로 커뮤니케이션하는 것이다. 조직구매자의 사업소를 방문하든지 산지로 바이어를 초청하든지 하여 대면하는 진지한 상담이다. 최초의 상담이든지 아니면 지난번 출하기때 거래를 하였다가 다시 출하기가 도래하여 상담하는 것인지 어느 하나일 것이다. 커뮤니케이션은 거래를 개시하기 위한 계약체결로 끝나는 것이 아니라 출하기간 동안 수발주 과정에서도 계속 이루어진다. 이 말은 일정한 출하기간 동안에 커뮤니케이션이 잘 안되면 거래는 중단될 수 있어 거래처 개척에 실패한 것과 같아진다. 그렇게되면 오히려 나쁜 이미지를 남겨 재구매 상담은 어려우므로 차라리 처음부터 계약이 이루어지지 않는 것만 못하다. 그리고 출하기가 종료되면 워크숍 등을 통한 평가 커뮤니케이션도 다음 출하기의 재구매를 위해서 필요하다. 계절적 산지이동에 의하여 일정기간 거래 공백 기간이 생기기 때문에 다시 거래가 이루어지기 위한 다음 단계까지도 염두에 두어야 한다.

　이와 같이 산지 마케터는 커뮤니케이션을 프로세스로 인식해야 한다. 구매고객과 파트너십은 상호간 프로세스 경험으로부터 이루어진다는 점을 명심하여야 한다. 산지 마케터는 전략적 사고를 갖고 커뮤니케이션 절차를 진행시켜나가야 한다. 일회성 거래관계가 아니라는 말이다. 커뮤니케이션 프로세스는 고객탐색→제안준비→제안실행→계약관리→공급관리 및 평가의 순서를 거친다.

　그림 4-20은 조직구매 고객과 커뮤니케이션 전체개요를 보여준다. 이어서 세부적으로 설명하기로 한다.

그림 4-20 조직구매 고객 커뮤니케이션

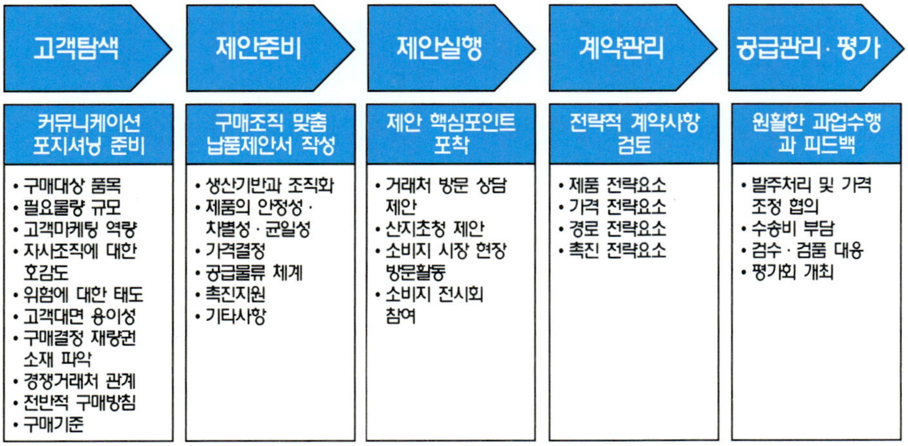

고객탐색	제안준비	제안실행	계약관리	공급관리·평가
커뮤니케이션 포지셔닝 준비	구매조직 맞춤 납품제안서 작성	제안 핵심포인트 포착	전략적 계약사항 검토	원활한 과업수행과 피드백
• 구매대상 품목 • 필요물량 규모 • 고객마케팅 역량 • 자사조직에 대한 호감도 • 위험에 대한 태도 • 고객대면 용이성 • 구매결정 재량권 소재 파악 • 경쟁거래처 관계 • 전반적 구매방침 • 구매기준	• 생산기반과 조직화 • 제품의 안정성·차별성·균일성 • 가격결정 • 공급물류 체계 • 촉진지원 • 기타사항	• 거래처 방문 상담 제안 • 산지초청 제안 • 소비지 시장 현장 방문활동 • 소비지 전시회 참여	• 제품 전략요소 • 가격 전략요소 • 경로 전략요소 • 촉진 전략요소	• 발주처리 및 가격 조정 협의 • 수송비 부담 • 검수·검품 대응 • 평가회 개최

6.1.1 고객탐색

고객과 면담하기 전에 사전영업 차원에서 고객을 어느 정도 알아야 한다. 구매 조직에 대한 현황을 알고 분석이 이루어져야 과연 당해 산지 조직 입장에서 가망고객으로서 상담을 할 것인지 말 것인지를 결정하는 판단을 쉽게 할 수 있다. 고객요구를 명확히 알지 못하고 경쟁산지와 기존의 관계형성이 되어 있는 상태일지도 모르므로 더욱 사전탐색이 필요하다. 그리고 다음의 제안단계에서 교섭전략을 세우는데 사전탐색은 반드시 필요하다. 산지 마케터는 "데이터를 갖기 전에 이론을 세우는 것은 중대한 실수"라는 격언을 상기하여야 한다. 아래와 같은 사항들이 탐색 항목이다.

- 구매조직 물량규모 · 마케팅 역량

① **구매대상 품목** : 구매대상 품목이 어떠한 품목인지를 확인하는 것이다. 과일 또는 채소, 쌀 또는 잡곡 아니면 쌀과 잡곡 모두 구매대상으로 하고 있는지 등이다. 각 부류별로도 단일품목인지 아니면 복수품목인지도 파악되어야 한다. 품위 수준, 차별화 정도, 제품 컨셉의 특이성도 확인되어야 한다. 이러한 파악은 자사조직 제품 수준과 구매조직의 니즈를 비교하고 자사조직 취급품목이 다양하다면 교차판매의 가능성을 타진하기 위하여 필요하다.

② **필요물량 규모** : 일정한 출하기간 동안 구매조직이 필요한 물량 전체규모를 파악한다. 당해 산지조직이 공급 가능한 것과 구매조직이 구매하려는 물량을 비교하기 위해서다. 이를 위하여 고객점유율 개념을 활용한다. 당해조직의 공급량이 구매조직이 구매하는 물량에서 차지하는 점유량을 추정한다. 신규거래라면 산지 테스트 차원에서 처음부터 많은 물량을 발주하지는 않는다. 향후 산지 조직은 그 구매조직의 발주확대 정도를 추정하기 위한 판단근거를 갖고 있으

면 좋을 것이다.

③ 고객마케팅 역량 : 구매조직의 자기고객 확대가능성을 마케팅 역량이라고 표현하였다. 예를 들어 소매유통업체가 점포신설 또는 경쟁업체의 합병인수 계획을 갖고 있다면 향후 구매규모는 상당히 증가할 것이다. 또한 매장에 고객유인을 위한 촉진활동을 활발히 전개한다면 마케팅 역량이 뛰어나다고 할 수 있다. 또한 어느 중도매인이 대형업체에 납품을 하며 분산활동이 활발하다면 마찬가지다. 이러한 구매조직은 산지조직과 촉진기획을 공동구상할 가능성이 높을지 모른다. 교섭시 촉진 부분에 좀더 관심을 가져야 할 것을 시사한다.

● 구매조직 개별적 특성

④ 자사조직에 대한 호감도 : 구매조직이 자사조직에 대하여 가지고 있는 이미지가 어떠한지를 살피는 것이다. 업계에서 나도는 평가가 있고 과거 거래경험에서 느꼈거나 농협조직과 같이 독특한 거래성향 등으로부터 호감도가 있을 것이다. 우호적이거나 비호감이거나 아니면 중립적이든지 어디인가는 해당할 것이다. 이러한 호감도 파악이 왜 필요한가? 고객을 대면하는 판매활동의 생산성과 관련이 있기 때문이다. 연구자들은 우호적, 무관심, 비호감의 세 유형의 고객에 대하여 우선적으로 상대할 고객을 무관심으로 본다. 우호적 고객은 가장 성공할 가능성이 높아 나중에 제안을 하더라도 무방하다. 적대적 고객은 좀처럼 쉽게 마음을 열지 않을 것이므로 처음부터 시간과 노력을 낭비할 필요는 없어 보인다. 최우선적으로 접근해야 할 잠재적 고객은 자사조직에 대하여 '무관심' 고객이다. 적극적으로 나서서 자사조직의 매력을 설명하고 호감을 갖게 만들어야 한다. 빨리 손을 쓰지 않으면 경쟁조직의 고객으로 될 가능성이 높다고 할 수 있겠다. 또한 이러한 고객분류는 고객에 대한 접근방식에 차이가

있어야 한다는 것을 의미한다. 우호적 고객은 '관계유지'를 위한 노력이 항상 있어야 한다. 비호감 고객은 비우호적 원인을 파악하여 내부 개선에 치중한 다음에 적대감을 극복할 수 있는 '특별한 대안'을 강구하도록 한다. 만약에 비호감 고객이 매출규모도 크고 자사조직에 반드시 필요한 고객이라면 '우호적'이거나 '무관심' 고객과는 차원이 다른 대책을 마련해야 한다는 것이다.

⑤ 위험에 대한 태도 : 구매고객이 거래를 하는데 있어서 위험 감수형인가 아니면 위험회피형인가를 파악하는 일이다. 위험감수형이라면 자사조직으로부터 과감하게 구매량을 늘릴 가능성이 높지만 재고부담이 생길 우려도 있다. 그 만큼 현금흐름이 나빠져 구매조직의 재정상태를 악화시켜 산지조직의 대금회수에 불리하게 작용할 수도 있다. 산지조직은 구매조직의 재정상태에 어울리지 않는 주문량에 현혹되어서는 안된다. 위험회피형이라면 산지 조직으로부터 구매물량을 크게 증가시키지 않으므로 앞서 말한 경우와는 다른 상황이 생길 수 있다. 경기상태에 따라 다르겠지만 불황기에는 매출확대보다도 대금의 안전성 확보가 더욱 중요해 보인다.

⑥ 고객대면 용이성 : 거래는 사람이 하는 것이다. 산지의 마케터와 구매조직 바이어가 최초 면담을 하고 거래가 성사되어 제품이 공급되는 일련의 과정에서 바이어가 속한 조직의 특성에서 나오거나 사람의 캐릭터에서 느껴지거나 상대하는 인간적 느낌이 다르기 마련이다. 왠지 모르게 상대하기 어렵다거나 쉽거나 할 것이다. 비즈니스 필요에 따라 상대를 하지만 껄끄럽고 까칠한 상대라면 면담 전에 그러한 상대를 다룰 수 있는 고민도 해야 한다. 사전에 원만한 인간관계 조성을 위한 인위적 노력이 필요하다.

• 구매방식

⑦ 구매결정 재량권 소재 파악 : 조직 구매의 특성은 다양한 의사결정

참여자들이 있어 자사조직을 공급자로 선정하는데 영향력을 미치고 있다. 예를 들어 학교급식을 생각해보자. 교장, 교감, 행정관, 영양사 이들 중 누가 실질적으로 공급자를 선정하는데 영향력을 갖는지는 학교마다 다르다. 만약 마케터가 영양사에게 공급조건을 설명하고 상호 합의하였으나 영양사에게는 공급자 결정권한이 없고 교장에게 권한이 있다고 하자. 그러면 교장은 영양사가 건의한 공급자를 바꿀 수 있다. 이런 상황이라면 마케터는 처음부터 교장과 상담을 하든지 영양사와 교장 모두를 상담대상으로 하여야 할 것이다. 이처럼 구매조직마다 어떤 유형의 집단역학이 의사결정과정에서 발생하는지 사전에 파악할 필요가 있으며 중요한 구매 영향자에게 집중할 수밖에 없다.

⑧ **경쟁거래처 관계** : 자사조직의 위상이 구매조직의 기존 거래처들 중에서 1위 또는 2위 등 순위가 어떠한지 파악한다. 그리고 다른 경쟁자는 어떠한 업체이며 어떤 특성을 가지고 있는지 살펴본다. 기존 거래조직의 강점과 약점을 자사조직과 비교하면 자사조직이 구매조직에게 매력적으로 제안할 수 있는 포인트가 드러날 것이다. 구매조직이 "지금도 납품받는 거래처와 잘 하고 있는데 왜 당신네 물건을 사야 된다는 것이냐?" 라고 자사조직에게 묻는다면 매력 포인트가 답변 근거가 됨을 잊지 말아야 한다. 거래처로서 순위가 높을수록 구매조직에게 중요한 파트너이고 구매조직의 의존도가 커지므로 그러한 방향을 지향한다.

⑨ **전반적 구매방침** : 산지로부터의 구매방식이 수의성 거래 위주인가? 입찰성 거래 위주인가? 거래처 교체정도는 자주 하는 편인가 아니면 비교적 장기간 거래를 선호하는가를 본다. 입찰성 거래를 선호한다면 산지와 파트너십 의식은 별로 강하지 않아 거래처를 가볍게 생각할 것이다. 도매시장 거래라고 경매위주로 하기 때문에 파트너

십 관계가 형성이 어렵다고 생각한다면 틀렸다. 도매시장도 수의거래와 정가거래, 전자거래, 겸영사업 환경 등 파트너십 관계가 맺어지기 위한 여건은 구비되어 있다. 거래처와 장기간 관계를 선호하는 구매조직이라면 거래를 시작하기는 어렵지만 한번 맺어지면 오래 갈 가능성이 있다.

⑩ 구매기준 : 고객의 유형을 대별하여 저가형, 품질형, 서비스형 중 어디에 속하는 고객인지 판단해야 한다. 예를 들어 저렴한 제품만 찾는 구매조직에게 브랜드 가치, 고품질, 인증제품과 같은 차별성을 내세워야 설득력이 별로 없다. 품질형 고객은 품질을 가격보다 우선시하는 고객인데 자사조직이 제공하는 품질의 우수성과 차별적 요소를 핵심적으로 제시하여야 한다. 서비스형 고객은 합리적 서비스요소와 비합리적 서비스요소를 구분하여 대응할 준비를 하여야 한다. 합리적 서비스(리콜, 긴급배송 요구 등)는 유연성과 적시성으로 맞추되 비합리적 서비스는 윤리경영과 비용을 유발하는 크기를 감안하여 처리한다. 바이어로서 우월적 지위 향유 분위기에는 호응을 하되 고객으로서 무가치한 경우는 방치한다.

• 고객의 산지조직 평가요소

한편 구매조직도 산지조직이 어떠한 조직인지 알고싶어 한다. 그래야 거래처로서 할 것인지 말 것인지를 결정한다. 그 결정을 위하여 제안하려는 산지조직을 평가함에 일정 기준을 적용할 것이다. 그렇지만 어떤 유통업체는 농산물의 경우에는 객관적으로 명확해 보이지 않는다. 이하는 일부 대형마트의 기준을 부분적으로 고려한 것을 보완하여 체계화시켰다.

① 산지 마케팅 인프라
 - 생산자 조직화 : 작목조직의 규모화 · 결속력/공동계산 실행 정도/ 구매조직에 협조성
 - 상품화 설비 : 마케팅 조직의 통제성

- 관계협력 : 지자체/농업기술센터/대학/연합조직화/연구단체 등과 협
   력사업

② 마케터 활동

- 정직성, 좋은 평판, 판매원의 낮은 이직률, 숙련도, 거래의욕, 유통
   마인드

- 정보수집력, 고객 대응 태도, 유통동향 및 제품 지식

③ 제품 특성

- 적절한 공급유지, 제품라인의 폭, 소량주문취급, 가격 탄력성, 품질
   의 일관성, 포장 적합성

④ 서비스 특성

- 주문의 신속/편의성 신속한 배달, 파손품·미판매상품 반품 처리,
   불만의 신속한 처리, 긴급지원 능력, 촉진보조금, 30일 이상 신용
   기간, 전반적 촉진활동, 특정상품 촉진 조언

⑤ 마케팅 조직운영

- 업계 순위 위치/전문화 분업화/주요 납품업체 현황/도매시장 형성
   가격 위치

상담은 한 마디로 질의응답 과정이다. 고객탐색은 사전에 구매조직이
질의하였을 때 잘 답변하기 위한 준비태세이다. 당해 산지조직에 대한 강
점과 약점도 드러났다고 보아야 한다. 만약 유통업체라면 당해조직의 상
담접근 방향은 "우리는 귀사와 거래하는 다른 협력업체보다도 매출을 증
대시켜 경영개선에 도움이 될 수 있다"에 모아져야 한다. 이것이 상담에
임하는 산지 조직의 포지셔닝이다. 다음 단계인 제안준비와 실행 등도 이
점을 지향해야 한다.

6.1.2 제안준비

상담에 들어가기 전에 준비물이 있어야 한다. 납품제안서를 작성하여

구매조직과 상담을 한다. 납품제안서는 가장 기본적인 산지 조직의 거래 의사 표현이다. 일반 유통업체 뿐만이 아니라 도매법인에도 초출하전에 관계자들과 상담하는 절차를 거쳐야 한다. 현실은 정서적으로 '우리 산지 물건 잘 봐 달라' 라는 것만으로는 안된다. 이런 말은 어느 산지 조직이나 다 한다. 치밀하게 작성된 출하계획서를 갖고 법인으로 하여금 거래가 안정적으로 이루어질 것이라는 믿음을 심어 주도록 하여야 한다. 작성 방향은 소매유통업체 바이어를 상대로 한 것과 도매법인을 상대로 한 것은 달라야 할 것이다. 그리고 자기소비 구매조직은 재판매 목적의 구매조직과는 내용구성이 달라져야 한다. 즉 구매효익을 기준으로 제안내용을 다르게 구성해야 한다. 여기서는 유통업체와 직거래하는 경우를 예로 들어 차별적이며 충실한 납품제안서 작성에 대하여 다루겠다.

납품제안서 작성에 들어가는 항목들은 기본적으로 자사 마케팅 조직의 생산 및 농업인 조직화 기반, 제품의 특징, 물류와 배송, 촉진지원, 가격 조건 등이다. 즉 이제까지 논의한 4P 관점의 내용들을 경쟁조직과의 차별점을 부각시키되, 구매조직의 입장에서 당면문제 해결, 구매편익 확보라는 관점에서 설득력 있게 만들어야 한다.

- **생산기반과 조직화** : 바이어의 관심은 제안하는 마케팅 조직이 공급하는 제품을 제대로 생산가능하며 조직화가 되어 있어 이를 뒷받침할 수 있는지 여부이다. 따라서 제안조직은 이에 대한 구체적인 믿음을 제공할 수 있어야 한다. 산지조직의 생산조직에 대한 통제정도를 살펴보면 알 수 있는 사항이므로 이 점을 강조하여 표현하여야 한다. 농업경영체와 계약재배제도 운영, 공선·공계의 조직수와 각 조직에 속하는 반원수가 명시되어야 한다. 생산물량의 규모화와 제품의 균질성이 공선체계의 구축에 달려 있다. 그리고 유통설비가 얼마나 완비되어 있는지 유통설비의 현대화 정도를 보여 주어야 한다. 구매조직은 이를 통하여 선별, 전처리, 소포장시설 능력을 알 수 있기 때문에

그렇다.

- **제품의 안정성 · 차별성 · 균일성** : 제품전략을 다룰 때 전략믹스로서 공급제품을 계약출하기간 동안 안정적으로 공급하고 제품간에 선별이 고르다는 점과 소비자 고객에게 제품의 특성으로 경쟁산지에 뒤처지지 않게 강조할 수 있는 차별화 컨셉을 나타내야 한다. 첫째, 안정성을 위하여 출하기간에 걸쳐 주간단위별로 공급 가능량 전체를 품위별 또는 포장단위별로 표를 만든다. 혹시 기상상황에 따라 생육상태가 달라질 가능성도 있으므로 초출하 시기나 주출하시를 나누어 최소 · 최대 공급물량의 범위를 정하여 일일단위 공급가능 물량이 달라질 수 있다는 가변성을 두는 것도 좋을 것 같다. 둘째, 차별화 내용으로는 앞서 언급한 상품 차별화 요소 중 무엇을 컨셉으로 하는지를 확실하게 강조할 수 있어야 한다. 안전하다면 어째서 안전한지, 고급제품이라면 어떤 점에서 그러한지 근거를 분명히 한다. 예를 들어 안전성을 어필하고자 하는 경우 출하 전에 잔류농약 속성검사를 거친 후에 납품하는 체계를 갖추고 있다는 점도 강조한다. 신선도 유지를 위하여 자체 유통기한을 정하여 납품하겠다는 의지도 호감을 줄 수 있을 것으로 본다. 비파괴선별기를 사용하여 당도기준을 제시하는 것도 유력한 방법이다. 셋째, 속박이가 없는 균질성을 위해서 기계화 선별을 부각시키고 농가 선별을 실시하는 경우 품위준수를 위한 규약과 강제집행을 하고 있다는 내용을 명시한다. 포장단위는 모두 언급한다. 포장의 특이점이 있다면 개방형 또는 폐쇄형, 손잡이 등 뿐만이 아니라 수축포장이라든지 숨쉬는 필름(micro-punching), 기타 상품성 유지를 위한 통기성 비닐, 스티로폼의 형태를 사용하는 것도 나타낸다.

- **가격결정** : 일반적으로는 상호협의에 의하여 결정한다고 명시하나 당해산지 제품이 확실한 차별성이 있다면 가격을 사전에 정하여 제시

한다. 또한 가격의 상한과 하한을 정하여 수급상황에 따르는 가격결정에 탄력적으로 대응한다는 것을 보여준다. 그리고 경쟁업체 초특가 행사시 대응전략에 대하여 묻는 것에 대응책이 준비되어 있어야 한다. 제안조직도 가격 결정시 생산원가, 물류비용, 상품화 비용을 충분히 감안하여 결정하도록 요구한다.

- 공급물류 체계 : 최소거래 물량을 명시하는 경우가 일반적이다. 예를 들어 10kg 기준 70상자 또는 1톤 차량 이상으로 표시한다. 신선배송시스템으로 윙-바디 보냉 차량 또는 냉장 탑차를 운영한다는 구체화된 언급은 신선도 유지를 위한 물류면에서 차별성이 있다. 특이사항으로 「특상품」만의 품위별 공급, 토요일 및 공휴일 출하가 가능하다는 것과 긴급발주에도 준비가 되어 있다는 점도 나타낼 수 있다. 동업계의 과거 납품실적을 표시하여 산지 공급자 규모를 파악하고 신뢰도를 확인하는데 도움이 되도록 한다.

- 촉진지원 : 기본적으로 산지조직은 단순한 납품업자가 아니라 구매조직과 생산기획, 제품기획, 촉진기획 등 다양한 협력사업을 할 수 있다는 파트너십 의식을 갖고 있다는 점을 내세워야 한다. 진정한 차별화 상품은 생산단계에서부터 시작하고, 생산된 제품의 상품개발은 또한 아이디어가 필요하다. 이후에 판촉은 유통업체 매장에서 시식, 시음, 지역물산전 등을 개최할 수 있는 것이다. 그리고 공급물량에 대하여 문제가 발생하였을 때 리콜제를 운영한다는 것을 명시하여야 한다. 촉진행사를 실시한 경험이 있으면 사례를 제시한다.

- 기타 사항 : 작성은 전술한 항목에 대하여 체계적이고 구체적으로 한다. 주의할 것은 납품제안서 작성과 산지 마케팅 조직의 홍보를 혼동하여서는 아니된다. 납품제안서가 판촉 전단지이거나 지역홍보물이 아니다. 또한 내용을 충실히 하기보다는 비주얼로 화려하게 보이려고만 하면 안된다. 포토샵에 속는 바이어는 없을 것이다. 그리고 제품

에만 한정되는 내용에 머물지 말고 자사 조직이 속한 지역적 특이성, 아이디어, 역사 등 「스토리텔링」에 포함시킬 수 있는 것들이 없는지 좀더 크게 생각해 본다. 구매조직 입장에서 흥미 있게 관련된 사항이 될 수 있다면 활용한다. 끝으로 마케팅 관계자 전원의 사무실과 집의 연락처 모두를 기재한다. 납품 후에 언제 어느 곳에 있더라도 연락을 할 수 있는 상태를 성실하게 보여주는 것이다.

6.1.3 제안 실행

조직구매 고객대상의 성격에 따라 제안내용과, 제안 수단, 그리고 제안 성과에 대한 평가가 달라질 것이다. 신규 고객에게 제안한다면 거래처 관계를 맺기 위한 첫 대면이 될 것이므로 관련수단도 납품제안서 설명과 같이 매우 진지한 내용이 된다. 기존고객에 대한 제안이라면 현재의 거래 규모를 더욱 확대하거나 공급관리 과정에서 갈등의 해결, 즉 고객 불만(클레임) 처리, 산지조직 애로 전달 등 다소 설득적이고 이해를 구하는 내용이 된다. 이 경우는 고객들에게 단지 제품을 파는 것이 아닌 「공급업체와의 관계」를 팔고 사는 것이므로 「관계 편익」이라는 개념으로 접근하여야 한다. 최적의 솔루션으로 Winning Point를 포착하여 상대와 합의할 수 있도록 제안하는 메시지를 개발하는 노력이 필요하다.

첫 제안에 만족하지 않도록 한다. 처음부터 바로 거래가 성사되는 것에 기대가 지나치지 않도록 한다. 예를 들어 경기 평택 안중농협은 초기에는 대형유통업체 바이어를 만나기 위해 2~3시간을 무작정 기다리기도 했다. 그러나 나중에는 출하 농산물에 대한 신뢰성이 확보되고 품질의 일관성을 유지하게 되자 품질에 대한 소문이 퍼지면서 유통업체 바이어들이 오히려 상담 제안을 신청한다는 것이다. 그리고 상대방의 요구에 주목한다. 산지조직이 커뮤니케이션하는 목표가 있듯이 구매조직도 제품에 대한 이미지를 개선하여 차원 높은 마케팅을 펼치려는 목표가 있다고 하겠다. 예를 들면 경북 성주 초전농협은 판로를 뚫기 위해 서울 대형유통업체를 찾아 그들이 요구하는 조건을 확인했다. 그것은 요구하는 기준을 맞춰달라는 것이다. 참외를 잘랐을 때 매끈하게 속이 꽉 차 있을 것, 당도가 높을 것, 물이 안 차 있을 것 등이 그 조건이다. 초전농협이 바로 이 구매조건을 철저하게 맞춰 제안에 대한 성공적 대응을 한 것이다.

제안의 성과는 처음에는 자사제품의 존재를 알게 하여 제품특성 등을 전달하는 것이다. 당장은 아니라도 나중에 다시 기억하여 선호하도록 하면 된다. 구매할 의향을 높이고 구매행동에 이르도록 그러한 확률을 계속 높여가는 과정으로 제안추진을 한다. 이하에서는 여러 가지 제안믹스 활동을 다룬다.

- 거래처 방문 상담제안 : 납품제안서를 들고 구매조직을 방문하여 설명한다. 예를 들어 나주연합사업단의 마케팅 전략은 두 발로 끊임없이 뛰는 것이었다. 2004년 농가와 농협이 농협하나로마트와 대형유통업체 여러 곳을 돌며 납품제안서를 설명했다. "호박 상품성이 좋으면 얼마나 좋다고 지금 거래하는 산지와 거래를 끊겠습니까?" 오송농협이 초기 대형유통업체를 방문하였을 때 들었던 이야기라고 한다. 차별적 제안만이 살길이라고 믿고 오송농협만의 호박과 수박, 감자를 만들자는 의지로 GAP, 저농약 친환경 상품 출하에 집중하기 시작했다. 또 어떤 구매조직은 가격을 낮추면 좋겠다거나 제품을 낱개가 아닌 6개입이나 9개입의 봉지작업을 권유하기도 한다. 산지는 상담활동을 통하여 상대방의 니즈를 확인하는 성과를 얻게된다. 반드시 산지의 의지를 관철시키려고만 할 필요는 없다. 상담활동을 통하여 상대방이 원하는 것을 알고 다음 기회에 거기에 맞추면 된다. 이때 상담하는 사람은 당연하지만 제품에 대한 전문성이 있어야 하고 새로운 상품화를 위한 아이디어를 소유하여야 한다. 덧붙여서 정직하며 수용적인 상담자로서 앞으로 비전을 만들 줄 알아 호감을 주어야

한다.

- **산지 초청 제안** : 바이어가 산지를 찾아오기 기다리지 말고 적극적으로 산지에 초청하여 상품 및 상품공급체계 정보를 제공함으로써 거래처로서 관심을 갖게 한다. 유통설비를 견학하게 하고 작목반원의 상품화 의지를 듣게 한다. 바이어는 소매유통업체, 중도매인, 경매사, 식자재 업체, 수출업자, 상회 등 다양하게 초청한다. 바이어가 산지에 내방한다면 산지조직에게「상품화」의식 수준을 높여 고객 지향적인 마케팅 마인드를 제고하고 판로를 구축하는 기회가 된다. 뿐만 아니라 지역사회 유통관계자의 상품화에 대한 관심도 높아진다. 그 밖에 지자체 관계자들에게도 산지조직의 마케팅 활동상을 보여 주어 협력 사업에 대한 이해를 높인다.

- **소비지 시장 현장방문** : 출하에 임박하여 주요 거래처인 도매시장, 유사도매시장, 소매점 등을 방문하여 예상되는 가격수준과 시장의 수요량을 파악하고 출하계획을 수립하기 위해 작목 회원간 상호협의를 실시한다. 예를 들어 어느 고구마 산지조직은 중도매인들과의 모임을 조직하여 매달 한 번씩 이루어지는 모임을 통해 정보를 교환하고, 이때 얻은 정보를 생산방법과 출하시기 결정에 반영한다. 소비자 중심의 품질관리를 위해 자사조직 농산물을 구매한 소매점까지 추적 방문하여 판매동향, 소비자 반응 등의 정보를 수집한다. 시장과의 소통으로 소비트랜드에 대응한 품질관리를 산지에서 실현할 수 있게 된다.

- **소비지 전시회 참여** : 수도권 전시회의 자사조직 부스를 설치하여 실물을 전시하여 다양한 구매조직이나 소비자에게 제품정보를 제공한다. 그 자리에서 상담도 겸하므로 준비를 잘 하여야 한다. 어떤 산지는 제품 재배과정과 차별화 특색 및 판매제품 구색을 자세히 설명한다. 심지어 비디오 녹화물까지 시청하게 하여 호기심을 자극한다. 카

탈로그도 제작하여 현장에서 배포하여 통합적 커뮤니케이션을 도모
한다.

6.1.4 계약관리

계약은 서면 또는 구두, 아니면 1회성 수시로 거래하는 형태를 띤다.
대형유통업체를 기준으로 볼 때 농산물 특성상 계약서 내용에 물량과 가
격 등을 구체적이기보다는 거래상 원칙 정도를 나열한다. 하지만 개별 항
목들은 자세하고 세부적으로 나열되어 있어 계약 수행내용을 빠짐없이
살펴보아야 한다. 계약서 구성항목을 4P전략 관점에서 분해하면 아래와
같다. 계약관리도 전략의 일환으로 4P전략 관점에서 분석하여 개별항목
들이 당해 산지조직에게 유리한지 불리한지를 살펴보아야 한다. 계약서상
개별 항목들의 내용결정은 당해 산지조직의 4P별 전략 목표와 정합성을
갖도록 한다. 세부적 항목 내용을 합의하는 교섭과정에서 4P 전략 관점
에서 주도권을 잃지 않도록 한다.

- **제품전략 요소** : 상품의 발주 및 납품 방식, 상품의 요건, 회송 및
  반품, 거래형태, 상품품질 검사에 관한 약정
- **가격전략 요소** : 상품의 가격결정, 대금지급 조건 및 방식, 대량구매
  에 따른 장려금, 거래장려금 및 비용의 부담, 원가, 물류비 지급에
  관한 약정, 광고 및 판촉활동 비용부담, 판촉비용의 부담 및 부담
  조건
- **경로전략 요소** : 계약기간, 물류센터 이용, 계약해지, 중도해지, 계약
  갱신, 분쟁, 공급장소, 계약기간, 상품공급시간, 가주소의 지정, 상품
  의 거래중지, 보험 가입
- **촉진전략 요소** : 행사, 통지의무, 평가, 손해배상, 올바른 거래를 위
  한 협정, 분쟁, 통지의무, 지적재산권의 보호, 검사, 공정거래 의무에
  대한 약정, 상품미입고, 지연입고 및 검품 지연에 따른 손실보상 약

정, 선도 책임에 관한 손실 배상에 대한 약정, 조사권, 기한의 이익
상실, 비밀준수, 소비자에 대한 판매

위 항목에서 몇 가지 주의사항을 환기시키고자 한다. 첫째, 각종 장려
금 및 판촉비용을 가격전략적인 요소로 보았다는 점이다. 이것은 기술한
바와 같이 산지의 순수취가를 낮추는 역할을 하므로 가격교섭시에 반영
시켜야 한다는 것을 강조했기 때문이다. 표면가격을 순수취가격으로 환산
하여 실제가격을 기준으로 네고(negotiation)할 것을 잊지 말아야 한다.
둘째, 계약 내용은 가급적 구체화시켜야 한다. 교섭력이 상대적으로 열위
인 산지조직 입장에서 처음부터 세부사항을 분명히 하는 것이 나중에 분
쟁사항이 발생하였을 때 해결을 분명히 할 수 있다. 셋째, 이면 계약사항
에 주의한다. 현실적으로 장려금 지급 및 물류비 지급에 관한 사항, 판촉
사원 파견에 관한 약정 등을 별도로 맺는 경우가 있다. 이것은 산지의 부
담을 크게 하므로 전략적 계약관리에 포함시켜 계약조건 협의에 감안하여
야 한다. 양보한 것이 있으면 반대의 대가를 획득하는 태세가 필요하다.

6.1.5 공급관리 및 평가

거래가 체결된 후 제품공급을 실행하는 과정에서 구매조직과 커뮤니케
이션하는 이슈들을 다룬다.

- 발주처리 및 가격조정 협의 : 발주하는 시점이 수송시점에 너무 임박
  한 경우에 산지의 운송준비 작업에 여유가 없다. 계약서상에 발주를
  잘 이행하지 못하면 페널티사항이 명시되어 있으므로 서로의 갈등요
  인이 될 수 있다. 어느 정도 발주시기를 여유있게 하면 다양한 출하
  처별로 출하물량 배분을 최적화시킬 수 있을 것이다. 그리고 발주 물
  량에 기복이 심하여 지나치게 많거나 적지 않도록 하여야 한다. 그러
  면 물류비 절감과 산지작업의 노동력 배분을 조절하기 쉬워진다. 산
  지는 구매조직의 이유 있는 갑작스런 배달과 서비스의 요구에 유연

하게 대응을 잘하여 신뢰를 잃지 않도록 한다. 그리고 가격을 협의하고 조정하는 주기는 너무 자주하지 않도록 하는 것이 서로의 사무비용을 절감하게 한다. 품목에 따라 다르겠으나 1주일 단위가 평균적으로 보인다.

위와 같은 이슈들이 원만하게 진행되기 위해서는 소비지 매장의 판매 데이터 분석이 전제되어야 한다. 산지도 납품 품목에 대한 주간 요일별 소비 트랜드를 알고 구매조직과 관련정보를 공유하여 서로의 사무처리 합리화 필요성을 함께 인식해야 한다.

- 수송비 부담 : 산지조직은 구매조직의 물류센터까지 수송을 하고 물류센터가 자사 매장에 배송하는 경우 배송비도 관행적으로 물류비 명목으로 부담한다. 매입가에 물류비가 반영되지 않는다면 산지의 부담이 커 실제 수취가는 낮아진다. 산지만의 부담은 마케팅 조직의 경영건전성에 위협이 되므로 앞서 가격전략에서 말한 바와 같이 원가계산을 철저히 하여 데이터를 제시하고 산지의 어려움에 이해를 구한다.

- 검수 · 검품 대응 : 구매조직은 발주한 물품을 자사 영업장에서 검수 및 검품을 하게 된다. 기계로 측정하거나 검수자의 판단에 의존하나 공급자와 결과에 대하여 의견이 불일치하는 경우가 생긴다. 불일치 이유는 공급자가 품질관리를 소홀히 하거나 검수기준의 모호함, 상호 제품 시각의 차이가 생기기 때문일 것이다. 합리적인 지적에 대하여 신속히 조치하여 리콜을 실시한다. 그렇지 않다면 등급과 규격의 기준을 사전에 명확히 합의할 수 있도록 커뮤니케이션을 충분히 하여 갈등의 소지를 없앤다.

- 평가회 개최 : 납품기간이 종료되면 반드시 그간의 거래활동 진행경과를 되짚어 본다. 제품과 서비스에 대한 소비자 고객의 모니터링 데이터가 있다면 더욱 좋을 것이다. 산지조직 입장에서 평가회는 구매

조직에 재공급을 위한 믿음을 주기 위한 행사로 생각하면 좋을 것이다. 미흡한 점을 발견하고 대책을 제시하며 서로의 이익을 위하여 노력할 과제를 도출시키는 것이다. 궁극적으로 공급자와 구매자는 효율적 소비자대응(ECR : Efficient Consumer Response)을 지향하여야 한다. ECR은 ①구매자와 공급자 정보공유 ②거래 프로세스의 합리화 ③차별적 프로모션이 특징이다. 즉, 양조직의 관계자들이 POS와 EDI를 통한 정보교환체계를 구축한다. 기존 업무의 프로세스에서 주문방식이나 가격결정방식, 재고관리, 검품 및 검수를 상호 이해에 바탕을 두고 시간의 단축과 효율의 증가 등을 추구한다. 나아가서 소비자의 쇼핑편의를 도모하게 되어 양조직의 경쟁력을 향상시키는 프로모션이 가능해지는 것이다.

6.2 소비자 커뮤니케이션

6.2.1 소비자 커뮤니케이션 의의

산지 마케팅 조직도 소비자와 커뮤니케이션을 해야 한다. 인터넷 마케팅이 아니라도 소비자는 커뮤니케이션의 목표청중이다. 구매조직과 마찬가지로 소비자에게도 당해 산지조직의 제품에 대하여 알리고 호감을 느끼게 하여 구매행동에 이르게 하는 심리적 과정에 관여하고자 하는 것이다. 기본적으로는 구매조직이 교섭 당사자이지만 교섭의 영역에 소비자도 역할을 하고 있음을 알아야 한다. 산지조직이 소비자와 커뮤니케이션하는 마케팅 전략적 의의는 바로 교섭영역 안에서 소비자가 어떠한 작용을 하는지 살펴보는 것이다. 한편으로는 소비자에게 커뮤니케이션하는 기대효과이기도 하다. 그림 4-21을 통하여 산지조직의 소비자에 대한 커뮤니케이션 의의를 설명한다.

그림 4-21 산지조직의 소비자 커뮤니케이션 의의

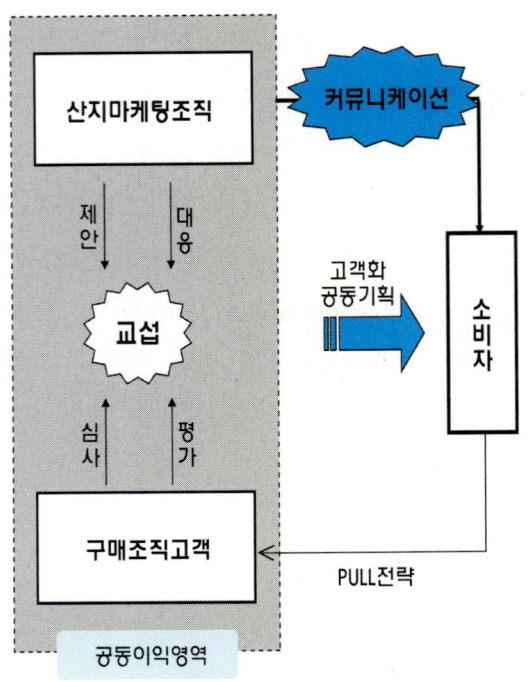

먼저 공동이익 영역을 보자. 산지조직 또는 구매조직만 생각하면 공동이익 영역이 아니다. 교섭에서 서로의 이익을 더 많이 획득하기 위한 제로섬 영역이다. 산지의 제안에 대하여 구매조직은 심사하고 평가하여 거래조건을 유리하게 바꾸려 하면 산지조직은 이에 대응하는 공격과 방어가 치열하다. 이러한 상황에서 산지조직은 소비자에게 광고를 하였던지 산지 경험기회 등을 제공하는 커뮤니케이션을 실행하는 것이다. 그러면 소비자는 제품 또는 산지에 대한 이미지를 좋게 갖게 되어 구매조직의 매장에서 「학습」한 산지의 제품에 관심을 갖는다. 즉 그림에서 나타났듯이 소비자는 고객으로 바뀌어 호감적인 브랜드 이미지를 갖고 구매조직 고객에게 다가와서 그 브랜드를 찾게 만드는 끌어당기기 전략(Pull

Strategy)이 작용하게 된다. 이렇게 되면 산지조직은 구매조직과의 교섭에서 위상이 달라진다. 산지조직의 교섭전략은 자신의 제공물이 소비자들에게도 학습되어 구매조직의 판매확대에 도움이 됨을 강조하였을 것이다. 두 당사자는 제로섬 관계가 아닌 플러스 섬의 관계가 되어 공동의 이익을 찾는다. 이제 구매조직은 산지조직과 함께 소비자를 자사고객으로 만들기 위한 적극적인 공동기획을 구상하게 된다. 즉 소비자에게 호감을 줄 수 있는 제품개발을 하게 된다. 재배과정, 상품선별 과정, 매장에서 판매촉진 활동 등 다양한 활동을 시행한다. 예를 들면 충북 청원 오창농협은 구매조직을 통하여 소비자를 선정 받아 산지에 초청하여 유기농산물 생산현장을 체험하게 하는 등으로 고객관리에 힘썼다. 구매조직도 자사고객에게 직접 우편(DM)을 보내 새로운 브랜드를 알리고 고객과 산지가 상호작용하는 행사를 조장하여 판매를 자연스럽게 하고 있다. 결론적으로 소비자와 커뮤니케이션이 공공기획 활동을 만들면 산지조직과 구매조직과 관계는 파트너십 관계로 발전하는 것이다.

6.2.2 커뮤니케이션 믹스

• **스토리텔링** : 세상에는 팩트(fact · 사실)들이 많다. 이러한 팩트들을 이야기로 문맥으로 엮어내는 것이 스토리 텔링이다. 문맥으로 만들어내면 사람들에게 감성을 자극하여 「감정이입」 상태를 만들어 준다. '그런 점이 있었군' 하고 그 스토리에 내가 한 당사자가 되는 것같이 느낀다. 마케팅 커뮤니케이션과 관련하여 스토리는 상품을 개발한 유래, 생산과정, 특징 등과 관련된 뒷이야기를 소비자들에게 전달해 상품이나 브랜드에 관심을 제고시킨다. 여기서 이야기는 하나뿐이기 때문에 차별화가 극대화 되어 강력한 마케팅 무기로 작용할 수 있다. 소비자로 하여금 뭔가 특별한 제품을 구매했다는 느낌을 갖게 한다. 제품전략 측면에서 저관여 상품을 개인적 가치와 연결시켜 고관여에

접근하는 스토리를 만들어 가는 것이라고 할 수 있다. 이러한 내용들을 경쟁산지 마케팅 조직에서는 할 수 없으므로 이를 커뮤니케이션 수단으로 활용하려는 것이다.

농산물에 스토리 텔링을 특별히 활용해야 하는 이유는 이렇다. 일반 기업은 매스컴을 활용하여 막대한 예산을 쏟아부어 광고를 하지만 영세한 산지 마케팅 조직은 그러한 방법을 동원할 수가 없기 때문에 농산물 제품 특성을 살린 독특한 방법을 찾을 수밖에 없다. 농산물은 복합가치재로서 생산과정이 장기간이고 전통 및 지역문화와 밀접하게 관련이 되어 있어 스토리 소재거리가 많아 개발하기 나름이라고 하겠다. 농산물은 물론 농가나 농장 주변의 이야기는 소비자들의 관심을 갖게 하기가 쉽다. 진솔한 농업인의 삶을 알려 소비자의 신뢰도를 높일 수 있는 수단이 된다.

스토리 텔링의 대표적 사례는 전북 고창의 복분자 이야기를 잘 접목한 복분자 산업이다. 또한 경북 예천의 '예천준시'라는 곶감은 수령 300년의 곶감나무에서 자라 십년에 한번 얻을 수 있을 정도로 귀해 조선시대 진상품으로 사용했다는 것이다. 상표명도 이야기 형식으로 되어 있다. 제품의 맛도 강조하지만 재미도 가미한다. 제품의 성분, 기능, 원산지 등 특성을 충분히 전달하면서 소비자 신뢰성을 높이는 브랜드 네이밍을 한다. 다만 너무 희소하면 제품공급의 안정성면에서 약점이 되므로 특단의 전략적 판단으로 스토리 텔링 기법을 활용한다.

- 광고 : 적합한 브랜드 이미지를 구축하기 위해 동일한 메시지를 반복적으로 사용할 수 있어 침투성이 높다. 산지에 대한 이미지를 극화할 수 있는 긍정적 효과를 일으킨다. 햇사레과일조합공동사업법인은 수도권 버스 외부 광고, 주요 아파트 LCD광고, 지하철 TV광고 등을 내보냈다. 일부 지자체나 연합조직에서 TV광고를 하는 경우도 있으나 비용이 과다하여 개별 산지조직이 활용하기에는 제약이 많다.
- 지역축제 : 합천연합사업단은 벚꽃마라톤, 황매산철쭉제 등 지역축제

에 동참한 판매전도 벌인다. 햇사레도 복숭아 축제를 공동개최해 소비자들의 관심을 유도한다.

- **판촉활동** : 유통업체 매장에서 시식행사, 도우미 파견 등 지역 특산물전을 유통업체와 공동으로 개최한다. 출향인 및 고객에 홍보우편물 등을 발송하여 회원제 가입도 추진하면서 '내 고향 쌀 팔아주기' 운동을 벌인다. 이는 구매자 반응을 통하여 신속하게 판매확대가 이루어지도록 하자는 것으로 단기간 판매확대에 유용해 보인다.

- **소비자 리콜** : 시장 및 소비자에게서 클레임이 발생할 경우에는 리콜을 실시하여 소비자 및 거래처로부터 신뢰를 확보한다. 어떤 산지 조직은 리콜발생시 직접 소비자를 방문하여 상품하자에 대한 문제점까지 설명하기도 한다. 강원 홍천 내촌농협은 도매시장 중도매인에 대하여 상품이 안 좋은 경우에는 책임지고 바꿔준다는 방식으로 조직의 이미지를 바꿨고 중도매인도 믿고 거래할 수 있게 되었다고 한다.

- **공중관계 및 홍보** : "광고를 뉴스화 하라"는 말이 있다. 기사화된 새로운 이야깃거리는 광고보다 진실하여 경계심을 배제한다. 다른 커뮤니케이션 요소와 믹스하여 사용하면 효과적이다. 예를 들면 나주의 산지 마케팅 조직은 배 소비촉진을 위하여 언론매체를 적극적으로 활용하여 홍보활동에 주력한 경우가 있다. 한 대중매체의 프로그램 섭외요청에 적극 대응하였는데 나주배의 명성을 이어가기 위한 노력으로 평가할 수 있겠다.

위와 같은 다양한 커뮤니케이션 수단은 전체적으로 사용하여 관리되고 조정하여야 한다. 메시지를 일관성 있고 명료하게 통합하여 커뮤니케이션 효과를 극대화 한다. 예를 들어 햇사레는 지역축제와 수도권 광고, 홈쇼핑 판매를 통합하여 커뮤니케이션 캠페인을 벌인다. 이럼으로써 메시지의 도달 범위와 영향을 더욱 증대시킬 수 있다고 하겠다.

6.3 커뮤니케이션 예산 문제

6.3.1 커뮤니케이션 비용 특징

마케팅 조직 외부와의 커뮤니케이션에 소요되는 비용을 직접조달하거나 조성된 자금을 사업목적에 적합하게 활용하고 비용투자에 대한 성과를 평가하는 것이 산지 마케팅 조직의 커뮤니케이션 예산문제이다. 산지조직의 예산문제는 커뮤니케이션 활동이 지역의 다양한 이해관계자들에게도 영향을 미치므로 복잡하다. 일반기업이 자사 예산으로 커뮤니케이션 비용을 조달하고 효과가 자신에게 생겼는지 아닌지를 따지는 것과는 다르다. 마케팅 조직의 커뮤니케이션은 자사조직의 마케팅 전략믹스의 하나이면서 지역 농산물 문제이므로 지역의 농업경영자, 지자체 정책, 주산품목 발전과 밀접하게 관련을 맺는다. 나아가서 전국적으로 해당품목 전체의 산업과도 관련이 있어 농업정책의 한 부분을 차지하고 있다고도 하겠다. 커뮤니케이션 비용은 아래와 같은 특징을 갖고 있으며 거기서 산지 마케팅 조직의 과제가 생긴다.

첫째가 커뮤니케이션 믹스 형태에 따라 투하 예산의 원천을 달리해야 한다는 것이다. 예를 들어 구매조직에 대한 커뮤니케이션은 해당 조직의 추진비용으로 할 일이다. 그러나 「지역」 농산물을 택시·버스, 지하철 LCD에 광고하는 비용은 농업인이나 지자체, 또는 기금단체들도 부담해야 한다. 여기서 산지 마케팅 조직은 예산확보를 위하여 지역농정활동과 출하고객의 참여를 촉진하는 특단의 활동이 필요하다. 지자체의 지역농업 개발 육성의지와 농업인의 인식수준, 산지조직의 아이디어와 설득력에 따라 예산의 크기가 정해진다.

둘째, 자금의 운용관리는 공정성과 투명성 확보가 중요하다. 운용책임 주체는 산지조직, 작목반장, 자금관리위원회, 행정 등이 있다. 엄격한 규약에 따라 용도에 맞게 사용하고 내역은 공개되어야 한다. 이렇게 하지 않으면 자금 조성의 참여자에게 신뢰를 잃어 다음에 조성이 안된다.

셋째, 예산 투하 대비 효과의 측정이 매우 어렵다. 커뮤니케이션의 결과로 청중의 해당 산지농산물에 대한 학습·느낌·구매행동에 얼마나 긍정적으로 작용하였는지 알기가 어렵다. 농산물은 특성상 전시효과나 의존효과가 미약하여 소비증가에 한계가 있다. 비용을 조성하는 참여자에게 얻어지는 효과를 설명하기가 쉽지 않다. 이것이 산지 마케팅 조직의 어려움이다. 집하 마케팅전략에서 언급한 끊임없는 교육과 대화가 필요하지만 가능한 한 계량적인 방법으로 효과를 이해시키는 대책이 있어야 자금의 조달과 평가가 순조롭게 된다.

6.3.2 예산 유형 및 활용

- 자조금 : 자조금은 단체의 회원들이 자율적으로 자금을 조성하는 것을 말하며 자조금을 조성한 단체에 대해서는 정부에서 자조금 범위 내에서 보조금을 지급한다. 자금은 농산물의 판로확대, 소비촉진, 수급조절 및 가격안정을 도모하기 위하여 품목별로 전국적인 생산자조직에 의하여 조성 관리된다. 자금 조성은 농가의 직접납입, 부과방식, 회원동의하에 당해 품목 이익배당유보금 납입 유형 등 자율적으로 한다. 예를 들면 감귤자조금사업이 감귤 과잉생산 시기에 소비확대에 크게 기여한 것으로 평가받은 적이 있다. 자조금을 사용하여 감귤의 우수한 기능성을 대중매체를 통해 집중 홍보한 덕분이라고 한다. 또한 성주참외도 발효과 유통을 근절시킨 사업을 벌였다. 군과 농협성주군지부·지역농협·농업인 등이 함께 발효과와 등외품을 수매해 비상품과를 시장에서 격리시켰다. 사업비는 군과 농협·농업인이 분담하였다. 이 밖에도 파프리카를 수출하는 어느 산지조직은 「자조금 관리규약」을 만들어 운용한다. 조성은 시비 $\frac{1}{3}$, 당해산지조직 $\frac{1}{3}$, 출하고객이 $\frac{1}{3}$을 조성하여 아래와 같은 용도에 사용한다.

① 수출과정 중 클레임 발생, 수출중단 등 손실분 보전 등임

② 수출단가가 국내출하가보다 낮게 조정되어 10일 이상 지속된 때 그 차액보전

③ 수출단지 공동이용사업 자부담금

④ 판로확대 및 수출 촉진을 위한 국내외 시장개척

⑤ 수출계약, 유통협약, 유통명령 이행 경비

⑥ 품질향상, 수급조절을 위한 구성원 기술 및 유통교육

⑦ 수출 및 소비 촉진 홍보(방송, 신문광고, 팸플릿, 전단제작, 시식회, 박람회참석 등 이벤트 행사)

⑧ 유통정보 제공 및 구성원간 유통 정보화, 관측조사, 기술 및 공동상표 연구

⑨ 자조금 운용상 소요되는 경상적 경비

- 출하고객 적립금 : 출하고객들이 출하한 상품에 대하여 일정부분을 조성하여 적립한다. 소속 고객들의 연대감을 높이고 조직운영에 필요한 경비를 마련하기 위하여 기금을 적립한다. 기금의 사용 등에 대해서는 산지 마케팅 조직이 관여하지 않는다. 예를 들어 경남 합천 율곡농협은 작목회가 2kg 한상자당 000원의 적립금을 조성해 포장상자비, 운임, 선별비, 인건비 등으로 사용하고 남은 비용을 고정투자 및 마케팅 비용으로 적립했다.

- 마케팅 조직 기금 운용 : 산지 마케팅 조직이 수수료나 매취 마진, 이익 유보금의 일정부분이나 출하고객이 거출하는 판매대금의 일정부분을 조성하는 것이다. 이를 출하고객의 손실발생에 대비하여 그 보전에 사용한다. 이런 기금이 조성되어 있으면 산지조직도 시장 상황에 맞게 매취도 하고 우수한 출하고객 확보비용이나, 대형마트의 행사 참여에 따른 손실을 메우는데 활용할 수 있다. 그만큼 산지조직 사업추진에 유연성을 가져다 준다.

- **조직자체예산** : 적정한 자금의 크기를 정하는 기준부터 살펴 본다. 예산의 하한선은 가용자원법에 따라 자사조직이 지출할 수 있다고 생각되는 수준에서 설정한다. 상한선은 목표과업법에 따른다. 즉 커뮤니케이션 목표를 설정하고, 그 목표를 달성하기 위하여 추정한 비용이다. 목표는 예를 들면 특정거래처와의 관계설정, 판매물량의 상향조정, 광범위한 판촉활동 추진이다. 상한과 하한의 갭은 정책자금을 활용하든가 지자체 등의 지원을 이끌어내 메운다.

- **브랜드 사용료 징수** : 해당 브랜드의 성가(聲價)가 있는 경우 브랜드 사용 출하고객에게 사용료를 징수한다. 또는 작목조직에 나중에 가입한 회원에게 가입비 명목으로 브랜드 사용료를 징수한다. 사용료는 브랜드 관리주체인 산지조직이 관리하고 추진비용으로 사용하는 것이 이치에 맞다. 예를 들어 햇사레과일조합공동사업법인은 농가들에게 햇사레 브랜드사용료를 징수하였다. 이를 방송프로그램 기획과 소비자 초청 행사 등 소비지 밀착형 마케팅을 전개하는데 사용하였다. 그리고 지역별 작목반을 대표하는 임원들이 중도매인을 대상으로 시식회를 개최하였다.

- **작목반 기금활용** : 자체 반원들이 가입비 또는 출하제품 비례로 거출하여 기금을 조성하는 것을 말한다. 작목반 운영 회의비나 상호교육, 선진지 견학, 홍보 및 마케팅 비용으로 활용한다. 자금에 대한 관리는 작목반 자율이며 산지조직은 관여하지 않는다.

6.3.3 마케팅 조직의 예산관리

사업비용은 항상 부족하다. 산지 마케팅 조직은 예산의 다양한 원천을 조성하여야 한다. 산지조직의 역량에 따라 전술한 자조금, 출하고객적립금, 마케팅 조직 기금, 브랜드 사용료, 작목반 기금 중에서 아주 제한적인 운용을 하거나 광범위한 운용을 하게 될 것이다. 산지조직은 농업인에게는 자금조성에 참여를, 지자체에게는 지역유통 발전을 위한 지원을, 정책자금 용도 개발을 위한 아이디어 발굴로 자금조성을 촉진하여야 한다. 핵심은 농업인의 참여이다. 산지조직은 농업인으로 하여금 조성에 참여하는 것이 비용이 아니라 투자라는 인식을 갖도록 비전을 만들어 이해가 되도록 커뮤니케이션하여야 한다. 다음은 지자체의 지원에 관한 것인데 산지조직은 지역농업 육성을 위하여 정책개발 아이디어를 만들어 농정제안을 하여야 한다. 시군 지자체 입장에서도 예산 투하에 대한 근거의 정당성이 필요하다. 어떠한 방향으로 예산을 배분할 것이냐의 문제인데 산지조직이 연구를 하여 방안을 만들어야 한다. 필요하다면 외부 컨설턴트의 힘을 빌리는 것도 좋다. 또한 산지조직은 지자체와 중앙정부의 정책자금 지원을 획득하기 위한 공동노력도 필요하다. 중앙정부의 농림사업시행지침을 분석하여 중앙정부에 정책자금지원을 신청하는데 산지조직의 사업경험이 유용하다. 산지조직의 장래 사업계획 방향도 이러한 정책과 연계시키면 탄력을 받을 것이다. 그림 4-22는 지금까지 언급한 예산조달과 관련하여 마케팅 조직의 역할을 나타낸 것이다.

그림 4-22 산지마케팅 조직 예산조달·운용 역할 기능

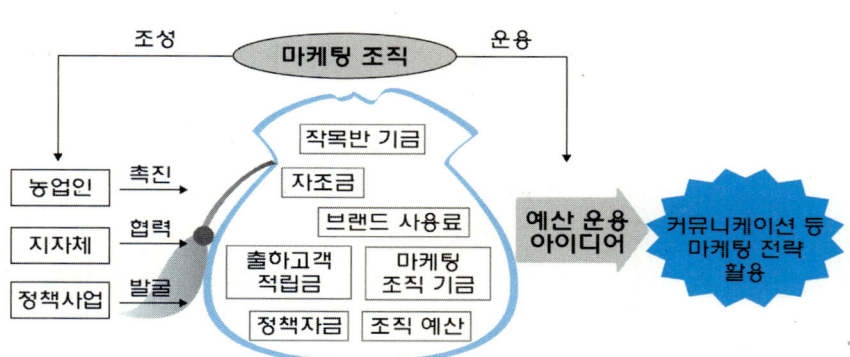

　다음은 산지조직의 예산관리사항을 다룬다. 커뮤니케이션 성격에 맞게 예산믹스를 연결시키고 자금을 할당한다. 예산관리주체가 마케팅 조직이 아니라도 전체적인 마케팅 전략 틀 속에서 필요자금의 적절한 운용을 제안하고 활용하도록 마케팅 조직이 주도권을 갖는 것이 바람직해 보인다. 예를 들어 수도권 유통업체 지역특산물전에는 브랜드 사용료나 자조금에서 조달하고 도매법인과 중도매인과의 상담 추진비는 조직예산에서 사용이 적합하다. 농가들을 대상으로 한 고품질 생산과 유통교육에는 작목반 기금 사용이 적합하다.

　예산의 평가 측면에서는 산지조직이 관리주체인 경우에 기본적인 관리지침이나 규정에 따라 납부자에게 내역과 운용효과를 충분히 알 수 있도록 공시하여야 한다. 자조금을 예로들면 농민들이 업계의 공동이익을 위해 돈을 내고, 정부가 그에 상응하는 보조로 조성된 기금이다. 따라서 자금 운용과 업무 집행은 공정하고 투명하여야 한다. 아울러 자금의 효과성에도 주목하여 평가회를 개최하여 확인 규명한다. 이러한 평가는 차기에 기금의 확대 조성과도 연계되므로 소홀히 할 수 없다.

6.4 브랜드 커뮤니케이션

6.4.1 농산물 브랜드 특성

　어느 마케팅 조직의 마케터가 브랜드의 긍정적 효과를 활용하려고 농산물에 브랜드 마케팅을 하고 싶어 한다고 하자. 그러면 그는(그녀는) 우선 후술하는 농산물 브랜드의 특수성부터 이해하는 것이 순서다. 이미 브랜드 마케팅을 진행 중에 있는 마케터라면 피부에 와 닿는 사항들로 공감할 것이다. 일반 기업의 브랜드 매니지먼트를 하는 사람들은 의아하게 생각할 사실들이 대한민국 농산물 유통에서는 벌어지고 있다. 한편으로는 농산물 브랜드 특수성에 대한 논의를 통하여 농산물 브랜드 커뮤니케이션 과제를 도출하여 다음 단계에서 논의할 테마로 하고자 한다.

첫째, 당해 산지 마케팅 조직과 경쟁조직이 동일한 브랜드를 사용하기도 한다. 브랜드를 여러 산지주체들이 사용하는 「공동브랜드」인 경우에 그렇다. 농산물 브랜드의 가장 기본적인 분류는 공동브랜드와 개별브랜드로 분류하는 것이다. 전자는 행정기관이나 생산자 조직이 개발하여 행정 관내 또는 여러 생산자조직의 마케팅 주체들이 함께 사용하는 것이다. 도나 시군의 지역농산물 유통활성화 명분 때문이다. 또한 생산자 계통조직의 일체감 조성을 위하여 공동브랜드가 사용된다. 마케팅 주체들이 시장에서 동일한 브랜드를 달고 경쟁관계에 있는 모습이다. 여기서 다음과 같은 문제가 생긴다.

- 마케팅 조직은 자기조직 개별브랜드와 공동브랜드를 같이 사용함으로써 브랜드 충돌이 발생한다.
- 각 브랜드 사용 기준이 다르게 설정되는 경우 브랜드 관리에 어려움을 자초한다.
- 어떤 마케팅 조직의 공동브랜드 가치 훼손은 다른 조직에도 전이된다.
- 따라서 본래의 브랜드 마케팅 의의는 없어지고 브랜드는 형식적 표식으로 되기 쉽다.

둘째, 동일한 마케팅 조직의 동일한 브랜드인데도 제품의 규격과 등급이 일정하지 않은 경우다. 품위의 일관성은 두 가지 조건에서 충족시켜야 한다. 출하한 단위제품 집단내에서 개별제품의 일관성과 출하시기가 상이함에도 불구하고 품위가 같아야 한다는 것이다. 마케팅 조직이 일관성을 유지시키려는 관리역량의 발휘가 필요한 부분이다. 만약에 브랜드가 제품에 붙이는 디자인이거나 이름정도로만 인식한다거나 관리역량이 없다면 위와 같은 일관성 일탈에 이상할 것이 없다. 여기서 브랜드 관리주체의 문제가 생긴다. 사실상 농산물 브랜드 관리주체는 생산자부터 시작하여 소비자 손에 제품이 전달되기까지 관계하는 모든 유통주체들이다. 이렇게 말하면 산지 관계자 모두가 관리주체라는 말인데 너무 포괄적이라서 관리가 어렵다는 말이 나온다. 그래서 브랜드 마케팅을 하려면 통제하는 관제탑이 반드시 필요하다.

셋째, 제품과 브랜드 커뮤니케이션의 일체성에 주목하여야 한다. 예를 들어 친환경농산물에 관한 광고나 홍보를 통하여 제품정보를 얻었다고 매장에 가서 구매하는 경우는 별로 없을 것이다. 고객은 제품을 확인하고 믿음이 간 후에 구매하거나 일단 사용한 후 기대한 바 대로 좋았을 때 그 브랜드 제품을 재구매할 것이다. 본래 브랜드는 감성적 요소인데 농산물의 경우는 제품의 기능적 요소와 분리시키는 것이 어렵다. 여러 산지들이 브랜드가 유행하니까 따라하려고 브랜드를 내세우지만 제품이 받쳐주지 못하면 브랜드는 일종의 표식에 지나지 않는다. 여기서 우리는 두 가지 시사점을 발견할 수 있다.

- 농산물 브랜드 커뮤니케이션은 고비용의 광고성 수단보다는 「약속」과 「증거제시」의 방법이 필요하다는 것이다. 그 약속은 산지 마케터와 중간구매고객과의 약속이며, 또한 중간구매고객과 소비자와의 약속이다. 소비자가 농산물 브랜드에 관심과 선호도가 높지만 브랜드 프리미엄 지불용의가 높지 않은 것은 약속을 의심하기 때문이라고 보아야 한다.
- 자사 브랜드의 에쿼티(자산화) 구축의 메커니즘을 알게 해준다는 점이다. 약속이 반복되어 지켜지면 신뢰로 발전하고 신뢰가 굳어지면 브랜드는 메시지 매개체로서 판촉수단의 단계를 넘어서 에쿼티(자산화)가 되는 것이다.

6.4.2 브랜드 개발

농산물 브랜드 개발은 두 측면에서 논하겠다. 하나는 브랜드를 만드는

데 있어서 아이덴티티의 형성과 브랜드 요소의 조합과 관련된 것이다. 다른 하나는 완성된 브랜드간에 계층구조의 적정화에 관한 논의로 하겠다.

① 브랜드 만들기

산지 마케터는 브랜드 아이덴티티를 개발하는 역량이 있어야 한다. 더 정확히 말하면 브랜드 아이덴티티를 개발하고 이를 표현하는 다양한 브랜드 패키지 작업을 하는 전문업체에게 자기조직의 브랜드 의뢰 사항을 명확히 전달하고 작업결과를 평가하며 최선의 결과물을 선택하는 역량을 갖고 있어야 한다는 말이다. 산지 마케팅 조직이 현실적으로 직면하는 브랜드 개발과 관련된 주요 브랜드 사항은 확립된 브랜드 아이덴티티를 표현하는 브랜드 네임, 로고타입, 브랜드 슬로건, 브랜드 패키지, 캐릭터 정도이다. 이 중에서 마케터가 제일 명심하여야 할 요소가 브랜드 아이덴티티이다. 이를 정립하여 브랜드 디자인 업체에 잘 이해가 되도록 하여야 한다. 즉 자사 조직의 제품과 서비스가 고객욕구의 어떤 부분의 충족을 지향하는지, 경쟁사와 차별점을 부각시키고 자사가 지향하는 강점 부분이 나타난 포지셔닝을 전달할 수 있어야 한다. 이것이 제대로 되어야 디자인된 브랜드 요소가 일관성을 유지할 수 있다. 다음으로 중요한 주문사항이 브랜드 네이밍이다. 네이밍은 지역이름을 포함하거나 비지역이름 둘 중 하나일 것이다. 지역 이름의 사용은 주산지로써 인지도가 있는 경우 장점이 있으나 행정기관이 개발한 공동 브랜드의 경우 여러 마케팅 조직주체가 사용하다 보니 차별성이 없는 경우가 있다. 원산지명 위주로 브랜드 정체성을 추구하면 차별성이 약하다는 것이다. 사실 소비자도 생산지 확인을 통하여 브랜드를 인지하는 경우가 많다. 비지역 이름은 원산지 프리미엄이 별로 없는 경우에 자사조직의 독특한 차별점을 소구하는 경우 적합하다고 하겠다. '여주쌀'과 '한눈에 반한 쌀'을 비교해 보라. 비지역 브랜드로서 뛰어난 네이밍은 부산 명지농협의 브랜드다. 대파는 '일파만파', 당근은 '쭉쭉빵빵', 식자재는 '식락원'이란 독자 브랜드다. 개발한 동기는 지역명인 명지대파로 출하하다 보니 제품을 차별화시키기 어려웠기 때문이라는 것이다. '일파만파' 는 명지파의 독특한 맛과 향이 널리 퍼져나간다는 의미며, '쭉쭉빵빵' 은 길쭉하면서도 자연의 양분을 듬뿍 담은 명지당근의 알찬모습이며 '식락원' 역시 깨끗하고 자연의 순수함이 살아 있는 낙원을 뜻한다고 한다. 기억하기 쉽고 재미있으며 나름대로 의미를 담고 있다고 평가하고 싶다. 그런데 소비자들이 농축산물에 대한 브랜드 인식이 미흡하고 지역특산물의 선입견이 작용하는 경우에 특정한 농축산물 브랜드 제품의 선택을 기피하는 경향이 있어 비지역이름의 단점이 된다. 브랜드 로고도 핵심적 사항이다. 읽히기보다는 직감적으로 보이는 형상이어야 하고 평범, 진부, 단조롭지 않게 하고 네임과 동일성을 유지하도록 한다. 세상에 둘도 없는 것이므로 차별성이 돋보여야 한다. 브랜드 슬로건과 브랜드 패키지 디자인은 일러스트레이션 형식으로 표시되는 경우가 일반적이다. 슬로건이 자기산지에 대한 홍보적인 문구가 지나치게 강조되는 경우가 있다. 고객이 누려야하는 편익관점을 잊지 말고 강조할 점을 부각시킨다. 식미를 자극하는 내용이라면 고객관점에 부합한다. 예를 들어 '달콤함이 햇살처럼, 신선함이 바람처럼(햇살바람 브랜드)' , '맛의 임금(이사금 브랜드)' , '일년 내내 햅쌀 맛(365생 브랜드)' 등은 좋은 예가 된다. 패키지 디자인과 컬러는 1차 포장과 2차 포장보다도 3차 포장이 브랜드 요소로서 중요하다. 소비자의 시각을 자극하는 것이므로 식감을 유발하고 풍요롭고 자연스러운 느낌을 갖게 한다. 식감을 떨어뜨리는 차가운색보다는 따뜻한 색이 적합하다. 그렇다고 하여 제품의 메인색을 너무 남발하여 사용하지 않도록 한다. 농산물 고유의 색이 아닌 별도의 컬러를 사용하는 경우도 있다. 끝으로 캐릭터 사용은 제품을 소비지와 연결시켜주어 친근감을 느끼게 하는 기능을 한다. 예를 들어 '365생' 브랜드는 '홍길동' , '토바우' 브랜드는 소의 암수를 의인화하여 한복을 입힌 캐릭터를 사용하여 순수한우임을 강조한다.

② 브랜드 계층구조 적정화

위와 관련하여 산지 마케팅 조직이 직면하는 상황은 너무 많은 브랜드를 갖고 있거나 한 개의 브랜드만 사용하고 있는 경우에 적정한 브랜드 개수를 어떻게 정하는가의 문제이다. 그리고 브랜드를 세분화할 때 네이밍을 달리할 것인지 수식어로 세분화 할지를 결정해야 하는 일이다. 먼저 농산물에서 브랜드 계층화가 필요한 이유부터 말하고자 한다. 등급화한 제품을 적정한 가격수준, 거래처 양태, 용도별 구분판매를 위한 식별을 위해서다. 만약에 당도가 높은 제품과 낮은 제품을 동일한 브랜드에 특품과 상품 정도로 구분하여 판매하는 것은 전략적이지 못하다. 브랜드의 기능을 활용하는 브랜드 마케팅이 아니다. 등급을 경쟁산지보다 더욱 세분화할 수 있다면 전략의 정교함이 발휘되는 조건이 되어 경쟁력 확대와 연결된다. 친환경제품과 일반제품의 구분 판매에도 똑 같은 말을 할 수 있다. 친환경 인증마크정도 붙여서 동일한 브랜드로 판매하기보다는 브랜드를 달리하는 하는 것이 전략답다. 다만 이 경우 브랜드에 수식어를 붙일 것인지 아니면 완전히 다른 브랜드 네이밍을 할 것인지는 전략적으로 고려해야 할 사항이기는 하다. 마케팅 조직이 관리할 출하고객이 많거나 취급품목이 다양할수록 품질의 관리와 결부된 브랜드 전략이 필요하기도 하면서 어려워진다. 농산물 브랜드 계층구조를 예시한 그림 4-23을 참고로하여 설명한다.

첫째, 브랜드 개수는 강원연합사업단은 많은 품목수임에도 불구하고(위 그림 외 다른 품목은 표시생략) '맑은청' 한 개이지만 봉화연합사업단은 4개 품목에 브랜드를 각각 다르게 하여 5가지를 사용하고 있다. 강원은 취급품목수가 8가지나 되어 각각 다른 브랜드를 사용한다면 브랜드 수가 지나치게 많아 관리비용이 많아지고 구매고객들에게 여름채소의 규모화되고 구색 갖춘 채소산지로서 이미지에 혼란을 가져올 우려가 있어 차라리 단일브랜드를 사용하는 것이 적정해 보인다.

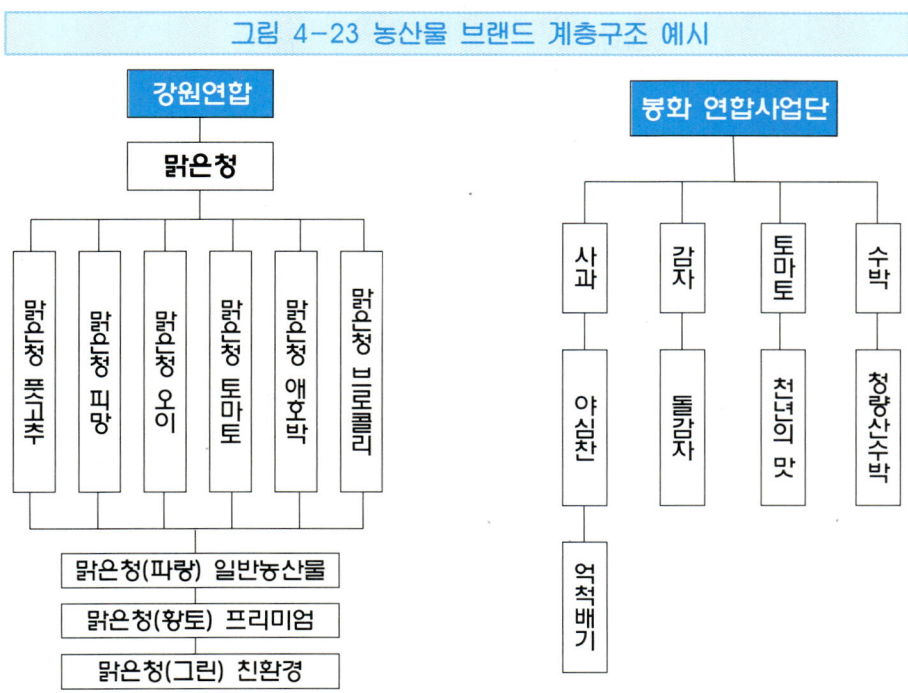

그림 4-23 농산물 브랜드 계층구조 예시

그리고 취급품목이 모두 과채류라서 동질성도 있어 단일 브랜드와 부조화를 보이는 것 같지는 않다. 그러나 어떤 한 품목에 문제가 생기면 다른 브랜드에 나쁜 이미지가 전이되어 브랜드 전체 이미지를 훼손시킬 수 있다. 많은 관리부담을 안고 있다고 하겠다. 한편 봉화는 각 품목별 정체성을 강조하여 복수 브랜드를 사용하였다. 품목을 살펴보면 4가지가 모두 이질적이라서 각자 브랜드 개성을 다르게 할 수 있는 이유가 있어 보인다. 다만 현재 산지 마케팅 조직이 그리 큰 규모가 아닌데 많은 브랜드가 필요할 것인지는 의문이 생기지만 앞으로 산지 취급 점유율이 확대되어 규모화가 더욱 진전된다면 지금부터라도 다양한 브랜드 체계를 구축한 것에 긍정성도 있다. 다만 개별 브랜드에 따른 브랜드 요소를 서로 다르게 하여야 하는 브랜드 개발관리에 어려움이 있어 보인다. 예를 들어 포장 패키지에 브랜드 슬로건 등이 다양하며 브랜드 홍보에 여러 가지 정보를 전달하기가 혼란스러워 구매고객 인지도 제고에 장애물이 될 수 있다.

둘째, 브랜드 세분화와 관련하여 강원은 수식어를 사용하여 3단계로 세분하였으며, 봉화는 사과에서 보는 바와 같이 13브릭스를 기준으로 브랜드를 2단계로 나누어 완전히 다르게 한 반면에 다른 품목은 확대하지 않았다. 여기서 우리는 질문을 제기하여야 한다. 수식어 또는 네이밍 적용의 기준은 무엇인가? 브랜드 확대는 몇 단계가 적정한가? 단계를 정하는 기준은 무엇인가? 대답은 이렇다. 수식어를 사용하는 경우는 강력한 패밀리 브랜드가 있는 경우에 적합하며, 개별 네이밍 브랜드는 단계별로 제품전략을 차별화시키려는 의도가 있는 경우에 적합하다고 본다. 단계는 세분화 할수록 전략적이며 필요하다고 본다. 이런 의미에서 봉화는 더욱 브랜드 단계를 세분화할 필요가 있다. 단계기준은 가격을 다르게 할 수 있는 요소가 제일 중요하다. 즉, 구매고객이 가격을 다르게 지불할 의사가 생기게 할 정도가 되어야 한다. 과일은 당도, 크기이며 채소는 친환경 수준 등이 예가 될 것이다. 따라서 세분화하지 못하는 브랜드는 이러한 차별화 요소를 개발하지 못하였거나 차별화 요소가 있기는 하지만 브랜드 마케팅에 대한 전략적 인식이 잘 안되어 있는 경우라고 할 수 있겠다. 그림 4-24는 브랜드 세분화 기준 및 단계를 예시한 것이다.

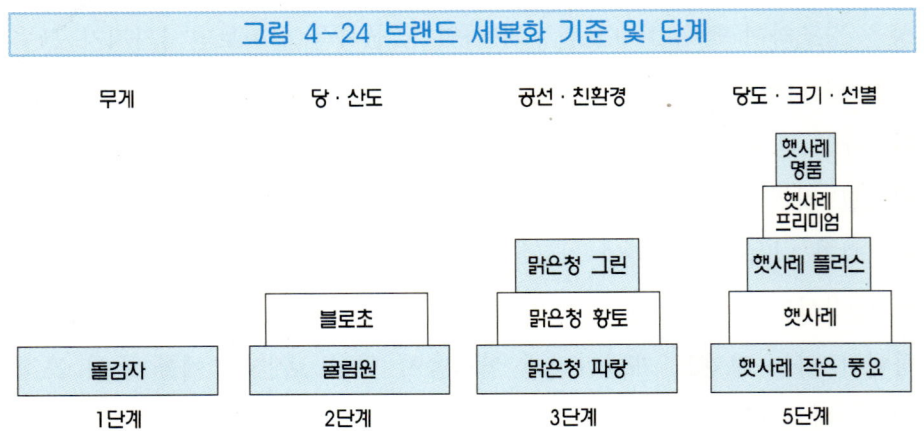

그림 4-24 브랜드 세분화 기준 및 단계

그런데 단계기준들이 기상변동 등으로 품질에 변화가 생겨 달라질 수도 있다는 것이다. 만약 그 해에 과일이 보증한 당도가 1도 저하되면 거래처 확보나 마케팅에 큰 차질을 줄 수 있다. 그러면 브랜드 기준을 변경시켜야 하는데 이는 브랜드 신뢰를 떨어뜨리므로 각별한 고객과의 커뮤니케이션을 통한 이해를 필요로 한다.

끝으로 브랜드 계층구조 전략적 방향에 대하여 언급한다. 브랜드의 최하 등급기준을 정한다. 하급품 비율을 얼마나 잡을 것인지는 브랜드 전체 수준을 나타내므로 중요하다. 높게 잡으면 브랜드 이미지는 좋아지지만 비브랜드 제품에 대한 물량처리 또는 가공품 처리대책이 필요하다. 최고층 브랜드 비율을 어느 정도로 잡는지도 중요하다. 높게 잡으면 브랜드 고급화 이미지 홍보와 연결되나 물량이 너무 적어 제품공급의 안정성면에서 경쟁력이 약화될 수도 있다. 중간 브랜드를 가장 많이 판매하는 것으로 하여 전체적으로 판매가격을 향상시키는 전략이 효과적이다. 브랜드와 관련된 품질 대책은 최저 품위수준을 끌어올리며 최저품을 자사의 브랜드제품을 판매하는 시장에서 격리하여 가격관리를 하여야 한다. 여기서 하급품을 가공용으로 활용하는 보완대책이 필요하다. 만약에 브랜드 제품에 대한 성가가 있다면 가공품도 브랜딩한 하급품을 사용할 수 있을 것이다. 예를 들면 일본의 사례에서 유바리 멜론(夕張メロン)이 있다. 하급품은 주스 원재료로 시장에서 격리되어 2차 가공 메이커에게 원재료를 보증해서 판매한다. 가공품도 유바리 멜론(夕張メロン)을 원재료로 사용하기 때문에 유리하게 판매가 이루어진다는 것이다. 일반적으로 브랜드 평가가 높아지면 하급품 가치도 상승된다. 자사가 가공제품을 직접 생산하든지 아니면 위탁 생산하든지, 또는 가공 메이커에 원재료로 공급도 더욱 유리하게 된다는 것이다. 원재료 공급을 하는 경우에도 해당 브랜드를 제품에 인쇄하고 보증하기도 한다.

6.4.3 브랜드 커뮤니케이션

산지 마케팅 조직의 브랜드 커뮤니케이션은 외부 커뮤니케이션과 내부 커뮤니케이션으로 나눈다. 외부는 구매고객과의 관계이고 내부는 마케팅 조직의 제공물을 둘러싼 산지 안에서 여러 관련자들과의 관계이다. 다음 그림 4-25를 통하여 자세히 설명한다.

브랜드 관리자의 커뮤니케이션 목표는 자사조직이 브랜드에 대하여 그렇게 느끼고 행동하여 주도록 바라는 바가 구매고객이 실제로 그러하다고 받아들이도록 하는 것이다. 그림 오른쪽에 나타난 바와 같이 브랜드 정체성과 브랜드 이미지를 일치시키는 것이다. 이를 위하여 브랜드 정체성을 알리고 지키겠다고 약속을 하는 것이다. "A 브랜드는 당도가 12도 이상입니다" 라고 말하였으면 출하기간 동안 지켜야 한다.

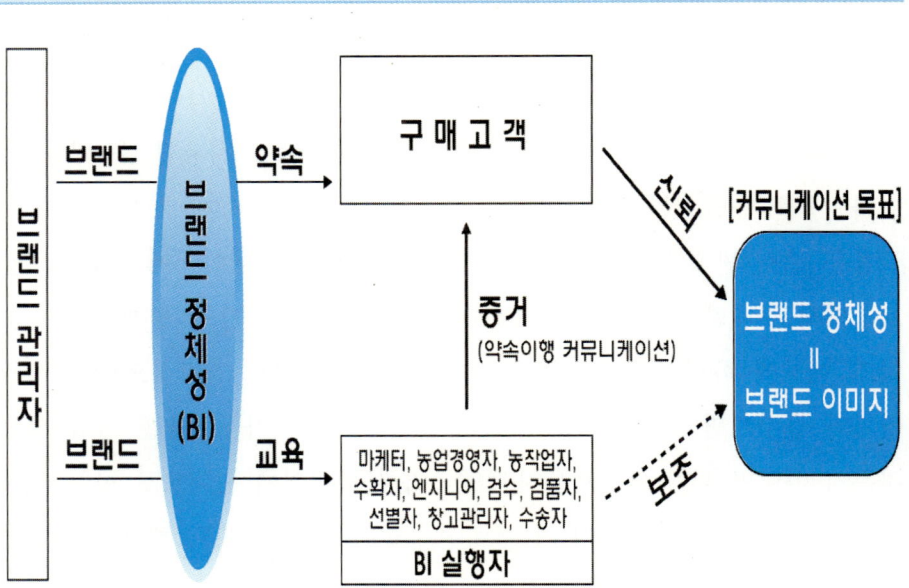

그림 4-25 브랜드 커뮤니케이션 목표와 체계

　제품을 사용한 결과 약속과 상이하다면 그 브랜드는 거짓말을 한 것이다. 농산물 브랜드는 제품의 속성과 브랜드 약속(계약)을 분리할 수 없다. 아무리 인기 있는 유명인사를 등장시켜 현란하게 TV광고를 한다고 하여도 제품이 받쳐주지 못한다면 구매고객은 두 번 이상 속지 않는다. 그래서 커뮤니케이션 수단을 「약속」이라고 한 것이다.

　그런데 「약속」하기는 쉽다. 누군가가 약속을 이행하도록 실행을 해야 한다. 당도가 12도 이상이 되도록 또는 비료 농약을 사용하지 않기로 하였다면 지켰다는 증거가 있어야 한다. 모든 경쟁 산지조직들은 온갖 브랜드 언어로 약속을 하지만 그것을 제대로 지키는 산지조직은 흔하지 않다. 본래 브랜드 차별화는 약속이행을 하는 증거를 만드는 것에서 차별화가 생긴다고 볼 수 있다. 위 그림에서 BI 실행자들이 약속을 실행하는 증거를 만든다. 브랜드 관리자는 이들에게 BI를 교육시켜야 한다. "우리 산지는 구매고객과 약속을 했다. 그러니 여러분들이 내용을 잘 알고 각자의 역할 부문에서 실행해야 한다"는 취지다. 브랜드 교육의 구체적 내용(브랜드 매뉴얼), 실행자들의 작업기준, 작업기록 등이 '증거'라고 할 것이다. 만약에 브랜드 교육이 없다면 구매고객과의 약속이 지켜질 수 없다. 농작업자가 농약을 사용하지 말라는 것을 알고 있어야 하고 선별기 또는 도정 기술자가 브랜드별 센서를 제대로 세팅하거나 도정 기계조직을 제대로 하도록 브랜드 관리자로부터 교육을 받았어야 한다. 육안선별도 선별자와 검수·검품자가 교육 받은대로 자기 임무를 수행해야 한다. 창고 관리자도 저장제품에 대한 온도 습도 관리를 잘하여 신선도를 떨어뜨리지 말아야 하고 수송자도 상차 작업에서 안전한 수송에 이르기까지 다루고 있는 제품의 브랜드가 어떠하다는 것을 알고 있어야 한다.

　이러한 약속이행이 증거로 나타나고 반복되어 지켜진다면 구매고객은 「신뢰」를 하게 된다. 「인지」가 아니다. 제품경험을 전제로 하기 때문에 브랜드를 알았다는 「인지」가 아니고 「신뢰」이다. 마케팅 조직은 브랜드

인지도 제고를 목표로 하지 말고 브랜드 신뢰도 구축을 목표로 하여야 한다. 이렇게 되어야 비로소 브랜드 정체성과 브랜드 일치가 형성되는 것이다. 신뢰가 반복되면 브랜드의 순기능이 발휘되고 브랜드 에쿼티가 구축되는 것이다.

산지 조직들이 영세하여 홍보 및 판촉활동에 필요한 예산의 확보에 곤란을 겪고 있는 가운데 대도시 홍보탑, 와이드 컬러, 대중교통수단, TV, 이벤트 행사 등 다양한 브랜드 커뮤니케이션 믹스를 사용하고 있다. 이것보다 더욱 중요한 것이 브랜드 교육을 상시 활성화하는 것이다. 약속을 실천하고 산지조직에 브랜드 비전을 정착시키는 관리프로그램을 개발하는데 많은 예산배분을 하여야 한다. 교육을 통하여 브랜드 가치를 이해하고 자기 사명을 수행하기 위한 과제를 인식하고 실행토록 하는 것이다.

6.4.4 브랜드 관리

브랜드 관리는 현재 운영되고 있는 브랜드에 대해서 브랜드 에쿼티가 이루어질 수 있도록 긍정적인 방향으로 촉진하고 방해가 되는 요소들은 제거하거나 중화시키는 행동을 말한다. 대개의 산지가 브랜드를 개발만하고 관리가 잘 안되어 '자산으로서 브랜드'가 구축되지 않는다는 지적이다. 예를 들면 균일화되고 표준화된 상품 출하가 잘 안되며, 브랜드 관리인원이 부족하고 관리 전문화의 미흡으로 사후관리가 안된다. 조직 내부적으로는 이러하지만 조직 외부적으로 공동브랜드를 둘러싼 경쟁조직과 브랜드 사용의 경합이 대립하며 자사조직 브랜드와 유통업자 브랜드인 PB와도 브랜드 충돌이 일어나고 있다. 이제 농산물 브랜드 문제는 Brand 개발에서 Brand 관리단계로 이동이 필요하다. 여기서는 어느 산지 마케팅 조직 관점에서 이러한 브랜드 관리문제를 다루고자 한다.

① 브랜드 관리 체계화 문제

그림 4-26은 브랜드 관리와 자산구축 시스템의 전체모습을 보여준다.

브랜드 관리는 브랜드 기준을 설정하는 것으로부터 시작한다. 기준설정은 앞의 그림 「브랜드 세분화 기준 및 단계」에서와 같이 당도내용, 속성을 정하는 것이다. 브랜드 관리위원회가 있다면 거기서 할 일이다. 기준에 합의할 당사자와 기준의 변경이 생긴다면 그 이유와 방법을 정하는 것도 포함한다. 그리고 기준은 알려져야 실행이 되는 것이다.

그림 4-26 브랜드 관리 및 자산 구축 시스템

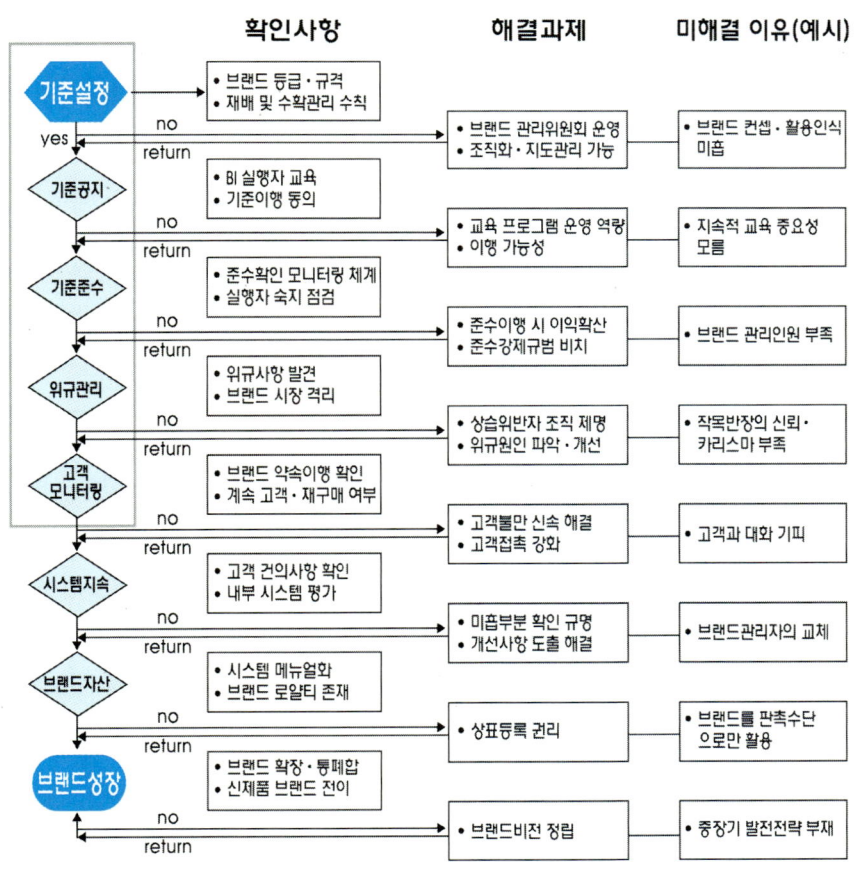

실행자 모두가 제대로 알아야 하지만 만약에 일부가 모른다면 당사자들이 공감을 못한 상태가 된다. 브랜드 문제로 모두에서 언급한 균일화가 이루어지지 않는다. 기준을 준수하는지도 고객과의 약속이므로 중요하다. 준수여부를 확인하고 기준대로 행동을 하지 않으면 제재한다. 준수강제 규범을 비치하고 그대로 실행한다. 생산자 소그룹 단위에서 작목반장 등의 카리스마와 신뢰로 이끌고 나가는 것이 바람직하다. 만약 준수가 잘 안되면 왜 그러한지 원인을 파악하고 위규 제품은 시장으로부터 격리한다.

예를 들어 준수이행에 실행자들의 반발이 크다면 기준설정 과정과 브랜드 교육에 문제가 있다고도 볼 수 있다. 다음 단계로 구매고객에 대한 자사제품 브랜드의 모니터링이 행하여져야 한다. 고객에 대한 약속 이행 여부를 확인하고 고객의 의견이나 불만사항을 신속히 해결한다. 브랜드 관리자는 모니터링을 통하여 피드백이 이루어지도록 한다. 이와 같은 시스템 프로세스가 지속적으로 운영될 것인지가 매우 중요하다. 예를 들면 '불로초'와 '귤림元'은 제주감협이 명품감귤을 생산하기 위해 생산단계에서부터 수확, 선별, 유통에 이르기까지 철저한 계획관리를 이행했기에 가능했다. 생산된 감귤 가운데 3~5번과만 선별해 당도 11도 이상은 '불로초', 10도 이상은 '귤림元' 브랜드를 붙였다. 산도는 모두 1% 미만이 되도록 엄격한 품질기준을 설정하고 있다. '불로초'의 강점으로 연중 일정한 물량을 공급한다는 점이다. 노지 감귤에서 비가림감귤, 한라봉, 청견, 하우스감귤 순으로 연중 출하된다. '불로초'는 일반 감귤보다 두 배 이상 비싸지만 당도가 높고 산도가 낮아 큰 인기를 얻고 있다. 또 예를 들면 부여연합사업단의 '굿뜨래' 브랜드가 있다. 이 브랜드를 부착하려면 부여군 자체품질관리원 심사 및 상표관리심사위원회를 통한 엄격한 심사 기준을 통과해야 한다. 수박의 경우 당도 11브릭스를 기본으로 하여 친환경, 고당도(12.5~13), 일반의 3단계로 구분해 출하하고, 멜론은 13브릭스 이상만 출하하고 있다.

이와 같이 시스템화가 지속되면 드디어 브랜드 자산으로의 구축이 가능하다. 브랜드만 확인하고 구매가 몰리며 구매고객에 끌려 다니지 않고 소비자에게까지 알려져 pulling 마케팅이 이루어지는 것이다. 이후의 단계에서는 브랜드 성장단계로서 브랜드 비전을 정립하고 해당 마케팅 조직의 중장기 발전전략과 연결된다.

② 브랜드 충돌 문제

농산물 브랜드는 너무 많은 브랜드가 난립하기 때문에 소비자들이 브랜드 선택에 혼란을 느껴 브랜드 인지도 제고에 한계가 있다는 지적이다. 브랜드를 심벌 위주로 단순 제작하여 유사한 브랜드를 양산시키는 것이 원인이다. 여기서 발생하는 여러 문제를 개별 산지조직 입장에서 브랜드 충돌이라고 하겠다. 충돌은 두 가지 양상을 보인다. 하나는 경쟁조직과 브랜드를 동일하게 사용하는 경우다. 시군 또는 도의 행정조직이 공동브랜드를 관할 지역의 산지 마케팅 조직에 사용을 권장함으로써 발생한다. 엄격하게 브랜드 관리 기준이 적용된다면 특별히 문제될 것이 없겠지만 각 마케팅 조직별로 브랜드만 공동으로 사용하였을 뿐이지 BI의 실행은 다르다. 자사조직은 철저한 브랜드 관리 시스템으로 관리를 하여 구매고객으로부터 좋은 브랜드 이미지를 갖게 하였으나 다른 경쟁조직은 그렇지 못한 경우가 발생한다. 그러면 공동 브랜드에 대한 나쁜 이미지가 자사 조직으로 전이되어 자사조직은 피해를 보게 된다. 품질관리 시스템이 상이한데 동일 브랜드를 사용하는 것 자체가 모순이다. 마케팅 창구를 통일하든가 아니면 엄격한 브랜드 관리기준이 보편적으로 적용되어야 한다. 농협의 계통조직이 공동으로 사용하는 브랜드도 위 두 가지 조건중의 하나라도 충족되지 못한다면 동일한 말을 할 수 있겠다. 충돌의 또 하나의 양상은 공동 브랜드와 자사 개별 브랜드의 양립에서 발생한다. 불가피하게 두 브랜드 모두 사용할 수밖에 없다면 각 브랜드의 BI를 어떻게 설정하고 실행해야할지 고민하지 않을 수 없다. 산지 조직이 자사 브랜드에 애착을 갖는 경우 고품질은 자사브랜드로 판매하고 저 품위는 공동브랜드로 판매하는 경우가 있다. 만약에 다른 산지조직이 자사 브랜드 없이 전적으로 공동브랜드만 사용하거나 공동브랜드에 고품질, 자사 브랜드에 저품위를 사용한다면 이 조직은 피해를 보게 될 것이다. 이렇게 되면 공동브랜드의 성장은 어려워진다. 바람직한 방향은 두 브랜드의 파워를 분석 비교하여 한 브랜드를 사용하는 것이다. 처음부터 공동브랜드 개발주체가 브랜드 본연의 기능발휘보다는 산지 홍보용으로 만든 경우가 있다. 품목특성과 브랜드화 조건을 충분히 고려치 않은 상태에서 단순히 지역 위주의 공동브랜드를 추진하였던 것이다. 사실상 자사 조직의 통제 밖에 있는 브랜드와 자사 브랜드 모두를 발전시키기는 어렵다. 이러한 상황에서 자사 조직이 관리하는 브랜드가 공동이건 개별이건 브랜드 대책을 강구해야 한다. 구매고객도 브랜드만 동일하다고 하여 모두 같은 BI를 실행한다고 보지 않을 것이다. 자사 조직은 브랜드 관리 시스템 운용에서 차별점을 만들어야 한다. "공동 브랜드를 사용하고 있기는 하지만 경쟁조직과 브랜드 관리 시스템이 이러이러한 점에서 다르기 때문에 우수한 점이 있다" 라는 점을 강조해야 한다. 강조 포인트를 발굴하는 것이 브랜드 충돌 대책의 과제라고 하겠다.

③ PB 브랜드 대책

대형 유통업체가 PB 전략을 활용하는 것은 유통업체간 치열한 경쟁에서 타사와의 차별화를 노리고 이익극대화를 꾀하려는 것이다. PB 제품의 마진이 산지조직 브랜드 제품보다도 높다는 것이 연구자의 실증 분석의 결과이다. 이는 대형유통업체가 농산물 납품가를 낮추기 위한 수단으로 PB를 사용하고 있다고 볼 수 있다. 차별화는 유통업체가 자사 BI를 개발하여 적용함으로써 이루어진다. PB 제품유형은 저가, 친환경, 고급품 등 다양한 품위에 사용된다. 일반 상품보다도 신선식품에서 PB 사용비율이 높은데 이는 산지의 브랜드화가 낮고 상품개발 능력이 취약한 약점을 활용하는 것이다. 앞으로도 유통업체는 PB 비율의 증가를 전략적 목표로 한다.

한편 산지조직은 일반 생산라인과 PB 제품을 함께 사용하기도 하며 PB에 특화하여 별도의 선별라인을 가동하고 있다. PB 상품의 포장업무도 산지조직이 직접 담당하고 있는 경우가 많다. PB로 인하여 산지조직 입장에서는 다음과 같은 문제점을 야기시킨다.

첫째, 산지조직 자체 브랜드의 발전에 지장을 초래한다. PB에 의하여 산지조직이 유통업체의 일개 납품업자로 종속되는 경우 BI의 순기능을 활용하는 것이 불가능해진다. 단기적으로는 PB가 산지 입장에서도 제품 처리 대책으로 수익적일지 모르지만 제품 개발 주체가 소매측이므로 산지 브랜드로서 독자성이 상실된다. 그리고 수입 농산물까지 PB로 판매하는 경우 소비자는 PB 제품 원산지 식별이 잘 안되어 국산 농산물의 매대 입지가 점점 좁아진다.

둘째, 산지 브랜드 관리 비용을 추가로 유발시킨다. 어느 대형유통업체는 타사에 납품하고 있는 브랜드를 사용하지 못하게 하여 추가로 해당 업체에만 적용되는 브랜드를 사용하게 하여 브랜드 난립을 조장시키고 관리비용을 올린다.

셋째, PB 포장재 디자인이 자주 변경됨에 따라 산지에서의 포장재 재고관리비용을 크게 증가시켜 손실이 발생하기도 한다는 것이다. 포장재가 폐기되는 경우 그 부담을 산지가 떠안는 경우도 생긴다는 것이다.

산지 조직의 PB 대응 전략은 어떠해야 하는가? 방향은 산지의 브랜드 교섭력을 높이는 일이다. 초기에는 산지 브랜드 표시와 PB 브랜드를 공동으로 사용하도록 유통업체에 요구하여야 한다. 다음 단계에서 산지 브랜드를 육성하여 끌어당기기 전략(pulling)을 구사하는 것이 가능한 수준이 되도록 한다. 산지는 자체 브랜드 관리시스템을 강화하고 브랜드 커뮤니케이션 활동을 활발히 하여 유통업체로 하여금 산지 브랜드가 소비자들의 신뢰와 인지도 제고에 유리하다는 것을 인식시켜야 한다. 또한 산지 브랜드의 광역화가 이루어져야 한다.

　유통업체들이 자체브랜드를 선호하는 또 다른 이유 중의 하나가 수확시기별로 산지 브랜드를 자주 교체해야 하는 번거로움을 해소하려는 측면도 있다. 산지는 브랜드 규모와 범위를 확장시켜 광역화를 이룩함으로써 공급주체를 교체하지 않고도 공급이 가능한 수준으로 광역브랜드 체계로 나가야 한다.

6.4.5 브랜드 성장

　산지 마케팅 조직은 자사 브랜드를 마케팅 목표를 달성할 수 있도록 변화시켜야 한다. 지금의 브랜드가 브랜드 자산 수준에 이르지 못하고 시장에서 그냥 흔하게 붙여진 식별수준에 지나지 않는 상표 이름 정도라면 브랜드 진단을 통하여 개선점을 찾아야 한다. 그리고 브랜드가 어느 정도 자산 수준에 이르렀더라도 미래의 산지 조직발전 모습을 이룩하는데 브랜드 측면에서 차원 높은 역할 모습을 나타내야 한다. 전자는 현재의 브랜드 자산의 가치 증식을 위한 것이고 후자는 현재 브랜드의 확장적 새 모습을 추구하는 것이다. 두 가지 변화를 농산물에 있어서 「브랜드 성장」이라고 하고 논하고자 한다. 그림 4-27은 농산물 브랜드 성장의 전체 유형을 보여 준다.

그림 4-27 농산물 브랜드 성장 유형

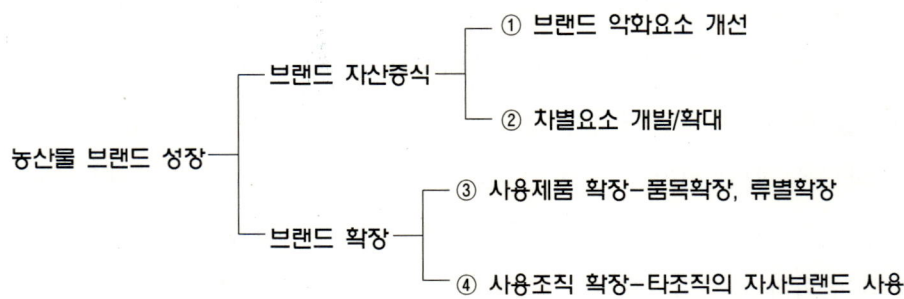

① 브랜드 자산증식

브랜드를 단순한 판촉수단이 아니라 자산(에쿼티)으로 보는 것은 브랜드 자산구축을 통하여 기업과 소비자 모두가 누릴 수 있는 편익이 있기 때문이라는 것은 전술한 바와 같다. 브랜드 자산 증식은 두 측면에서 이루어질 수 있다. 자산증식을 억제하거나 방해가 되는 요소들을 제거하거나 새로운 자산증식요소를 개발하고 확대하는 것이다.

- 브랜드 약화요소 개선 : 브랜드 관리 체계에 대한 평가를 실시하는 것으로부터 시작한다. 브랜드 아이덴티티의 목표가 이루어졌는지 살펴보고 현상과의 차이를 확인하고 규명한다. 차이가 있다면 왜 그러한 결과가 생겼는지 원인을 밝히고 시정조치를 한다. 브랜드관리 평가는 앞서 언급한 「브랜드 관리 및 자산 구축시스템」의 프로세스를 진단하는 것이다. 만약 BI에 문제가 있는지는 다음과 같은 질문을 통하여 파악할 수 있을 것이다.
  - 고객유형별 가치추구에 대한 인식을 한 것인가?
  - 자사의 목표 비전 전략이 BI에 함축되었나?
  - 경쟁조직과의 차별요소는 확실한가?
  - 다른 BI 체계 요소가 브랜드 네임의 연상을 보완하고 정합성을 갖는가?
  - 브랜드 계층구조는 수직적 수평적으로 적정한가?

다른 브랜드 진단요소를 말하면 철저한 품질관리여부가 큰 비중을 차지한다. 예를 들어 (사)한국소비자단체협의회가 주관하는 '고품질 브랜드 쌀 평가'에서 선정된 12개 우수 브랜드 쌀은 일반 쌀에 비해 20~30% 비싼 값에 팔린다. 이들 우수 브랜드의 공통점은 생산단계부터 농가생산 이력추적제의 실시, 수확·보관·가공 및 유통에 이르기까지 농산물우수관리제(GAP) 인증시설에서 엄격하게 관리가 이루어졌다는 것이다. 소비자들의 신뢰가 산지조직의 관리시스템에서 나오고 이를 직접 확인할 수 있도록 농장체험이나 생산현장을 공개하기도 한다. 소비자들의 브랜드에 대한 신뢰는 또한 입소문으로 증폭된다.

고객 클레임에 대한 신속하고 성실한 대응 여부도 중요하다. 자기브랜드에 대한 모니터링을 정기적으로 하는가. 문제점이 나타나면 즉시 개선하는가. 브랜드관리 직원들은 브랜드문제 분석과 해결능력을 가지고 있는가. 산지조직 브랜드 관계자들은 인식을 공유하며 브랜드 자산구축에 팀워크를 발휘하는가. 필요하다면 브랜드 관련 외부컨설팅 전문가(또는 업체) 등과 컨설팅 교류체계를 갖고 있는가. 이와 같은 질의에 예스의 답변이 나와야 브랜드 문제가 개선될 수 있다.

- **차별요소 개발 및 확대** : 제품전략에서 나오는 다양한 차별화 속성들을 이전과는 달리 새롭게 적용하여 브랜드 계층구조상의 수평적 또는 수직적 확대에 활용하는 것을 말한다. 예를 들어 어느 산지조직이 이전에 없던 GAP 인증을 받아 브랜드 세분화 기준의 하나로 이를 활용하였다면 훌륭한 차별화 요소를 개발한 것이 된다. 또한 생산조직들의 재배기술이 상향평준화되어 고품위 제품의 브랜드 비율이 높아지는 것도 브랜드 자산가치 증식 현상이다. 고객으로 하여금 확실하게 차별화된 가격지불 용의를 이끌어낼 수 있을 만큼 브랜드 세분화요인을 발견하였다면 브랜드 수직체계는 다단계화 할수록 전략적이다.

② 브랜드 확장

자사의 마케팅 조직 브랜드가 산지 조직 규모화를 주도하는 것을 비전으로 삼아야 한다. 브랜드 성장은 비전의 구체화를 위하여 전략적으로 활용할 수 있다. 군계일학의 모습으로 자사조직의 브랜드 파워를 강력하게 하는 것이 산지간 과당경쟁을 시정하는 것이며 산지전체에 이익이 될 수 있다고 믿어야 한다. 브랜드 확장은 자사 브랜드를 활용하는 제품의 증가인 「사용제품 확장」과 다른 조직이 자사조직의 브랜드를 사용하는 「사용조직 확장」으로 나누어 논하겠다.

● 사용제품 확장 : 동일한 류별 제품, 말하자면 신선 농산물 품목 종류를 확대하여 사용하는 제품확장과 제품의 속성이나 형태가 상이한 류별 확장으로 나눈다.

- 품목확장 : 새로운 품목을 자사조직의 취급품목으로 끌어 들여 기존의 브랜드를 활용하거나 새로운 브랜드를 개발하여 사용한다. 예를 들어 진주연합사업단 브랜드「초로미」는 초기에는 풋고추에 머물렀으나 이후 브랜드 가치가 높아져 '딸기' 출하고객까지 공판에 참석하자 동일 브랜드를 사용하였다.

- 류별확장 : 브랜드를 신선농산물 외에 가공품에도 적용하는 것이 그 예가 된다. '첫눈에 반한 딸기'가 대표적인 류별 확대를 통한 브랜드 확장에 해당한다.

* '첫눈에 반한 세척딸기' : 매향을 음용수 지하수, 기포, 전해수 살포 세척

* '첫눈에 반한 크림딸기' : 얼린 생딸기에 크림을 넣고 초코를 입힘

* '첫눈에 반한 아이스딸기' : 생딸기를 얼림

만약 '햇사레' 브랜드도 가공품으로 브랜드 확장한다면 브랜드 인지도의 계절성을 극복할 수 있게 된다. 이 밖에도 전처리 공정 등 다양한 형태의 제품에도 브랜드 확장이 있을 수 있다.

● 사용조직 확장 : 흔히 농산물에는 유사 브랜드가 난립하여 본래의 의미에서 브랜드 마케팅이 이루어지지 않고 있음은 늘 지적되어 왔던 바이다. 객관적으로 브랜드 난립을 시정하여 브랜드를 통합하도록 조정하는 것이 필요하다. 통합의 이점은 아래와 같다.

- 관내 조직간 브랜드의 과당경쟁을 회피하고 통일적 마케팅 전략 전개의 기초가 된다.

- 브랜드의 육성 및 관리의 통일성이 이루어진다.

- 구매고객의 브랜드 인식의 혼돈을 피하여 브랜드 인지도를 높인다.

그렇다고 하더라도 어느 브랜드를 중심으로 통합할 것인지는 첨예한 이해의 대립이 생길 것이다. 방향은 파워 브랜드를 정점으로 이루어져야 한다. 구체적으로 각 산지 조직별 브랜드별 매출액의 크기와 시장에서 평가도를 기준으로 하여 분석하면 해답이 나온다. 그러나 현실적으로는 누가 이렇게 할지 '컨트롤 타워'가 없으며, 있다고 하여도 실행의지와 합의는 어렵다. 이왕이면 자사 브랜드가 그 정점에 위치하도록 한다. 자사 브랜드가 상표등록까지 되어 있어 지적재산권으로 보호를 받는다면 브랜드 사용에는 대가를 지불받아도 좋다. 시장에서 브랜드파워를 발휘하려면 규모화한 광역통합브랜드의 존재가 필수적이다. '사용조직 확장'의 브랜드 성장이야 말로 브랜드 발전의 궁극적인 모습이라고 할 것이다.

제5장 「연합」 마케팅 플래닝

1. 연합 마케팅 인식

1.1 연합 마케팅 개념화

연합마케팅은 단위 마케팅 조직의 상호관련 양식으로서 교섭력을 높이고 고객과의 파트너십 관계 형성을 위하여 관계창구를 통합하여 마케팅을 전개하는 방식이다. 상호관련양식은 단위마케팅 조직들의 다양한 제휴방식을 전제로 함을 의미한다. 연합마케팅은 산지조직 입장에서 우선 거래교섭력을 높여 교섭열위상태를 극복하고 나아가서 고객과의 지속적 관계를 유지하는 상호의존적인 파트너십 관계를 형성하자는 것이다. 산지조직 역량이 강해져야 파트너십이 가능하다는 점은 이미 언급한 바이다. 창구의 통합은 마케팅 조직 간의 경쟁을 피하기 위한 개별조직들의 거래창구를 단일화시키는 것이다.

이러한 개념의 연합마케팅 논리는 현대 전략경영 방식인 전략적 제휴(strategic alliance)와 유사하다. 시장의 글로벌화로 경쟁이 격화되면서 기업의 생존과 지속적 성장이 위협받자 1990년대 이후 전략적 제휴가 전세계적으로 유행이 되다시피 하였다. 현대 기업들은 글로벌 경쟁에 대응하여 적대적 기업들 사이에도 필요한 경우 협력체계를 구축한다. 자신에게 부족한 역량과 자원을 타 기업이 보유한 역량과 자원으로 보완하거나 리스크를 상호 분담하려 한다. 이제 전략적 제휴는 인수·합병이나 기업 구조조정 등과 함께 기업 성장과 재무정책의 주요 수단이라고 하겠다.

그리고 산지 마케팅 조직의 성공요소(KFS) 관점에서 연합조직화는 필요하다. 영세한 개별 조직의 KFS 수준만으로는 한계가 있다. 서두에서 연합이 파트너십이 되기 위한 필요조건이라는 점을 강조하였다. 출하고객과 통합을 위하여 반드시 연합할 필요는 없다. 일정한 규모화 범위에서 연합마케팅을 하지 않더라도 산지조직은 발전할 수 있다. 하지만 대형고객과 파트너십 관계를 맺고 지속적 경영자립이 가능한 조직이 되기 위하여 연합조직화가 하나의 필수적 과제라고 하겠다. 산지조직이 강해져야 파트너십의 당사자 자격이 생기는데 이를 위한 방식이 연합조직화이기 때문에 그렇다.

한편 연합마케팅은 농산물 산지유통 개선 관점에서도 필요하다. 우리나라 산지 유통의 가장 큰 문제점은 농가조직화가 미흡하다는 점이다. 조직화가 되어 있더라도 형식적이며, 농협이나 영농법인의 조직화 수준은 여전히 영세하다. 도매시장에 개별 농가의 소량단위 출하가 도매시장 거래의 비효율을 야기한다는 지적이 이를 말해준다. 지나친 개별적·분산적 유통구조로는 소비지 환경변화 대응이 미흡한 상태에서 수급이 불균형하고 가격과 농가소득이 불안하다. 그동안 산지조직화는 나름대로 성과를 거두고 있으나 조직화의 수준이 좀더 광역화되어야 한다. 미국의 썬키스트, 뉴질랜드의 제스프리, 이탈리아의 APOFRUIT 그룹, 프랑스의 브레따뉴 지역연합 판매조직, 스페인의 ANECOOP, 일본의 나가노(長野)연합농협 등과 같은 연합조직이 우리나라에는 언제 출현할 것인가? 대한민국이 세계 1, 2위를 다투는 분야가 늘어나고 있는데 농산물 유통부문은 그렇지 못하다. 산지 유통주체들은 이제는 각자의 사업 울타리를 허물어야 한다. 자기 영역 지키기에 급급하여 조그만 협력과 양보의 요구를 상대방이 나를 침범한다고 생각하는 경향이 있다. 연합마케팅을 새로운 시각에서 살펴보고 산지조직화의 궁극적 지향점으로 인식하여 그 필요성을 곱씹어 보아야 한다. 본서는 이하에서 연합마케팅 조직설계, 연합조직운영, 연합전략개발 방법, 전략운용의 실제 등에 대하여 논하고자 한다.

1.2 연합 마케팅 효과

연합마케팅의 효과는 산지 마케팅 조직의 성공요소로 세 측면에서 살펴볼 수 있다.

첫째, 집하 마케팅 목표달성 측면에서 산지조직간 집하를 위한 과당경쟁을 시정하여 규모화를 이룩함으로써 출하고객과 통합을 촉진한다. 산지의 영세한 마케팅 조직들의 역량발휘 한계를 극복하는 수단으로서 아래와 같은 문제점들에 대한 대책이라고 하겠다.

- 산지조직간 정보의 공유가 없는 상태에서 출하 물량과 출하시기의 조정이 안 되어 과소 또는 과다 출하 현상이 벌어진다.
- 생산 지도·전문인력의 부족으로 출하고객에 대한 집하관련 서비스의 집중화가 안된다. 이로 인하여 농가조직화가 미흡하여 규격화와 표준화의 품질관리체계가 취약하다.
- 개별조직 취급품목 수의 부족과 물량 부족으로 유통설비 가동률이 낮다. 농산물은 상품화와 신선도 유지를 위하여 현대적 대규모 시설이 필요하지만 낮은 가동률로 경영효율이 떨어지는 딜레마에 직면한다.

연합마케팅은 다수 참여조직의 인력과 취급품목의 수와 물량이 결집하는 것이다. 인력은 시장개척과 산지농가조직지도로 전문화 시킬 수 있으며 조직전체의 취급물량은 커진다. 보통 연합마케팅 참여조직과 연합운영조직에서는 이와 같은 역할배분이 이루어진다. 따라서 농가조직 지도가 강화됨과 동시에 다품목 확보와 원물조달 범위의 확대로 유통설비 운영의 계절성을 보완하여 가동률을 높인다. 즉 참여 조직간에는 연중 시설이용 계획을 사전 조율하고 출하고객의 계획생산과 연계시켜 주품목과 부품목을 시기별로 적절히 배치하여 가동률을 제고할 수 있다는 것이다. 원물조달도 기존 마케팅 조직의 관할영역을 넘어서서 확대된다.

둘째, 「판매」 마케팅 전략 측면에서 산지조직의 교섭력을 강화시킨다. 연합마케팅 조직화가 다음과 같은 산지의 영세한 개별조직 마케팅 활동의 문제점을 시정할 수 있다.

- 동일 시장을 놓고 동일 품목의 산지조직이 나란히 출하하여 경합한다.
- 대형마트가 입찰을 실시하면 출하조직들이 모여들어 가격 경쟁을 하며 상호 견제한다.
- 구매고객의 할인행사에 대응력이 부족하다.(정상공급과 할인행사 공급 물량 대비)
- 다양한 소포장요구, 즉 포장형태, 규격별 출하 등 대응이 미흡하다.

연합조직 구성으로 마케팅 창구가 일원화되어 기존의 산지조직간 거래처 경합에 따른 가격경쟁을 피하고 유통비용의 낭비를 개선한다. 그리고 산지 제품공급 체인기반이 안정됨으로써 균일한 품질의 대규모 공급능력을 통해 대형유통업체 등과의 교섭에서 보다 유리한 위치를 차지하는 것이 가능하다.

셋째, 마케팅 조직의 연합조직화는 연합구매 활성화로 농업경영비 절감이 가능하다. 판매의 공동화가 영농자재 구매의 공동화로 이어지는 긍정적 후방파급효과라고 할 수 있겠다. 각종 영농자재가격의 상승은 농업경영체의 큰 위협요소이다. 연합조직의 전문적 생산지도에 따른 계획생산의 합리화는 사용영농자재와 농작업과정의 통일을 통하여 이루어질 수 있다.

1.3 연합참여 전략적 검토

산지 개별조직은 현재 상태 그대로 마케팅 활동을 한다면 비용이 수익을 넘어서고 설사 현재는 수익초과 상태라고 하더라도 오래 가지는 못할 것이라는 위기의식을 느낀다면 연합참여에 대한 진지한 검토가 필요하다. 참여조직은 연합을 통하여 약점이 보완 될 수 있다는 타당성검토를 충분히 하여야 한다. 자기성찰을 먼저하고 자사조직의 발전을 위하여 현상을 타개하기 위한 방안들을 모색한다는 전략적 사고를 갖고 연합마케팅에 접근하여야 한다. 먼저 자사조직의 강점과 약점 분석에 솔직해야 한다. 자신의 약점이나 역할 부족을 인식하고 연합조직 결성에 참여하여 상대방의 강점을 활용하거나 연합조직을 통한 시너지 효과 발생으로 자신의 부족한 점이 보완될 수 있다는 타당성이 나타나야 한다. 여기서 연합조직 참여에 대한 목표가 나온다. 자사조직이 협력하여 추진 가능하고 잘 정립된 전략적 목표를 확인한다. 확실한 목표가 없는 연합은 단기간에 끝날 것이며 조직이 유지되더라도 방향감각 없이 부실화될 것이다. 목표는 눈 앞의 성과에만 급급하지 말고 중장기적 시각에서 살펴보아야 한다. 목표는 산지집하 기반의 안정적 구축, 지속 가능한 마케팅 성과의 제고와 관련을 맺는다. 따라서 단순히 자금지원이나 혜택 수단으로 또는 정책유인에 밀려서 연합마케팅을 이용하려 한다면 잘못 생각하고 있는 것이다. 그리고 목표는 참여조직 사이에 공통된 이해관계에서 존재한다는 것을 염두에 두어야 한다. 연합마케팅의 효과부분만 과대평가하고 그것이 이루어지기 위해서 자사조직이 수행해야 할 임무를 과소평가하지 말아야 한다. 체계적인 실행 프로그램이 수립되어 거기에 참여조직간에 역할 분담의 내용이 담겨져 있어야 한다는 것을 알아야 한다. 요컨대 아래와 같은 질문 사항들이 연합참여에 대한 체크사항이 된다.

- 자사의 연합참여에 대한 전략적 목표는 무엇인가?
  - 마케팅, 제품, 수익모델에 근거하고 있는가?
  - 참여는 장단기적 목표를 함께 가지고 있는가?
- 자사가 수행 가능한 과업이 명확하며 현실적인 시장에 초점이 맞추어져 있는가?
- 요망되는 규모의 경제와 기능전문화가 달성 가능할 것인가?
  - 연합조직의 결성으로 이전에는 불가능하였던 새로운 사업전략이 예상되는가?
- 지역내 연합조직이 활동하는데 위협요소를 어느 정도 예상할 수 있나?

– 만약에 어떠한 방해 요소가 예상된다면 대비책은 세워질 수 있나?

1.4 연합파트너와 협의

연합조직 결성에는 상대방이 있다. 상대방도 자사조직과 같이 연합참여에 대한 전략적 검토를 하였을 것이다. 참여 당사자조직은 각자의 목표를 연합조직의 목표로 할 수 있는지 탐색을 해야 한다. 다음에 목표달성을 위한 각자의 역할 부분을 확인 규명하여야 한다. 결성된 조직을 운영하는 과정에서 역할 수행은 서로의 협조관계에 대한 믿음이 존재해야 한다. 즉 ①연합목표의 공감, ②연합역할배분 ③연합신뢰를 연합마케팅의 3대 정신이라고 하고 싶다. 이와 같은 3대 정신이 연합조직 참여 당사자들에게 스며들어야 연합효과가 실현될 수 있다. 이하에서 이를 설명하겠다.

① 연합목표의 공감 : 연합조직은 개별조직보다 조직내부 또는 해당조직을 둘러싼 외부조직과의 갈등이 생기기 쉽다. 갈등을 조정하기 위해서는 교섭, 설득, 커뮤니케이션이 필요하며 이를 조정비용이라고 한다. 목표에 대한 공감이 우선 확립되어야 이러한 조정비용 발생을 최소화시킬 수 있다. 참여조직은 목표를 비교하되 서로 공감하여야 한다. 목표는 분명하고 실현이 가능할수록, 각 당사자 목적의 겉과 속에 불일치가 없을수록 조직설립에 명분이 있다고 할 것이다. 서로 상충되는 부분이 있다면 조정하는 상호 협의를 통하여 절대적으로 공감이 되어야 하며 공감이 없는 상태에서는 연합조직은 하지 말아야 한다. 만약 목표에 대한 공감이 되어있지 않은 상태에서 연합조직이 결성되어 운영된다면 다음과 같은 문제가 발생한다. 연합조직은 참여조직이 참여농가에 대하여 적극적인 역할을 할 것을 기대하나 농가 및 참여조직은 연합조직에 대한 팔로워십을 발휘하지 않는다. 참여조직은 연합사업을 자사조직의 부분사업으로 인식하여 우선

자기사업에 치중한다. 그래서 출하교섭권을 연합조직에 위임하지 않고 자사조직이 고수하려 든다. 한편 농가는 그날그날의 시세에 관심이 크며, 이제까지의 출하처에 미련을 버리지 못한다. 이러한 원인으로는 연합사업조직의 통합 수발주가 체계적으로 시스템화되지 못하였기 때문이기도 하지만 근본적으로 연합정신이 부족하기 때문이다. 따라서 연합조직이 설립된 후에 과다한 조정비용이 소요되는 것을 막고 원활한 사업추진을 위하여 사전에 이해를 충분히 하고 공감하기 위한 논의가 중요하다고 하겠다.

② **연합역할 배분** : 연합조직을 만들어 사업에 관계하는 당사자는 연합조직, 참여조직, 출하고객이다. 이들은 연합목표를 정점에 주고 각자의 역할을 정의하고 충실히 하여야 한다. 기존의 마케팅 조직과 출하고객과의 단순한 역할 관계가 연합조직이 들어섬으로써 다소 복잡하고 다양한 관계가 나타난다. 종전의 참여조직의 시장 마케팅 기능은 연합조직에서 이루어져야 한다. 연합조직이 존재하는 이유는 아래와 같은 시장에 대한 역할 발휘에 있다.

- 마케팅 활동으로 거래처를 개척하고 고객관리를 전담한다.
- 전체 출하물량의 조정, 거래처별 물량 배분을 하고 참여조직에 대하여 적정한 출하물량 규모를 결정하고 수발주를 조정한다.
- 다른 마케팅 조직과의 연계 협력 대책을 강구한다.
- 마케팅정보를 수집하고 분석하며 이를 참여조직과 출하고객에도 전파한다.

한편 참여조직은 시장에 대한 역할은 연합조직에 맡기는 대신에 아래와 같은 기능은 연합전보다 더욱 강화하여 전문적으로 해야 한다.

- 생산조직 관리, 생산지도 관리(파종, 재배관리, 수확지시), 상품화(공동선별, 품질관리)
- 조달물량을 관리하여 안정적이고 규모화한 공판율을 제고한다.

만약에 이와 같은 역할 분담이 제대로 이루어지지 않으면 연합을 하지 않는 게 낫다. 억지로 하는 연합은 거추장스럽고 불필요한 조정비용만 발생시킬 뿐이다. 가장 형식화한 연합사업은 출하고객은 여전히 자신이 시장출하도 하거나 참여조직이 관내 생산조직을 장악하지도 못한 상태에서 연합조직의 간판만 내거는 일이다. 예를 들면 양구연합사업단은 역할분담이 잘 되어 있는 사례가 된다. 운영은 100% 공동선별·공동계산에 농가들이 판매시기·판매처·판매가격 등을 연합사업단에 위임하는 방식으로 이뤄진다. 농가들은 수확한 농산물을 산지유통센터나 연합사업단이 지정한 장소에 가져다 놓기만 하면 되고, 선별과 판매 등은 연합사업단이 책임진다.

　③ **연합신뢰** : 다수의 사업 참여자가 모여 하나의 비즈니스 조직으로 운영되기 위해서는 상호신뢰를 바탕에 두어야 한다. 참고로 일본 도카치(十勝)연합조직은 기본적인 규칙을 아래와 같이 천명하여 구체적인 사업운영이나 협의에 있어서 늘 염두에 두도록 하였다.

　1. 참여조직은 서로 협력관계를 유지한다,

　2. 정보는 서로 숨김없이 공개한다.

　3. 남모르게 앞질러서 자사조직의 이익만을 추구하지 않는다.

　4. 필요한 경비는 평등하게 배분한다.

　5. 1~4의 규칙을 준수한다면 어느 조직도 회원으로 한다.

연합조직이 초기에는 아직 역량이 숙성되지 않아 이전부터 경험있던 개별조직이 더 잘 할 수 있을지 모른다. 연합효과를 거두기 위해서도 시간이 필요하므로 일단 결성하였으면 인내심을 갖고 중장기적인 시각에서 시행착오를 시정토록 노력하는 것이 필요하다. 그때까지는 신뢰를 기본으로 규율을 정하고 이를 준수하도록 한다. 연합기능이 제 궤도에 오르면 개별조직의 성과수준을 능가할 것이기 때문에 그렇다.

　이제는 연합조직의 파트너에 대하여 검토할 차례이다. 연합조직참여에 대한 검토 단계에서 누구와 함께 사업을 할 것인지를 검토하는 것은 매우 중요하다. 연합조직이 결성된 후에 과다한 조정비용이 소요되는 것을 막고 원활한 사업추진을 위하여 파트너와 이해를 충분히 하고 공감하기 위한 분석과 논의가 필요하다. 이러한 절차가 잘 진행된 연후에 원활한 사업추진이 가능할 것이다.

자사는 파트너에 대하여 만족하는지, 또한 그 파트너와 조직설립을 위한 협의 진행은 협조적으로 이루어질 것인지 등도 아울러 생각할 필요가 있다. 그리고 연합조직을 해체할 경우, 말하자면 연합조직 성과의 평가문제인데 이 점도 검토의 시야에 들어간다. 최적의 참여파트너는 다음과 같은 조건을 갖추면 적합해 보인다.

- **상황인식** : 참여 조직은 현상파악을 정확히 하고 있다. 지역 내 관계자도 참여하여 해결해야할 문제점이 충분히 노출되었고 위험을 경감한다는 합의가 있어 대비책도 가능하다.
- **합목적성** : 서로가 명확한 목적과 목표를 알고 있어 공감이 이루어져 요망되는 규모화 · 전문화 · 참여화는 달성 가능해 보인다.
- **파트너와 관계성**
- **구성적정성** : 자발적 합의에 기초하여 구성한다. 참여 조직화는 공평하다고 믿으며 각 조직의 CEO 태도도 협조적이다.
- **보완성** : 소기의 성과 달성을 위한 상호 적합한 조건을 갖고 있다.
- **추진성** : 조직화 진행에 상호 협조적이다.
- **자금조건의 적합성** : 규모, 조달, 운용계획 등이 구체적이다.
- **수익성** : 수익과 비용 모델 대응관계가 적정하다.
- **마케팅 역량** : 마인드, 전략, 추진수단이 명확하며 구성인력에 역량이 있어 보인다.
- **성과처리 적정성** : 손익과 잉여금 배당방식이 구체적이다.

2. 연합조직 설계

연합조직을 결성하는 조직 설계는 어떠한 모습으로 하여야 할지를 검토해야 한다. 검토의 대상 전체인 연합조직의 유형에는 어떠한 것이 있는지 살펴본다. 유형을 나누는 기준은 다양하다. 즉 법인인지 아닌지, 운영주체 조직이 신설되는 것인지 아니면 연합에 참여하는 조직의 하나가 주체가 되는 것인지, 연합업태가 유통설비를 보유하여 운영하는지 아니면 마케팅 전문조직인지, 경제적 특성이 어떠한지, 연합조직간 상호작용의 범위에 따른 권역이 어떠한지에 따라 유형은 다양하다. 연합조직의 유형분석을 통하여 연합조직 특성을 이해할 수 있다. 그러면 실제로 조직화 실무에 임하여 연합조직에 대한 올바른 관점을 갖고 최적의 조직형식을 선택할 수 있게 된다. 조직형식이 잘 구성되어야 연합조직 효과가 발휘될 수 있고 조정비용을 최소화할 수 있는 기초조건이 되는 것이다. 또한 연합조직 유형선택은 해당 산지문제를 해결하기 위한 전략적 선택이라고도 할 수 있다. 표 5-1은 다양한 연합조직의 유형을 보여준다.

연합조직 유형선택의 예를 들어 보자. 어떤 산지에 APC를 보유하고 있는 마케팅 조직이 그 지역의 다른 3개 조직과 연합마케팅 조직을 구성하려 한다. 여기서 의사결정은 연합조직이 연합업태에서 APC를 관리하는 「APC 연합」을 할 것인지 아니면 연합조직은 시설관리 부담 없이 마케팅을 전문으로 하는 「마케팅 연합」으로 할 것인지를 결정하는 일일 것이다. 만약 전자를 선택한다면 별도의 법인을 구성하여 기존 APC 보유 마케팅 조직과 연합조직과의 관계설정을 새롭게 해야 한다. APC 관리조직은 그동안 관리하던 APC를 연합법인에 현물 출자의 형태를 취할 것이다.

이어서 다른 3개 개별조직의 「APC 연합」에 대한 출자 문제가 검토되어야 하고 출자액 규모결정 및 APC 경영손익 분담 방식을 정해야 한다.

표 5-1 연합조직 유형화 기준 및 내용

기 준	유 형		내 용
법인화	독립법인		대표이사가 등기되어 있는 회사조직같은 형태
	비법인		개별조직의 연락사무형태에서 마케팅 기능·수행
운영 주체	대표조직		참여조직 중 일부조직이 연합조직 역할
	제 3조직		참여조직들이 별도의 연합조직을 구성
조직 성격	농협연합		농협조직들이 모여 결성한 연합조직
	혼성연합		농협조직과 민간조직이 결성한 연합조직
	일반연합		농협참여 없이 민간 조직이 결성한 연합조직
연합 형태	마케팅전문연합		시설 소유·관리 않고 시장과 출하조직의 판매중개 역할
	종합 연합	APC연합	APC 법인자체 보유 또는 관리 책임하에 마케팅 운영
		RPC연합	쌀 도정을 중심으로 마케팅 관리·운영
		가공연합	가공사업 중심 시설을 보유 또는 관리 책임 마케팅 운영
경제적 특성	규모연합		다품목 다량 취급
	품목연합		특정 품목을 중심으로 연합
	지역연합		행정 구역을 권역으로 하여 연합
	기능연합		수송연합, 설비이용연합, 브랜드연합 등 특정 기능 연합
연합 권역	기초연합		권역범위가 한정된 단일 연합창구 조직
	확장연합		복수의 기초연합 조직간의 연합
	광역연합		참여연합조직의 사업권역이 시공간적으로 광범위함

만약 「마케팅 연합」으로 한다면 APC는 여전히 기존 조직의 관리 하에 놓여 있고 다른 조직들은 이용에 따른 선별료를 지불하면 된다. 당연히 판매는 연합조직이 전담한다. 법인화를 위한 출자관련 번거로움은 생기지 않을 수도 있다. 대신에 연합조직에 대한 인력파견의 과제가 생길 수 있다. 또한 그 APC에 출하조직의 범위를 인근 군에 소재하는 마케팅 조직

에게까지 개방하기로 하였다면, 즉 위 표에서 연합권역은 「광역연합」이 되고 개방하지 않는다면 「기초연합」이 된다. 전자를 선택한다면 각 군별 브랜드 사용 문제가 복잡해질 수 있다. 그렇지만 품목에 대한 규모화가 더욱 강력해져 시장에서 경쟁력을 높일 수 있다. 이처럼 연합조직 형태의 선택은 매우 중요한 의사결정이다. 잘못된 선택은 연합조직의 실패를 가져올 수 있다. 그러므로 연합조직 선택시 고려해야할 요소들에 주목할 수밖에 없다. 각 연합유형 선택이 가져오는 영향요소에는 어떠한 것이 잠재하여 있는지 주도면밀한 분석이 필요하다.

2.1 법인화 : 독립법인 vs 비법인

연합조직 구성은 법인 또는 비법인이든지 참여자들 사이에 협력과 몰입 수준을 높이고 지속적 연합효과가 발휘될 수 있게 하는 조직형태를 지향한다. 어떤 경우는 일반 기업회사 조직처럼 법인조직으로 하는 것이 필요할 수도 있지만 영세한 산지조직간에 법인화하지 않더라도 소기의 마케팅 효과를 거둘 수도 있다. 여기서는 법인화와 비법인의 조건이 어떠한지 탐색하고자 한다.

- 법인화가 적합한 경우 : 연합 조직화는 하나의 경영조직체의 전략적 제휴로서 비지분 제휴 또는 출자를 통한 제휴로 구분할 수 있다. 이 중에서 법인화는 출자를 통한 제휴로 비지분 제휴보다 많은 상호 통제와 지배구조 관계정립이 요구되는 제휴관계라고 할 수 있다. 외관 상으로는 법인이 비법인보다 강력하고 안정적인 형태로 보인다. 농협 법상의 '조합공동사업법인', 농업·농촌 및 식품산업 기본법상의 '농업회사법인' 등이 농업계의 법인형태의 예가 된다. 참여조직간에 상호 몰입을 강제화하는 수단이라고 할 수 있으며 별도의 자회사를 설립하는 형식이기도 하다. 따라서 다음과 같은 경우에 적합하다

고 하겠다.

- 자원과 역량의 통합·조정이 더욱 강력히 요구되는 사업부문
- 명확한 손익배분을 통하여 리스크의 분담 차원
- 자본규모가 크고 장치자본 설비투자가 필요한 경우
- 사업물량 취급규모가 크고 연중 사업의 진행이 가능한 경우
- 참여조직수가 많아 의사결정과 집행기구의 분리운영을 명확히 할 경우

● **비법인화가 적합한 경우** : 제휴형태로서 지분 참여나 참여자간 지분 교환 없이 시장거래(계약)보다 복잡한 계약 구조를 도입하는 것이다. 일반적으로 거래 계약관계보다 지속성이 높다. 농산물 유통에서 산지 간 영세조직간의 경쟁이 치열한 가운데 자기조직의 독립성을 견지하면서 시장 마케팅 부문에 대해서 특화하여 법인조직 구성과 같은 경직적인 기관을 만들기보다 탄력적이고 유연하게 조직화하는 형식이라고 할 수 있겠다. 다음과 같은 경우에는 법인조직을 만들기보다는 상호협약에 의한 연합조직체가 적합하다.

- 참여조직간의 번거로운 절차의 합의가 어려운 경우이다.(현물출자의 평가, 참여조직의 이해관계 조정의 어려움, 참여조직간 조직문화의 이질성, 지배구조 결정에 대한 주도권 다툼 등 형식적 절차에 장애가 있는 경우)
- 사업추진 기간이 계절적이어서 연간 사업진행이 어려운 경우
- 사업물량 취급이 많지 않은 경우
- 참여 조직수가 적어(약 4개조직 이내) 당사자간 교섭 조정비용 발생이 크지 않은 경우
- 출자규모가 적어 법인조직이 형식화 하거나 실효성이 적은 경우
- 법인화 조직구성에 이르기 전에 협력시스템 구축 운영의 전단계로써 필요한 경우

● 법인화하는 경우 조직당사자외 출자참여 문제

  – 지자체의 참여 경우 : 지자체는 지역 농업 활성화를 위하여 중요한 역할을 하며 실제 영향력이 크다. 연합조직의 법인화 출자자로 참여할 수 있으며 농업의 비중이 큰 지자체일수록 참여 동기가 크다. 특히 부족한 산지유통설비 인프라 구축을 위하여 지자체의 투자지원은 필요하며 마케팅 조직의 인적자원과 결합하면 시너지 효과를 거둘 수 있다. 그러나 지자체의 참여와 지원은 연합조직의 포괄적 방향설정이나 정례적 의사기구 참여에 머무는 것이 적정해 보인다. 시장거래 영역 부분은 연합조직 고유의 집행사항으로서 행정목표와는 다른 점이 있으므로 연합조직의 집행책임자의 재량권에 일임하여야 한다.

  – 출하고객의 개인출자 경우 : 출하고객도 대형농가의 거액 출자자도 있고 소액 다수 출자자도 생각할 수 있다. 어느 경우이든지 출하고객의 출자와 출자에 따른 권리주장은 정관에 명시하여 분명히 하여야 한다. 출하고객의 출자는 대규모 자본의 조달편리성, 시설이나 조직이 나의 조직이라는 참여의식의 조장 등 긍정적 측면이 있다. 부정적 측면은 사업방침에 지나친 개입으로 사업추진 방향에 혼동을 가져올 수도 있다는 것이다. 따라서 출자를 하더라도 의사결정 기구의 참여는 배제하고 배당의 조건을 정하지 말아야 한다. 어디까지나 출하고객은 연합조직 사업이용의 주체이므로 주식회사처럼 배당수익의 요구를 할 수 없도록 명시한다. 출자 지분의 양도와 매매도 허용하지 않는다. 이는 출하고객의 출자금은 연합조직에 가입금 성격을 부여하여 번거로운 출자금 관리의 행정부담을 연합조직에게 지우지 않는 것이 연합조직 본연의 구성취지에 적합해 보인다.

  – 기타 출자자 문제 : 예를 들어 비농업계 기업, 즉 구매고객 유통업

체 또는 출하고객 이외의 개인의 출자확대에 대한 문제이다. 이는 연합조직의 정체성 유지와 연합조직의 성과제고 가능성을 비교 저울질하여 검토하여야 한다. 외부출자가 확대되면 연합조직과 밀접한 사업연계, 사업자금의 보충 등 유리한 점은 있을 수 있다. 그렇지만 부정적 측면도 간과할 수 없다. 만약에 외부출자자의 지배구조 참여확대는 연합조직이 산지 지배를 위한 계열 조직으로 될 수가 있다. 또한 사업집행 과정에서 이해관계에 얽매여 공정하고 객관적인 사업추진에 지장이 생길 수 있다. 따라서 의결권 제한뿐만 아니라 일상의 사업추진에 간섭을 배제하는 제도적 장치를 강구한다. 출하고객 개인이 출자하는 경우에 준하여 취급한다.

2.2 운영주체 : 대표조직 vs 제3조직

연합마케팅의 핵심 기능인 거래교섭권 행사와 관련된 기능을 어떤 조직에서 할 것인지를 다루는 문제이다. 「대표조직」은 연합마케팅에 참여하고자 하는 기존의 여러 개별 마케팅 조직중의 어느 한 조직이 담당하는 것이다. 「제3조직」은 기존의 조직이 아닌 신설된 조직이 핵심기능을 담당하는 것을 말한다. 여기서 말하는 「제3조직」은 실질적으로 기존조직과의 이해관계에서 중립적인 입장으로 사업을 수행하는 조직이다. 연합 이전에는 서로 경쟁관계이던 조직이 연합을 한다고 하더라도 사업을 서로 주도하려는 심리가 작용한다. 심지어 어떤 조직은 자기사업이 연합조직에 넘어가 자기지역에 불이익이 생길 수 있다고도 생각할 수 있다. 연합사업의 성과를 거둘 수 있는 운영주체 방식을 결정해야 한다.

- 대표조직 주도 : 연합조직의 구성절차가 간단하다. 독주가능성을 막고 참여조합의 불만사항 등을 잘 조정할 수 있다면 마케팅효율이 발휘될 수 있는 장점이 있다. 연합규약을 잘 정비하여 시스템화 시키

는 것이 필요하다. 다음과 같은 경우 대표조직 주도가 바람직해 보인다.

- 연합에 참여하는 조직 중에 특정조직이 인력도 우수하며 마케팅 능력이 뛰어나 보인다.
- 특별한 유통설비를 갖고 있다.
- 취급물량이 다른 조직에 비하여 월등히 많다.
- 최대지분을 갖고 있어 연합조직 경영에 실질적인 영향을 가장 크게 받는다.

- 제3조직주도 : 참여조직간에 서로의 권리와 의무를 인식하여 대등한 관계에서 조직이 구성된다면 결속력이 높다. 공정하고 객관적인 사무처리도 가능하다. 다만 조직 구성절차가 복잡하여 조직구성원 관리 매뉴얼이 정립되는 것이 필요하다. 다음과 같은 경우에 적합하다.
- 참여조직들 사이에서 마케팅 능력이나 취급물량 규모에 특별한 우열이 없다.
- 조직들 사이에 평등의식이 강하게 작용하여 특정 조직이 사업을 주도해 나가는 것에 대하여 탐탁하게 여기지 않는다.
- 취급품목이 참여 조직간에 서로 달라서 각 조직의 전문성이 골고루 발휘되어야 한다.
- 사업 규모가 커짐으로써 운영의 효율을 높이기 위하여 별개의 조직이 필요하다.

2.3 조직성격 : 농협연합 vs 혼성연합 vs 일반연합

산지의 마케팅 조직은 다양하다. 농협을 비롯하여 영농조합법인, 농업회사법인, 일반유통회사 등이 산지조직간 경쟁을 벌이고 있다. 농협도 지역농협과 품목농협이 집하부터 시장판매에 이르기까지 전 유통단계에서 경쟁을 벌이고 있는 것이 현실이다. 적정한 연합조직화를 통하여 산지 발전과 자사조직의 이익을 도모하고자 한다면 조직의 태생적 성격에 구애받을 필요는 없다. 만약에 산지조직의 성격에 따라 조직간 연합이 되고 안된다는 선을 그어 놓는다면 근본적으로 연합인식이 잘못되어 있는 것이다. 그러면 영세한 산지조직의 난립은 좀처럼 시정되지 못하고 산지조직 비용만 증가하여 결국 고비용 유통구조 현상에서 벗어나지 못하는 후진적 모습이 계속될 것이다. 연합은 서로 조직간에 시너지를 발휘시키자는 것이므로 잡종조직이 결합하여 강력한 우월적 조직을 출현시켜야 한다. 그렇게 되면 다음 단계에서 자연스럽게 영세조직은 도태하여 적어도 시군 단위 권역에서 단일화된 마케팅 창구가 구축될 날이 하루빨리 다가오는 것이다. 이렇게 된다면 개별 산지의 유통비용은 절감되고 나아가서 유통의 사회적 비용은 감소되어 영세산지의 교섭력이 향상될 소지가 커진다고 하겠다.

- **농협연합** : 농협에는 협동조합간 협동의 원칙, 농협중앙회의 연합촉진 지원, 합병이 이루어지기 어려운 사정이 존재한다. 이미 계통조직의 질서있는 마케팅을 위하여 연합조직화가 활발하게 진행되고 있다. 산지에서 가장 강력한 마케팅 조직을 지향하고 있지만 아직은 잠재적 기대에 그치는 경우가 많다. 산지에서 우뚝 선 강력하고 규모화한 마케팅 조직이 되기 위하여 연합이라는 수단이 절실히 요구된다. 다음과 같은 이점이 농협간 연합에는 작용하기 때문에 각 농협들은 잘 활용하여 연합성과를 거양토록 하여야 한다.
  - 다른 조직에게는 불가능한 연합회로서 중앙회의 수준 높은 지원을 받는다.
  - 정부정책의 협력적 수행자로서 지원을 활용하는 이점이 있다.
  - 금융사업부문, 영농자재 공급사업, 영농지도사업 등 공동판매사업과 연계시킬 수 있는 시너지 작용으로 출하고객과 밀착된 관계형성

에 강점이 있다.

- **혼성연합** : 농협과 비농협의 마케팅 조직간 연합이다. 연합으로 경영은 기업경영의 능률주의가 작용하고, 사업의 이념은 협동조합 정체성이 스며들어 일종의 자본경영주의와 협동조합주의의 융합이라고 할 수 있겠다. 농협의 약점은 상대적으로 일반 산지 마케팅 조직보다 전문성이 떨어지는 점이 있다. 다양한 사업을 펼치므로 인력들이 마케팅 부문에 몰입도가 낮고 설사 전문성을 갖춘 인력이 존재하더라도 해당 분야에 평생 종사할 수는 없다. 농협의 강점은 출하고객과 다양한 사업관계에서 접촉이 자주 이루어지며 지역사회에서 조직의 영속성으로 신뢰성이 다른 조직보다 높다. 비농협의 다른 마케팅 조직은 사업활성화가 생존의 문제와 직결되기 때문에 사업에 대한 몰입도가 높고 지속적이다. 다만 조직에 대한 신뢰면에서 농협보다는 약한 면이 있다. 두 조직간의 연합은 서로의 강점이 발휘되고 약점이 보완되는 시너지 효과를 창출한다. 예를 들어 본다. 풀빛 영농조합과 농협은 기능연합관계를 맺어 역할 분담을 하였다. 농협은 계약재배와 물량수집을 전담하고 풀빛 영농조합은 산지유통센터를 경영하는데 선별 및 포장·수송·영업 및 마케팅 기능을 수행하였던 것이다. 두 조직이 서로 잘 하는 부분에 특화하여 강점을 살린 것이다. 이제는 농협대 비농협의 적대적 경쟁관계의식을 버려야 한다.

- **일반연합** : 비농협 마케팅 조직간의 연합이다. 급속하게 변화하는 유통환경에 효율적·능동적으로 대응하는데 적합하게 기업경영마인드에서 나오는 전략적 제휴의 일환으로 연합형식을 갖는 것이다. 가장 유연하고 규모화 가능성이 큰 연합방식으로 일반 기업도 참여시키면서 진취적으로 확장가능한 연합형태이다. 경영수익 실현이라는 단일화된 목표에 의사결정과 집행이 통일된다. 일반유통조직에는 농협에 적용되는 제약사항이 없으므로 비례성에 입각한 의사결정과 거래관

계, 고객 대응이 자유롭다. 다음과 같은 요인들이 일반연합을 촉진한다고 하겠다.

- 조직연륜이 짧고 사업체계가 취약하여 보완적 서포트를 필요로 한다.
- 농협중앙회와 같은 컨트롤 타워 형식의 지원기구가 없어 스스로 문제해결 사항에 직면한다.
- 인재의 채용과 관리육성, 자금 조달과 운용, 설비투자 등에 애로를 느낀다.
- 연합조직간에 공통적 아웃소싱 분야의 개발도 가능하여 비용절감에 도움이 될 수 있다.
- 기술역량과 마케팅 역량의 불균형 등 가치사슬에서 강약점이 보완될 여지가 있다.

2.4 연합형태 : 마케팅 전문연합 vs 종합연합(APC : RPC : 가공공장 +마케팅)

연합형태는 연합조직의 사무 범위를 기준으로 구분한다. 「마케팅 전문연합」은 구매고객에 대한 마케팅활동을 위주로 한다. 「종합연합」은 「마케팅 전문연합」의 마케팅 활동에 플러스 하여 집하체계 관리와 유통설비 경영관리를 함께하는 조직형태를 말한다. 집하체계 관리는 중요한 연합조직의 기능이기 때문에 「마케팅 전문연합」에서도 관여를 하여야 한다. 유통설비는 청과물인 경우에는 APC, 쌀인 경우 RPC, 가공식품인 경우에는 가공공장이 있다. 유통설비 운영을 연합조직의 기능으로 하느냐 하지 않느냐에 따라 조직경영의 가치사슬이 확연히 다르다. 유통설비를 운영하면 연합조직이 직접 현물을 설비에 입고시키고 선별작업을 하며 재고관리를 하여야 한다. 또한 관련된 작업원에 대한 노무관리뿐만 아니라 고정설비에 관리회계도 함께 수행하여야 한다. 따라서 연합조직의 경영성과 평가 기준이 달라진다. 그러면 각 조직형태를 선택하는 기준이 될 수 있는 몇 가지 관점을 언급하여 조직선택에 시사하는 바를 나타내고자 한다.

- 기능전문화 관점 : 가급적 연합조직의 기능은 전문화되어야 한다. 연합조직 입장에서 아웃소싱할 부분은 아웃소싱하고 핵심 기능에 몰입하는 것이 바람직해 보인다.

- 물량집하 유인관점 : 연합조직과 설비경영관리를 분리시키면 참여 조직들의 설비 공동이용이 잘 안될 수도 있다. 설비관리는 참여조직중의 어느 한 조직이 담당할 것이다. 따라서 참여조직간에 각 조직이 관리하는 물량은 전적으로 해당설비를 이용토록 합의가 철저하게 준수되어야 한다. 만약 그 합의가 잘 지켜지지 않을 것 같다면(각 참여조직간의 정서적 관계 때문에) 「종합연합」으로 하여 연합조직이 제3의 조직으로서 설비를 관리토록 하고 연합참여 협조의식을 조장한다. 거점 유통설비나 특별한 현대적 설비 투자가 시작되면서 연합조직이 구성되는 경우에 「종합연합」이 적합하다. 기존 어느 조직에서 설비를 가지고 있던 것이 아니기 때문에 공동이용 참여가 촉진될 수 있다.

- 연합조직 경영부담 관점 : 「마케팅 전문연합」 경영손익 부담 적다. 「종합연합」은 설비경영과 마케팅 활동을 겸하므로 관리부담이 커져 CEO의 경영능력 발휘가 요구된다.

- 사업수행 계절성 관점 : 취급품목의 계절성으로 연중가동이 어려운 경우는 설비가동조직을 별도로 정하고 연합조직은 「마케팅 전문연합」으로 하는 것이 적정해 보인다. 예를 들어 동일한 조합공동사업 법인이라도 청과물의 경우와 쌀의 경우를 비교하여 보면 통합RPC가 연합마케팅 효과가 잘 나타나는 사례가 APC 경우보다 많은데 이는 연중 시설가동 능력과 관계가 있다.

- 본원적 활동 가치사슬연계 관점 :「마케팅 전문연합」은「종합연합」
  보다 제품 개발, 수발주 작업과 마케팅 활동의 연계가 지체될 수
  있다. 이것은 마케팅 연합과 설비관리 조직간의 팀워크 문제인데
  동일한 조직 안에서 관리가 이루어지는 것과 그렇지 않은 경우의
  차이라고 보면 된다.

2.5 경제적 특성 : 규모연합 vs 품목연합 vs 지역연합 vs 기능연합

연합조직을 경제적 특성별로 구분하는 것은 이제까지 언급한 연합조직
구성 기준과는 다소 성격이 다르다. 기능연합을 제외하고는 반드시 어떤
선택의 문제라기보다는 연합조직 특성의 규명과 가깝다. 대개의 연합조직
은 복합적 요소를 모두 가지고 있는 경우가 있지만 중심된 특징을 찾아
내 나름대로 유형화 할 수 있겠다. 이러한 유형화는 연합의 목적을 보다
분명히 할 수 있고 분석적 사고를 형성하며 향후 확장적으로 지향해야
할 연합조직의 모습을 그리는데 유용한 착안점을 제공하리라 믿는다.

- **규모연합** : 개별조직 단위의 특별한 취급품목의 특성에 비중을 두지
  않고 규모의 경제의 이점을 살리기 위하여 취급물량을 크게 하는 연
  합이다. 즉, 다품목 다량의 구색을 갖고 있는 연합조직이라고 하겠
  다. 구색을 갖춘 산지로서 상품관리가 잘 이루어지면 구매고객에게
  다품목의 일괄공급이 가능하다. 만약 유통설비를 운영한다면 가동률
  을 제고할 수 있는 장점도 아울러 갖게 된다. 조직관리 측면에서는
  다품목을 취급하다 보니 참여조직수도 많아져 관리에 어려움이 예상
  되어 팀워크를 잘 이루어야 하는 것이 과제라고 하겠다.

- **품목연합** : 특정 품목에 한정하여 연합하는 조직이다. 행정적, 지역
  적 구분의 경계를 넘어서서 마케팅 관련 의사결정을 통일한다(참다
  래 유통사업단, 햇사레 연합사업단). 단일 품목이기 때문에 연합의
  목적이 분명하고 연대감도 강하며 조직구성과 내부관리가 용이하다

고 할 수 있겠다. 가장 큰 장점은 전국의 품목간에 수평적 연대가 가능하여 강력한 교섭력을 행사할 수 있는 잠재력을 가지고 있다는 것이다. 컨트롤타워 조직을 설치하고 여기서 지휘 통제하면서 구매고객에게 공동대응을 해 나간다면 대항력 발휘가 가능하다. 가장 이상적인 마케팅 역량 발휘방식이라고 할 수 있겠다. 그러나 연합조직 활동시기가 특정기간에 한정되어 개별 연합조직 입장에서는 법인화 운영이 경영부담이 될 수 있다.

● **지역연합** : 관할 행정구역 또는 일정 경제권역을 중심으로 지역내 개별 마케팅 조직이 연합하는 것이다. 경기 안성지역 연합이 여기에 해당한다. 지방자치단체의 행정적 지원을 이끌어 내기가 쉽다. 연합조직 구성이 쉽고 연합조직간 이질감이 적어 운영도 원활하게 이루어질 수 있다. 그러나 지역에 한정된 연합조직은 좀더 광역화되고 품목별로 확대된 연합조직의 발전지향 측면에서 한계가 생길 수 있다. 특히 지자체의 관여가 심한 경우 행정권역을 벗어난 연합조직 광역화에 제약을 받을 수 있다.

● **기능연합** : 거래교섭권의 통일 단계에까지 발전하지 못하여 부분적인 유통기능 단계과정에서 이루어지는 연합기능이다. 이러한 부분적인 연합이 나중에 본래 의미의 연합마케팅 조직으로 발전할 수 있는 계기가 된다.

① **수송연합** : 가장 기초적인 기능연합이다. 대량수송을 통한 단위 물량당 수송비의 절감을 위하여 비교적 중장기적으로 대량의 수송계약을 맺어 수송물량의 연합을 이루는 형태이다. 일본 나가노 경제련의 연합마케팅의 출발점은 조합원들에게 수송비절감을 보여준 것이 계기가 되어 오늘날과 같은 발전을 이룩하였다.

② **설비이용연합** : 설비를 소유하고 있지 않은 조직이 설비를 공동으로 이용하고 이용료를 납부하는 연합이다. 이용조직은 별도의 고정투

자를 할 필요가 없고 설비제공 조직은 설비이용의 가동률을 높여
서로 이익이 되는 연합이다. 설비도 이용하고 공동선별, 공동계산의
단계에까지 도달한다면 본래의 의미의 연합마케팅이라고 할 수 있
겠다.

③ 브랜드연합 : 브랜드 사용기준이 사전에 설정되어 있어 이러한 조건
을 충족시키는 상품의 경우에만 브랜드를 사용할 수 있도록 하는
연합이다. 지역대표 농산물 또는 공동사용자에 대한 이미지를 전체
적으로 통일하여 효율적인 이미지 관리로 브랜드 파워를 강화하는
이점이 있다.

2.6 연합권역 : 기초연합 vs 확장연합 vs 광역연합

연합권역화는 연합조직의 범위 문제와 연합조직간 연합이라는 관계성
을 포함한다. 산지 마케팅 조직이 1차적으로 연합하였더라도 시장에서
바라보면 여전히 그 마케팅 조직은 영세한 수준을 벗어나지 못할 수 있
다. 그리고 전략적으로 연합조직간 공동협력이 필요할 경우도 있다. 이러
한 경우 초기부터 광범위하게 연합조직을 구성할 수도 있겠지만 우선 기
초적인 연합조직을 구성한 연후에 2차적으로 연합조직간 차원 높은 전략
적 제휴관계를 만들어 갈 수도 있는 것이다. 2차적 연합조직을 「확장연
합」과 「광역연합」으로 하는데 구분 기준은 관계적 상호작용 당사자의 수,
산지 범위, 연중 협력지속기간의 장단 등이다.

- 기초연합조직 : 개별 마케팅 조직이 참여하여 연합창구를 구성한 1
  차 연합조직이다. 1차 연합조직은 연합창구 - 마케팅 조직 - 생산자조
  직의 계층구조를 갖는다. 계층간에 철저한 역할 분담이 이루어짐은
  전술한 바와 같다. 현실적으로 시군단위 수준을 기초연합조직으로 보
  겠지만 작목별 특화계수[7])가 전국적 순위에서 매우 높은 주산지는 시

군단위에서도 복수의 기초연합조직이 있을 수 있다. 예를 들어 성주 참외는 2009년 전국 참외 재배면적의 71%를 차지하는 단연코 1위 산지이므로 시군단위연합조직이라고 하더라도 기초연합조직 차원을 넘어서는 것이다.

- 확장연합조직 : 연합마케팅 전개 규모가 기초연합조직에서 더욱 확대되어 연합조직간 전략적 연합을 이룩할 수 있는 경우를 상정할 수 있다. 연합조직간 제휴적 상호작용이 존재하기는 하지만 당사자 수가 소수이고 일정 권역에서 상당히 제한적이라면 「확장연합」이라고 하겠다. 예를 들면 어떤 기초연합조직이 어떤 품목을 동일한 시기에 출하하는 경우에 특정한 한 개의 경쟁산지조직과 제휴를 하여 출하시장을 나눈다거나 부족물량을 서로 공급받아 거래처에 대응하는 경우이다.

- 광역연합조직 : 광역연합조직은 「확장연합」 조직보다도 상호작용하는 연합조직의 수가 다수이고 협력사업 기간이 연중 진행되거나 지역적으로 전국적인 경우이다. 「광역연합」 조직의 개념으로 연합마케팅의 연계 범위는 광범위하며 본래의 연합마케팅이 성과를 발휘하기 위해서는 광역화된 산지 전체를 연합마케팅 전개를 위한 조직화 대상으로 시야에 넣어 두어야 함을 시사한다. 또한 연합조직은 고정화된 기관이 아니라 동태적으로 변화하는 특성을 갖는다는 것을 알 수 있다. 광역연합조직이 활성화되기 위하여 각 조직을 조정하는 컨트롤타워의 역할이 필요하다(예 : 농협연합사업에서 농협중앙회의 역할). 그리고 비교적 표준화가 쉽고 제품기준이 잘 정립되어 있어야 하겠다.

---

7) 어떤 작목이 어느 지역에 집중적으로 생산되고 있는가를 판단하는 지표로 이용한다. 특화계수는 다음과 같은 산출식으로 계산하며 특화계수가 1보다 크다면 그 지역의 특화작목이라고 하겠다.

$$특화계수 = \frac{i산지\ j작목\ 식부면적\ /\ i산지\ 총식부면적}{j작목\ 전국식부면적\ /\ 전국의\ 총식부면적}$$

2.7 연합조직설계 최적화 믹스

　연합조직 참여에 대한 합의는 연합조직의 목표에 공감하며 참여조직간
에 역할배분을 이해하고 조직의 운영에 임하여 서로를 신뢰하겠다는 뜻
이 담겨 있다. 조직구성의 6가지 요소를 결정하는 과정에서 합의정신이
구체화되고 참여조직의 역량들이 테스트를 받는다. 참여조직들이 처한 상
황에서 최적의 선택이 이루어져야 한다.

　그림 5-1은 기술한 연합조직 구성요소 선택의 최적화 믹스 모습을 보
여 준다. 모든 요소들이 적합하게 선택되어 전체적으로 최적의 연합조직
이 구성되는 방향성을 나타내고 있다.

그림 5-1 연합조직설계 최적화믹스

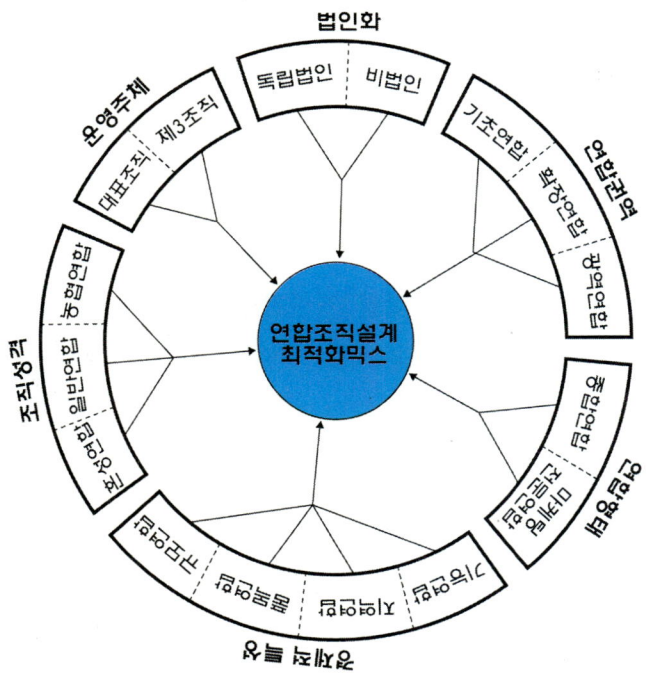

여기서는 종합적으로 6가지 요소별로 핵심적 사항을 정리해보기로 한다.

「법인화」 여부는 장래 발전적인 모습이 법인화일 수 있지만 법인조직이 만들어지면 복잡한 지배구조, 의사결정 기구와 집행기구와의 조정관계가 생기므로 실효적 사업성과 제고와 조직을 유지하는 고정비용과 조정비용을 잘 감안하여 법인화여부를 결정해야 한다. 현실은 법인화하여 놓고 오히려 법인화 이전보다 연합조직 경영에 어려움을 겪어 법인을 해체하는 경우도 있다.

「운영주체」는 어떠한 조직으로 정하여지든지 객관적이고 공정하게 사무처리를 하여야 한다. 기존의 자사조직에 편향적인 태도를 보이면 연합조직은 오래 가지 못하고 와해된다. 그러한 믿음이 있으면 조직비용을 줄이고 효율적인 조직운영이 가능하여진다. 그래서 연합신뢰의 힘이 매우 중요한 것이다.

「조직성격」의 선택은 합리적 사고를 밑바탕에 깔고 있다. 산지 마케팅 조직 주체들은 이제는 '경쟁과 협력', '적과의 동침'과 같은 전략적 제휴가 글로벌 기업경영에서는 일반적인 전략이라는 점을 알아야 한다. 공생공존을 위해서 자사조직문화의 낡은 사고는 집어던져야 한다.

「연합형태」의 선택은 전술한 5가지 관점에 충실하면 된다. 체크리스트 항목을 만들어 각 관점이 어느 조직 형태로 기우는지 검토한다. 다만 산지조직이 직면한 상황에서 관점별 가중치는 달리할 수 있다. 경영손익을 우선시하는 경우와 사업의 성과거양을 우선시하는 경우를 예로 들어 본다. 전자의 경우라면 '연합조직 경영부담 관점'의 가중치는 '본원적 활동 가치사슬연계 관점'의 가중치보다 높고, 후자라면 그 반대가 된다.

「경제적 특성」은 처음에는 개별 산지 마케팅 조직이 직면한 환경에 영향을 받을 수밖에 없다. 연합조직의 구성은 기능연합의 유형에서 알 수 있듯이 처음부터 이루어지는 것이 아니고 쉬운 부분에서부터 서로 합의점을 찾는 것이 중요하다는 점을 시사한다. 기능적 확장과 연합조직의 외

연적 확대 가능성이 얼마든지 있는 것이다. 품목연합이 확장연합과 광역
연합으로 진화하는 것을 상상해보라.

「연합권역」은 연합조직 발전의 비전을 보여 준다. 개별연합조직 또는
기초연합조직은 산지 마케팅 조직의 진화 모습이 전체적으로 어떠한 것
인지 알아차렸을 것이다. 지금의 모습은 어디까지 왔는지 앞으로 어떠한
마케팅 조직 모습을 추구해야 하는지 말이다. 꿈이 없는 산지조직에는 활력
이 있을 수 없다. 산지 마케팅 조직의 진취적인 발전모습이 여기에 있다.

3. 연합조직 운영

3.1 참여주체 분담역할 실행

연합마케팅 효과가 발휘되기 위해서는 참여조직과 연합조직 사이에 서
로의 역할을 분명히 정하고 충실하게 실행하여야 한다. 연합조직 결성으
로 핵심적인 두 관계가 새로 생긴다. 하나는 당연하지만 연합조직과 참여
조직과의 관계이며, 다른 하나는 참여조직간의 관계이다. 이 밖에도 연합
조직은 참여하는 연합조직의 생산조직과도 부분적인 기능관계가 형성되
고 다른 마케팅 조직과도 연합기능 발휘와 관련된 관계가 생긴다. 그림
5-2는 연합마케팅과 관계를 맺는 다양한 주체들과의 역할 관계 모습을
나타내고 있다.

- **연합조직과 참여조직과의 역할관계** : 기본적으로 시장 마케팅과 관련
  된 기능은 연합조직이 맡는다. 참여조직은 출하고객의 조직화와 집하
  관련 기능을 그 임무로 한다. 이러한 분담이 연합조직의 정상적 운영
  에 가장 중요한 대원칙이다. 거래교섭권이 연합조직에 있음은 두말할
  필요가 없다. 즉, 연합조직의 기능은 구체적으로 다음과 같아야 한다.

그림 5-2 연합마케팅 주체 역할관계

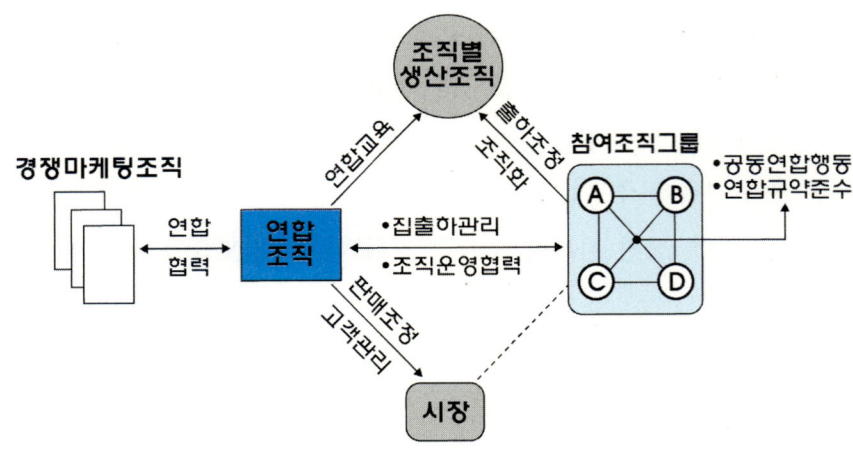

- 마케팅 전략 수립, 거래처의 개발 및 관계관리
- 전체 출하물량을 조정하고 거래처를 선택하고 물량 배분
- 참여조직에 대하여 적정한 출하물량 및 개별 수발주의 조정
- 마케팅정보를 수집하고 분석하며 이를 참여조직에도 전파하여 활용
- 연합조직 운영 방침 제정 및 시스템 구축

참여조직은 연합조직 활동에 협력하되 가장 중요한 것은 연합조직의 마케팅 전략과 호응하여 제시된 제품을 적시에 정량을 출하위탁하는 것이다. 이를 위하여 평소 생산조직을 철저히 관리하고 생산단계에서 깊숙히 지도를 하여야 한다. 생산조직과 계약재배에 의한 약정 물량이 제대로 출하될 수 있도록 전담하여야 한다. 요컨대 「집하」마케팅에서 언급한 여러 기능의 원활한 수행이라고 하겠다.

그런데 연합조직과 참여조직의 역할 분담이 불완전한 경우가 있다. 즉 참여조직이 거래 교섭권을 연합조직에 위임하지 않거나 연합조직이 출하 고객 조직까지 관리하는 일이다. 참여조직이 연합조직기능을 자사조직을 위하여 거래처를 알선하는 정도로 알고 마케팅까지 담당한다. 그리고 본연의 기능인 산지조직 관리를 소홀히 하여 연합조직이 도맡아 하는 기형적 관계가 생긴다. 이렇게 되면 연합조직의 전문적이고 안정적인 사업추진이 곤란해진다. 판매처와 상담 교섭할 때 가격협상이나 각종 거래조건 협상에 대한 대응력이 저하된다. 그리고 연합사업은 타이밍도 중요하다. 참여조직과 출하고객이 출하계획을 세운 이후에 연합조직에 '거래처나 발굴하라'는 식으로 늦어지면 연합조직의 사전 마케팅기획은 불가능하며 거래처와 공급계약 체결이 지체되어 판매기회를 잃는 수가 있다. 이러한 원인으로는 참여조직이 연합조직과의 사업을 자사사업의 부분사업으로 인식하는데서 비롯된다. 아직 연합조직에 대한 신뢰가 형성되지 않은 경우이거나 연합조직의 역량이 참여조직의 모든 물량을 처리해 주기에 부족한 경우이다. 과도기적으로 참여조직이 자기사업을 가지고 싶어하는 마음이 작용한다. 그간 특별하게 맺어졌던 기존 거래처와 관계가 연합조직이 생겼다고 하여 쉽게 바꾸기 어려워 참여조직과 거래가 계속될 수도 있다. 이러한 이유로 예외적으로 연합조직이 산지조직을 관리하거나 참여조직이 시장판매를 부분적으로 담당하는 경우도 있을 수 있다. 전자의 경우는 출하고객의 특수성으로 참여조직이 관계를 맺기 어려워 연합조직의 특별한 관리가 필요한 경우이다. 연합조직의 실험적 활동 수행과 우수 사례의 지역 내 개발·전파를 위해서는 법인이 직접 선도적 작목반을 육성하는 것도 필요하다. 따라서 대농 또는 선도농가 및 법인과의 직접적인 연계를 원하는 출하조직은 연합조직이 전담하여 특정 품질, 품위의 안정적 공급처로서의 역할도 하게 한다. 후자는 일반 시장 품목이 아니거나 연합조직이 취급하는 제품과 시장에서 경합할 가능성이 없는 경우이다. 이것은 연합조직 전이용과 참여조직 사업과의 조화문제이다. 예를 들어 집하제품을 분류하고 시장도 세분하여(예를 들어 A, B, C) 참여조직과 연합조직이 취급할 제품과 시장을 나누되, 동일 시장에서 경합을 피하여 각각 역할특징에 따라 판매성과를 거둔다.

- 연합조직의 생산조직 및 다른 마케팅 조직과 관계 : 먼저 연합조직은 생산조직에 연합교육을 실시한다. 기본적인 교육은 해당 참여조직이 수행하지만 연합의식을 함양하고 공동의 브랜드 아래에서 여러 참여 조직의 출하고객들에게 통일된 교육이 이루어져야 한다. 한편 다른 마케팅 조직과의 관계는 연합 또는 협력관계이다. 기초연합조직은 다른 연합조직과 확장연합조직 나아가서 광역연합조직으로 진화하면서 협력관계를 맺는다는 것은 전술한 바와 같다. 다른 마케팅 조직은 연합조직이 아닌 일반조직을 포함한다.

- 연합관계조직 수수료 배분 문제 : 연합조직과 참여조직의 수위탁관계는 출하고객과 참여조직의 수위탁관계와 유사하다. 따라서 수수료 산정의 전제 조건도 전술한 등식이 그대로 성립한다.

  수수료 취득 등식 : $M+D \geq C-R$

  M : 연합마케팅 전개에 따른 확대된 규모의 경제이익

  D : 연합마케팅 거래비용절감 이익

  C : 연합조직에 제품 위탁에 따른 부담분(예 : 수수료)

  R : 거래와 관련된 참여조직의 리스크를 연합조직이 부담하는 것

  출하고객으로부터 수취하는 마케팅 수수료는 연합조직과 참여조직에 기여도만큼 배분한다. 예를 들어 참여조직과 연합조직의 배분이 전체 3%를 가지고 2%는 참여조직이, 1%는 연합조직이 수취하는 것이다. 비용대응 수익의 크기에 준하면 된다. 연합조직 활동의 결과로 혜택을 받았다면 참여조직은 응당 대가를 지불하여야 하는 수익자부담원칙이 적용된다. 만약 연합조직의 취득 수수료가 지나치게 낮다면 다음과 같은 문제가 발생한다.

  - 연합조직 활동에 따른 제반 경비를 충당할 수 없게 된다.
  - 낮은 수수료수취로 법인의 손익이 악화되며, 이에 따라 사업이 축소되고, 이는 다시 법인 수익 감소로 사업이 위축되는 악순환이 생긴다.

- 특히 적극적인 마케팅활동을 전개하는 데에 필요한 추진비용이 부족하다.

- 참여조직과 참여조직 관계역할 : 참여조직들은 연합행동에 공동보조를 맞춰야 한다. 통일 연합브랜드 우산 밑에서 행동의 우열이 있어서는 안된다. 출하고객의 지도 방침에 매뉴얼이 통일되고 일정에 맞게 시행되어야 한다. 연합조직의 출하물량 조정계획이 있으면 동일하게 따라야 한다. 각 조직에 출하하기로 한 배분 물량은 준수하고 공동집하의 책임을 공유하여야 한다. 무임승차자는 허용될 수 없다. 이는 연합조직의 제품전략의 안정성과 균질성을 이룩하는 것과 관련을 맺는다. 그리고 제정된 연합규약은 반드시 준수되어야 한다. 참여조직 간의 결합력이 약하면 연합조직은 와해된다.

- 연합조직의 리더십 힘 : 연합조직이 참여조직을 이끌고 나가기 위해서는 아래와 같은 다양한 힘을 배양하여 실행력을 강화해야 한다.

  - 거래처 개척역량 : 연합조직의 전문적인 힘이며 존재해야 하는 이유가 되는 역량이다. 사람의 문제이며 전문인력을 조직이 확보하여야 한다. 관계조직 전체를 통틀어 최고의 마케터가 배치되어야 한다.

  - 금전적 지원 및 인센티브 공급 창구역할 : 지자체는 지역유통조직과 출하고객들에게 다양한 예산지원을 한다. 연합조직이 지원창구가 되어 예산이 사업추진과 연계되도록 실효성을 확보하여야 한다. 연합조직을 정점으로 하여 관계조직들의 팔로워십이 발휘되도록 보상적 힘을 장악하여야 한다.

  - 연합규약 제정 : 연합협력은 명문화된 규약이 정립되어야 하는데 그것이 곧 연합사업 매뉴얼이다. 사람이 바뀌더라도 시스템화되어 조직적으로 움직이도록 하자는 말이다. 서로의 계약사항들을 합법화시키는 규범이 존재해야 사업추진과정에서 부딪치는 이해의 충

돌을 해결하는 기준지침이 된다. 사무처리의 공정성과 객관성은 규약에 근거해야 하는 것이다. 한 가지 덧붙이고 싶은 것은 연합조직의 해산 또는 참여조직의 탈퇴 사유, 시점과 방법에 대해서도 명시해야 한다는 점이다. 연합조직의 목적 달성이 더 이상 어렵거나 개별조직이 사업하는 것보다 성과 제고에 기여하지 못하는 경우도 있을 수 있다. 그러면 합리적이고 신속한 조직해체가 추가적 손실을 방지한다. 그렇게 되는 경우의 판단 기준과 책임 및 손익, 자산과 인력의 처분 방법 등이 제시되어야 한다.

- 규약위반 제재실행 : 위반자에 대하여 지원액의 감축, 출자금 몰수, 위반금 부과, 제명조치, 출하중지 등 강제적 힘도 필요하다. 질서있는 연합사업을 위하여 불가피한 카리스마라고 할 것이다.
- 공동브랜드 정립과 활용 : 연합사업에 참여하는 모든 주체들의 정서적 공감의 상징이 연합브랜드라고 할 수 있다. 브랜드 정체성을 만들어 거기에 연합의 철학을 담아 '가치'를 공유하여야 한다. 그 가치는 집하 및 판매 마케팅의 모든 과정에서 녹아들어 있어야 한다.

3.2 조직의 구조와 기능

연합조직은 다양한 이해관계자의 모임이다. 그림 5-3(연합조직 지배구조 및 사무분장 체계)에서 보는 바와 같이 연합조직은 연합조직 최고책임자(CEO)를 둘러싼 위원회 성격의 다양한 협의회가 존재한다. 그 밑에 사무집행 조직기능이 분장되어 사업집행기구를 구성한다. 연합조직기구의 가장 큰 특징은 지배구조의 다양성과 절차적 합의과정이 복잡하다는 것이다. 효율적으로 의사결정을 하고 CEO의 권한으로 일사불란하게 사무가 집행되는 조직이 될 때까지는 시간이 필요하고 관계자의 연합공동행동에 대한 교감이 필수적이라고 할 수 있다.

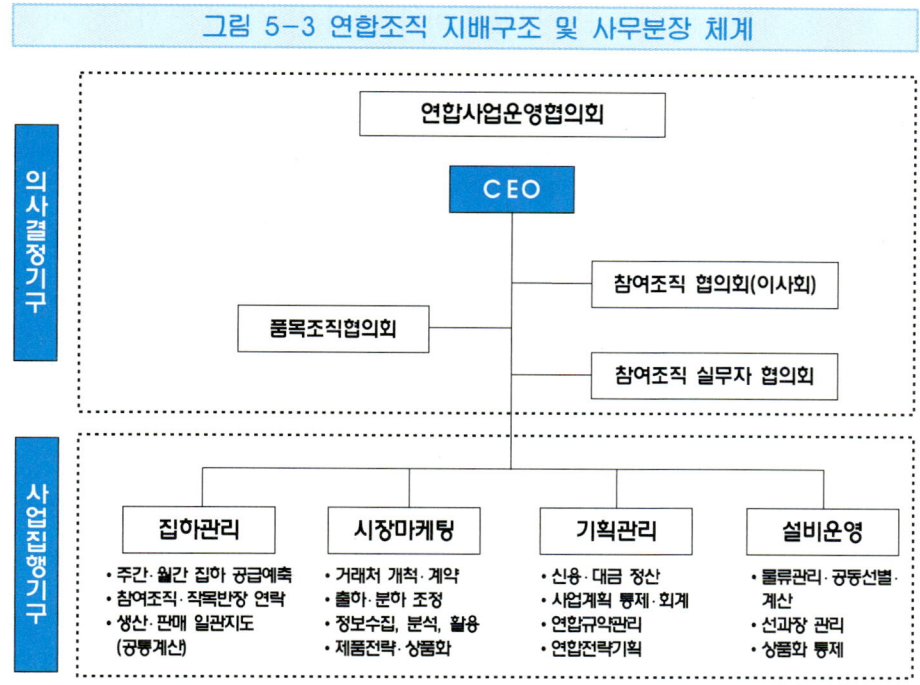

그림 5-3 연합조직 지배구조 및 사무분장 체계

지배구조에 대하여 살펴보면 「연합사업운영협의회」가 있다. 이것은 연합조직 외부에서 유관기관의 책임자가 모인 협의체 기구이다. 연합조직 역시 지역농업 육성과 같은 지자체 농정과도 관계를 맺기 때문에 다양한 관계주체들의 협력을 필요로 하고 한편으로는 연합사업이 잘 되는지에 대한 감시적 통제를 받는다. 연합조직의 전반적 운영 방향이나 자금 및 인력의 수급, CEO의 인사문제 등을 결정한다. 「참여조직 협의회」는 조직의 기관으로서 연합조직의 의사결정기구이다. 법인이라면 이사회가 되며 CEO는 이사회 의장을 겸한다. 구성원은 참여조직의 책임자가 된다. 연합조직 당사자로서 사업계획을 수립하고 각 참여조직 사이에 이해관계의 조정을 통한 합의를 한다. 또한 의무부담 부분을 확인하고 필요한 협력을 CEO는 구하게 될 것이다. 일반 기업과 다르게 협력과 자사조직의 불이익을 견제하려는 관점에서 운영되는 것이 독특하다. 「품목조직협의회」는

각 품목별 작목반장 대표가 구성원이 된다. 사업성패에 가장 민감한 이해
관계자는 출하고객집단이다. 지역 농민단체의 발언력도 가미될 수 있다.
출하고객의 협력 없이는 사업자체가 성립이 안되므로 실질적으로 매우
중요한 의사결정 기구라고 하겠다. 연합조직의 의사결정 과정에 이들을
참여시킴으로써 참여의식을 고취하여 협력을 조장하는 효과가 있다. 한편
이들은 연합조직이 자신들의 이익이 되도록 움직이는지 견제한다. 당연히
부담은 적게 하고 이익은 많이 누리려고 할 것이다. 다음은 「참여조직 실
무자 협의회」에 대하여 설명한다. 연합조직의 최고책임자가 아닌 실무책
임자 당사자로서 엄밀히 말하면 조직도 아래 「집하관리」 기능 실행의 하
부 조직으로 활용될 성질이다. 그렇지만 출하고객의 협력 못지않게 이들
실무책임자가 사업을 제대로 이해를 못하고 협력을 하지 않으면 연합사
업은 형식화되기 마련이다. 따라서 사업집행에서 세부적인 사항에 대하여
협력과 이해를 구하기 위하여 의사결정 기구의 하나로 한다. 나중에 사업
이 완전히 시스템화되어 안정단계에 접어들면 반드시 의사결정 기구로
할 것까지는 없을 것 같다.

이제는 연합조직 운영에서 가장 중요한 CEO의 역할과 위상정립에 관
하여 논하겠다. 위에서 살펴본 바와 같이 CEO는 사공이 많은 가운데 복
잡한 협력을 필요로 하고 감시를 받으며 연합조직이라는 배를 항해하여
야 하는 상황에 직면함을 알 수 있다. 현실에서 CEO는 연합조직 당사자
조직관계자이거나 제3자가 채용되어 활약하고 있다. 연합조직이 잘 안되
는 원인으로는 CEO의 역할과 위상이 제자리를 찾지 못하는 경우가 있
다. 여기서는 이 문제를 다루면서 해결책을 제시하고자 한다. 문제적 상
황은 이렇다. 첫째, CEO의 경험과 역량의 부족이다. 농산물 마케팅과 산
지의 농업정서, 위와 같은 다양한 의사결정기구들에 대한 이해의 부족이
원인이다. 이 경우는 CEO 선발에 필요한 검증이 제대로 이루어지지 않
은 것이 원인일 수 있다. 전문 역량과 경험이 풍부하고, 농업의 특성을

이해하고 지역의 여건에 잘 적용시킬 수 있는 자를 선발해야 하는 것이다. 둘째, CEO가 협력적 관계를 잘 이끌어 내지 못한다. 특히 이사회와 협력적 관계가 잘 이루어지지 않는 경우가 있다. 참여조직들과 의사소통하고 이해관계를 조정하여 사업을 추진하지 못하는 결과를 초래한다. 조직출범 초기부터 참여조직 책임자와 이사회는 법인 대표이사에 대한 협력적 인식을 갖고 도와주어야 한다. 아무리 CEO 역량이 뛰어나더라도 협력하지 않고 견제만 한다면 역량발휘는 불가능하다. 셋째, 사업추진을 위한 실질적 행사권한을 충분히 부여받지 못한다. 원인으로는 참여조직들이 형식적으로 연합사업에 참여하거나 연합조직의 실체를 인정하지 않아 사업물량 이전을 소홀히하기 때문이다. 이렇게 되면 당초 설립취지의 하나인 대규모 물량 공급능력을 바탕으로 한 교섭력 확보가 곤란해지며 만약 대규모 투자가 동반된 시설을 운영한다면 사업물량 저조로 가동률이 저하된다. 문제해결을 위해서는 CEO에게 권한을 부여하고 참여조직이 동조하며 어느 정도 강제화된 규범(의무출하물량의 부과)을 적용하되 나중에 실적을 물어 평가를 하면 되는 것이다.

한편 연합조직의 사무분장은 그림 5-3에서 보는 바와 같이 네 가지 기능으로 구분하였다. 물론 연합조직의 유형구분에 따라 사업내용이 다르므로 사무분장도 다를 것이다. 그렇더라도 가장 기본적으로는 시장마케팅과 연합참여 조직에 대한 집하관리 기능은 변함이 없다. 두 기능은 세분화·전문화 하여야 한다. 그리하여 업무에 대한 집중력을 높이고 전문화를 가능하게 하는 것이다. 마케팅 전문 인력이 영입되고 육성되어야 한다.

다음은 기획관리 기능의 중요성이다. 조직경영관리가 기본이지만 연합규약을 관리하고 전략기획을 하여야 한다. 기초조직 범위에 국한하지 않고 다른 산지 유통주체와의 수평적 협력체계 구축전략도 모색한다. 타 산지와의 릴레이 마케팅이나 품목 네트워크를 형성하는 등 수평적 제휴전략을 구상하고 사업이 시행단계에 들어가면 집하와 시장마케팅 기능으로 이관한다. 또한 조직성격에서 예시한 농업회사법인, 영농조합법인, 농협 등 다양한 유통주체와 확장적 연합전략 구상도 여기서 맡는다. 끝으로 「설비운영」 기능으로써 공동선별과 공동계산 등 상품화 통제와 선별요원 의 교육, 선별장 관리를 기능으로 하였다. 연합조직 운영 실무는 조직 요 원들간에 비전을 철저히 공유하여 팀워크가 발휘되어야 한다. 초기에는 사람의 사명감이 중요하지만 조직이 안정화되어 하루빨리 시스템으로 돌 아가도록 하여야 한다.

사람이 바뀌더라도 조직이 와해되지 않도록 하자는 말이다. 그림 5-4 는 나주농협연합사업단의 2009년도 조직의 조직구조와 사무분장의 사례 를 보여준다. 지역과 상황여건에 맞게 협력시스템으로 구축되었음을 알 수 있다. 수발주, 출하, 대금정산 등에 대한 치밀한 업무체계가 이 그림 에서 나타나지는 않았지만 전술한 사무분장의 전문화가 잘 되어 있다.

그림 5-4 연합조직 지배구조 및 사무분장 사례

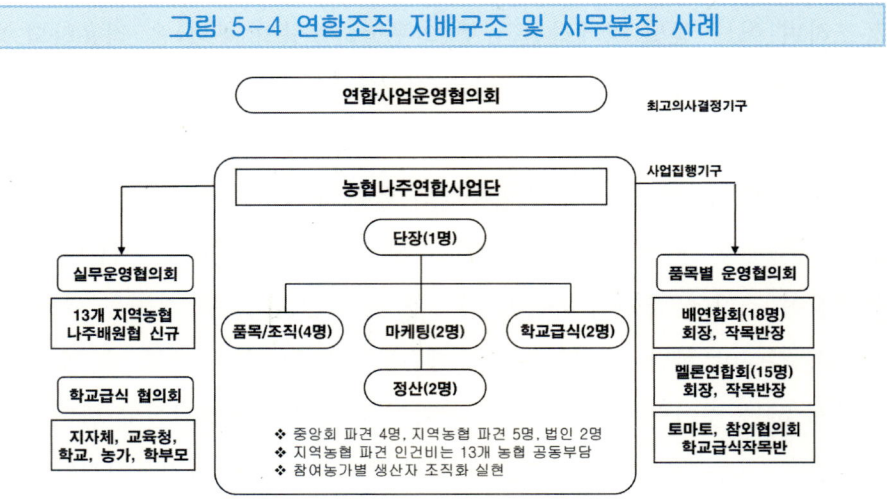

3.3 자원조달 및 운영

연합조직이 사무분장까지 마쳤다면 조직을 가동시키는 자원을 조달하여야 한다. 자원은 사람, 자금, 설비의 세 부분으로 나누어 검토한다. 사람은 어떠한 사람을 몇 명을 어떠한 방식으로 조직으로 영입하며 어떻게 동기부여를 하여 역량을 발휘하도록 할 것인가를 고민하는 일이다. 자금은 조직의 혈액과 같으므로 낮은 비용으로 조달하여 필요한 규모만큼 원활하게 조달하고 운용효과를 최대한 높이려는 것이다. 시설은 필요하다면 자체 자금으로 조달하여 운영하여야겠지만 도입에 있어서 기술적·경제적 합리성이 고려되어야 한다. 또한 참여조직이 시설을 보유하고 있는 경우에 적절한 분업화 내지는 계열화가 이루어져 어느 한 쪽의 시설이 유휴화되는 일이 없도록 할 일이다.

- **사람에 대한 문제** : 사람문제는 매우 중요하여 사람이 누구냐에 따라서 사업의 성패가 결정된다. 연합조직의 채용의 경로는 두 가지다. 참여조직으로부터 파견을 받는 경우와 자체 채용하는 경우이다. 전자의 경우에 파견된 참여조직 직원이 신분상, 근무여건, 승진 등 제반 여건에 불이익을 받지 않도록 해야 한다. 연합조직의 설립초기에 우수 직원 운영이 필수적인데 만약 근무여건이 참여조직보다 불리하다면 누구도 연합조직에서 일하려 하지 않을 것이다. 후자의 경우에는 경력과 역량에 대한 검증을 거쳐 채용한다. 엄격한 선발기준을 적용하고, 교육·훈련을 통하여 역량을 배양해 나간다. 참여조직의 파견직원과 자체채용직원의 적정한 운용문제가 대두한다. 파견직원은 참여조직과 연계되어 있어 사무협조를 얻는데 유리한 점이 있다. 자체채용직원은 전문성에서 앞설 수는 있지만 원만한 지역관계자들과의 협력에는 시간이 필요하다. 따라서 초기에는 참여조직의 파견 직원들이 다수의 비율을 차지하는 것이 바람직해 보인다. 어느 정도 조직이 안정된 후에는 연합조직의 전문성, 소속감 등 측면에서 자체 직원의 비중을 증가시키는 것이 필요하다.
- **자금에 대한 문제** : 연합조직이 사업 초기에 직면하는 애로사항중 하

나가 운영자금 부족문제이다. 적정 자금을 운영치 못하면 사업이 위축되고, 설비 가동률이 저하하여 경영손익이 악화될 수 있다. 또 하나는 농업금융자금의 계절적 문제이다. 참여조직은 출자나 자금투하를 하기로 약속하였으면 이행하여야 한다. 참여조직에게도 자금투입에 대한 인센티브를 제공하여 자금의 많고 적음에 비례하여 참여조직간에 권리행사에 차등을 두는 것이 필요하다. 그리고 연합조직은 참여조직 외에 외부로부터 자금을 조달하는 방안도 강구한다. 예를 들어 농업펀드, 지자체 등의 투자방안도 고려한다. 가장 권장하고 싶은 사항은 자금소요를 최소화시키는 연합사업방식을 넓게 적용하는 일이다. 구체적으로 말하면 우선 매취자금의 소요를 줄이는 사업방식 위주로 한다. 상품별 특성에 따라 다르지만 가급적 사업방식의 구조를 알선이나 수탁위주의 수수료 수취사업구조를 갖는다. 원료자금의 매입이 필요하더라도 개별조직으로 부담을 분산시키는 것이 좋다. 연합조직이 거대한 자금부담을 떠안고 사업하는 것은 본래 연합조직 결성취지가 아니다. 매취사업이 불가피하더라도 현금흐름을 감안하여 사업규모를 결정하여야 한다. 둘째는 무배당사업을 지향해야 한다. 연합조직에 참여하는 목적이 출자이득이 아니고 사업이용 성격임은 두말할 필요가 없다. 참여 조직은 무배당에 대하여 인식을 올바르게 하고 사내유보 자금의 유출을 막아 사업추진 동력을 위축시키지 말아야 한다. 셋째, 무차입을 지향해야 한다. 자금시장에서의 조달 금리는 농산물도매시장에서 취득하는 수익률을 능가하는 경우가 많으므로 자금차입은 부실의 원인이 된다. 면밀한 사업계획을 바탕으로 초기 자금을 충분히 확보한다. 만약 추가자금이 불가피하다면 참여조직의 출자지분 증가방식으로 한다.

- 시설에 대한 문제 : 두 가지 문제를 고려사항으로 한다. 연합조직 시설과 참여조직 시설과의 관계설정 문제이다. 출하고객이 관리하는 소

규모 선별·저장시설과 참여조직의 설비, 그리고 연합조직의 설비의 이용관계를 어떻게 할지의 문제이다. 상품과 지역여건에 따라 다르겠지만 기존의 시설을 폐기처분하지 않는 이상 활용할 유익한 점이 있다면 시설관리주체가 상품화 작업도 병행한다. 그렇더라도 어디까지나 마케팅 창구는 연합조직이어야 한다. 다른 하나는 연합조직의 고정설비 투자에 관한 타당성과 규모의 문제이다. 기본적으로 연합조직은 고정투자를 신설하기보다는 참여조직으로부터 현물출자를 받는 것이 바람직하다. 그러나 기존시설의 노후화, 소규모화로 인하여 시설의 확대가 필요한 경우 새로운 시설의 도입을 검토한다. 검토의 핵심은 적정한 규모인데 이것은 연합조직이 앞으로 얼마만큼의 물량을 취급할 수 있는지를 전망하여 결정할 일이다. 그런데 전망은 연합조직에 대한 참여조직의 공판율에 달려 있다.

$$\text{연합공판율} = \frac{\Sigma \text{ 연합참여조직 취급량}}{\text{연합영역 농가 출하량}} \times 100$$

공판율도 현재의 공판율뿐만 아니라, 앞으로의 공판율도 관심사항이다. 여기에 영향을 미치는 요소는 향후의 작부상황, 마케팅 조직의 집하노력 등이라고 할 수 있는데 함께 고려되어야 한다. 또한 유통설비가 단일 품목만이 아닌 다양한 상품의 활용이 가능하다면 동일한 출하기간 동안에 취급량도 공판율에 영향을 준다.

4. 연합마케팅 전략

4.1 연합전략 과제

연합조직을 구성하여 조직을 운영하는 목적이 마케팅 전략을 펼치기 위해서임은 두말할 필요가 없다. 개별조직에서는 할 수 없는 독특한 연합조직으로서의 전략이 「연합전략」이다. 우리나라 농산물 유통환경의 변화로 산지 마케팅 조직과 대형구매조직은 거래 당사자로서의 구조적 여건이 상이하다. 여기서는 그 상이한 구조적 여건의 불균형 상태를 「전략적 비대칭」으로 정의한다. 전략적 비대칭이 산지 소규모조직이 교섭력 열위 상태에 있게 되는 원인조건이다. 조건이 시정된 연후에 연합전략의 구사가 가능하다. 대형구매자와 산지 소규모조직과의 거래 대응관계에서 「전략적 비대칭」의 시정 노력이 이제까지 논의한 연합조직 구성과 운영체계의 구축이었다고 보아도 좋다. 한편, 연합전략의 개발은 또 다른 프로세스를 거친다. 연합전략의 전개를 통하여 산지소규모조직은 비로소 교섭력 열위상태를 극복할 수 있게 된다. 그런데 연합전략의 개발은 「전략적 비대칭」 내용을 이해하는 것과 밀접하게 관련되어 있다. 따라서 아래와 같이 비대칭 내용을 살펴보면서 전략개발을 위한 통찰을 얻고자 한다.

① 시간 비대칭 : 개별적인 산지 마케팅 조직은 경제적·기상적 제약 등으로 인하여 일정시기밖에 제품공급을 할 수 없다. 구매고객은 연중 계속하여 제품을 공급받고 싶어 한다. 특정 산지에서의 주년 생산과 유통설비의 주년가동이 어려워 브랜드가 계속 기억되지 못하고 구매고객관계도 연속적이지 못하다. 구매고객도 시즌마다 출하조직을 교체해야 하는 번거로움을 겪어야 한다. 서로가 상대를 찾고 거래를 재개하는데 따른 거래비용이 소요된다.

② 품목 비대칭 : 품목별로 산지가 다르므로 구매고객에게 공급하는 산지 마케팅 조직도 제각기다. 구매고객은 다양한 품목 제품을 등급별로 구색을 갖추고 싶어 한다. 또한 가능한 한 시간과 노력을 덜 들여 여러 제품을 일괄하여 소수의 공급자에게 받고 싶어 한다. 그래야 품질의 균질성도 유지되고 산지조직 관리에 대한 부담도 줄일 수 있다. 그러나 개별 산지조직은 취급품목이 한정되어 있고 등급

별 구색도 다양하지 못하여 구매고객의 니즈에 부응하는데 제한이 많다.

③ **수량 비대칭** : 대형마트의 과점화·집중화에서 보는 바와 같이 구매고객은 품목별 구매물량 단위가 크다. 그러나 산지 마케팅 조직은 이들의 대형화 속도를 따라가지 못하여 소량공급 수준에 있다. 그러다 보니 구매고객은 동일 품목이라도 여기저기 공급조직에서 물량을 끌어모아 자사 점포의 물량을 채워야 한다. 각 사는 원하는 품위가 있는데 이를 소수의 영세산지 조직만 가지고는 안정적 조달이 불가능하다.

④ **시장 참가자 비대칭** : 구매고객의 수는 소수인데 상대적으로 공급조직의 수는 무수히 많다. 구매창구에 산지 영세조직들이 쭉 줄서서 구매해 달라고 아우성이다. 그러다 보니 산지간 과당경쟁 현상으로 가격위주의 경쟁을 벌인다. 공급창구의 수가 많으면 많을수록 구매고객에 대한 판매의존도는 커진다. 산지의 질서 있는 판매를 위해서 시장에 참가하는 공급자수는 줄어들어야 한다.

⑤ **경쟁정보관리 비대칭** : 극소수의 대형구매고객은 서로 경쟁하며 보다 저렴한 가격으로 구매하여 소비고객을 유치하려한다. 인근 마트에 대한 시장조사를 하여 제품의 특징과 가격구조를 파악하고 있다. 반면 산지 마케팅 조직은 경쟁조직이 어느 출하처에 얼마의 가격과 얼마의 수량으로 판매를 하는지 잘 알지 못한다. 서로가 정보를 공유하지 않아 특정시장에 홍수출하로 가격 폭락을 가져오는 경우도 있다. 산지간 정보파악은 폐쇄적이며 노출시키지 않는다. 설사 노출된다고 하여도 크게 시세에 영향을 주지도 못한다. 그리고 구매고객은 여러 산지의 제시가격을 탐문하여 알고 있으나 영세한 판매조직이 구매고객별로 구매가격 의향을 일일이 조사하여 알기는 쉽지 않다.

위와 같은 논의를 통하여 연합조직의 과제가 무엇인지 밝혀진다. 즉, 연합조직의 과제는 연합조직이 구매고객과 전략적 대칭을 이루도록 구체적 방안을 강구하는 것이다. 예를 들면 연합조직 창구에서 연중공급하는 계약창구가 되도록 하고, 다양한 품목을 등급별로 구색을 갖추며 충분한 물량을 확보하는 것이다. 그리고 연합조직이 거래교섭권을 완전히 위임받고 참여조직은 개별적으로 구매고객과 거래교섭을 하지 않도록 하는 것이다. 나아가서 연합창구의 개수도 될 수 있으면 감소시켜 광역화한다. 그러면 자연스럽게 산지조직간의 정보의 통합이 이루어진다. 어떻게 이것을 구체화시킬 것인가는 다음의 연합전략 개발에서 다루기로 한다.

4.2 연합전략 개발

연합은 개별조직의 연합전의 기능들을 통합하는 것이다. 연합전략은 통합을 통하여 시장과 상품에 대하여 연합효과를 거두고자 한다. 전략의 개발은 그러한 전략을 어떻게 만들 것인가에 대한 논의이다. 앞서 언급한 전략적 비대칭을 해결하는 방법은 무수히 많을 것이다. 여기서는 그러한 방법 중의 하나로 가치사슬의 분해와 결합의 방식을 소개하고자 한다. 마치 레고를 하듯이 만들고 싶은 모형을 상정하고 레고조각들을 이리저리 모으고 결합하여 작품을 만드는 것과 유사하다. 모형이 전략이고 레고 조각이 마케팅 조직들의 세분화 기능이다.

① **연합 참여조직 가치사슬(value chain) 분해** : 산지 마케팅 조직의 일반적인 활동은 이렇다. 농업경영자의 생산조직화→생산지도→집하관리→상품화→판매관리의 일련의 연속적 활동이 가치사슬을 구성한다. 개별 조직들은 각자의 영역에서 이러한 활동들을 나름대로 효율적으로 하려하나 자원 투입이 중복되고 역량이 분산되어 문제가 있다는 점을 이미 앞에서 지적하였다. 그림 5-5는 개별조직들의 활동기능을 분해한 것을 보여준다.

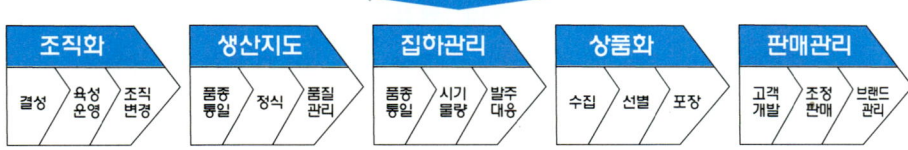

그림 5-5 마케팅 조직 활동기능 분해

산지 마케팅 조직 활동 : 조직화 → 생산지도 → 집하관리 → 상품화 → 판매관리

조직화			생산지도			집하관리			상품화			판매관리		
결성	육성운영	조직변경	품종통일	정식	품질관리	품종통일	시기물량	발주대응	수집	선별	포장	고객개발	조정판매	브랜드관리

　위와 같은 분해는 하나의 예시에 불과하며 개별 마케팅 조직들의 취급 품목이나 조직형태에 따라 더욱 세분화하여 다르게 그려질 수 있다. 기능의 분해는 전략개발 대상 내용을 좀더 구체화하는데 도움을 준다. 아울러 문제점을 개선하기 위한 여러 참여조직 행동들의 공통적 요소들을 비교하기도 쉬워진다.

② 전략과제 대응 기능요소 추출 : 이제는 연합조직에 참여한 것이므로 연합행동이 실행에 옮겨진다. 연합행동은 단독으로는 성취할 수 없는 부분을 공동의 활동을 통하여 얻을 수 있는 시너지 효과를 추구한다. 1차적으로 「판매관리」 기능요소를 통합하여 마케팅 창구를 단일화시켰다. 이것만으로도 시장참가자 수를 줄이고 경쟁정보의 통합적 관리가 가능하게 된 것이므로 전술한 전략적 비대칭 문제가 해결된다. 그러나 아직 부족하다. 어느 시기에 얼만큼의 물량을 출하할 것인가에 대한 대책이 분명한가? 그렇지 못하다. 현재 수준에서는 수집한 물량을 시장에 판매하는데 급급하다. 그래서 생산지도의 「정식」 기능과 집하관리의 「시기물량」 기능을 연합하기로 하였다고 하자. 정식기능은 파종시기를 그룹별로 다르게 하는 것이다. 시기물량기능은 출하할 물량을 일정별로 조정하는 것이다. 언제 얼마의 물량을 연합창구가 판매할 것인지에 대한 「출하조정」 전략 수행이 가능해진 것이다. 본서에서 「출하조정」 전략은 출하할 전체

물량규모를 시기별로 조정하는 것이다. 이 전략은 생산단계에 대한 치밀한 지도행동이 전제되어야 가능한 전략이다. 개별마케팅 조직은 어느 정도 시행이 가능하지만 연합참여조직으로 관리 대상이 늘어나면 좀더 치밀한 지도력이 필요하다. 앞서 언급한 연합조직의 사무분장 기능중 「집하관리」 부문이 컨트롤 타워로서 역할을 하여 각 참여조직에게 시기별·물량별 수급계획을 세워 하달하면 각 참여조직은 관리하는 생산조직에게 이를 준수하도록 한다. 이상 몇 가지 기능요소의 추출도 하나의 예시에 불과하다. 각 조직의 상황에 따라 연합행동 기능요소는 얼마든지 나올 수 있다. 아이디어와 현상문제 해결에 대한 적극적 의지의 강약에 따라 새로운 연합가치를 만들어 내기도 하고 그렇지 못하기도 하는 것이다.

③ 연합행동 체계화를 위한 매뉴얼 활용 : 예를 들면 '출하조정 전략 매뉴얼' 이 만들어져야 한다. 몇몇 사람의 머릿속에만 있는 방식으로 일하는 것이 아니다. 매뉴얼은 다음과 같은 이유로 필요하다.

- 한 두번 실시하고 끝나는 것이 아니므로 계속된 사업으로 추진하기 위하여는 모든 관계자가 쉽게 숙지할 수 있도록 한다.
- 각 참여조직이 시간적·행동적으로 동조하지 않으면 때를 놓쳐 실패한다.
- 절차를 공식화시키지 않으면 생략되는 수가 있다. 관계자가 접촉해야할 상대방이 많아 서로 기대하는 행동의 가짓수도 많으므로 의무사항으로 만들어야 한다.
- 예측 못한 상황이 생길 때 대응 기준이 필요한데 이는 알려진 매뉴얼 내용의 변형으로 가능하다.
- 실행자와 관계자간에 서로의 예측성을 높여 팀워크가 가능하다.

④ 연합조직 기능으로서 시스템화 : 매뉴얼 사용이 반복되고 사업의 성과가 나타나면 연합조직 분장업무의 하나로 자리잡게 된다. 일상적

판매활동의 가치사슬이 통폐합되거나 새로운 기능을 부가하면서 새
로운 가치사슬로 정착되어 차원 높게 경쟁력을 갖춘 마케팅 조직이
되는 것이다. 이렇게 되기 위해서는 연합기능의 시스템화를 방해하
는 요소들은 제거되어야 한다. 예를 들어 참여조직과 연합조직의 마
케팅 창구의 통합이 불완전하여 동일 출하처를 놓고 경합하는 일은
없어야 한다. 출하고객이 다른 판매처와 가격비교 후 참여조직을 선
택해서는 아니 되듯이 참여조직도 기회주의적으로 연합조직을 이용
하지 말아야 한다. 또한 연합사업 공동브랜드와 참여조직의 자체브
랜드가 양립하면 연합행동 자체가 어려워진다. 브랜드 경합은 참여
조직이 그 동안 자체 브랜드를 개발하고 관리한 노력에 대한 집착
이 작용하기 때문이기도 하다. 기존 브랜드가 난립하는 가운데 연합
조직이 만들어진다고 하여도 유통조직 하나만 추가되어 지역은 여
전히 과당경쟁 상태가 된다. 이러한 상황에서는 연합조직을 구성하
는 의미는 없다. 이와 같은 산지조직들의 이해다툼은 깨끗이 정리되
어야 한다. 그런 연후에 새로운 차원의 산지 마케팅 협력모델이라고
할 수 있는 연합마케팅이 가능하다.

4.3 연합전략 예시–품목 연합전략

참여연합조직들이 품목을 중심으로 네트워크를 구성하여 연합전략을
전개하는 가상적 사례를 만들어 본다. 농산물 마케팅에서도 개별조직 단
위의 경쟁이 아니라 협력네트워크간의 경쟁이므로 더 나은 네트워크를
구축하는 개별조직들이 경쟁우위를 차지한다는 것은 이미 언급하였다. 품
목연합전략은 품목을 중심으로 참여연합조직간에 마케팅전략 행동의 조
정을 위하여 상호 교류적·의존적 관계를 형성하여 사업을 전개하는 것
이다. 품목을 중심으로 하므로 지역연합이나 기능연합과 다르다. 연합권

역도 광범위하여 확장연합이나 광역연합 형태를 갖는다. 참여연합조직간에 가장 전략적인 행동을 취하게 되므로 서로 강력한 팀워크가 안되면 실패하기 마련이다. 공동판매의 대표적인 모습이라고 하겠다. 이하에서 세부적으로 논하겠다.

- 문제의 소재 : 일반적으로 품목에 대하여 산지조직들이 직면하는 마케팅 상황은 전략적비대칭에서 언급한 「시간 비대칭」과 「품목 비대칭」의 복합적인 문제이다. 좀더 자세히 설명하면 다음과 같다.

  - 시기적으로 산지조직의 출하시기가 겹치므로 출하물량이 집중되어 가격이 폭락한다. 산지별로 생산량과 출하예상량을 서로 알지 못한다. 설령 안다고 하여도 출하 행동을 조정하는 메커니즘이 없으면 속수무책이다.

  - 어떤 산지의 출하가 끝나가는 기간에 새로운 산지의 출하가 시작되어 출하물량이 겹치는 경우 작기의 조정에 의한 인위적 조정행동이 없으므로 두 산지는 과다물량 출회로 가격하락을 경험한다.

  - 가격은 수급균형에 의하여 적정하게 결정되는 것인데 경쟁조직간에는 출하처에 대한 정보가 없어 주어진 가격상황에 따라갈 수밖에 없다.

  - 대형마트의 입찰식 거래에 따른 마케팅 조직간 가격인하 경쟁, 할인 행사에 대한 협조로 인한 출혈 출하로 손실이 발생한다. 나중에 보상적 가격지지 기회를 갖지 못한 상태에서 출하가 종료된다.

- 품목연합전략의 목표 : 품목연합전략에 의하여 작기와 출하시기를 조정하고, 거래처별 물량배분 체계를 구축하고 계약주체의 동일성을 유지한다면 위 문제들은 해결된다.

  - 참여조직의 산지별 파종 및 수확시기와 물량을 파악하면 시기별·산지별 출하예정물량을 알 수 있다. 만약 사전에 물량과다로 수급불균형이 예상되면 파종시기의 수정을 통하여 출하시기를 조정하거나 생산량을

줄여 출하 전에 시장대응태세를 갖춘다.

- 참여연합조직간에 행동의 조정으로 집중출하와 과당경쟁을 방지하고 일 정한 물량의 안정적 공급으로 가격지지가 이루어진다.
- 공급조직별로 출하시기가 다르더라도 전체 연합전략을 관리하는 관리 조직을 구성하여 상류주체로 나서서 계약주체가 된다. 이른바 릴레이 마케팅이 가능하다. 릴레이 마케팅은 계주경기를 하듯이 물류의 공급 산지는 이동하지만 상류의 연합창구는 변동이 없이 거래처와 계약관 리를 하는 것이다. 산지조직은 계절마다 새롭게 거래처를 찾아다닐 필 요가 없으며 구매고객 역시 산지별로 계약을 할 필요가 없다. 출하자 와 구매자 모두가 안정적으로 물량의 수급처를 확보하는 이점이 있다.
- 전략통제조직은 프로모션 활동의 통일적 전개로 할인행사에 대하여 공동대응이 가능하다. 그리고 참여연합조직간의 자조금 조성 등으 로 유리한 경쟁 역량을 구축할 수 있다.

• 품목 네트워크 양태 : 연합전략이 특정 품목을 중심으로 하는 것이므 로 연간 전략활동기간이 하나의 중요한 변수이다. 두 가지 형태로 품 목네트워크를 구분하기로 한다. 즉 「주년기간 연합」과 「특정기간 연 합」이다. 「주년기간 연합」은 1~12월의 연중기간 공급을 하는 것으 로, 예를 들면 멜론, 양상추가 그 예가 된다. 「특정기간 연합」은 특정 기간에 걸친 품목네트워크 모습이다. 즉, 가을감자는 1~4월, 복숭아 는 7~10월, 수박은 1~7월 등 기간에만 연합을 하는 것이다. 주의할 점은 위 기간이 시장에 출회되는 유통기간이 아니라는 것이다. 연합 기간을 품종 또는 일정 참여조직의 범위에 따라 구분한 것이다. 「주 년기간 연합」의 큰 의의는 릴레이 마케팅을 행사할 수 있는 조건이 된다는데 있다. 또 하나의 변수는 연합전략에 참여하는 조직의 범위 이다. 조직수가 많거나 적거나 규모화 수준에 따라 나눌 수 있다. 참 여조직수를 많음/중간/적음의 세 부분으로 구분해 본다. 당연하지만

참여조직수가 많을수록 시장에 영향력을 크게 행사할 수 있다. 하지만 조직을 통제하는데 조정비용이 많이 소요되므로 관리수준이 정교하여야 한다. 아래 그림 5-6은 품목 네트워크 양태를 보여준다.

그림 5-6 품목 네트워크 양태 예시

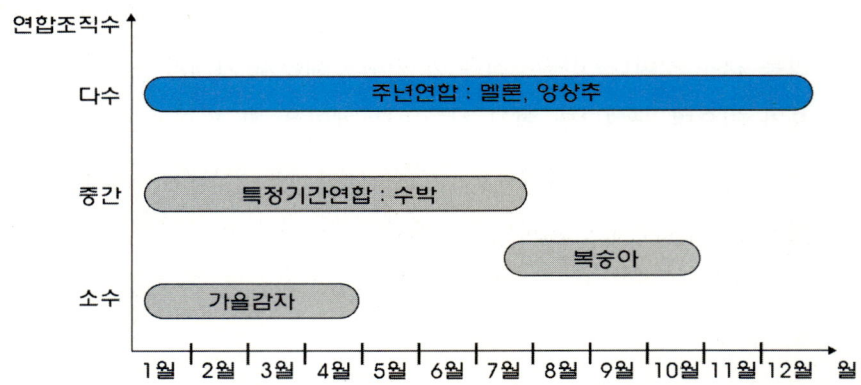

<참고 : 수박의 산지조직과 출하기간>

시 기	1월~4월	5월~6월	7월 중순	7월말
사업단	진주, 함안, 고령	고창, 부여, 논산	청주, 청원, 음성	진안, 양구

- 연합기능요소 : 전략개발은 어떤 부분을 협력하고 조정할 것인가를 결정하는 일이기도 하다. 여기서도 전술한 마케팅 조직의 가치사슬의 분해와 결합의 방식을 적용한다. 품목네트워크 전략에는 다음과 같은 기능요소들의 통합이 필요하다.
  - 수확물량조정 및 수확시기조정 : 농가별·작목반별·참여조직별·시기별 예상 출하물량을 관리조직에 제출한다. 이후에는 재배 매뉴얼이 만들어져 전회원이 공유하며 매뉴얼에 의한 재배, 방제, 재배

기술의 상향평준화(3통원칙 : 품종 통일, 재배방법 통일, 자재 통일)가 적용되도록 한다. 이를 위하여 지도요원이 재배기록을 관리하는 현장 컨설팅이 실시되어야 한다. 마침내 수확시기에 이르러서는 수확기준 및 수확일자를 준수하고 수확물량을 예정대로 이행한다. 이러한 절차들이 계획생산과 계획판매의 기반을 구축하는 것이다. 계획생산은 수요와 가격변동에 대응하는 시차로 인하여 수급조정이 곤란하고 가격의 변동성이 큰 것에 대한 위험관리차원이다. 계획판매는 계획생산을 통하여 시장의 유통량을 적정하게 하고자 하는 것이다. 이러한 사업체계가 정착되면 연합조직은 일상적인 출하조정 체계를 정립하여 출하조정 물량도 매뉴얼로 관리가 가능해지는 수준이 된다.

- 발주대응 : 발주대응은 연합참여조직이 품목네트워크 관리조직이 접수한 발주물량의 공급처리를 원활하게 하는 것을 말한다. 평소 연합참여조직은 품목네트워크 체계의 한 당사자로서 유기적 관계를 갖는다. 우선 발주 받은 품위의 물량을 발주처가 원하는 시간에 공급하여야 한다. 만약 당초 공급하기로 한 스펙과 상이하거나 하면, 검품시 감모율이 적용되고 리콜 조치 등 구매고객의 클레임에 대한 사실을 명확히 해야 할 것이다. 참여조직의 귀책사유는 신속히 처리하고 재발되지 않도록 조치한다. 이 밖에도 연합참여조직간의 물량 배정에 대해서도 관리조직과 잘 협력하여 조정되도록 한다. 구매고객에 대한 행사 대응도 리스크 분산 차원에서 관리조직의 전략수립과 시행에 팀워크가 잘 이루어지도록 한다.

- 고객개발 : 품목네트워크 관리조직의 임무이다. 조직구매고객에 대한 커뮤니케이션에서 언급한 마케팅 추진 내용이다. 즉 고객개발 프로세스는 고객탐색→제안준비→제안실행→계약관리→공급관리 및 평가의 순서를 거친다. 다만 품목네트워크 관리조직은 일반 마케팅

조직과는 다른 독특한 2차 연합조직이므로 위 프로세스 내용들은 차별화되어야 한다. 즉 고객탐색에서 연합조직의 강점을 나타내는 포지셔닝 관점을 견지한다. 제안준비는 품목네트워크 조직의 공급 체계가 구매조직에게 문제를 해결하고 도움이 된다는 맞춤형이라는 점을 강조한다. 계약관리에서는 4P 전략요소가 연합전략 관점에서 언급되어야 한다.

－ 조정판매 : 시장에 대하여 연합조직만이 할 수 있는 판매기능이 「조정판매전략」[8]이다.

품목네트워크를 구축하여 연합전략을 구사하는 핵심적인 이유가 조정판매전략을 실행하기 위해서다. 이러한 전략수행이 가능해진다면 전술한 전략적 비대칭 문제는 말끔하게 해결된다. 예를 들어 시장분할 전략을 보자. 이 전략은 출하시기가 겹치는 동일 작목을 연합조직이 시장을 나누어 출하하는 것이다. 참여연합조직간에 정보통제를 전제로 하여(경쟁정보관리 비대칭 문제 해결) 특정한 시장에 과다한 물량이 출하되지 않도록(시장참가자 비대칭 문제 해결) 각 시장에 물량배분을 최적으로 하고 총체적인 수취가를 최대화시키는 것이 전략의 목표이다. 또한 일괄구매 대응전략에서도 알 수 있다. 만약 연합권역이 광역화되어 품목네트워크 전략 취급품목이 여럿이라면 유통업체 구매품목을 세트로 공급(품목비대칭 문제 해결)하는 것이 가능하다.

● 연합조직간 연계 수단 고려 : 품목 네트워크 조직이 소기의 전략적 성과를 거두려면 참여연합조직간에 주도면밀한 수직적 분업에 바탕을 둔 강력한 연계가 이루어져야 한다. 예를 들면 상호 출자에 의한 법인화조직 형태가 우선 떠오른다. 그리고 당사자간에 서로를 구속하는 계약도 생각할 수 있겠다. 이 밖에도 공동의 목표에 공감하여

---

8) 시장분할전략, 출하조정전략, 분하조정전략, 릴레이마케팅 전략, 유통업체 일괄구매 대응전략을 말한다(한기인, 『농산물 마케팅 전략론』, 농민신문사. 2004)

규약을 제정하고 참여연합조직간에 권리와 의무를 규정할 수도 있다. 출자금은 아니지만 가입금을 갹출하여 좀더 구속성을 띨 수도 있다. 전술한 연합조직 설계와 연합조직 운영에 관한 논리들은 참여조직이 기초연합조직을 구성하는 1차 연합조직과 관련된 내용들이었다. 그러나 1차 연합조직과 2차 연합조직과의 관계설정은 차원을 달리하는 고려사항이라고 할 수 있다. 2차 연합조직은 1차 연합조직의 연계보다 느슨하며 이해관계가 복잡하여 정점에 강력한 통제조직이 있어야 한다. 어떠한 연계수단이든지 사업성과를 거두기 위한 팀워크 형성 대책을 연합참여조직 당사자들은 고민하여야 한다.

5. 소결- 「연합」 플래닝 믹스

연합마케팅의 성공은 쉽지 않다. 다양한 주체들의 팀워크가 발휘되어야 한다. 생각이 틀리고 이해관계가 충돌하고 각자 놓여있는 상황이 변하면 연합마케팅을 하려는 초심은 변하기 쉽다. 연합마케팅이 성공하기 위해서는 전술한 연합가치의 인식, 연합조직 설계, 연합조직 운영의 세 가지 연합요소들이 잘 맞아 돌아가야 한다. 그림 5-7은 각 연합요소를 톱니바퀴에 비유하여 동일하게 작동하여야만 연합마케팅이 성공할 수 있다는 것을 보여준다. 톱니바퀴는 서로의 바퀴가 맞물리면서 돌아가는 규칙적이고 이상적인 물건이다. 즉 연합가치관을 올바르게 정립하고 참여주체들이 공유하며, 기술적으로 최적의 연합조직을 설계한 다음에 연합조직체를 운영하는 것이 마치 톱니바퀴가 돌아가듯이 하여야 한다는 것이다. 서로 다른 세 개의 톱니바퀴가 서로의 필요에 의하여 만나서 돌게 된다. 모든 톱니바퀴들은 그 크기와 모양이 제각각이며, 만들어진 재질도 다를 수 있다. 그런 톱니바퀴가 이빨이 잘 맞아 아주 원활하게 돌아가게 하여야 하니 어려움이 따르게 된다.

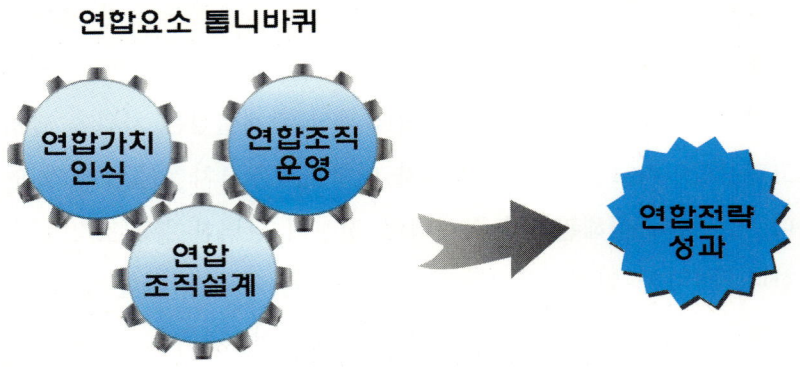

그림 5-7 연합전략 성공을 위한 톱니바퀴시스템

만약 연합가치관의 공유에 진정성이 없다면 동상이몽하고 있는 것이다. 그 이후에 조직을 만들어 본들 불협화음이 계속되어 조직운영은 형식화한다. 실무현실에서 이러한 사례는 흔하다. 또한 연합조직 설계를 잘못하였다면 구조적으로 조직성과가 나타나지 않는 비효율을 야기한다. 예를 들어 법인화하지 않아도 될 것을 정부에서 법인을 만들어야 자금을 지원해 준다고 하니까 억지로 법인화한 경우도 있다. 법인이기 때문에 발생하는 문제들을 조정하느라 본연의 사업활성화가 잘 안되는 경우도 있다. 조직운영문제의 경우도 제대로 일할 사람이 없어 참여조직으로부터 신뢰성을 잃는 경우도 있다. 세 가지 요소 중 어느 하나 요소만이라도 고장이 나면 톱니바퀴는 안돌아간다.

연합마케팅 플래닝은 중장기적이고 종합적 시각으로 보아야 한다. 예를 들면 일본 도카치(十勝)연합사업은 15년이 지난 지금은 정착되었지만 초기 5년간은 참여조직간에 가격, 물량, 수익 차이로 티격태격하기 일쑤였다. 당사자들이 판을 깨버리지 않으려는 노력과 인내심으로 성공의 길을 가게된 것이었다. 한국의 어느 연합사업은 6년만에 해체되었다. 일방의 타방에 대한 희생요구와 시스템 개선노력의 부족이 원인이었다.

▌맺 음 말 - 산지 마케팅 조직의 미션 ▌

머리말에서 언급한 기대대로 책의 내용들이 구성되었는지는 독자들이 판단할 것이다. 다만 지면의 제약으로 충분한 서술이 부족하였던 아쉬운 점은 있다. 총론적 발제로서 이정도로 하고 각각의 테마에 대하여 더욱 심도 있게 논리 구성하는 것이 금후의 과제라고 생각한다. 더욱 손에 잡히게 영세한 산지조직 입장에서 깊숙히 들어가 각 전략요소를 각론으로 하여 연구가 이루어져야 한다. 농업경제학의 진화를 위해서는 연구영역을 넓고 깊게하여 농업대중과 호흡할 수 있는 방향으로 나가야 한다. 이를 위하여 연구자 - 컨설턴트 - 실무자간에 교류를 활발히 하는 것이 필요하다. 특히 컨설턴트의 역할이 기대된다. 연구자가 생산한 논리를 참고하여 현장에 적용하고 현장실무자는 성과를 관찰하고 컨설턴트에게 환류시킨다. 또한 실무자나 컨설턴트는 문제해결이 필요한 과제를 발견하여 이를 연구자와 교류를 통하여 해결 방안들을 찾아낸다. 반복적으로 상호작용을 거친 해결방법들이 논리가 되고 나아가서 우리나라 농업경제학 영역의 이론으로 자리 잡아야 된다고 생각한다.

이제는 본서의 마무리로서 산지 마케팅 조직의 아이덴티티와 미션(사명)을 생각해 보고 싶다. 산지 마케팅 조직은 무엇인가? 단순히 농산물을 농업인으로부터 수탁하거나 매취하여 시장에 판매하는 납품업자인가? 지역 농업 문제와 관련하여 조직위상을 고려한다면 그렇게만 볼 것은 아니다.

세 석공의 이야기를 예로 들어 보자. 옛날에 세 사람의 석공이 일하고 있는데 길 가던 나그네가 '당신은 지금 무엇을 하고 있습니까?' 라고 물었다.

첫 번째 석공은

'보면 모르오? 하루 종일 돌을 깨고 있지 않소! 이것이 내 의무이고 이 일을 해 돈을 받고 있소' 라고 대답했다.

두 번째 석공은

'나는 돌을 깨어 성당 짓는데 사용하는 벽돌을 만드는 것이오. 이것이 내 직업이니까' 라고 대답했다.

세 번째 석공은

'나는 지금 성당을 짓고 있소, 내 꿈은 성전(聖殿)을 완성하여 세상 사람들이 축복 받도록 하는 것이지요' 라고 대답했다.

세 번째 석공은 다른 석공이 마지못해서 일하는 것과 달리 자신이 하는 일에 가치를 부여하며 소명의식에서 꿈을 갖고 일한다는 것을 알 수 있으리라!

수확기가 되어 거래처에 끌려다니면서 판매활동에 급급한 것이 첫 번째 석공에 해당되고, 농가를 조직화 하여 나름대로 마케팅 기능을 발휘하여 성과를 올리는 수준에 머무는 조직은 두 번째 석공에 해당된다. 지역사회 문화적 문제에도 관심을 갖고 지역사회 공동체 발전의 아이콘을 지향하는 것이 세 번째 석공에 해당하는 조직이다. 농가로부터 물건 받아 넘기는 납품업자 수준의 협소한 인식영역에 머무르면서 마케팅 기술을 테크닉 정도로 여기는 것이 전부여서는 안된다. 비유를 통하여 산지 마케팅 조직의 버전을 아래 그림과 같이 3등급으로 나누어 나타냈다.

2000년에 들어서서 농산물 유통업계에 「신유통」 이라는 용어가 등장하여 구유통과 대비되는 우리나라 유통수준의 업그레이드 방향이 회자된 적이 있다. 이제부터는 산지 조직을 세 수준의 등급버전으로 나타내고 싶다. 산지조직 3.0에 주목하여야 한다. 「산지조직 3.0」 의 특징은 미션에서 확연히 하위 산지조직 버전과 구분된다.

산지 마케팅 조직 버전 특성			
조직버전	산지조직 1.0	산지조직 2.0	산지조직 3.0
조직정신	이성 (이해관리)	감성 (관계관리)	영성 (위상관리)
미션	없음	조직 지속가능	지역가치
성장벡터	시장침투	신제품개발 또는 신시장개척	다각화
출하고객	느슨한조직	안정된 조직화	공동체커뮤니티
구매고객	기회적관계	지속적관계	·통합 ·계열화 ·상황조성

「산지조직 3.0」의 미션은 지역사회에서 농촌·농업·농업인의 가치 유지와 창출을 영성(靈性)적으로 여기는 것이다. 농업에 우리 겨레의 혼(魂)이 담겨 있기 때문이다. 본서에서는 농산물을 "복합 가치재"라고 하지 않았던가. 마케팅 조직도 그러한 제공물을 다루므로 "복합 가치조직"이라고 할 수 있다. 많은 농촌·농업·농업인 문제들이 지역의 문제로서 해결을 기다리는 과제가 되는 현실에서 산지 마케팅 조직이 지향해야 하는 가치는 다양한 함의를 갖고 있다고 할 수 있다. 그래서 출하고객을 출하조직에서 그 이상의 공동체 커뮤니티 관계로 정의하여 공동체의 삶의 가치도 고려한다. 즉 마케팅 조직 울타리에서 교류하는 것이 삶의 부분이며 즐거움으로 느껴지도록 하자는 말이다. 조직의 수취가를 높여 금전적 수익을 획득하려는 것 그 자체가 미션 가치는 아니다. 수익은 미션 가치를 실현하려고 노력한 결과의 산물이다. 산지 마케팅 조직은 미션에도 시

야를 넓혀야 한다. 피터 드러커는 모든 비즈니스는 반드시 위대한 미션으로부터 출발해야 한다고 말하였다. 왜 산지조직은 3.0을 지향해야하는지는 두 측면에서 논할 수 있다.

우선 농촌·농업·농업인의 가치를 창출하는 실천적 주체로서 산지 마케팅 조직을 새롭게 자리매김 하여야 한다. 지금의 농촌은 인구감소와 고령화로 공동화 현상이 심화되어 활기를 잃어가고 있다. 농업인 계층은 중간영농규모 농가가 줄어들어 영세농과 대규모 농가로 양극 분해되는 과정에 있다. 농업 생산비는 계속 증가하여 도농간 소득격차는 확대되어 앞으로도 어두운 전망이 앞선다. 삶의 터전으로서 농촌 환경 악화도 무시할 수 없다. 비료와 농약의 남용, 폐비닐 자재의 방치, 축산분뇨의 부적정한 처리, 난개발 등으로 토양과 수질오염은 점점 심해지고 있다. 농촌의 목가적이고 청정한 이미지가 훼손되어 걱정이다. 고령화가 빠르게 진행되어 몸이 아파 병원을 자주 찾게 되는데 의료 혜택을 쉽게 받을 수 있는 병원 가기도 힘들다. 심지어 산부인과가 없는 지역이 늘어나 아이도 마음 놓고 출산할 수 없는 지경에까지 이르렀다. 이러한 가운데 최근에 농업의 비전이 6차 산업으로 발전할 수 있는 잠재력에 주목하는 논의가 활발하다. 한국 농업에 새 희망이 생긴다면 다행이다. 농업과 전후방 연관산업이 결합하고 생명공학과 녹색기술을 접목시킨다는 것이다. 첨단산업으로 농업이 전환하여 신성장동력으로 부상한다는 것이다. 또한 농정은 농식품 부가가치를 높여 세계적 기업인 네슬레 같은 기업을 몇 개 만든다는 것이다. 대기업 자본을 유치한다는 말이다. 큰 그림은 희망적이나 어떻게 하여 그리 될 수 있는지 방법들이 구체화 되어야 할 것이다. 또한 위에서 언급한 지역문제 해결에 화려한 청사진이 어떠한 의미를 갖는지 살펴보아야 한다. 만약 출하고객의 공동체 커뮤니티를 지역에서 몰아내는 개발이라면 지역이 중심이 되는 「農의 가치」는 아니다. 무엇보다 중요한 것은 진정으로 누구를 위하여, 누가 주체가 되어 비전을 현실화 시킬 것인가에 있다.

악마는 각론에 숨어 있다는 말이 있다. 아무리 정부가 화려한 미사여구로 정책을 만들어 내더라도 지역주체와 접목이 안되면 공염불이다. 투자수익률을 따져 투하자본을 단기에 회수하여야 하는 대기업이 과연 농촌 친화적인가? 그렇다고 하더라도 대기업이 유망한 사업 분야에서 사업을 시작하는 경우도 산지에서 파트너가 필요하다.

이와 같이 회색빛과 장밋빛이 교차하는 가운데 현실과 미래에서 산지 조직은 농업에 드리워진 어두운 장막을 걷어 치우는 미션을 갖는 동시에, 희망적 비전을 현실화시킬 수 있도록 외부주체들과 협력자가 되어야 하는 것이다. 산지 마케팅 조직이야 말로 농업인과 외부조직의 가교 역할을 할 수 있고 그리하여야 한다. 산지 조직의 미션에 주목하는 이유가 여기에 있다.

다음으로 마케팅의 새로운 개념에서도 마케팅 주체가 사회문제에 주목할 것을 요구하고 있다. 산지 마케팅 조직도 새롭게 변하는 학문적 사조에 주목하여야 한다. 2008년1월 발표한 미국 마케팅 협회(AMA : American Marketing Association)에서 정의하고 있는 새로운 마케팅 개념은 이렇다.

Marketing is the activity, set of institutions, and processes for creating, communicating, delivering, and exchanging offerings that have value for customers, clients, partners, and society at large.

"마케팅은 소비자와 의뢰인, 파트너, 그리고 사회전반에 가치가 있는 제공물을 창조하고, 알리며 전달하고, 교환하는 활동이며 그것을 위한 일련의 제도이며 프로세스이다."

위 새로운 개념은 전술한 2004년 정의와 비교하여 두 측면에서 주목하여야 한다. 하나는 마케팅을 기능(function)이라는 말 대신에 활동(activity)이라는 말로 바꿨다는 점이다. 그리고 "사회(society)"를 추가하여 마케팅의 위상을 조직 또는 기업의 이해관계자(the organization and its stakeholders)의 이익 부문에 국한되는 일보다도 광범위하게 사회적 가치에도 영향력을 지녀야 한다는 것을 표명하였다는 점이다. P. Kotler는 마케팅은 이제 "세계화의 문화적 측면", " 대중의 관심사"들을 진지하게 다룰 준비가 되어있음을 보여준다고 말한다. 즉 이러한 관점을 산지 마케팅 조직에 적용하면 지역에서의 농업대중의 관심사에서 미션을 찾을 수 있고 전술한 지역문제들이 그 내용이 된다는 것이다.

3.0 산지조직의 미션을 예로 들면 이렇게 될 것이다. '지역활력 제작소', '지역농업 발전 엔진', '부자 만드는 커뮤니티', '행복마케팅 공동체', '지역경제 나침반', '우리는 산지 변혁의 주체이다'. 이러한 유형의 미션을 정하였다면 산지 조직의 품격이 달라진다. 산지 마케팅 조직의 미션에 대한 선언문도 여기에 첨부될 수 있겠다. 그러면 그저 영세한 농산물 판매조직이 평범함을 넘어서서 지역에서 새로운 위상을 갖는 사명 있는 조직으로 탄생하게 되는 것이다. 이제 산지 마케팅 조직의 DNA가 만들어진 것이다. 조직에 몸담고 있는 마케터와 커뮤니티 공동체는 조직 DNA를 조직가치로 공유하기 때문에 공동의 의사소통이 좀더 쉬워진다. 종교조직 다음으로 지역가치에 대한 영성적 교류가 이루어지는 구심체로 승화될 수도 있다.

마케팅 조직원들은 열정이 넘쳐나고 역량습득에 노력하며 커뮤니티 공동체로부터 신뢰를 얻고 출하고객의 멘토가 되며 미래의 발전모습도 함께 그리게 된다. 그 날을 위하여 출하고객은 이러한 생각을 하게 될 것이다. 내가 좀더 잘한다. 동료들과 대화를 더 많이 하자. 마케터를 믿고 기다려 보자. 내가 오너다. 내가 죽을 때까지 농사를 짓는다면, 농사를 하는 한 이 조직과 함께 하겠다. 마케터와 출하고객은 이러한 열망으로 서로를 끌어당긴다.

그리고 3.0 조직은 2.0 조직과 비교하여 사업행태는 어떻게 다른가. 지역 주품목만이 사업영역이라고 생각하지 않는다. 가령 현대적 APC를 설립하여 여기로 반입되는 제품만 잘 취급하는 것에 한정하지 않는다. 지역의 빈곤한 고령농가가 생계를 위하여 생산한 작물이 있다면 순회수집하여 팔아준다. 마치 지역의 종합상사와 같이 지역주민의 생산농산물이라면 다양한 대책을 강구하여 빈곤한 계층의 소득확보에 도움을 주는 것이다. 그리고 사업의 다각화로 신선 제품, 전처리, 가공식품 등 모든 영역을 사업범주에 넣는다. 직접 산지조직이 경영은 할 수 없더라도 외부 사업체와 제휴를 맺어 일정부분에서 역할을 한다. 지역문제와 산지조직의 역할 위상을 포괄적으로 보고 지역 개발, 클러스터 사업 등에 견인차 역할을 한다. 지역환경 보전을 위하여도 매년 비료와 농약사용의 절감 목표치를 정하여 실행한다. 지역의 환경운동에도 참여한다. 산지 마케팅 조직은 미션을 품고 고객들과 영성적 차원에서 관계를 맺으며 사람이 살맛나도록 지역을 가꾸어 나가는 것이다.

농산물 마케팅 플래닝

저 자 • 한 기 인
발행인 • 박 재 근
발행처 • 농민신문사
인쇄처 • 삼부문화(주)

인 쇄 • 2010년 7월 23일
발 행 • 2010년 7월 31일

서울특별시 종로구 종로 1가 36
등록번호 제 1-1218호
농민신문사 www.nongmin.com
전화 080-3703-111

ⓒ 농민신문사 2010   값 25,000 원
ISBN 978-89-7947-100-7 93520

〈구매처〉
문 의 : 농민신문사 02-3703-6056~7
인터넷 : 농민신문사 영농서적몰(www.nongmin.com)
          인터파크 서적몰(http://book.interpark.com)